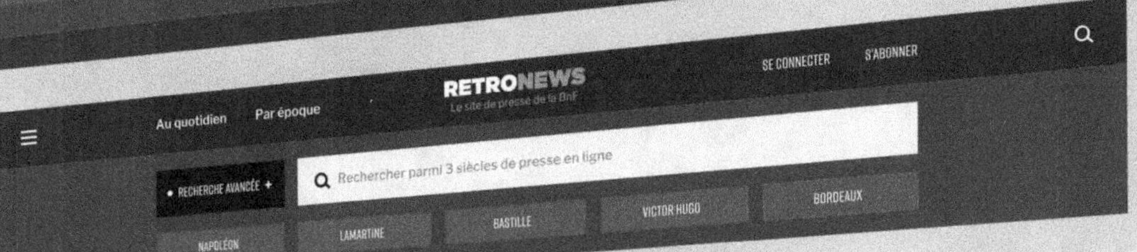

# Découvrez l'histoire par les archives de presse



**RETRONEWS**

Le site de presse de la BnF

www.retronews.fr

# L'ANNÉE
# SCIENTIFIQUE
# ET INDUSTRIELLE

FONDÉE PAR LOUIS FIGUIER

*QUARANTE-NEUVIÈME ANNÉE (1905)*

PAR

## ÉMILE GAUTIER

**70 figures**

## PARIS
### LIBRAIRIE HACHETTE ET Cⁱᵉ
79, BOULEVARD SAINT-GERMAIN, 79

1906

# L'ANNÉE
# SCIENTIFIQUE
## ET INDUSTRIELLE

CAISSON PRÊT A ÊTRE LANCÉ.

LE CAISSON A SON EMPLACEMENT DÉFINITIF AVANT L'ENFONCEMENT.

TRAVAUX DU MÉTROPOLITAIN POUR LA TRAVERSÉE DE LA SEINE.

# L'ANNÉE

# SCIENTIFIQUE

## ET INDUSTRIELLE

FONDÉE PAR LOUIS FIGUIER

---

QUARANTE-NEUVIÈME ANNÉE (1905)

PAR

## ÉMILE GAUTIER

---

70 figures

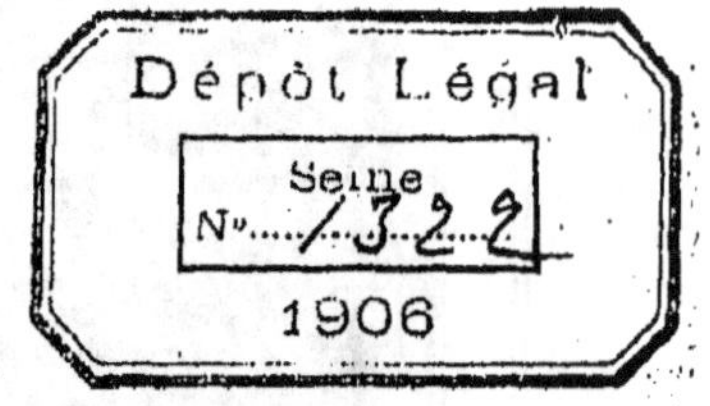


## PARIS

LIBRAIRIE HACHETTE ET Cⁱᵉ

79, BOULEVARD SAINT-GERMAIN, 79

---

1906

Droits de traduction et de reproduction réservés.

# PRÉFACE

La Science est en marche !

Les plus indifférents, les plus sceptiques, les plus méfiants eux-mêmes, et les plus hostiles, ceux qui guettent l'occasion de la prendre en défaut et de dénoncer sa faillite, sont obligés de reconnaître, au moins *in petto*, qu'elle ne chôme ni ne s'arrête, et que chaque année qui s'écoule enregistre de nouveaux progrès, pour le plus grand avantage de la puissance et du bien-être de l'homme, sinon de son bonheur.

L'année 1905 aura été, à cet égard, exceptionnellement féconde, en ce sens que, si elle n'a pas été marquée par une de ces découvertes qui bouleversent le monde et révolutionnent en quelque sorte la mentalité universelle, comme les rayons X, la télégraphie sans fil, la radio-activité, elle aura, du moins, vu se résoudre, se simplifier ou s'éclaircir un certain nombre de problèmes essentiels et considérables, dont, après une si longue et si vaine attente, on aurait eu presque le droit de désespérer.

C'est le cas, par exemple, pour la navigation aérienne, que MM. Lebaudy, Julliot et Juchmès, d'une part, avec leur ballon à peu près dirigeable, adopté par le Ministère de la guerre, et les frères Wright, d'autre part, avec leur machine volante « plus lourde que l'air », ont amenée inopinément à un tel degré de perfection relative, qu'il est enfin permis, pour la première fois, sans faire figure d'utopiste ou de rêveur, de concevoir de ce chef, à plus ou moins bref délai, les plus ambitieuses espérances.

Et — ceci n'est point pour déplaire à notre patriotisme — sur ce terrain (s'il est admissible d'employer une telle expression à propos d'événements qui se passent dans les airs), c'est la France, c'est le pays de Montgolfier et de Godard qui tient la corde. Les ingénieurs du *Lebaudy* sont, en effet des Français et si les frères Wright sont Américains, c'est de la meilleure grâce du monde qu'ils ont cédé leur fabuleux aéroplane à un syndicat français, représentant, à en croire une légende vraisemblable, le gouvernement de la République. Si, ce qu'à Dieu ne plaise, la poudre (sans fumée) devait reprendre la parole un de ces jours prochains, nous reverrions, comme à Fleurus, une escadre aérienne portant les trois couleurs planer au-dessus des champs de bataille.

C'est également le cas pour la télémécanique, la dernière application — et non pas la moins extraordinaire — de la radio-conduction. Le docteur Édouard Branly, qui a su discipliner les ondes hertziennes et les plier au service de l'homme, s'est avisé que ces ondes pouvaient être investies d'autres fonctions que celles de messagères et porter à travers l'espace autre chose que des signaux. Du moment que son fameux cohéreur permettait d'ouvrir et de fermer de loin, *ad libitum*, comme avec la main, un circuit électrique, il n'y avait pas de raison pour qu'on ne lui demandât pas tout ce qu'il est possible de demander, de près, à un circuit électrique.

Voilà comment, désormais, rien n'empêche, à l'aide de la télégraphie sans fil, de manœuvrer une machine, d'allumer ou d'éteindre un phare, de gouverner une automobile où il n'y aurait pas de chauffeur, un bateau (fût-il même sous-marin) où il n'y aurait pas d'équipage, un ballon sans pilote, une batterie d'artillerie sans canonniers, à une distance de plusieurs kilomètres.

On n'a pas encore, en l'an de grâce 1905, trouvé le remède spécifique de la tuberculose, ni celui du cancer. Mais on est sur la piste, « on brûle », comme l'on dit au jeu de cligne-musette, S'il fallait même en croire sur parole le professeur Behring, la guérison de la tuberculose bovine serait déjà un fait accompli, amorce et avant-goût de la guérison de la tuberculose humaine, laquelle ne serait plus qu'une affaire de mois. Malheureusement, chat échaudé craint jusqu'à l'eau froide, et la science allemande nous a appris, à nos dépens, à nous méfier un peu de ses victoires, parfois trop bruyamment et trop tôt tambourinées. On ne saurait oublier cependant que Behring est un grand savant, et que nous lui devons, de compte à demi avec notre Roux, la sérumthérapie de la diphtérie.

En tout cas, la lutte contre la tuberculose s'organise partout d'une façon rationnelle et grandiose. On semble avoir compris que, en attendant d'avoir trouvé le remède souverain ou l'infaillible vaccin qui finiront bien par réduire, tôt ou tard, le terrible fléau à l'état de quantité négligeable, la tuberculose est une maladie qu'on peut prévenir dans une certaine mesure, dont on peut, à tout le moins, limiter les ravages par une prophylaxie judicieusement comprise et rigoureusement appliquée. M'est avis que l'idée d'établir le casier sanitaire des maisons habitées, déjà mise en pratique à Paris, aura été un grand pas dans cette voie.

Pendant ce temps-là, précisant les belles recherches qu'il poursuit depuis plusieurs années, le docteur Doyen se croit en mesure — et les faits semblent lui donner raison — de pouvoir, sinon guérir radicalement tous les cas de cancer, au moins soulager un grand nombre de cancéreux, améliorer leur état, enrayer les récidives et retarder l'issue fatale, tandis que l'Allemand Schaudinn revendique la gloire (qui lui est, il faut bien le dire, non pas contestée, mais disputée par d'autres) d'avoir définitivement isolé le microbe de la syphilis.

Il y a loin encore, sans doute, de la découverte de la cause efficiente d'un mal à sa guérison. Il est bon, cependant, de signaler que les premiers travaux du docteur Doyen, dont je viens de rappeler les précieux résultats, débutèrent précisément de la même façon, par l'identification du *micrococcus neoformans*. Espérons que le *spirochœtes pallida* nous réserve d'équivalentes surprises.

Qui sait même si, contre ces divers fléaux, autrement néfastes que les sept plaies de l'Égypte biblique, il n'y aura pas, un jour ou l'autre, à faire état de ce mystérieux radium que la science, après l'avoir si longtemps ignoré, rencontre à chaque pas, aujourd'hui, sur son chemin ? On en a déjà essayé contre les tumeurs malignes, non sans succès — ni sans inquiétude, car les pessimistes se demandent si les effluves du radium ne risquent pas, le cas échéant, de donner le cancer au lieu de le guérir. Et la triste fin toute récente d'un radiographe bien connu n'est pas sans prêter quelque vraisemblance à cette décourageante hypothèse.... Par contre, il paraît acquis que le radium neutralise le virus de la rage, au moins aussi subtil que le virus de l'avariose. Si vraiment, comme le croient les deux biologistes italiens à qui revient l'honneur de cette initiative, il est possible d'appliquer les phénomènes de la radio-activité à la prévention et au traitement de l'hydrophobie, il n'est pas déraisonnable de penser que la thérapeutique de la syphilis et la thérapeutique de la tuberculose pourraient peut-être également finir par en faire leur profit.

Il faudrait mentionner encore les progrès de la cytologie, qui n'est pas près cependant encore d'avoir dit son dernier mot; la découverte d'un nouvel anesthésique, la scopolamine, d'un emploi plus sûr et moins scabreux, à dire d'experts, que le chloroforme, l'éther, la cocaïne, le bromure et le chlorure d'éthyle; l'entrée définitive en scène des grands paquebots à turbines; le développement prodigieux de l'industrie automobile; l'apparition d'un nouveau procédé d'épuration des eaux d'égout par les algues, etc. Mais j'en ai dit assez pour montrer que le bilan des conquêtes de la science appliquée n'a pas été moins chargé en 1905 que les années précédentes.

La science pure n'aura pas été, dans une certaine mesure, moins heureuse. Toutefois, elle n'a pas encore liquéfié l'hélium, et force lui a été de reconnaître que la génération spontanée, qu'on avait un instant pu croire réalisé par l'Anglais Burke, n'était pas encore sortie du domaine des chimères.

Mais qui oserait soutenir que ce ne sera pas l'œuvre de demain?

Émile Gautier.

# L'ANNÉE
# SCIENTIFIQUE
## ET INDUSTRIELLE

## COSMOLOGIE

### ASTRONOMIE

**Le Soleil.**

L'activité solaire, très remarquable l'année dernière, est passée par un très grand maximum pendant ces derniers mois, et l'on peut citer l'année 1905 comme exceptionnelle à ce point de vue.

Peu de jours ont été sans taches et les taches enregistrées ont atteint d'énormes proportions.

C'est d'abord la tache du mois de janvier qui a duré trois rotations successives, passant au méridien central le 8 janvier, le 4 février, le 4 mars et le 1er avril. Le 3 février, d'après les mesures prises à l'observatoire de Bourges par l'abbé Moreux, la tache présentait un diamètre de 175 600 kilomètres, et le jour précédent 180 000 kilomètres.

En 1898, le même observateur avait signalé une tache de 160 000 kilomètres, mais ce qui distinguait la formation de février, c'était que la surface tachée atteignait le chiffre de 13 milliards de kilomètres carrés !

La plus grande tache observée dans les annales de l'astronomie mesurait, en 1858, le chiffre respectable de 230 000 kilomètres, mais sa largeur était minime en comparaison, si bien que la première tache de cette année tient le record sans conteste. Cette immense formation a été étudiée en détail par l'abbé Moreux, qui a suivi de près ses évolutions et en a tiré des conséquences fort intéressantes à propos du mécanisme des taches,

Tache solaire du 3 février 1905, 15 heures. Objectif Schaer. Grosseur, 325.
(Dessin de l'abbé Th. Moreux.)

qui seraient d'après lui des régions de *haute pression* sur le soleil, avec *hyperthermie locale*.

Nous citerons, parmi les observateurs assidus du soleil cette année, M. Gaston Hanet de Paris, Mme Blain-Déjardins, M. Schmoll, M. l'abbé de France, MM. Bruguière, Raurich, Tremblay, M. l'abbé Marchand, M. Maquaire, etc. Nous ne pouvons donner tous les noms des amateurs qui observent assidûment le soleil, mais nous devons les féliciter de la tâche entreprise. Sous ce rapport, la Société astronomique de France doit recevoir aussi tous les éloges, et la création d'une commission solaire semble avoir fait faire un grand pas à l'observation du soleil.

En même temps, les observatoires où l'on a entrepris la photographie quotidienne du soleil se multiplient à l'envi. Sans parler des grands observatoires de physique solaire établis en Amérique, de l'observatoire de South Kensington à Londres, où l'on centralise les clichés obtenus à Maurice et au Cap, et du nouvel observatoire de physique cosmique du P. Cirera en Espagne, nous

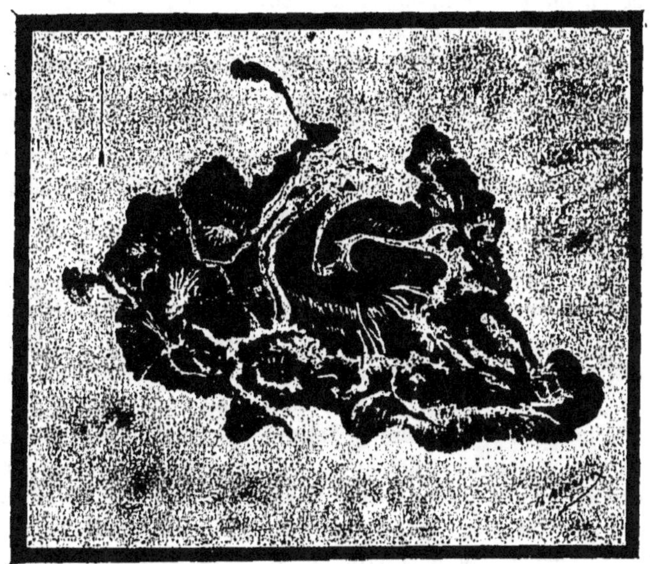

Tache solaire du 2 février 1905, 14 heures.
(Dessin de l'abbé Moreux.)

sommes heureux de pouvoir citer des observatoires particuliers qui apportent leur contribution à l'œuvre commencée.

De ce nombre sont les observatoires de Juvisy, avec M. Flammarion, de Nanterre, avec M. Quénisset. Ce dernier a donné, avec de modestes instruments, des photographies très remarquables de la surface solaire ; ses agrandissements de taches ou de groupes peuvent être cités comme les meilleurs du genre, et peuvent rivaliser, au point de vue de la netteté, avec les superbes photographies obtenues autrefois à Meudon par M. Janssen. La photographie solaire a été aussi entreprise par l'abbé Moreux à Bourges, par l'abbé de France à Versailles, par M. Raurich à

Barcelone. Les clichés offrent un grand avantage sur les dessins de position et rendent au point de vue statistique des services inouïs. Malheureusement, pour les détails, le dessin reste encore très supérieur, et rien ne donne une idée des bouleversements de la surface photosphérique comme les magnifiques sépias que l'abbé Moreux a présentées cette année à l'Académie des Sciences, et qui ont obtenu un immense succès.

Presque toutes les grandes taches de 1905 ont donné lieu à d'importantes perturbations magnétiques, enregistrées simultanément par différents observatoires du monde entier, et particulièrement par celui du Val Joyeux, succursale du parc Saint-Maur, sous la direction de M. Th. Moureaux.

Nous signalerons aussi la grande tache de juillet, photographiée par M. Quénisset, et visible à l'œil nu comme celle du mois de février.

Enfin, en octobre dernier, est apparu le plus grand groupe qu'on ait enregistré depuis qu'on fait des observations solaires. L'observatoire de Bourges a évalué sa grandeur à 195 000 kilomètres, avec une superficie de 11 milliards de kilomètres carrés. Ce groupe a été signalé pour la première fois par le P. Rodriguez, directeur de l'observatoire du Vatican, et a été photographié plus particulièrement par M. Raurich, de Barcelone, qui a obtenu des épreuves d'une grande finesse. Quelques amateurs l'ont dessiné, entre autres, M. et Mme Touchet de Paris, ainsi que M. Jarson, M. Van der Gratch de la Haye, etc....

Le 23 octobre, une autre tache formidable apparaissait : c'était la sixième visible à l'œil nu cette année, donnant lieu, comme les taches de février, à des aurores boréales visibles même en France.

*L'éclipse totale du 30 août* 1905. — Mais le phénomène solaire qui sans contredit a attiré le plus l'attention du monde astronomique a été la longue éclipse du 30 août. La durée moyenne de la totalité dépassait 3 minutes, temps suffisant pour faire et mener à bonne fin les opérations les plus compliquées.

La trajectoire de l'éclipse s'étendait du Labrador à l'Arabie, traversant l'Espagne, la Tunisie et l'Egypte. Un grand nombre de missions s'étaient installées sur la ligne centrale de totalité.

Les missions du Labrador eurent mauvais temps et ne purent

voir le soleil. En Espagne, quoique plus favorisées, la plupart
cependant n'ont eu que des éclaircies, et en général les observations laissent beaucoup à désirer. Nous citerons les principaux
travaux, dont les résultats ne sont pas d'ailleurs complètement
connus à l'heure actuelle, en passant sous silence les missions
qui n'ont pu réaliser leur programme en raison des nuages.

A Burgos, M. Meslier, de l'Université de Montpellier, a fait des

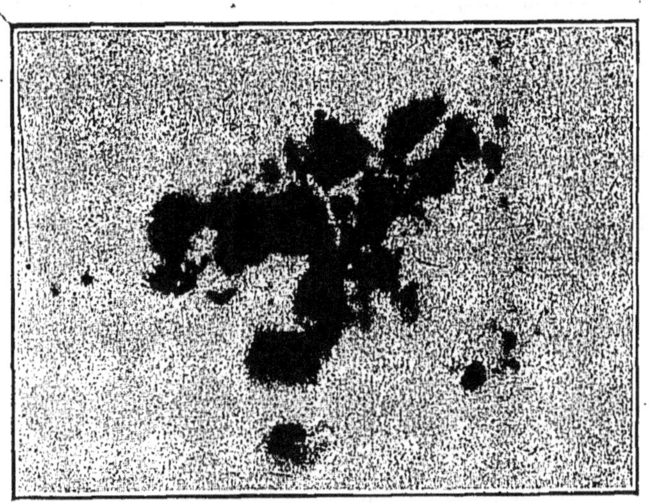

Grande tache solaire du 20 octobre 1905, 1ʰ,48. Observatoire de Nanterre.
(Photographie de M. Quénisset.)

mesures relatives à la polarisation de la couronne. Il résulte de
ses chiffres que la polarisation était la même à peu près aux
pôles et à l'équateur du soleil à quelques minutes des bords, la
proportion étant de 50 pour 100 environ, chiffre déjà trouvé
en 1900 par M. Landerer en Espagne.

Dans le voisinage de Burgos, certains observateurs ont été
moins bien partagés. Une mission du Bureau des Longitudes
installée à Villargamar, non loin de la ville de Burgos, n'a pu
observer que pendant une minute ; cette mission était dirigée
par M. Deslandres de Meudon. M. Fabry a pu cependant faire des
mesures photométriques. A 5 minutes du bord solaire, la lumière
de la couronne représentait 28 centièmes de l'éclat intrinsèque

moyen de la surface lunaire pendant la pleine lune. M. Turner avait trouvé déjà en 1893 un éclat égal à 25 centièmes de celui de la lune. Ces résultats sont donc concordants.

MM. d'Azambuja et Sausot ont pu prendre des mesures dans le spectre calorifique de la couronne avec deux appareils différents.

M. Kannapell a obtenu des épreuves photographiques de la couronne polarisée par réflexion. Il a aussi obtenu une image de la couronne avec un spectrographe, en isolant la raie verte 2330, image qui donne cette couronne aux pôles du soleil, et qui, à ce point de vue, est nouvelle.

M. Blum, toujours de la même mission, a pu obtenir deux belles épreuves de la couronne intérieure avec des écrans colorés, qui ne laissent passer aucune radiation gazeuse des protubérances.

Le but était de reconnaître si les protubérances émettent réellement un spectre continu plus intense que les régions voisines. La comparaison de ces épreuves avec d'autres épreuves ordinaires permettra de résoudre la question.

Une autre mission du Bureau des Longitudes, comprenant les astronomes de l'observatoire de Bordeaux, n'a eu que de courts intervalles pour l'observation de l'éclipse. Néanmoins, M. Courty a obtenu de bonnes images photographiques de la couronne. M. Traschel a eu beau temps, et a pu faire d'intéressantes observations. Il a constaté la courbure des rayons N. E. Les rayons S. O. atteignaient une longueur double du diamètre, du soleil. L'aspect de la couronne n'a pas varié pendant la totalité.

La Société belge d'astronomie s'était aussi installée dans la même région sous la direction de M. Damry. On a pu faire des mesures photogéniques et des photographies.

A Almazan, M. Flammarion, l'éminent directeur de l'observatoire de Juvisy, s'était installé avec un matériel complet, ayant pour astronomes adjoints MM. Quénisset et Penso.

Le ciel s'est montré, hélas, presque constamment couvert. Cependant, au travers d'une éclaircie, on a pu observer et dessiner des protubérances; on a aussi constaté une obscurité moins complète qu'en 1900. Vénus seule a été aperçue.

A Alcosebre où s'étaient rendus MM. Janssen, Millochau, Stephanick et Pasteur, de l'observatoire de Meudon, on put étu-

dier l'éclipse dans de bonnes conditions. M. Pasteur a obtenu
trois photographies de la couronne avec un grand objectif.
M. Millochau a pris des spectrographies de la couche renver-
sante et de la couronne, et M. Stephanick a observé le spectre
visuellement.

Sur la côte Est d'Espagne, nous trouvons de nombreuses missions. A Vinaroz, le P. Cortée, qui a pris des photographies à
grande échelle ; à Tortosa, le P. Cirera, qui n'eut point besoin de
transporter le matériel de l'observatoire de l'Ebre, puisque l'é-
clipse passait au-dessus de la contrée. Accompagné d'un personnel nombreux, il a pu obtenir d'intéressantes photographies,
ainsi qu'un grand nombre de mesures relatives à l'électricité,
au magnétisme et à la météorologie.

Pour apprécier la durée de la totalité, les PP. Wulf et Lucas
ont appliqué une nouvelle méthode qu'ils avaient imaginée et
qui est fondée sur les propriétés électriques du sélénium.

La durée observée a été de 2 minutes 48 secondes, tandis
que la durée calculée était de 2′ 50″ 2. L'appareil à sélénium a
donné une durée de 2′ 51″ 3.

La raie du coronium a été aperçue nettement pendant une
éclaircie. On a pu prendre quelques photographies et dessins
de la couronne, où l'on aperçoit très nettement les protubérances. A 30 kilomètres de là, et à plus de 1000 mètres d'altitude, des astronomes de l'observatoire n'ont pu cependant,
malgré un ciel clair, apercevoir les protubérances — fait très
curieux qui s'explique probablement par la grande luminosité
de la couronne.

Les franges d'ombre ont été aperçues un peu partout dans
toutes les missions, mais tandis que, de tous côtés, on les a
signalées comme distantes entre elles de 20 à 30 centimètres et
peu rapides, à l'observatoire de l'Èbre, ces mêmes franges étaient
animées d'une grande vitesse, et la partie obscure comme la
partie claire n'avait que 4 centimètres de largeur.

Ces franges, ainsi que l'a fait remarquer le Dᴿ Zona de Palerme,
ont probablement une origine atmosphérique.

Les courbes magnétiques, assez troublées ce jour-là, ont manifesté la tendance à revenir au zéro.

Le potentiel atmosphérique a baissé sensiblement, et l'enregistreur d'ondes hertziennes a montré pendant l'éclipse une

sensibilité différente à intervalles symétriques par rapport à la totalité, phénomène jusqu'ici inexplicable.

A Alcala de Chisvert, nous citerons la mission de M. de la Baume Pluvinel, qui a eu un temps assez favorable.

A l'île Majorque, les nuages furent très localisés. A Palma, où s'était établie la mission de sir Norman Lockyer, on a pu cependant obtenir quelques résultats relativement à l'extension coronale et à la couronne intérieure. La mission du P. Algué a eu très beau temps et a pu faire de bonnes photographies.

En Afrique, le ciel a été en général très pur.

M. Nordmann observait l'électricité atmosphérique à Philippeville.

A El-Arrouch, M. Audoyer, de Paris, prit de nombreuses photographies.

A Constantine, le phénomène fut observé en ballon par M. le comte de la Vaulx et M. Jaubert. Aucun résultat sérieux n'a pu être déduit d'ailleurs de cette observation.

A Guelma se trouvaient réunies la mission allemande, avec un formidable instrument de 20 mètres de distance focale, et la mission de l'observatoire d'Alger, sous la direction de M. Trépied, qui a pu obtenir des clichés montrant une grande extension coronale. La mission anglaise de M. Dinwiddie a pris des clichés d'une très grande finesse.

A Robertville, M. Salet, de l'observatoire de Besançon, a pu faire des mesures de polarisation.

A Souk-Ahras, une autre mission allemande, dirigée par le professeur Scharr, de Hambourg, a obtenu des images des plus faibles étoiles autour de la couronne, qui serviront à élucider les problèmes des planètes intra-mercurielles.

A Sfax, nous trouvons quatre missions. Mission de l'observation de Greenwich, sous la direction de sir E. Christie qui a pris des clichés de la couronne et des différents spectres. Mission de l'observatoire de Palerme, dirigée par M. Zona. Mission du du Bureau des Longitudes de l'Observatoire de Paris, ayant à sa tête M. Bigourdan : cette mission a obtenu la raie du coronium sur tout le pourtour de la couronne, et a pris quelques clichés de la couronne intérieure et des photographies spectroscopiques avec M. Dehalu, Garrissen et Eysseric. Enfin une seconde mission du Bureau des Longitudes, dirigée par l'abbé

Moreux, de l'observatoire de Bourges, avec MM. Salles, physicien au Laboratoire du Collège de France, l'abbé Marchand,

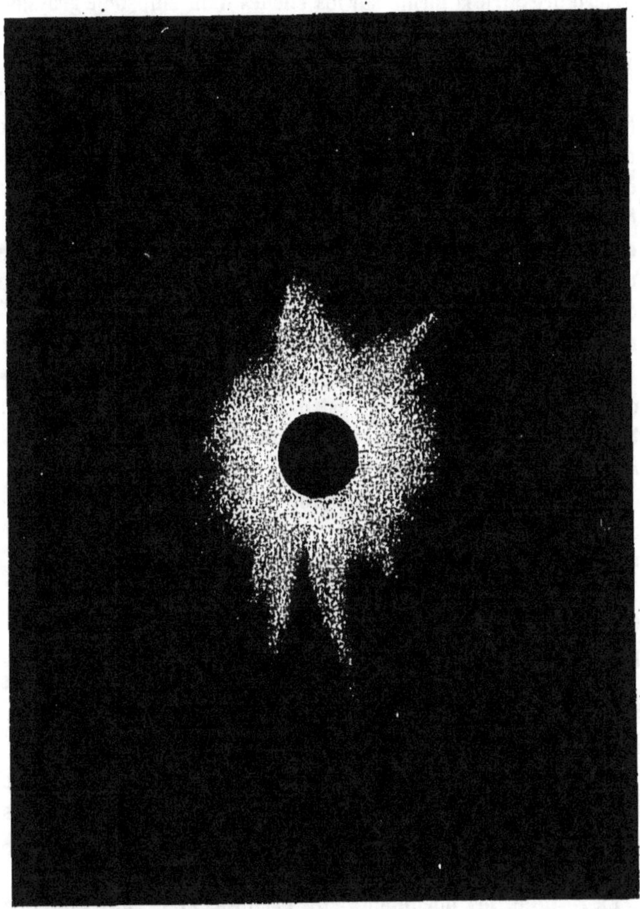

Éclipse de soleil.
(Photographie de la Mission « Moreux » à Sfax (Tunisie). Pose 8 secondes.

Maquaire et Baudon. Cette mission a obtenu des clichés montrant
une très grande extension coronale, la plus forte enregistrée au
cours de l'éclipse du 30 août.

La couronne intérieure a donné des rayons s'étendant jusqu'à *quatre diamètres* solaires; elle était très développée aux pôles du soleil et présentait quelques rayons courbes. La couronne extérieure offre la forme sur les clichés d'un ellipsoïde grossier, dont le grand axe ne mesure pas moins de 13°5, soit près de 24 fois le diamètre du soleil, avec un petit axe ayant environ 8 degrés. Le soleil n'occupe ni le centre, ni l'un des foyers de l'ellipsoïde, dont l'excentricité est voisine de 0,136. Le grand axe de cet ellipsoïde coïncide à peu près avec le plan de l'écliptique, ce qui confirmerait la communauté d'origine de la couronne avec la lumière zodiacale. On a pu aussi tracer les courbes isophotiques de la couronne. Dans la couronne intérieure, l'éclairement diminue à peu près en raison inverse du carré de la distance, mais cette loi n'est plus vraie pour la couronne extérieure.

M. Salles a fait des mesures d'électricité atmosphérique pendant la totalité; le potentiel est passé lentement de 185 volts à 85 volts, puis à 50 volts. Après un saut brusque jusqu'à 125 volts, il a repris sa marche normale.

On pense que l'agitation violente de l'air a empêché de constater des résultats très nets et a influencé le collecteur à radium.

À Tripoli, une mission italienne ayant à sa tête M. Pallazo, directeur du Bureau central météorologique italien, s'est occupée particulièrement de météorologie et d'électricité atmosphérique.

Le professeur Todd a pris un nombre considérable de photographies avec un appareil de son invention rappelant le cinématographe.

A Asouan, en Egypte, nous trouvons un grand nombre de missions russes, américaines et anglaises. Le temps fut très beau, et l'on a pu recueillir une ample moissons de photographies. Les résultats ne sont pas encore connus.

En résumé, les documents sur l'éclipse, grâce aux missions africaines, sont très nombreux, et il faut espérer qu'on en saura tirer parti et qu'on en déduira des conclusions nouvelles au sujet de la connaissance de l'astre du jour dont nous savons encore si peu de chose.

*La parallaxe solaire.* — On sait que la parallaxe du soleil est l'angle sous lequel un observateur placé dans le soleil verrait le rayon de la terre. La valeur de cet angle, qu'on peut calculer par des méthodes indirectes, est absolument nécessaire pour déterminer la question si importante de la distance du soleil à la terre, unité de mesure des astronomes.

La discussion des observations du passage de Vénus en 1882 n'avait donné que des résultats assez discordants, tous voisins cependant de la valeur 8″80

Plus récemment, M. Chandler, à la suite d'études approfondies sur la constante de l'aberration, avait trouvé le chiffre plus faible de 8″78. M. B. Weinberg d'Odessa a réuni, ces dernières années, environ 130 des valeurs les plus sérieuses de la parallaxe obtenues par diverses méthodes et par différents observateurs depuis 1825, et il a trouvé comme valeur finale pour cette constante 8″804 ± 0″002 43.

Tel était l'état des choses, quand M. Witt découvrit Eros, cette minuscule planète qui gravite entre la Terre et Mars.

Or, tout corps proche de la terre peut servir, par sa parallaxe, à trouver celle du soleil. Mars et Vénus avaient déjà donné quelques résultats, mais la première de ces deux planètes est encore, au moment où elle s'approche de la terre, à 56 millions de kilomètres, et la seconde à 40 millions; tandis qu'Eros en est à peine éloigné de 29 millions. On conçoit toutes les espérances que fondèrent les astronomes sur l'astre nouveau.

Dans une conférence internationale tenue à Paris, et à l'instigation de M. Lœwy, l'éminent directeur de l'Observatoire, on décida d'employer toutes les bonnes volontés pour les observations d'Eros en vue de la détermination de la parallaxe solaire. 47 observatoires se déclarèrent prêts et ont déterminé la trajectoire de la planète. En même temps, on dressait une liste de plus de 700 points placées près de cette trajectoire et qui devaient servir comme étoiles de repère. Treize observatoires calculèrent la position exacte de ces étoiles à l'aide de la vision directe; on prit une foule de clichés, et, grâce à ces travaux, on put calculer dans la suite la position exacte d'Eros.

Les photographies demandent encore un examen complémentaire, mais à l'heure actuelle le travail est déjà très avancé.

Dans son rapport annuel pour les travaux de l'Observatoire de Paris, M. Lœwy a rendu compte de ce gigantesque travail en ces termes :

« Nous sommes parvenus à terminer la mesure et la réduction de la masse énorme des documents se rapportant à la campagne internationale de 1900-1901 concernant la parallaxe du soleil.

« Tous ces résultats figureront en grande partie dans la 11ᵉ circulaire, dont l'impression est en cours d'exécution. L'Observatoire de Paris était particulièrement tenu, dans cette circonstance, à s'acquitter sans délai des engagements contractés à la conférence internationale de 1900, et à fournir à l'œuvre commune la contribution la plus efficace. L'inspection du tableau qui, dans cet ordre d'idées, résume notre activité, permettra au conseil de juger que nous ne sommes pas restés au-dessous de notre tâche :

« 1601 observations méridiennes pour déterminer les positions des étoiles de repère destinées à faire connaître les coordonnées célestes qui correspondent aux images stellaires contenues dans les clichés.

« 10 858 observations photographiques des étoiles de comparaison, des étoiles de repère et d'astres voisins de la trajectoire d'Eros.

« 284 positions équatoriales de la planète obtenues à l'aide des équatoriaux à vision directe.

« Le vaste ensemble de positions de la planète Eros, émanant des divers observatoires associés, et obtenues, soit par des mesures micrométriques directes, soit par l'emploi de la méthode photographique, où, dans les deux cas, les astronomes se sont efforcés d'atteindre le plus haut degré d'exactitude, fournira une occasion exceptionnelle de se rendre compte de la valeur relative de ces deux modes d'opération.

« Il me semble de toute opportunité de fournir quelques renseignements sur l'état d'avancement de cette importante entreprise internationale, car on n'a pas cessé d'émettre des doutes sur la possibilité de faire paraître dans un délai admissible toute cette quantité énorme de documents accumulés par le travail d'un grand nombre de collaborateurs. L'histoire de la science dans le passé semblait bien en effet autoriser des doutes à ce sujet. Je suis heureux de pouvoir dissiper ces craintes, et d'affirmer que l'apparition de la 11ᵉ circulaire va encore apporter un nouveau contingent considérable de matériaux homogènes et susceptibles d'être immédiatement utilisés, sans qu'on soit contraint de se livrer à ces longs et fastidieux travaux préliminaires, toujours nécessaires autrefois pour rendre comparables les diverses données. Une seule publication supplémentaire suffira probablement pour mettre à la disposition des savants la presque totalité des travaux effectués dans cette mémorable entreprise, qui a si bien mis encore une fois en lumière l'esprit de solidarité qui, depuis plus d'un siècle, anime les astronomes de tous les pays ».

Et, maintenant, quels seront les résultats? Il serait téméraire de donner des conclusions positives sur la valeur de la parallaxe solaire. Il faut attendre les réductions de toutes les observations, mais, d'ores et déjà, on peut faire quelques prévisions sur les chiffres qu'on obtiendra.

M. Wilson, de Northfield Observatory, a déjà publié les conclusions résultant de l'examen de 67 clichés pris pendant la période de l'automne et de l'hiver 1900-1901. Selon cet astronome, qui ne se prononce pas sur la valeur exacte de la parallaxe, cette valeur serait comprise entre 8″80 et 8″81.

M. Hinks, de Cambridge Observatory, a publié dans *Monthly Notices* les résultats d'une réduction des mesures de 295 photographies d'Eros fournies par 9 observatoires. Il a obtenu un chiffre se rapprochant de la valeur précédente : 8″7966 ± 0″0047, ce qui donnerait, dans le cas d'une erreur dans le sens positif, 8″801. Nous avons vu que la moyenne de tous les résultats sérieux obtenus de différentes façons depuis 1825 donnait aussi 8″80. Ceux du Docteur Gill au cap de Bonne-Espérance, d'après des mesures héliométriques, tendent à la même conclusion.

Il est donc assez facile de calculer entre quelles limites reste comprise la distance du soleil à la terre.

En supposant que 6577 kilomètres est la valeur du rayon équatorial de la terre, et en adoptant 8″80, on obtient une distance au soleil égale à 149 471 000 kilomètres. Si l'on admet un rayon terrestre égal à 6378 kilomètres, d'après Clarke, la distance deviendrait un peu plus grande, soit : 149 494 000 kilomètres.

Une parallaxe de 8″81 donnerait, dans l'un et l'autre cas,

une diminution de 170 000 kilomètres. Il y a donc au maximum une incertitude de 90 000 kilomètres.

La distance du soleil obtenue à 22 000 lieues près est, somme toute un résultat aussi satisfaisant que la mesure de $16^m,60$ à un centimètre près, ou de 1660 mètres à un mètre près. Cette incertitude sera diminuée de moitié quand nous aurons les résultats complets des observations d'Eros faites pendant la campagne 1900-1901.

Nous connaîtrons alors la véritable distance du soleil à 11 000 lieues près. C'est la solution peu banale d'un problème tenté depuis des siècles.

*L'Union internationale pour l'étude du Soleil.* — La réunion de l'Union internationale pour l'étude du Soleil s'est tenue à Oxford, le 27 septembre dernier. L'Institut de France était représenté par M. Janssen, et la Société astronomique de France par MM. Deslandres et de la Baume-Pluvinel. M. Fabry et M. Pérot représentaient la Société de Physique de France.

Les pays représentés étaient : l'Allemagne, l'Angleterre, l'Espagne, les États-Unis, la France, les Pays-Bas, la Russie et la Suède.

Parmi les 37 délégués présents, se trouvaient M. Weiss, représentant l'Union internationale des Académies.

Les séances ont duré trois jours, et l'Union a voté plusieurs résolutions, dont voici le texte :

I. Relativement aux études sur le Soleil.

« 1. La coopération des observateurs est souhaitable dans les diverses recherches relativement au Soleil, telles que les observations visuelles et photographiques de la surface, les observations visuelles des protubérances, et les observations de l'atmosphère solaire faites à l'aide de spectrohéliographes de types divers.

« 2. Lorsqu'une institution aura déjà réuni et coordonné des résultats d'études faites par divers observateurs, les membres de l'Union seront invités à mettre leurs observations à la disposition de cette institution.

« 3. Relativement aux recherches dont les résultats ne sont pas encore réunis et coordonnés, l'Union nommera un Comité spécial chargé de préparer et d'organiser les recherches. Ce

Comité devra communiquer son plan et ses propositions au Comité exécutif, qui organisera un système d'observations en conformité du plan transmis.

« 4. Une semblable coopération peut être organisée dès maintenant dans deux branches de recherches :

« *A*. L'étude du spectre des taches ;

« *B*. L'étude avec enregistrement des phénomènes de l'atmosphère solaire par l'observation des radiations.

« 5. L'Union insiste sur ce fait que, si la coopération présente une utilité évidente pour certaines recherches, l'initiative individuelle reste, dans un grand nombre d'autres cas, le facteur principal. Il est autant du devoir de l'Union d'encourager les recherches originales que de provoquer la coopération. »

II. Relativement aux longueurs d'onde.

« 1. La longueur d'onde d'une radiation convenablement choisie sera prise comme étalon primaire des longueurs d'onde. Le nombre qui représente cette longueur d'onde sera fixé une fois pour toutes ; il définira dès lors l'unité de longueur d'onde, qui devra différer, aussi peu que possible, de $10^{-10}$ mètres, et s'appellera *angström*.

« 2. Il y a lieu de désigner des étalons secondaires, dont la distance ne dépassera pas 50 unités d' « angström ». Ces étalons secondaires seront rapportés à l'étalon primaire par une méthode interférentielle. La source lumineuse sera fournie par un arc électrique de 6 à 10 ampères.

« 3. Un comité sera nommé pour choisir les étalons et organiser les déterminations de ces longueurs d'onde relativement à l'étalon primaire, au moins dans deux laboratoires indépendants.

« 4. Le même Comité sera chargé de choisir des étalons tertiaires placés à des distances variant de 5 à 10 unités d' « angström ». Les longueurs d'onde de ces étalons tertiaires seront obtenues par interpolation avec des réseaux.

III. Relativement aux études sur la radiation solaire.

« 1. Pour assurer l'uniformité des observations, il est à désirer que les observations de l'intensité de la radiation solaire soient faites dans les différentes localités, autant que possible, avec le même type d'instrument.

« 2. Actuellement, le pyrrhéliomètre d'Angström sera adopté comme instrument étalon.

« 3. Il est à désirer que des comparaisons précises soient faites entre l'instrument d'Angström et les autres instruments étalons, et que MM. Abbott, E.-W. Nilson, le professeur Callendar, et le professeur Wladimir Michelson soient priés d'assister l'Union pour ce travail.

« 4. Pour déterminer les changements possibles dans l'intensité de la radiation solaire, il est désirable d'assurer l'exécution des mesures de l'intensité dans des régions du spectre déterminées où les effets dus à l'ozone, à la vapeur d'eau et à l'acide carbonique ne se font pas sentir.

« 5. Il y a lieu de nommer un Comité chargé de rédiger un plan de coopération et de faire des propositions pour la rédaction des observations. Ce Comité est prié de communiquer le plan et les propositions au Comité exécutif pour l'organisation du système des observations suivant le plan tracé.

« 6. La réunion reconnaît la grande importance des mesures faites par la photographie directe, aussi bien que d'autres méthodes, pour étudier comparativement l'intensité de la radiation émise par les différentes parties de la surface du Soleil, et souhaite comprendre de semblables mesures dans les sujets rentrant dans la sphère de l'Union. »

En outre, quatre comités pour les recherches solaires, l'étude des taches, la détermination des longueurs d'onde et l'étude de la radiation solaire, ont été nommés.

Cette réunion a été un succès pour les méthodes françaises, dont plusieurs ont été indiquées comme devant servir aux déterminations; en particulier, la détermination nouvelle des longueurs d'onde doit être faite dans trois laboratoires indépendants, dont le laboratoire d'essais du Conservatoire des Arts-et-Métiers.

## La Lune.

Nous avons eu, pendant l'année 1905, deux éclipses totales de lune : l'une, visible à Paris, le 19 février, fut assez difficilement observée par suite du mauvais temps ; l'autre, survenue le 15 août, malheureusement peu intéressante, a été par contre accompagnée à peu près partout d'un temps splendide.

Ces deux éclipses ont été beaucoup regardées ; les astronomes amateurs se sont d'ailleurs, pour la plupart, contentés de noter la couleur et l'éclat de la partie éclipsée ; aussi, à part une exception ou deux, on n'a pas d'observations sérieuses. Il est bon de remarquer les grandes divergences en ce qui concerne les couleurs observées et la visibilité de la partie éclipsée. Elles

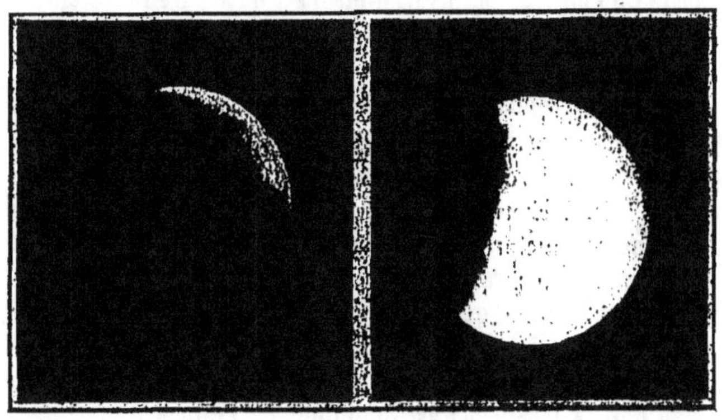

Éclipse de lune du 14 août 1905, 15ʰ,19 ; ombre et pénombre, 15ʰ,50.
(Observatoire de Nanterre. Photographies de M. Quénisset.)

sont probablement dues, d'abord à l'observateur lui-même, mais aussi à l'état de l'atmosphère et aux instruments employés.

Un certain nombre d'observateurs, parmi lesquels MM. Quénisset et Touchet, ont pris des photographies. M. Puiseux, à l'Observatoire de Paris, a observé le phénomène du 19 février au grand équatorial coudé. Vue dans la lunette, la transition de la lumière du soleil à l'ombre de la Terre se faisait par une frange assez large et indécise, d'abord brun-sépia, puis gris-ardoise, puis bleutée. La luminosité moyenne s'est ainsi déplacée dans le sens d'une réfrangibilité plus grande, en parcourant la majeure partie du spectre visible. Malgré le mauvais temps, douze clichés ont pu être pris avec des temps de pose variant de 2 à 10 secondes. Les clichés ont été examinés au point de vue de l'effet du passage de la pénombre sur l'aspect d'objets connus, où l'on distingue ordinairement peu de détails en raison d'un éclat général trop vif (circonstance fréquente vers les bords du disque), et aussi au point de vue de la variation d'importance relative dans le passage de l'ombre à la lumière des formations Linné, Messier et Messier A, où divers observateurs ont signalé des changements anormaux.

Le diamètre de Linné paraît varier du simple au double en quelques minutes sur diverses photographies prises après la sortie de l'ombre. Cette variation n'est qu'apparente et entièrement subordonnée aux conditions d'éclairement, et aussi à la durée de la pose.

C'était une réponse à la question sans cesse renaissante : Y a-t-il des changements sur la Lune?

L'année dernière, nous avons vu le célèbre astronome américain W. H. Pickering aborder le problème avec de nouveaux matériaux et conclure à l'existence certaine de ces changements. M. Puiseux, bien préparé cependant par les études photographiques de la Lune qu'il poursuit avec M. Lœwy depuis dix ans à l'Observatoire de Paris, se montre moins affirmatif, tout au moins sur les causes de ces variations. Dans une belle conférence faite à la Société astronomique de France, il expose ses idées sur ce sujet.

Après avoir recherché quelles pourraient être les causes de pareils changements, il examine au point de vue historique les variations données comme telles par les sélénographes. « Tous les astronomes, dit-il, qui ont donné à l'étude détaillée de la Lune une part considérable de leur temps, sont demeurés convaincus qu'ils y avaient constaté des changements... Il semble, après cela, qu'aucun doute ne devrait subsister. Et cependant le préjugé contraire existe, il est même extrêmement répandu, et ce sont les sélénographes eux-mêmes qui ont le plus contribué à le créer. Bien souvent, les annonces de changements ont été reconnues, après discussion, illusoires, improbables ou trop difficiles à vérifier pour autoriser aucune interprétation physique. »

Ce genre d'études est d'ailleurs très délicat.

Après un examen attentif de toutes les observations qui ont été faites des deux cratères Messier et Messier A, et du petit cratère Linné, M. Puiseux arrive à cette conclusion qu'il faut considérer comme établi le changement d'état permanent dans ces deux régions.

A quoi attribuer ces changements? M. Puiseux ne veut pas se prononcer. M. Lipmann propose une explication des déplacements de poussières que l'on a cru parfois remarquer.

On peut supposer qu'il subsiste un gaz très raréfié à la surface de notre satellite. Or, une poussière ténue, comme une cendre volcanique, acquiert une grande mobilité dans un gaz raréfié, quand sa température s'élève. Les grains qui la composent glissent les uns sur les autres comme les molécules d'un liquide. C'est un phénomène analogue à celui qui se produit dans le radiomètre de Crookes et le fait tourner. On s'expliquerait ainsi les changements d'aspect de la surface lunaire dus à des déplacements de cendres volcaniques, donnant ainsi l'apparence d'une nouvelle formation lunaire.

Plusieurs astronomes ont encore cette année recherché une méthode permettant de reproduire expérimentalement les détails de la surface lunaire.

M. Tozer, à Patton (États-Unis), a publié deux curieuses photographies reproduisant l'aspect de la surface de la Lune. Les originaux avaient été obtenus en laissant tomber des balles d'argile sur un lit de même substance.

Ceci nous reporte à la théorie météorique ou balistique, pour l'origine de la Lune ou tout au moins pour l'origine des détails superficiels. Dans une note présentée à la Royal Society d'Edimbourgh. M. Georges Romanes reprend, avec certaines modifications, cette théorie émise dans ses principes depuis longtemps déjà.

D'après M. Romanes, la Lune serait arrivée à sa forme et à ses dimensions actuelles par l'agglomération successive d'un anneau de petits satellites entourant la Terre de la même manière que l'anneau de Saturne. D'après l'auteur, cette agglomération, pour un petit corps comme la Lune, n'aura pas été accompagnée d'un développement de chaleur suffisant pour produire un globe en fusion et donner naissance à une action volcanique intense. Les détails que l'on observe sur notre satellite, mers, cratères, montagnes, sont dus au bombardement de ces masses météoriques, grandes et petites, qui de temps en temps se précipitent sur la Lune. Étant donnée l'absence complète d'atmosphère, ces masses ainsi précipitées frappent la surface lunaire avec des vitesses suffisantes pour liquéfier en totalité ou en partie les matériaux immédiatement dans le voisinage, la masse précipitée se liquéfiant elle-même plus ou moins suivant les circonstances. Ce sera suffisant pour produire tous les détails visibles. Les mystérieuses traînées de Tycho ne seront elles-mêmes que d'énormes éclaboussures de matière qui s'est déposée en une mince couche cristalline reflétant dans certaines directions la lumière du soleil.

Que faut-il penser du principe de cette théorie? Un tel anneau de satellites peut-il arriver à se condenser de façon à donner naissance à un corps du genre de notre Lune? Depuis le temps relativement court qu'on les observe, les petites planètes et les anneaux de Saturne n'ont manifesté aucune tendance à s'agglomérer. Au contraire, les courants météoriques, loin de se condenser, ne font que se disperser davantage.

Quoi qu'il en soit, les géomètres n'ont pu jusqu'ici résoudre le problème, et tout en regardant cette agglomération comme fort peu probable, ils n'ont pu donner de preuve convaincante contre cette hypothèse.

M. Puiseux, dans une belle conférence à la Société astronomique belge, reprend la question, et, après avoir examiné sous divers points de vue la théorie météorique, arrive à cette conclusion que cette hypothèse ne peut pas expliquer complètement les détails lunaires, et qu'il faut dès lors recourir au jeu des forces intérieures. D'après cet illustre astronome, les grands cirques lunaires, aussi bien que les montagnes terrestres, sont le produit de transformations lentes, accumulées au cours des siècles. La Lune fut d'abord un globe liquide qui commença par se solidifier à la surface. Une première croûte se forme; la masse intérieure continuant de se contracter est bientôt séparée de cette croûte par une couche de gaz à haute pression. Des affaissements locaux se produisent, et donnent naissance aux grandes formations annulaires que l'on voit dans les régions polaires où le refroidissement fut très rapide. Les mers se formèrent ensuite par de vastes affaissements dans la région équatoriale. Il se serait ensuite produit dans la masse liquide intérieure des marées qui auraient retardé pendant longtemps la formation d'une croûte. Cette croûte a dû subir de nombreuses ruptures, mais elle a maintenant atteint une grande épaisseur.

## Les Planètes.

*Mars.* — La mystérieuse planète s'est présentée dans des conditions assez favorables pour l'observation pendant l'opposition de 1905. Cependant, les astronomes de l'hémisphère boréal n'ont pu en tirer tout le parti désiré, car la planète, même à son passage au méridien central, était à une faible hauteur au-dessus de l'horizon. Néanmoins, bon nombre d'observatoires ont étudié notre voisine.

Mars présentait son pôle boréal très visible cette année. En France, Mars a été particulièrement étudié à l'Observatoire d'astronomie physique de Juvisy, que

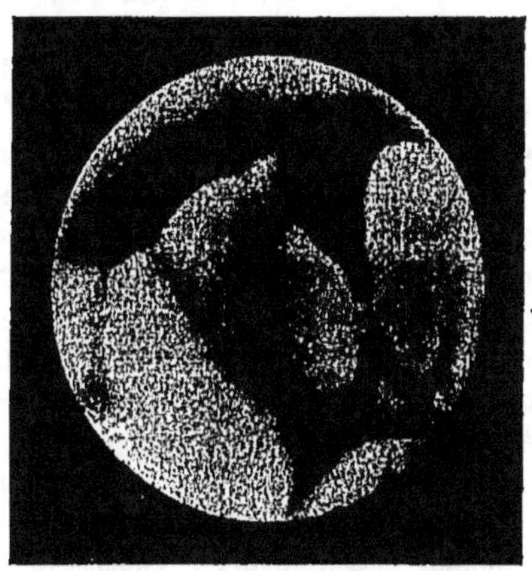

La planète Mars, aspect le 5 mai 1905.
Observatoire de Bourges.
(Dessin de l'abbé Moreux.)

dirige avec tant de maëstria M. Camille Flammarion. Les observations ont commencé le 10 janvier. Le cap polaire boréal paraissait très étendu, mais diffus et peu visible : M. Flammarion pense que jusqu'au mois de février une brume assez épaisse couvrait cette partie de la planète. Pendant ce temps, le pôle boréal diminuait par la fonte de ses neiges, si bien qu'à la fin de février le pôle était peu étendu. Le 10 mai il n'y avait pas de tache bien visible au même endroit. Le 17 mai, apparut une vague blancheur qui fut éblouissante le 22 du même mois.

Pendant mai et juin, M. Benoît, astronome adjoint, put prendre de nombreux dessins. Les canaux se sont montrés larges et diffus. La grande Syrte était très large et se terminait brusquement dans sa partie boréale. Nilosyrtis était bien visible, ainsi que les canaux avoisinants, Protonilus et Ismenius Lacus.

A l'observatoire de Bourges, M. l'abbé Moreux a profité de quelques magnifiques soirées pour étudier la configuration de la planète. Très peu de canaux fixes, ces derniers étant à la limite de la visibilité et paraissant souvent au moment des plus mauvaises définitions. Il a constaté aussi par les meilleures définitions l'existence de vastes régions envahies par la brume. Enfin, il a pu dresser une carte de la planète. M. l'abbé Moreux, à qui nous avons demandé des détails sur cette opposition, n'a pu nous fournir qu'un résumé très succinct de ses observations, les travaux de mesure n'étant pas encore terminés. Nous croyons cependant que les résultats seront intéressants.

En Amérique, M. Lowell a continué ses très curieuses observations. Il donne la date du 19 mai pour l'apparition des premières neiges d'hiver couvrant une grande étendue.

A l'heure actuelle, aucun astronome ne conteste plus la réalité objective des grandes lignes de la géographie martienne, mais on demeure encore très sceptique sur l'existence des 400 lignes fines découvertes par M. Lowell. Ces *canaux* demeurent pratiquement à la limite de la visibilité.

On a beaucoup parlé des fameuses photographies de Mars obtenues précisément à l'observatoire Lowell par un des astronomes, M. Lampland. Il est très vrai que des clichés ont été très réussis, mais il ne faut pas en exagérer les résultats pour notre connaissance de la planète. Ces photographies de Mars ont à peine 3 millimètres sur le négatif original, et les mesures ont été effectuées sur des agrandissements de 6 millimètres environ. Ces petits disques laissent voir néanmoins les mers telles que la Grande Syrte. On y remarque les canaux suivants : Nilosyrtis, Casius, Vexillum, Thoth, Cerberus, Helicon, Styx et quelques autres. Or, ces canaux très larges sont parfaitement visibles dans des instruments de moyenne puissance, et *personne* jusqu'ici n'a contesté l'existence de ces grandes taches sombres (*markings*, comme disent les Anglais), mais rien ne nous est révélé des lignes fines, et ce serait précisément là que commencerait le véritable intérêt.

Néanmoins, il faut féliciter M. Lampland d'avoir pu obtenir des photographies aussi nettes : c'est la première fois que l'on réussit dans ce genre, et c'est un grand pas de fait dans la

question de la photographie planétaire. Ainsi, ces fameux clichés
ne méritent « ni l'excès d'honneur ni l'indignité » qu'on a prétendu leur attribuer. Ils sont un succès comme photographies,
mais ne nous ont rien appris au sujet de ce que l'on tient à
savoir sur la réalité des canaux fins, invisibles sur les clichés.

M. Lowell en tient toujours pour des canaux creusés par des
êtres intelligents, canaux destinés à répartir l'eau à la surface
de Mars, tandis que bon nombre d'astronomes, et non des
moindres, pensent que ce réseau si fin de M. Lovell n'a pas
d'existence objective. M. Maunder s'appuie, pour nier la réalité
des lignes fines, sur des expériences de dessin faites avec des
élèves auxquels on avait donné à reproduire des disques de
Mars ne portant que les grandes configurations de la planète.
Presque tous les élèves ont ajouté des détails invisibles, et se
sont auto-suggestionnés.

L'expérience est très intéressante, et il serait bon de la
reprendre en grand. M. Flammarion a tenté cet essai, et a
montré qu'en général on a une tendance à relier les amorces
de fleuves dans les mers par des traits traversant les continents.
Même scepticisme au sujet de la direction en ligne droite que
M. Lowell attribue aux plus petits canaux.

La spectroscopie a été aussi à l'ordre du jour cette année,
pour élucider la question de la vapeur d'eau dans l'atmosphère
martienne, et M. Marchand, du pic du Midi, prétend avoir
constaté avec certitude le groupe principal des raies de la
vapeur d'eau dans le spectre de la planète.

En Amérique, les expériences entreprises à ce sujet sont très
contradictoires : la question n'est pas résolue et ne le sera
probablement pas de si tôt.

*Jupiter.* — L'immense planète Jupiter, qui est en ce moment
bien visible pendant toute la nuit, continue à être le siège de
mouvements singuliers et presque inexplicables. La tache rouge
s'est montrée un peu mieux visible, quoique encore enveloppée
de nuages. Sa longitude est restée à peu près stationnaire
vers 27 degrés. On se rappelle que cette tache présente parfois
de grandes variations en longitude, comme pendant l'année 1904,
où l'accélération de son mouvement ne pouvait être douteuse.

A Juvisy, où la planète a été étudiée, M. Flammarion incline à croire que la cause de cette avance doit être cherchée dans la région sombre de la zone tropicale, qui semble frotter contre la tache rouge. « La différence de vitesse, dit cet astronome, entre les deux formations, est d'environ 25 kilomètres à l'heure, et peut avoir causé le déplacement subi par la tache rouge dans le sens même du mouvement. Ce phénomène se produira vraisemblablement de mars à juillet 1906. En effet, d'octobre 1904 à août 1905, cette région a avancé de 15°,5 par mois ; or, le 15 août 1905, les longitudes de ses extrémités étaient d'environ 156 degrés et 191 degrés. Si ce mouvement se continue, son bord précédent arrivera vers le 15 mars au contact du bord suivant de la tache rouge. »

Différentes taches blanches ont été aussi signalées par M. Denning, de Bristol, comme pouvant avoir une influence sur marche de la tache rouge. L'une d'elles, entre autres, doit rejoindre la tache rouge à la fin de l'année 1905. Personne néanmoins ne l'a jusqu'ici signalée de nouveau.

Pendant l'année 1905, le cortège lumineux de Jupiter s'est augmenté de deux nouveaux membres, ce qui porte à sept le nombre des satellites de la planète. On se rappelle que M. Barnard avait découvert récemment un cinquième satellite intérieur aux quatre premiers connus depuis deux siècles environ. Le cinquième satellite est très faible d'éclat et ne peut être aperçu qu'à l'aide des plus grands instruments et dans une atmosphère excessivement pure. Les deux derniers sont, au contraire, extérieurs aux cinq précédents, mais leur éclat n'est pas plus fort, puisque jusqu'à ce jour leur existence n'est connue que par la photographie. Ils ont été découverts tous les deux par M. Perrine, de l'observatoire Lick.

Le sixième a été aperçu, pour la première fois, sur un cliché pris le 3 décembre 1904, et il a été revu sur toutes les photographies obtenues après cette époque jusqu'au 22 mars 1905. On a cru tout d'abord que son mouvement était rétrograde, mais, après examen attentif des clichés pris depuis cette époque, le mouvement a été mieux analysé : il est direct comme celui des cinq autres. Son orbite est très inclinée sur le plan de l'écliptique et voisine de 28 degrés. La période de révolution est de 253 jours, ce qui porte sa distance moyenne à plus de 11 millions de kilomètres. Il est donc beaucoup plus éloigné que

Callisto, le plus extérieur des cinq premiers, qui accomplit sa période de révolution en seize jours seulement. Son faible éclat ne peut donner qu'une indication approximative de sa grosseur, qui, d'après les mesures, ne dépasserait pas 160 kilomètres en diamètre.

En examinant les photographies prises au commencement de janvier 1905, le professeur Perrine crut remarquer qu'un objet de très faible grandeur (16° environ) était visible sur les plaques et semblait appartenir à la famille de Jupiter. A la fin du mois, le doute n'était plus possible : c'était bien un septième satellite situé un peu plus loin encore que le sixième et dont la période de révolution était de 265 jours. Sa distance moyenne est d'environ 12 millions de kilomètres et l'inclinaison de l'orbite de 31 degrés par rapport à l'écliptique.

Cette grande inclinaison par rapport aux autres satellites, qui semblent n'avoir subi depuis leur formation aucune influence, a été mise sur le compte de la capture par Jupiter d'astéroïdes errants.

M. le colonel du Ligondès, l'auteur de la récente cosmogonie dont nous avons souvent parlé ici, a réfuté cette hypothèse, séduisante peut-être au premier abord, mais peu soutenable au point de vue mécanique. Cet astronome a essayé de donner une explication plus plausible de ce curieux phénomène par l'application de sa théorie aux systèmes différents formés par les planètes.

Les deux satellites VI et VII offrent un exemple fort intéressant de deux corps dont les orbites sont entrecroisées à la façon d'une chaîne. Cependant, en raison de la grande inclinaison des deux plans des orbites, ces deux astres ne peuvent s'approcher l'un de l'autre à plus de 800 000 kilomètres. A cette distance, ils ne peuvent exercer l'un sur l'autre de perturbations sensibles, mais comme les nœuds et les périjoves se meuvent très rapidement, il est possible que les orbites viennent à se couper dans quelques siècles, et nos descendants assisteront peut-être à une collision de ces deux petits corps récemment découverts.

*Saturne.* — La planète Saturne offre en ce moment un spectacle intéressant, car elle se dégage de plus en plus des anneaux; ceux-ci se rapprochent du plan de l'orbite de la terre. Ils sont, en effet, de moins en moins ouverts. La région boréale de la planète a offert deux bandes de nuages diffuses et peu limitées. Les observations ont surtout porté cette année sur l'ombre de la planète se projetant sur les anneaux. MM. Amann et Bozet, à Aoste (Italie), pensent avoir remarqué une tache claire à côté de cette ombre portée, et sur la droite (image télescopique). Cette tache claire était, d'après eux, nettement bordée par une seconde tache plus faible dont les contours auraient varié au cours de l'opposition.

A l'observatoire de Juvisy, l'attention a été portée sur cette ombre secondaire et voici comment s'exprime M. Benoit à ce sujet : « Les anses sont plus brillantes que le globe. Le pôle sud est plus sombre que le pôle nord; la bande équatoriale boréale paraît double. L'ombre du globe sur l'anneau paraît bordée d'une tache claire au delà de laquelle serait un filet sombre : cet effet semble presque sûrement dû au contraste (Observations du 7 août 1905). Dans les observations suivantes, nous avons vu parfois l'ombre secondaire; en général, elle n'était visible qu'avec beaucoup de bonne volonté, nous avons presque toujours vu une tache claire contre l'ombre principale. Nos observations nous conduisent à penser que ce qu'il nous a été possible de voir peut n'être pas réel, mais devoir être attribué au contraste. »

L'année 1905 sera une des plus fécondes au point de vue des satellites nouveaux. Après les deux satellites de Jupiter, on vient de découvrir un dixième satellite de Saturne.

Le professeur Pickering a donné récemment les principaux éléments de Thémis, ce dixième satellite situé entre Titan et Hypérion.

Sa grandeur n'a pas varié depuis les premières observations, et on peut l'évaluer à 17,5. Ce nombre indique malheureusement que Thémis est hors de la portée visuelle de tous les instruments existants, et que toutes les recherches sont actuellement limitées aux moyens photographiques. L'examen des plaques montre que l'inclinaison de l'orbite du nouveau satellite est d'environ 39°,1 (sur le plan de l'écliptique). Son excentricité est assez forte et très voisine de 0,23.

A sa plus grande élongation, le dixième satellite se trouve à

154 500 kilomètres de la planète, si bien qu'il croise les orbites de Titan et d'Hypérion, et doit subir de ce fait d'importantes perturbations dont les résultats ont été discutés dans une note de M. Pickering.

Le diamètre probable de Thémis serait de 61 kilomètres, et sa période de révolution de 20,85 jours.

Tous les chiffres précédents ne sont évidemment qu'approximatifs, puisqu'ils ont été déduits de documents encore peu nombreux. Ajoutons que de tous les satellites découverts jusqu'à ce jour, Phœbé, le plus extérieur, est le seul qui soit animé d'un mouvement rétrograde.

## Les Comètes en 1905.

Au commencement de l'année 1905, on ne comptait pas moins de cinq comètes visibles dans le ciel.

1. La comète Brooks (1904 *a*), découverte le 16 avril 1904, était passée à son périhélie vers le 1ᵉʳ mars.

2. La comète périodique de Tempel (1873 II), dont on attendait le retour, et qui a dû passer au périhélie le 10 novembre 1904. Cette comète fut retrouvée à Nice par M. Gavelle, dans la matinée du 1ᵉʳ décembre.

3. La fameuse comète périodique d'Encke, retrouvée le 11 septembre 1904 à l'observatoire de Königstuhl. C'était le trente-deuxième retour de cet astre et la vingt-neuvième apparition observée depuis sa découverte en 1786.

Bon nombre d'observatoires ont suivi ses réapparitions. A Paris, M. Blum l'a observée le 18 décembre, et l'a décrite comme ayant l'aspect d'une nébulosité très faible, condensée graduellement vers le centre, et d'un diamètre d'environ 5 minutes, sans queue apparente. M. Moye l'a aussi observée à Montpellier : elle offrait l'aspect d'une nébulosité blanchâtre, très diffuse, légèrement allongée, et sans noyau. Le 4 décembre, elle avait à peu près l'éclat d'une étoile de 6,5 grandeur.

A son observatoire astrophysique de Nanterre, M. Quénisset

a pu en prendre quelques bonnes photographies dans le courant de décembre. Les clichés montrent que la comète a augmenté graduellement d'éclat, que la condensation avait une position très sensiblement excentrique, et que la chevelure présentait une plus grande étendue en forme d'éventail dirigée vers l'ouest-sud-ouest, c'est-à-dire du côté du soleil. Sur un phototype, obtenu le 7 décembre, le diamètre de la chevelure mesurait 4 minutes environ. Tout l'ensemble fut évalué à la 6,7 grandeur.

Le 4 janvier 1905, la comète d'Encke passait à son périhélie.

4. La quatrième comète, visible au commencement de 1905, était celle de Giacobini (1904 *d*). C'est à Nice qu'elle fut découverte le 18 décembre 1904. Elle était alors dans la constellation d'Hercule, s'éloignant rapidement du soleil; on la vit encore cependant au mois de mai 1905, mais très affaiblie.

5. Une cinquième comète, visible au commencement de janvier, était la comète Borelly (1904 *e*). A cette date, M. Quénisset en fit de très bonnes photographies. C'était alors, d'après les clichés de cet astronome, une faible nébulosité de dixième grandeur, à contours peu définis. Le diamètre de la chevelure n'excédait pas 2 minutes. M. Courty, de l'observatoire de Bordeaux, en a pris aussi de très bonnes photographies.

Plusieurs comètes périodiques étaient aussi attendues cette année. Citons la comète de 1884 III, dont la période, assez incertaine, est d'environ 6,76 années. Revue en 1891 et en 1898, elle devait passer au périhélie le 27 avril 1905, mais son retour s'effectuait dans des conditions défavorables, et, de fait, elle n'a pas été retrouvée.

La comète périodique de Tempel (1867 II), attendue pour la première moitié de l'année, a subi de fortes perturbations de la part de Jupiter, qui a allongé sa période de près d'une année. Les derniers retours ayant été peu ou mal observés, la comète n'a pas été retrouvée cette année.

Enfin, la comète de Barnard (1872 V), qu'on attendait pour la fin de l'année, a été signalée par l'observatoire de la Plata, mais la dépêche n'a pas été confirmée depuis, si bien qu'il y a beaucoup de chances pour que cette faible comète ait été perdue.

L'année 1905 n'a pas été féconde en comètes nouvelles. Trois seulement ont été signalées.

M. Giacobini, de l'observatoire de Nice, a découvert la comète 1905 *a* le 26 mars dernier, dans la belle constellation d'Orion ; elle était très faible et de onzième grandeur seulement, avec une apparence circulaire et un disque de 3 minutes de diamètre à noyau diffus. Sa période dépasserait 200 ans.

La comète 1905 *b* fut découverte par M. Schaër, de l'observatoire de Genève, le 17 novembre 1905, dans une région voisine du pôle. C'était un astre assez brillant de septième grandeur, se mouvant avec une très grande rapidité. Le 21 novembre, le professeur Wolf put la photographier avec la lunette Bruce. Ce cliché montra que la comète n'était pas symétrique ; elle avait une faible queue, dont la partie concave était *en avant*. A une distance de 22 minutes du noyau ; cette queue, recourbée, était brisée, et l'arrière affectait une forme différente de la première moitié.

Le 20 novembre, la comète, de sixième grandeur environ, était visible à l'œil nu, mais son éclat diminua très vite les jours suivants.

Le 6 décembre dernier, M. Giacobini découvrit la troisième comète nouvelle de 1905, la comète 1905 *c*. Au moment de sa découverte, elle était près d'Arcturus, se dirigeant lentement vers la constellation du Serpent. C'est la dixième comète depuis 1896 que l'on doit à l'actif astronome de l'observatoire de Nice.

Une quatrième comète a été découverte depuis dans la constellation Aquarius ; elle se dirigeait vers l'Aigle.

✳

### Étoiles filantes et météores.

*Hauteur des météores.* — M. Denning a publié quelques données relatives à la hauteur d'apparition et de disparition de différentes classes de météores.

En général, dit-il, les météores rapides deviennent visibles à une plus grande hauteur que les météores lents et n'approchent pas aussi près de la surface de la terre avant leur disparition.

C'est ainsi que, pour les Léonides et les Perséides, qui sont caractérisées chacune par des rapidités relatives, on a pu déterminer que les premières sont généralement plus élevées que les dernières.

Pour les Léonides, sur 25 météores observés, la moyenne de hauteur, au commencement de la traînée, a été de 135 kilomètres, et 90 kilomètres à la fin.

Quant aux Perséides, les hauteurs étaient de 128 kilomètres à l'entrée et de 86 seulement à la sortie : moyenne de 40 observations.

Pour ce qui est des météores très lents, la moyenne, à l'apparition, a été de 104 kilomètres de hauteur, et 61 kilomètres à leur disparition.

Ces derniers formeraient deux classes bien distinctes :

1. Ceux qui ont des radiants très lents compris entre 102 kilomètres et 77 kilomètres;

2. Ceux dont les radiants plus élevés s'étendent de 107 kilomètres à 45 kilomètres.

Les météores très rapides semblent devenir visibles à près de 32 kilomètres plus haut que les météores très lents, tandis que, parmi ces derniers, ceux qui ont des radiants élevés s'approchent de 32 kilomètres plus près de la terre que ceux qui ont des radiants très bas.

Sept Quadrantides ont donné des hauteurs moyennes de 107 kilomètres à 85 kilomètres, et quatre Lyrides ont été comprises entre 135 kilomètres et 80 kilomètres.

Le docteur P. Moschick, de Heidelberg, utilisant un certain nombre d'observations d'un météore vu le 3 août, a calculé le radiant, la vitesse et la hauteur du météore, ainsi que les éléments de son orbite. La vitesse moyenne était de 47 kilomètres, plus ou moins 8 kilomètres par seconde. Sa vitesse absolue devait être de près de 53 kilomètres par seconde. Les éléments montrent que l'orbite était parabolique et que le mouvement du météore était direct.

Le même géomètre étudia la marche d'un autre météore vu le 28 septembre. C'était une étoile filante dont le radiant se trouvait dans la constellation de Pégase. Sa vitesse relative était de $21^{km},51$ par seconde, et sa vitesse absolue de $27^{km},4$.

Les éléments calculés montrent que le météore était animé d'un mouvement direct sur une orbite elliptique.

*Observation à la lunette d'une traînée de météore.* — En recherchant la comète d'Encke, le 12 octobre 1904, à $11^h,59$, M. W. Shackleton vit apparaître soudain une brillante traînée : c'était évidemment, une traînée de météore.

A l'œil nu, elle était parfaitement droite ; avec un grossissement de quarante-six fois, on voyait clairement qu'elle était irrégulière suivant sa longueur, et qu'elle ressemblait à la traînée d'une étincelle électrique dans l'air, mais avec des contorsions plus petites et moins rigides.

Çà et là apparaissaient des masses globulaires en forme de nœuds, comme si, dans sa course, le météore avait laissé échapper parfois des masses plus considérables de matière incandescente, et la traînée était, soit tubulaire, soit formée de deux étroits rubans parallèles, séparés d'environ 5 secondes d'arc.

Cette traînée s'est dissipée peu à peu en masses nébuleuses et est restée faiblement lumineuse dans la lunette jusqu'à minuit.

*Étoile filante très basse.* — La parallaxe des étoiles filantes est si difficile à déterminer avec précision, que les mesures de ce genre doivent être signalées.

Le 12 août 1904, M. P. Goetz, de Heidelberg, photographiait la nébuleuse d'Andromède à l'aide de deux objectifs distants l'un de l'autre de $0^m,68$. Au développement, on remarqua qu'un météore, vu pendant la pose, avait laissé une trace sur les deux plaques. Il fut ainsi possible de déterminer sa trajectoire exacte et de prendre certains points de cette trajectoire aux endroits les plus brillants, afin d'en déduire une parallaxe absolument sûre.

Le résultat donna une parallaxe moyenne de $28'',12$, et six points pris sur la trajectoire offrirent des valeurs variant de $28'',26$ à $10'',0$. En prenant comme base d'un triangle la distance de $0^m,68$, intervalle entre les deux appareils, on trouve, pour les distances du météore en différents points de sa course : $4^{km},98$ ; $3^{km},78$ ; $6^{km},05$ ; $5^{km},57$ ; $8^{km},27$ ; $14^{km},03$.

La trajectoire paraissait rectiligne ; mais, en réalité, les nombres montrent que le météore suivait une courbe dont la convexité était tournée vers l'observateur. La traînée comprenait sur la plaque 9 degrés environ. Ce météore est un des plus bas qu'on ait sérieusement observés.

*Bolides.* — Le nombre de ces météores vus au cours de 1905 semble être plus considérable que d'ordinaire. On a pu calculer la route suivie par un certain nombre de ces corps mystérieux.

Un bolide, vu le 14 janvier à $10^h,16$, comme étant plus brillant que Vénus, partit d'une hauteur de 96 kilomètres, pour disparaître à une hauteur de 46 kilomètres, après avoir parcouru une trajectoire d'environ 88 kilomètres avec une vitesse de 24 kilomètres par seconde. Quelques instants après sa disparition, on entendit un léger bruit ressemblant à un roulement.

Un autre bolide, vu à $10^h,15$, le 28 février, et calculé, ainsi que le précédent, par M. Denning, se divisa en deux parties au moment de sa disparition.

Le professeur Herschell, en combinant ses observations avec celles de M. Packer, est parvenu à définir d'une façon très précise, dans l'atmosphère terrestre, la trajectoire réelle d'un bolide observé le 11 février 1905, vers 10 heures 1/2 du soir.

Il est apparu à une hauteur de 105 kilomètres, au-dessus d'un point situé dans la Manche, à 24 kilomètres au sud-est de Saint-Pierre de Guernesey. Son point de disparition était à 37 kilomètres au-dessus d'un lieu situé à 40 kilomètres ouest-sud-ouest de cette même ville. Le développement total de la trajectoire était de 85 kilomètres, ce qui correspond à une vitesse de $29^{km},600$ à la seconde.

*Température des étoiles.* — Il est une question que tout étudiant astronome s'est posée souvent sans pouvoir la résoudre d'une façon définitive : quelle est la composition chimique des étoiles et quelles sont les différences thermiques qu'elles présentent entre elles?

Sir Norman Lockyer, l'illustre directeur de l'Observatoire de South Kensington en Angleterre, a la prétention de répondre à ces deux questions en s'appuyant sur ses études spectrales qu'il poursuit depuis trente ans. Dans une très intéressante conférence à la Société astronomique, M. C. de Watteville a exposé les idées du savant astronome anglais, en y ajoutant certaines vues personnelles qui font encore avancer la question. Nous allons emprunter à cette conférence les lignes qui suivent :

« Lockyer admet comme hypothèse fondamentale la transformation graduelle de tous les corps cosmiques, à partir des météorites. Les différences que présente la lumière émise par les astres dépendraient donc de leur degré plus ou moins avancé d'évolution.

« Les nébuleuses seraient au premier stade de l'évolution des corps célestes ; ce seraient des essaims épars de météorites, qui, par leurs chocs mutuels, donneraient lieu à une émission de lumière. Le spectre de cette lumière renferme principalement les raies des gaz permanents : hydrogène, gaz de la clévéite et composés du carbone, chassés des météorites par la chaleur produite par la collision. Ce spectre renferme en moindre proportion des raies qui émettent à une température relativement basse les quelques éléments chimiques que l'analyse a décelés dans les météorites. La présence de ces raies métalliques permet d'assigner aux nébuleuses une température relativement peu élevée, car les raies de haute température font défaut dans leur spectre.

« Les météorites dont se composent les nébuleuses, arrêtés brusquement dans leur mouvement par la collision, sont forcés de tomber, attirés au centre de gravité de l'essaim, qui, par suite, doit se condenser, quelque grandes que soient ses dimensions primitives. Le résultat de cette condensation est la production d'une sphère très chaude dont la lumière est absorbée par l'atmosphère extérieure. Le soleil en est un exemple.

« Des transformations spectrales accompagnent celles de la nébuleuse. Au début, chaque météorite est entouré d'une faible atmosphère métallique, d'où production, dans le spectre, de raies noires d'absorption, tandis que l'espace qui sépare les météorites est rempli de gaz chassés par le choc et ne pouvant se condenser ; ces gaz, lumineux par eux-mêmes, donnent des raies brillantes.

« Pendant que la condensation s'opère, la température s'élève graduellement, les raies métalliques de haute température — les raies *enhanced*, ou renforcées, comme les appelle Lockyer —

apparaissent successivement pour devenir prédominantes, dans le spectre, sur celles des gaz.

« Lorsque la condensation a cessé, le corps qui en est résulté doit se refroidir, et ce fait se traduit dans le spectre par la disparition, dans l'ordre inverse de leur apparition, des raies de haute température.

« En 1889, sir Norman Lockyer est arrivé à classer les 470 étoiles qu'il a étudiées en 16 groupes, prenant le nom de l'étoile ou de la constellation à laquelle appartient l'étoile qui lui sert de type. Ces groupes sont situés sur une courbe au sommet de laquelle se trouvent les astres les plus chauds d'après l'hypothèse de la dissociation. Il obtient ainsi le tableau suivant :

```
                    10. Argonien. . . . . ⎫ Étoiles à protohydrogène.
                     9. Alnitamien . . . . ⎭

          8. Crucien. . .  ⎫ Étoiles à gaz de la clévéite. ⎧ Acturnien,. 8
          7. Taurien. . .  ⎭                               ⎨ Algolien . . 7
          6. Rigelien. . . ⎫                               ⎧ Markabien . 6
          5. Cygnien. . .  ⎪                               ⎪    —        5
          4.    — . . .    ⎬                               ⎨ Sirien. . . 4
          3. Polairien.. . ⎭                               ⎩ Procyonien. 3
          2. Aldébarien. . Étoiles à métaux . . . . .  Arcturien.. 2
          1. Antarien. . . Étoiles à spectres cannelés. Piscien. . . 1
```

*Série ascendante.* (à gauche)    *Série descendante.* (à droite)

« Les groupes de gauche comprennent les étoiles dont la température est en train d'augmenter, ceux de droite, les étoiles dont la température s'abaisse : deux groupes situés sur la même ligne horizontale renferment des astres dont la température est peu différente. En effet, le spectre de deux groupes semblables renferme les mêmes éléments prédominants ; les raies accessoires sont celles des métaux à poids atomiques plus faibles qui vont apparaître dans les étoiles qui se réchauffent, et, au contraire, celles des métaux à poids atomiques plus lourds pour le spectre des étoiles qui se refroidissent.

« La théorie de sir Norman Lockyer, dit M. de Watteville, est certainement très intéressante à cause de sa simplicité et de sa logique. Elle présente, en outre, un caractère de séduisante grandeur par l'unité qu'elle attribue non seulement à la matière, mais à l'évolution de l'ensemble de tout le monde matériel. »

C'est ainsi qu'on a la comparaison suivante entre les deux étages Rigelien et Markabien.

| RIGELIEN. | MARKABIEN. |
| --- | --- |
| *Prédominants* : Hydrogène. Protocalcium. Protomagnésium. Hélium. Silicium.<br>*Accessoires* : Asterium. Protofer. Azote. Carbone. Prototitane. | *Prédominants* : Hydrogène. Protocalcium. Protomagnésium. Hélium. Silicium.<br>*Accessoires* : Protofer. Hélium. Asterium. Prototitane. Protocuivre. Protomanganèse. Protonickel. Protochrôme. |

D'ailleurs, les expériences personnelles de M. de Watteville confirment sur plusieurs points cette théorie.

*La parallaxe d'α du Centaure.* — L'Observatoire Lick a organisé une mission pour faire des observations dans l'hémisphère austral. Les appareils ont été installés à Santiago du Chili dans le courant de 1903, et, le 11 septembre de la même année, les travaux furent commencés.

Les observations concernant α du Centaure sont particulièrement intéressantes. Elles portent sur les vitesses radiales et ont été effectuées à l'aide d'un spectroscope à trois prismes, monté sur un télescope Cassegrain de $0^m,94$ d'ouverture. On a pu constater une différence moyenne d'environ $5^{km},17$ dans les vitesses radiales des deux composantes de cette belle étoile double.

Cette différence est probablement due au mouvement orbital relatif des deux composantes; dans cette hypothèse, on peut déterminer la parallaxe du système parce que l'orbite visuelle du couple est déjà bien connue. Le $D^r$ Palmer a fait le calcul et a obtenu les résultats suivants :

$$\pi = 0'',76 ;$$
$$a = 5,46 \times 10^9 \text{ kilomètres} ;$$
$$m_1 \times m_2 = 1,9.$$

$a$ est la distance moyenne en kilomètres entre les deux composantes; $m_1$ et $m_2$ sont les masses respectives de $\alpha_1$ et $\alpha_2$ du Centaure, la masse du soleil étant prise pour unité.

Les masses relatives des composantes seraient sensiblement égales, la plus brillante étant un peu plus considérable — dans le rapport 51/49. Le spectre de la première est du type solaire, tandis que dans celui de la plus faible les lignes du fer sont plus prononcées et la raie d'absorption du calcium beaucoup plus accusée.

Rappelons que la parallaxe trouvée par les méthodes ordinaires est de 0″,75.

*La parallaxe de β Cassiopée.* — En 1888, le professeur Pritchard, à Oxford, avait déterminé par la méthode photographique la parallaxe de l'étoile β Cassiopée. Il trouva : 0″,15 ± 0″,02.

M. Kostinsky fit une nouvelle détermination en employant des mesures méridiennes, et trouva comme valeur moyenne : 0″,14 ± 0″,03. ·

Une troisième détermination a été faite dernièrement par M. A.-S. Flint, de l'observatoire de Washburne, en se servant d'observations du passage de l'étoile au méridien. M. Flint conclut pour cette parallaxe : 0″,10 ± 0″,05.

M. Kostinsky, après une discussion complète de ces trois valeurs, est arrivé à cette conclusion que la valeur absolue de la parallaxe de β Cassiopée est très probablement voisine de 0″,1, et sans doute un peu supérieure à cette valeur.

*Lumière de toutes les étoiles.* — D'après les recherches de l'astronome américain Simon Newcomb, la lumière de toutes les étoiles reçues par l'œil humain, y compris celle de la voie lactée, équivaudrait à la lumière de 600 étoiles de grandeur 0.

*Catalogues d'étoiles.* — Le professeur Hussey a publié, dans le numéro 74 du *Bulletin* de l'Observatoire Lick, son neuvième catalogue d'étoiles doubles découvertes avec les réfracteurs de 12 pouces et de 36 pouces de l'Observatoire et presque toutes mesurées avec ce dernier instrument.

Les catalogues précédents avaient été publiés dans les numéros 480, 485 et 494 de l'*Astronomical Journal* et dans les numéros 12, 21, 27, 57 et 65 des *Bulletins* de l'Observatoire Lick. Le dernier catalogue renferme deux cents étoiles doubles nouvelles qui portent les numéros 801 à 1000 inclusivement.

On trouve également dans les Annales de l'Observatoire d'Harvard College (n° 7, vol. LIII), un second supplément au catalogué provisoire d'étoiles variables publié précédemment dans les mêmes Annales.

Les directeurs de l'Observatoire avaient d'abord eu l'intention de publier tous les cinq ans un supplément semblable au supplément déjà paru en 1903 ; mais le programme a dû être changé par suite du grand nombre de variables récemment découvertes.

Ce supplément renferme plus de 400 nouvelles variables, dont la plupart appartiennent aux régions nébuleuses étudiées par miss Leavitt.

Dans le courant de 1904, il a été découvert 503 étoiles variables nouvelles, dont 431 à Harvard, à l'aide de la photographie. Le catalogue par fiches que l'on construit à Harvard comprend à l'heure actuelle environ trente-cinq mille fiches pour les variables seulement.

*Castor, étoile quadruple.* — En 1896, Bélopolsky découvrait avec le spectroscope que la plus faible des composantes de cette étoile double bien connue s'approchait et s'éloignait alternativement du système solaire.

Ce phénomène s'explique en supposant l'existence, très près de cette composante, d'un compagnon invisible, d'une masse suffisante pour forcer la brillante étoile à parcourir une orbite elliptique une fois tous les trois jours.

Or le docteur Curtis a découvert à Lick Observatory, avec le spectrographe Mills adapté au réfracteur de 36 pouces, que la plus brillante composante de Castor est également escortée par un compagnon invisible.

La période de révolution n'a pas encore été déterminée.

*La constante de l'aberration.* — M. Chandler a publié les résultats très intéressants de recherches faites, depuis une dizaine d'années, sur les diverses valeurs obtenues pour la constante de l'aberration par des observateurs employant des méthodes différentes. Après avoir discuté la valeur des méthodes adoptées, le docteur Chandler accorde plus ou moins de confiance aux résultats obtenus, et en rejette même un certain nombre comme étant par trop incertains. Des résultats acceptés définitivement, le docteur Chandler obtient comme moyenne générale la valeur de 20″,521 pour la constante de l'aberration, avec une erreur possible de ± 0″,005.

En utilisant tous les résultats, on arriverait à une moyenne de 20″,517, tandis que la constante de l'aberration utilisée dans la connaissance des temps est de 20″,47, d'après les décisions de la conférence internationale des étoiles fondamentales.

Il est probable que le résultat de M. Chandler est très inexact, car si l'on adopte le chiffre de 20″,52, on est conduit par le calcul à admettre pour la parallaxe solaire la valeur de 8″,78, chiffre certainement trop faible d'après les résultats déduits de la parallaxe d'Eros.

D'autre part, le professeur Doolittle, après une laborieuse discussion de plus de 15 000 observations, est arrivé à la valeur 20″54, pour la constante de l'aberration. D'après lui, de nouvelles recherches ne pourront pas faire varier cette valeur de plus de 0″,01.

*La Nova de l'Aigle n° 2.* — En juillet 1900 on avait découvert sur une photographie Draper prise le 5 juillet 1899 une étoile ayant un spectre à lignes brillantes caractéristiques des Novæ. En faisant de nouvelles recherches, l'étoile fut retrouvée sur une photographie prise le 21 avril 1899; elle était alors de septième grandeur. Comme le nouvel astre se trouvait dans la constellation de l'Aigle, il reçut le nom de Nova de l'Aigle.

Cette année au mois d'août, Mme Fleming, examinant une photographie de Draper, prise le 18 août, découvrit une seconde Nova dans la même constellation.

A cette époque la grandeur de la Nova était environ 6,5 ; le 21 août elle était 7,5, tandis que le 26 août elle était tombée à 10.

Il a été impossible de retrouver des traces de la nouvelle étoile sur une photographie prise le 10 août, où l'on voit toutes les étoiles jusqu'à la grandeur 9,5.

De même une photographie prise avec le télescope Bruce à Aréquipa le 15 août, avec une exposition de 4 heures, et qui contient des étoiles de 16ᵉ grandeur, ne montre aucun astre visible à la place de la Nova.

Il est curieux que la nouvelle étoile se trouve entre deux espaces du ciel vides d'étoiles jusqu'à la quinzième grandeur, au milieu d'une région très riche de la voie lactée.

La série Harvard renferme deux ou trois cents photographies de la région : vingt-neuf ont été examinées, mais il fut impossible de retrouver la Nova avant le 18 Août.

D'après le Docteur P. Guthnick, la grandeur, le 5 septembre, était d'environ 10,2, et l'étoile était de couleur jaunâtre.

Le professeur Wolf l'estimait de grandeur de 9,6 le 17 septembre.

Enfin des observations photométriques ont montré qu'elle était de grandeur 10,5 au commencement de septembre, et de grandeur 10,65 le 25 septembre. Les grandeurs étaient estimées d'après les étoiles de comparaison de la révision photométrique Harvard du catalogue B D.

Sur une photographie prise le 16 octobre avec une pose de 56 minutes, l'image de la Nova est entourée d'un faible halo irrégulier de 1 à 2 secondes de diamètre.

✻

**Nébuleuses.**

*Faiblesse des nébuleuses planétaires.* — M. Gore a cherché par le calcul quelle est la luminosité des surfaces de diverses nébuleuses planétaires, comparée à la luminosité superficielle du soleil et de la lune.

Pour la nébuleuse H. IV. 37, située près du pôle de l'écliptique, il trouve que sa luminosité superficielle est à celle du soleil comme 1 est à $43196, 7 \times 10^6$.

Pour les nébuleuses h 3565, $\Sigma$ 5 et G. C. 7027, les rapports respectifs sont $1 : 245, 3 \times 10^6$; $1 : 1095, 5 \times 10^6$, et $1 : 434 \times 10^6$. Ainsi la plus brillante, h. 3565, a une luminosité superficielle de 400 fois inférieure à celle de la lune.

*Nébuleuses noires.* — On sait depuis longtemps que les nébuleuses ont la singulière propriété de se trouver au milieu d'espaces vides d'étoiles et qui paraissent même plus noirs que les régions avoisinantes.

La belle nébuleuse du Cygne, en particulier, montre une structure compliquée de vides et de traînées ; de plus, elle est située au centre d'une région particulièrement pauvre, et semble reliée aux plages stellaires voisines par un large canal noir. .

D'autre part, certaines nébuleuses elliptiques aplaties sont partagées par une ligne noire suivant leur grand axe en deux parties égales. L'effet produit sur la plaque photographique est le même que s'il existait entre la nébuleuse et la plaque un écran interceptant une partie de la lumière. Ces nébuleuses sont probablement des spirales vues par la tranche, et, d'après M. W. J. Franks, on peut supposer que la bande noire est due au fait que le bord extérieur de la nébuleuse s'est refroidi plus rapidement que la masse centrale encore chaude et lumineuse. Si cette région plus froide se trouve interposée entre la nébuleuse et nous, ce qui arrive quand on voit la nébuleuse par la tranche, elle arrête la lumière par absorption.

Le Docteur Franks explique de même les régions noires que l'on voit dans les nébuleuses irrégulières, ainsi que les vides qui entourent les grandes nébuleuses : de la matière nébulaire relativement froide intercepte la lumière émanant des parties plus intenses et des petites étoiles qui brillent dans les régions plus éloignées. D'après le même auteur, les nébuleuses seraient vraisemblablement plus proches de nous que les étoiles, et leur énorme grandeur apparente serait en faveur de cette hypothèse.

*Photographies monochromatiques de la nébuleuse d'Orion.* — A la suite d'études spectrographiques de la nébuleuse d'Orion, le professeur Hartmann, de l'Observatoire de Postdam, conçut l'idée de photographier cette immense formation à l'aide d'écrans ne laissant passer que des radiations bien déterminées.

La première pose fut obtenue au moyen d'un écran absorbant complètement toutes les longueurs d'onde plus courtes que $\lambda$ 4800, mais laissant passer avec H$\beta$ les principales raies nébulaires $N_1$ et $N_2$.

L'écran employé pour la seconde pose ne se laissait traverser que par les radiations comprises entre $\lambda$ 3880 et $\lambda$ 3740, tandis que dans le troisième cliché on obtenait surtout les radiations ultra-violettes au voisinage de $\lambda$ 3757.

Cette façon de sélectionner sur différentes plaques des régions bien déterminées du spectre a donné les meilleurs résultats, et les conclusions tirées des travaux de M. Hartmann sont excessivement intéressantes.

On peut remarquer en particulier que la radiation $\lambda$ 3727 est très intense dans toutes les parties de la nébuleuse, et, en certains endroits, elle est même presque la seule enregistrée. Son action photogénique est telle que l'image apparaît dans beau-

Nébuleuses N. G. C. 6960 et 6992 du Cygne, le 26 juillet 1905, de 9ʰ,50 à 12ʰ,6.
Observatoire astrophotographique de Nanterre.
(Photographie de M. Quénisset.)

coup de régions où l'œil armé des plus puissants instruments ne peut même soupçonner une nébulosité.

La nébuleuse G.C. 1180, qui entoure $c$ d'Orion, est à peine visible sur la photographie $N_1$ et $N_2$, mais elle apparaît très nettement sur le cliché obtenu en lumière ultra-violette; les photographies IIB la montrent encore plus brillante.

Ces actions diverses font croire à la présence d'au moins trois gaz dans la nébuleuse d'Orion : le premier émettrait les principales radiations nébulaires, le second, la radiation de l'hydrogène, et la troisième, celles correspondant à $\lambda$ 3727.

Cet exemple prouve le parti que l'on peut tirer de ces méthodes nouvelles pour l'examen des diverses régions du ciel, et
il est à souhaiter que le professeur Hartmann ait de nombreux
imitateurs.

# MÉTÉOROLOGIE ET PHYSIQUE DU GLOBE

### L'Année météorologique en 1905.

*Janvier*. — *A Paris*, le mois de janvier a été remarquable par
la persistance des fortes pressions; la moyenne barométrique
du mois surpasse de 6 millimètres la normale. Le mercure a
atteint des hauteurs exceptionnelles du 27 au 29 : ce dernier
jour, on a noté, à 50$^m$,5 d'altitude, une pression de 782$^{mm}$,1,
inférieure seulement de quelques dixièmes à la plus forte qui
ait été observée jusqu'à présent. Le minimum du mois,
739$^{mm}$,6, (à 50$^m$,5), a été noté le 17. La température, très
basse au commencement du mois, s'est relevée du 4 au 7; à
partir du 8, elle a oscillé autour de la normale en présentant
des écarts qui, dans chaque sens, ont atteint 4 degrés. On
compte 19 jours de gelée, qui se répartissent à peu près uniformément sur tout le mois : on en trouve 6 dans la première et
la troisième décade et 7 dans la seconde. La gelée a été continue et très forte du 1$^{er}$ au 5; ce dernier jour on a noté un
minimum de 10°,3. Le maximum de 12°,6 a été observé le 7.
On a recueilli au Parc Saint-Maur 25$^{mm}$,4 d'eau, quantité inférieure de 10$^{mm}$,2 à la normale, en 11 jours pluvieux. La neige
est tombée trois fois; elle a été assez abondante dans la
matinée du 16.

En France, le temps a été généralement frais et normalement
pluvieux avec pression barométrique élevée. La pression
moyenne du mois présente, par rapport à la normale, un excès
qui varie de 5 millimètres à 7 millimètres suivant les stations. Le
mercure a atteint de très grandes hauteurs du 27 au 29 :
789$^{mm}$,5 (au niveau de la mer) à Nantes, 787$^{mm}$,2 à Châteaudun. La pression notée le 29 à Clermont, 749$^{mm}$,7
(à 388 mètres d'altitude), est la plus haute qu'on y ait observée
depuis trente-huit ans. Le temps a été très froid dans toute la

France pendant les trois premiers jours du mois; un réchauffement général s'est ensuite produit du 4 au 6, et pendant les deux dernières décades la température a présenté d'assez fortes oscillations. Les moyennes thermiques de janvier sont inférieures de 1 degré environ à la normale. Les pluies ont été générales du 4 au 9 et du 15 au 17; au total, elles ont donné des hauteurs d'eau peu différentes des valeurs moyennes. Dans le Roussillon, cependant, par suite des averses torrentielles qui sont tombées du 23 au 24, le total du mois s'est élevé à 191 millimètres, en excès de 151 millimètres sur la normale.

*Février.* — À Paris, la moyenne barométrique de février surpasse de $4^{mm},7$ la normale. Le mercure est en effet resté élevé pendant la plus grande partie du mois : du 3 au 15, il a oscillé entre 765 millimètres et 775 millimètres, atteignant le 5 sa hauteur maximum, $777^{mm},5$. Du 16 au 20, une baisse barométrique assez irrégulière s'est produite, puis la pression est revenue dans le voisinage de la normale. Du 25 au 26, une nouvelle baisse, très rapide, a ramené le mercure à $747^{mm},5$, hauteur minimum du mois. La température présente un excès de $0^o,7$ sur la normale. Il y a eu, en effet, deux périodes assez longues pendant lesquelles les moyennes diurnes ont constamment été en excès, l'une du 1er au 8, la seconde du 14 au 19. On a compté cependant 15 jours de gelée, dont 5 consécutifs du 22 au 26; pour aucun d'eux, le froid n'a été bien remarquable, la plus basse température du mois étant seulement de — $2^o,9$. On a recueilli $23^{mm},9$ d'eau, quantité inférieure de $9^{mm}5$, à la moyenne. Les chutes de pluie ont cependant été fréquentes; on a compté 12 jours de pluie appréciable au pluviomètre et 4 jours de gouttes. La neige, qui est tombée à cinq reprises différentes, a été très abondante dans la journée du 23.

En France, les fortes pressions ont persisté pendant la plus grande partie du mois; aussi, les moyennes barométriques sont-elles partout supérieures aux valeurs normales, l'excès variant entre 4 millimètres et 6 millimètres suivant les régions. Le temps a été généralement doux du 1er au 8 et du 15 au 19, un peu froid du 9 au 14 et du 20 au 26. Pendant ces deux dernières périodes, les gelées ont été à peu près générales, sans que les minima de température qui leur correspondent présentent rien d'exceptionnel. Les pluies ont été fréquentes, mais peu abondantes, et les quantités d'eau recueillies sont presque partout en déficit.

*Mars.* — A Paris, le mois de mars est caractérisé par la persistance des vents d'entre 5 et 10, la douceur de la température et la fréquence des pluies. La pression barométrique est, en moyenne, inférieure de $2^{mm},5$ à la normale ; après une hausse continue du 1er au 4, le mercure s'est tenu jusqu'au 9 dans le voisinage de 765 millimètres. Du 10 à la fin du mois, la courbe barométrique présente de nombreuses dépressions, la plus profonde étant celle du 14 avec un minimum de $744^{mm},4$. La hauteur maximum du mois, $770^{mm},5$, a été notée le 51. La température n'est descendue que deux fois, le 1er et le 5, au-dessous de 0°. A partir du 6, les moyennes diurnes ont été constamment supérieures aux normales correspondantes ; l'excès atteint 1°,8 pour l'ensemble du mois. Les températures extrêmes sont de — 1°,4 le 1er et de 18°,2 le 5. On a recueilli $75^{mm},5$ d'eau, quantité supérieure de $54^{mm},8$ à la normale. Les pluies ont en effet été très fréquentes ; on compte au total 19 jours pluvieux dont 10 consécutifs du 9 au 18 ; une seule journée, celle du 27, a donné 20 millimètres d'eau.

En France, le temps a été doux et pluvieux dans le Nord et l'Ouest ; dans l'Est et le Sud, les pluies n'ont donné que des hauteurs d'eau à peu près normales. La température présente par rapport à la moyenne un excès qui varie entre 1 degré et 2 degrés, suivant les stations. Le régime des vents d'entre 5 et 10 a été en effet très persistant, il a régné presque sans interruption du 6 à la fin du mois. Du 1er au 6, le vent a soufflé des régions Nord et la température est restée assez basse. La pression barométrique, qui présente un déficit de 5 millimètres environ dans le Nord-Ouest, est voisine de la normale dans l'Est. Les isobares moyennes du mois montrent un minimum de 757 millimètres sur le Cotentin et un maximum de 765 millimètres vers Biarritz.

*Avril.* — A Paris, la pression barométrique et la température ont été très variables pendant le mois d'avril ; en moyenne, elles sont un peu inférieures aux normales correspondantes. Les pluies ont été fréquentes, mais généralement faibles, de sorte que, bien que l'on compte 16 jours pluvieux dans le mois, le total de la pluie recueillie, 20$^{mm}$,9, représente seulement la moitié de la quantité normale. La plus forte chute dans une journée s'est produite le 11 ; elle a donné 8 millimètres au parc Saint-Maur, 19 millimètres au parc de Montsouris. Un orage a éclaté dans la soirée du 11 ; des coups de tonnerre ont encore été entendus le 14 dans la banlieue Est. Le temps a été doux du 1$^{er}$ au 5, du 10 au 16 et à la fin du mois, froid du 6 au 9 et du 17 au 25 ; il a gelé tous les jours du 6 au 9, et en outre le 25. La température, qui a oscillé entre — 1°,9, le 7 et 20°,5 le 13, présente en moyenne un déficit de 0°,5 sur la normale du mois. La pression barométrique est très élevée le 1 ; on note ce jour-là le maximum du mois 772$^{mm}$,1. Du 2 au 8, le mercure éprouve quelques oscillations assez faibles, puis, dans la nuit du 8 au 9, commence une baisse importante qui le ramène le 10, dans la soirée, à 745$^{mm}$,7, minimum du mois. La pression oscille entre 755 millimètres et 760 millimètres du 4 au 20, dans le voisinage de 765 du 22 au 27. La moyenne barométrique du mois est inférieure de 0°,4 à la normale.

En France, le temps a été un peu froid du 6 au 10 et du 17 au 25 ; pendant la première de ces deux périodes, les gelées ont été fréquentes dans le Nord et le Nord-Ouest, où l'on a également signalé des chutes de neige. Au commencement du mois, et surtout du 10 au 16, sous l'influence d'un régime de vents du Sud, la température s'est tenue notablement au-dessus de la normale. Les pluies ont été fréquentes, mais peu abondantes, sauf dans quelques stations. On a recueilli, au total, 21 millimètres d'eau à Chateaudun, 24 millimètres à Arras, 31 millimètres à la Beaumette, 39 millimètres à Clermont-Ferrand ; toutes ces quantités sont inférieures aux normales correspondantes. Les pluies tombées à Besançon (125$^{mm}$) et à Bagnères-de-Bigorre (124$^{mm}$) sont par contre considérables. La pression barométrique s'écarte peu de sa valeur moyenne ; d'après les observations de 7 heures du matin, elle varie entre 758 millimètres (Nice) et 762 millimètres (Biarritz). Le 29 avril, à deux heures du matin, une forte secousse de tremblement de terre a été ressentie dans tout l'est de la France ; le séisme, particulièrement sensible à Chamounix, a produit dans cette ville et dans tous les villages des environs des dégâts matériels importants.

*Mai.* — A Paris, les dépressions au commencement du mois ont amené quelques pluies avec une température un peu supérieure à la normale. Le 4 mai, la température a sensiblement baissé et ce régime a duré jusqu'au 11 mai, avec quelques orages. La température se relève ensuite jusqu'au 16, mais des vents Nord-Est amènent un refroidissement les jours suivants. A partir du 19, les temps orageux continuent. Le 24, le thermomètre marque 8°,7 à Paris, et cette moyenne est de nouveau inférieure à la normale de 5 degrés. En résumé, le total de la pluie tombée n'a pas été très fort, et la température est restée plutôt au-dessous de la normale.

En France, le régime des vents du Sud-Ouest a amené de fortes pluies au commencement du mois, et, dès le 5 mai, la dépression signalée au Nord-Ouest s'éloigne rapidement, donnant lieu à un régime de fortes pressions pendant la première décade. Dans la deuxième décade du mois, la pression barométrique, restée assez basse au commencement, remonte sensiblement vers la fin, et se distribue d'une façon presque uniforme pour donner lieu à une série d'orages que nous avons déjà signalée. A partir du 20, la température s'abaisse et la situation atmosphérique reste très troublée. La température offre alors des oscillations assez remarquables.

*Juin.* — A Paris, le mois de juin a été remarquable par la fréquence des orages et l'intensité des averses. On a recueilli, à l'observatoire du Parc Saint-Maur, 107 millimètres d'eau en 17 jours pluvieux; il faut remonter à l'année 1873 pour trouver un mois de juin plus pluvieux que celui de cette année. Sur les 17 jours de pluies du mois, 10 ont été marqués par des manifestations orageuses, quelquefois très violentes. Naturellement, les averses ont été très inégalement réparties dans la région ; quelques-unes ont été d'une exceptionnelle intensité. Au cours de l'orage du 10 juin, on a recueilli au Bureau central près de 60 millimètres d'eau en 1 heure ; le même orage a été accompagné d'une forte chute de grêle sur la partie nord de la ville. Le 17, on a recueilli 20 millimètres d'eau environ sur Paris et à Vaucluse. Enfin, les deux derniers jours du mois ont donné des hauteurs d'eau supérieures à 20 millimètres. La température a oscillé entre 7°,9, minimum du 13 et 29°,7, maximum du 4; en moyenne, elle présente un excès de 0°,5 sur la normale. Les maxima ont dépassé 7 fois 25 ; quant aux moyennes diurnes, on en compte 5 supérieures à 20. La pression barométrique est inférieure de 2 à la normale ; elle a oscillé entre 753$^{mm}$,2 et 771$^m$,2.

En France, le temps a été très beau avec pression élevée pendant les trois premiers jours du mois ; le 4, a commencé une période d'orages et de pluies qui a duré jusqu'au 19. Les orages ont repris à la fin du mois après une période de beau temps du 20 au 25, pendant laquelle le baromètre est resté élevé avec régime de vents du Nord-Est. Les quantités d'eau recueillies pendant le mois sont notablement supérieures aux normales correspondantes dans beaucoup de stations du Nord-Est. On a mesuré 96 millimètres de pluie à Charleville, 112 millimètres à Châteaudun, 121 millimètres à Boulogne-sur-Mer, par contre, le total du mois est seulement de 26 millimètres à Langres, (normale 85$^{mm}$), de 25 millimètres à Nantes, (normale 58$^{mm}$). Les pressions barométriques moyennes de 7 heures du matin varient entre 760 et 762 millimètres.

*Juillet.* — A Paris, la pression barométrique a été très élevée pendant tout le mois de juillet, et les oscillations de la colonne mercurielle ont eu peu d'amplitude. Quelques orages ont été signalés dès les premiers jours. Le 1$^{er}$ juillet, la température moyenne a atteint 18°,3, se maintenant pendant les jours suivants, jusqu'au 6, très supérieure à la normale. Le 5 juillet, température maxima : 28°,7. Après une baisse de température vers le 12, le temps beau et chaud a persisté jusqu'au 19, dont la température moyenne a été un peu inférieure à la normale. Quelques averses font signalées vers le 24, mais, d'une façon générale, le temps reste beau jusqu'à la fin du mois.

En France, le temps est resté généralement beau et chaud. Aucune dépression importante n'a été signalée, et la situation atmosphérique, très uniforme la plupart du temps, donne lieu à des orages qu'on a signalés surtout au commencement et à la fin du mois. Quelques pluies sont tombées, surtout dans la région Nord-Ouest, mais dans le reste de la France, la sécheresse est générale.

*Août.* — A Paris, la température moyenne de la première

décade a été un peu inférieure à la normale, et on a signalé plu-
sieur averses dont quelques-unes orageuses ; du 10 au 20, la
température moyenne est un peu supérieure à la normale avec
24°,5 au thermomètre à maxima dans la journée du 20 août. La
température s'élève encore vers le 26, mais quelques orages
amènent un refroidissement continu jusqu'à la fin du mois. Les
pluies ont été peu abondantes pendant ce mois. C'est à peine si
l'on signale 6 millimètres d'eau le 11, 2 millimètres le 19,
21 millimètres le 23, 9 millimètres le 27, 27 millimètres le 29,
la plupart de ces chutes d'eau provenant d'averses orageuses.

En France, la pression barométrique est assez troublée pendant les premiers jours du mois d'août. Une dépression signalée
à l'ouest des Iles britanniques reste presque stationnaire pendant plusieurs jours, amenant quelques pluies dans le nord. La
hausse barométrique signalée vers le 6 est de faible durée. Le 7,
une nouvelle dépression est signalée, amenant des pluies dans
le nord et l'ouest du continent avec hausse de température. La
pression reste très élevée en France jusqu'à la fin du mois et se
répartit d'une façon à peu près uniforme, ce qui donne lieu à
de nombreux orages signalés de toutes les régions. Cependant,
nulle part on n'a signalé de forte température.


*Septembre.* — A Paris, le temps a été assez mauvais pendant
tout le mois de septembre. On compte au total 16 jours de pluie,
qui ont donné 61$^{mm}$,5 d'eau, quantité supérieure de 11$^{mm}$, 6
à la normale, et 4 jours de pluie inappréciable. Sur les 16 jours,
pluvieux, on en trouve 8 consécutifs du 23 au 30 ; quant aux
autres, ils se répartissent sans former groupement notable sur
le reste du mois. Il n'y a à noter qu'une seule période de temps
assez beau, du 12 au 18, pendant laquelle il n'a pas plu, et dont
la nébulosité moyenne est de 3,6. La température moyenne
du mois, 14°, 1, est inférieure de 0°,7 à la normale.

Le déficit, qui porte principalement sur les maxima, s'est
produit chaque jour à partir du 12. On ne compte que 4 journées assez chaudes, du 3 au 6, pendant lesquelles les maxima
ont dépassé 20° et dont les moyennes sont supérieures à 17°.
Les températures extrêmes du mois sont de 26°,8, le 6 et de
5°,9, le 16. La pression barométrique est, en moyenne, inférieure de 1$^{mm}$,2 à la normale ; elle a éprouvé de nombreuses

oscillations, dont les principaux minima se sont produits le 6, le 10, le 19 et le 24. L'écart des pression extrêmes, 19$^{mm}$,5, n'est cependant pas bien important. Les vents dominants sont ceux du S, SSO et SO; ces trois directions représentent ensemble 85 pour 100 d'observations.

En France, le mois de septembre a été très pluvieux dans toutes les régions ; on compte 25 jours de pluie à Besançon et à Sainte-Marie-du-Mont, 24 à Langres, 21 à Nancy et à Nantes. Les hauteurs d'eau recueillies sont, dans toutes les stations, supérieures aux valeurs normales. L'excès est surtout important dans l'Est et le Sud : on a mesuré 145$^{mm}$ de pluie à Bagnères-de-Bigorre et à Clermont, 153$^{mm}$ à Besançon, 125$^{mm}$ à Lyon, 116$^{mm}$ à Toulouse. Le temps est resté généralement frais ; les températures moyennes du mois sont inférieures d'environ 1$^0$ aux normales correspondantes. La pression barométrique a été assez variable; en moyenne, elle présente un maximum de 763$^{mm}$ vers Biarritz, et un minimum de 760$^{mm}$ sur le golfe de Gênes.

*Octobre.* — A Paris, le mois d'octobre a été remarquable par sa faible température moyenne. Dans toute la série des observations, qui remonte à 1757, on ne trouve qu'un seul mois d'octobre, celui de 1887, qui soit plus froid que celui de cette année. Le déficit a été quotidien du 1$^{er}$ au 26 ; en moyenne, il atteint 5$^0$,0. On a compté, au Parc-Saint-Maur, 9 jours de gelée, dont 8 consécutifs du 20 au 27 ; le minimum du mois, — 5$^0$,9, observé le 21, n'est atteint que rarement; quant au maximum, 10$^0$,7, il est lui-même remarquablement bas. Les pluies ont été fréquentes, mais peu abondantes ; au total, on a recueilli 34$^{mm}$ d'eau, quantité inférieure de 27$^{mm}$ à la normale. Les averses ont été plus fréquentes dans la première quinzaine que dans la seconde ; la plus large période sans pluie a duré 7 jours, du 20 au 26. En tout, on a compté 15 jours pluvieux et 5 jours de pluie inappréciable. La pression barométrique a éprouvé de nombreuses oscillations; mais, en général, elle s'est tenue à un niveau assez élevé ; en moyenne, elle reste supérieure de 2$^{mm}$,5 à la normale.

En France, le mois d'octobre a été très froid dans toutes les régions

Dans toutes les stations pour lesquelles on dispose d'une série assez longue d'observations, on ne trouve que le mois d'octobre de 1887 qui ait été plus froid que celui de cette année. Les écarts entre les températures mensuelles et leur valeur normale atteignent 3° et même 4°. La fréquence des jours de gelée indique d'ailleurs bien à quel point le mois dernier a été froid; on en compte 12 à Langres, 9 à Arras, 8 à Châteaudun, 3 à Angers.

Les pluies, bien que fréquentes, ont été partout en déficit; ce déficit atteint les trois quarts de la hauteur normale à Nantes, les deux tiers à Arras, la moitié à Langres et à Perpignan. La pression barométrique présente un excès de 2$^{mm}$ ou 3$^{mm}$ par rapport à la normale; les isobares moyennes de 7 h. du matin montrent un maximum de 766$^{mm}$ dans l'ouest, et un minimum de 759$^{mm}$ sur le golfe de Gênes. Le mois d'octobre a été partagé en quatre périodes pour l'étude détaillée de la situation atmosphérique.

*Novembre.* — À Paris, la température du mois a été plutôt chaude et le temps généralement pluvieux. De faibles averses sont tombées au commencement du mois. On signale cependant 14$^{mm}$ à Paris le 12, 9 le 13, 19 le 24. Une accalmie survient, qui dure jusqu'au 19, où la pluie reprend, avec une température un peu inférieure à la normale. Le 20, la température moyenne n'est que de 1°,5. La neige fait une apparition le 21 et la température maxima de la journée n'est que de 1°,6. Le thermomètre remonte à la fin de la dernière décade avec quelques pluies.

En France, le mois de novembre a été très troublé au point de vue barométrique. On signale plusieurs dépressions remarquables : le baromètre marque à Cherbourg 775$^{mm}$ le 1$^{er}$; 730$^{mm}$ le 13 ; 727$^{mm}$ le 27. Ces dépressions ont amené un régime pluvieux, ni trop froid, ni trop chaud, extrêmement humide dans la région occidentale. Les dépressions persistantes de la fin du mois se font sentir jusque dans le midi, et le 27, on signalait 28$^{mm}$ d'eau à Gap; ce jour-là, la température moyenne a été de 13° à Marseille, 11° à Lyon, 1° seulement au Puy-de-Dôme et — 8° au Pic du Midi. Le 28, le thermomètre descend un peu partout, et il marque 2° au Puy de Dôme et — 10° au Pic du Midi.

La pression remonte assez brusquement vers le 30 avec un minimum au nord des Iles britanniques.

*Décembre.* — A Paris, le baromètre est resté très élevé depuis le commencement du mois jusqu'au 27 décembre, avec une température relativement élevée. Le thermomètre s'est maintenu au dessus de zéro presque constamment. Les minima les plus bas n'atteignent que — $3^o,2$ le 26, et $2,^o5$ le 31.

On a receuilli $4^{mm}$ d'eau le 2; $5^{mm}$ le 6, le 7 et le 9; $3^{mm}$ seulement le 29, et $2^{mm}$ le 30. Le temps est donc resté beau, quoique généralement brumeux et couvert pendant tout le mois.

En France, la pression a été constamment très élevée sans dépression bien marquée jusqu'à la fin du mois ; un régime nettement anticyclonique s'établit vers le 11 décembre, avec de fortes pressions de $780^{mm}$, du Cap de la Hague à Belfort. Le 19 décembre, on signale un centre faible de dépression sur l'Écosse, mais la situation en France reste stationnaire avec de fortes pressions continuelles jusqu'au 30 décembre.

En général, les pluies signalées sont plutôt rares et peu abondantes pendant ce mois, et la température n'est jamais descendue très bas. En résumé, le temps a été un peu humide, relativement chaud et brumeux en tous les endroits.

※

### Concours international pour la prévision du temps.

Le concours international pour la prévision du temps, dont nous avons déjà parlé, s'est tenu à l'Exposition de Liége pendant le mois de septembre 1905.

Un nombre très restreint de concurrents s'est présenté. Les épreuves consistaient en une prévision pour le lendemain d'après des cartes indiquant la situation de l'Europe à un jour donné. Le jury avait choisi dans la série des années dernières les situations les plus difficiles.

A l'unanimité, le jury a décerné le prix à M. Guibert, météo-

rologiste du Calvados. Voici un résumé de la méthode employée,
rédigé par M. Guibert lui-même.

La méthode employée dans les prévisions du concours international de Liége repose sur le principe du vent normal.

Le vent normal est celui dont la force est en rapport direct
avec l'importance du gradient barométrique. Dans l'échelle des
vents de 9 à 0, le vent normal est représenté par un 2 — vent
faible — pour un gradient de 1 millimètre par degré géographique de 111 kilomètres; il est représenté par un 4 — vent
modéré — pour un gradient de deux millimètres au degré; par
un 6 — vent fort — pour un gradient de 3 millimètres; par
un 8 — vent violent — pour un gradient de 4 millimètres.

En dehors de ces coefficients proportionnels, les vents sont
anormaux, ou par excès ou par défaut. Ainsi, un 3 sera
anormal par excès pour un gradient de 1 millimètre au degré;
de même un 5, un 7, un 9, pour des gradients respectifs de 2,
3, 4 millimètres au degré. Inversement, le calme sera anormal par défaut pour un gradient de 1 millimètre; de même
qu'un 3, un 5, un 7 pour des gradients de 2, 3 ou 4 millimètres.

Dans ces exemples, l'anomalie est peu importante, tandis
qu'il n'est pas rare, dans l'observation, de trouver des 7 avec
un gradient de 3 millimètres.

Sans doute, ces coefficients de la force du vent sont laissés à
l'appréciation des observateurs, et la science exigera un jour
des mesures anémométriques; mais, en attendant, l'estimation
approximative de la vitesse de l'air à la surface du sol, et rien
qu'à la surface, suffit pour établir la prévision, vingt-quatre
heures à l'avance, des variations prochaines de la pression,
soit en hausse, soit en baisse.

Avec un vent anormal par excès, il y aura hausse barométrique, le plus souvent proportionnelle à l'excès du vent
constaté.

Inversement, avec un vent anormal par défaut, il y aura
baisse barométrique, en rapport direct avec l'importance de
l'anomalie observée.

Avec vent normal, les variations de pression seront nulles ou
faibles.

Il résulte de cette loi et de ces observations que le vent est
en réalité l'ennemi de la dépression : qu'il est centripète, en

opposition avec la force centrifuge représentée par le gradient ; qu'il a le pouvoir de combler et de faire disparaître les bourrasques cycloniques.

Donc, toute dépression qui donnera naissance à des vents de force supérieure à la normale se comblera plus ou moins rapidement, en totalité ou en partie.

Toute dépression qui, à son arrivée du large, déterminera des vents trop forts, ne pourra s'avancer et restera stationnaire, si même elle n'est rejetée vers son lieu d'origine.

Toute dépression qui se trouvera entourée sur toute sa périphérie par des vents anormaux par excès sera comblée sur place dans les vingt-quatre heures, quelquefois en douze heures : c'est le phénomène désigné sous le nom de « compression du cyclone ».

Au contraire, toute dépression qui déterminera une forte baisse barométrique, sans amener des vents de force correspondante, se creusera, et, par suite, de faibles dépressions en apparence se transformeront souvent en véritables tempêtes.

Mais il ne s'agit pas seulement de prévoir si une dépression se comblera ou se creusera ; il ne suffit pas d'indiquer l'importance, à quelques millimètres près, de ces variations de pressions dans les cyclones : il faut encore, pour obtenir une prévision plus ou moins parfaite du temps, déterminer la vitesse et la trajectoire du centre de dépression — vitesse et trajectoire que nulle méthode de prévision n'a pu jusqu'ici déterminer.

Le principe invoqué dans ce but et qui n'est qu'une conséquence du premier est celui-ci : « La dépression se dirige vers les régions de moindre résistance. »

Ces aires propices seront évidemment constituées par des zones où les vents seront proportionnellement trop faibles par rapport au gradient, et surtout par des régions où les vents sont divergents par rapport au centre de dépression considéré.

Toute dépression, donc, qui sera pressée d'un côté par des vents anormaux par excès, se dirigera vers la région de moindre résistance, que cette région se trouve soit au nord, soit au sud, soit à l'est, soit même à l'ouest du centre et souvent quelle que soit la distance du centre de cette région. C'est l'expli cation de la direction si capricieuse, en apparence, suivie par certaines bourrasques, et c'est en même temps la base qui permet la prévision de la translation, à des distances parfois prodigieuses, des centres de tempête.

En résumé, avec le principe du vent normal, nous avons une base rationnelle et sûre, non seulement pour prévoir les variations barométriques, mais pour déterminer où une dépression prendra ou non de l'importance, si elle se comblera ou se creusera, si elle doit rétrograder ou franchir avec vitesse une distance plus ou moins considérable, si elle doit suivre une trajectoire plus ou moins régulière. Nous pourrons, en outre, fixer avec une approximation suffisante la région où se trouvera le lendemain le centre de dépression, de sorte que ces trois problèmes de l'importance de la direction et de la vitesse de la bourrasque sont désormais complètement résolus.

Ce n'est pas assez. Il y a lieu de préciser les régions où la hausse et la baisse seront maxima ou minima de pression. C'est encore dans les régions de moindre résistance, ou bien là où les vents sont faibles, que nous placerons ces oscillations maxima. Mais il convient de préciser encore davantage, et d'indiquer les stations mêmes qui enregistreront le lendemain le maximum de hausse ou de baisse dans les vingt-quatre heures.

Ce problème, le plus intéressant de tous peut-être, sera résolu à l'aide d'une hypothèse : « L'air s'écoule dans une direction perpendiculaire à la droite du vent proportionnellement trop fort. » Donc la hausse ou la baisse maximum auront lieu en ligne droite dans cette direction.

Par conséquent, si les vents convergents amènent l'air ou du moins la pression, droit sur le centre, selon le gradient, et tendent à combler ce centre, absolument comme si le système cyclonique était immobile et indépendant de la rotation terrestre, les vents divergents opèrent un mouvement inverse et produisent nécessairement un vide, et ce vide, c'est une dépression. En considérant donc la direction et la force des vents, leur convergence et leur divergence par rapport à l'hypothèse ci-dessus, nous pouvons prévoir, non pas seulement l'importance future des dépressions, leur vitesse et leur trajectoire, mais encore leur formation. Nous touchons ici de très près à la cause même de l'origine des cyclones,

De plus, en appliquant ces principes et cette hypothèse aux anticyclones, il devient également possible d'annoncer leur formation et surtout leur destruction.

Or, la marche des cyclones et des anticyclones déterminant toujours la force et la direction des vents, et principalement aussi tous les phénomènes de chaleur et de froid, de pluie et de beau temps, de nébulosité ou d'hygrométrie, il résulte que le principe du vent normal, avec ses conséquences naturelles, crée, dans le sens littéral du mot, une méthode nouvelle de prévision du temps.

Mais si complète qu'elle soit, si exacte qu'elle puisse être, — puisque son principe ne souffre pas d'exception et que les erreurs dans l'application dépendent uniquement de l'interprétateur, — cette méthode est impuissante, dans nombre de cas, à préciser avec certitude l'arrivée des bourrasques encore sur l'Océan.

Il faut donc, comme on l'a indiqué il y a quelque vingt ans, en 1886, recourir aux nuages. Il appartient aux successions nuageuses d'annoncer l'arrivée des bourrasques, et à la méthode isobarique de les suivre sur le continent. Les deux méthodes doivent se compléter l'une par l'autre — tâche difficile — et alors, la science de la prévision du temps sera basée sur des principes scientifiques ; elle aura des *règles étroites* dont elle ne pourra s'écarter ; elle cessera d'être empirique, d'être pour les interprètes « une question de flair » — terme méprisant trop mérité jusqu'ici ; elle ne sera plus le résultat d'une longue pratique, d'expérience personnelle incommunicable ; en un mot, elle se classera enfin parmi les sciences dignes de ce nom, et ses avis ne seront plus de simples probabilités, mais de véritables prévisions.

Il en serait ainsi depuis de nombreuses années, beaucoup de tempêtes eussent pu être annoncées à temps — que de naufrages eussent été évités ! — si les météorologistes avaient pris la peine de jeter un coup d'œil sur ces principes et leur application. M. Guibert a présenté depuis 1890 des prévisions indiscutables dont ils n'ont jamais voulu tenir compte : le concours de Liége a fait justice de ce dédain immérité. Il a montré la supériorité de ces méthodes sur les procédés actuels, même perfectionnés par la consciencieuse et savante étude d'un météorologiste hors ligne, M. Durand-Gréville; il a prouvé que l'application de ces principes à la prévision de chaque jour permettrait de réaliser — et cela sans délai, sans modification aucune des cartes actuelles — un progrès que les membres du jury de Liége ont su apprécier à l'unanimité.

« Nous avons donc la ferme conviction, conclut M. Guibert, que ce premier concours international de prévision du temps, dont nous avons été l'instigateur, laissera une date dans l'histoire de la météorologie et sera le point de départ d'une rénovation complète de l'art si difficile de la prévision du temps ».

# PHYSIQUE


## La télémécanique sans fil.

Du moment que le choc d'une onde électrique invisible, produite par une bobine d'induction, permet, en influençant un appareil *sui generis* (radio-conducteur), d'ouvrir et de fermer tour à tour un circuit électrique *à distance*, sans aucun intermédiaire matériel, il devait être également possible, non seulement de provoquer une série d'aimantations et de désaimantations d'un électro-aimant correspondant à autant de signaux conventionnels, mais encore de provoquer tous les effets généralement quelconques d'un courant électrique, comme, par exemple, l'allumage et l'extinction de lampes à arc ou à incandescence, l'inflammation d'une mine ou d'un feu d'artifice, le déclenchement d'un embrayage, etc., etc.

Il s'en fallait, cependant, que, dans la pratique, cela marchât tout seul. S'il est relativement aisé de réaliser de cette façon des phénomènes aussi simples que les successions de longues et de brèves dont se compose l'alphabet Morse, dont chaque phase tient dans un geste unique, le problème se compliquait singulièrement lorsqu'il s'agissait de phénomènes multiples, indépendants ou solidaires les uns des autres, à accomplir dans un certain ordre plus ou moins régulier, tels que ceux qui constituent les opérations que nous venons de citer, à titre d'exemple.

Il était pourtant réservé à M. le docteur Edouard Branly, l'inventeur de la radio-conduction, d'en trouver la solution définitive.

L'appareil imaginé à cet effet par l'illustre professeur consiste essentiellement en un axe cylindrique tournant avec lenteur au poste de réception, soit à l'aide d'un mouvement d'horlogerie, soit à l'aide d'un moteur électrique actionné lui-même radio-télégraphiquement à distance,

Cet axe porte un certain nombre de disques métalliques dont la circonférence, au lieu d'être exactement circulaire, présente un renflement appuyant sur un ressort pendant une fraction de tour. Chacun de ces disques est un interrupteur et correspond à l'un des phénomènes à obtenir, ce phénomène ne pouvant être produit que pendant la fraction de tour où le circuit est fermé par le jeu du ressort.

Supposons, par exemple, qu'il s'agisse de la conduite d'un moteur. L'un des disques commandera, par l'entremise d'un circuit particulier, le démarrage, un autre l'arrêt, un troisième la marche avant, un quatrième la marche arrière, etc., etc. Ceci posé, considérons le disque correspondant au démarrage : pendant la fraction de tour où, grâce au renflement que vous savez, son bord presse sur le ressort, ce disque ferme le circuit spécial renfermant le radio-conducteur et l'appareil de démarrage : le moteur va donc se mettre en route, pourvu que, juste à ce moment précis, une étincelle jaillisse au poste transmetteur. Mais il cessera de marcher si, juste au moment où le disque correspondant à l'arrêt va peser à son tour sur son ressort, une nouvelle étincelle éclate.

Les différentes manœuvres pourront être obtenues, à l'aide du même mécanisme, de la même façon.

Nul danger, d'ailleurs, que ces phénomènes se chevauchent, puisque chacun d'eux a son organe distinct, ne fonctionnant que pendant une fraction de tour, et que, dans les intervalles, les autres circuits sont coupés.

L'opérateur est, d'ailleurs, prévenu du moment exact où il peut agir dans tel ou tel sens par un signal radiotélégraphique dont les ondes hertziennes font également tous les frais. Et cela, grâce — toujours ! — à un disque spécial. Il est également averti, par l'entremise d'un dispositif analogue, que l'effet voulu a été réellement accompli, et qu'il n'a plus, s'il le juge nécessaire, qu'à le faire cesser.

Quel que soit le nombre des phénomènes juxtaposés, en d'autres termes, les ondes hertziennes n'agissent, au moment psychologique, que sur celui de ces phénomènes qu'on a besoin de déterminer, et pendant le temps qu'on désire.

Il va de soi, au surplus, que le radio-conducteur du poste de réception, c'est-à-dire l'organe essentiel qui doit fermer tour à tour les différents circuits correspondant aux différents phénomènes à produire, doit être, au moment où éclate une étincelle au poste transmetteur, protégé contre les ondes servant à la transmission des signaux : autrement, tout le système battrait la breloque. Mais on a soin de l'enfermer, avec ses accessoires, dans une cage métallique, imperméable aux ondes errantes.

En résumé, grâce au génie inventif d'un modeste savant français, il est désormais possible — la preuve démonstrative en peut être fournie à volonté — non seulement d'allumer ou d'éteindre, sans fil, de loin, absolument *comme on le ferait avec la main, de près,* un phare électrique désert, de mettre le feu à un tas de paille ou à un pétard, de soulever des fardeaux, de remonter une pendule, mais encore de manœuvrer ou de graisser une machine, d'arrêter un train, de diriger un bateau, un torpilleur, un aérostat *où il n'y aurait pas d'équipage,* une voiture automobile *où il n'y aurait pas de chauffeur,* etc.

✻

### Le soleil et la télégraphie sans fil.

La question de l'application pratique de la télégraphie sans fil paraît désormais résolue, sous réserve, bien entendu, de tous les perfectionnements ultérieurs qu'elle implique et dont il est difficile de prévoir le nombre et l'importance. Mais il s'en faut qu'on ait encore la clef de toutes les énigmes qui en procèdent.

Pourquoi, par exemple, la transmission des dépêches se fait-elle deux fois plus facilement, deux fois plus rapidement et à une distance deux fois plus grande, pendant la nuit que pendant le jour, comme si le soleil jaloux s'amusait à mettre ses rayons en travers des ondes ? Le fait est inconstestable ; il a été observé, des centaines de fois, dans des conditions de certitude et de précision qui ne laissent aucune espèce de place au doute ; mais il n'a pas encore été expliqué.

D'après le savant suédois Arrhénius, ce phénomène tiendrait à ce fait que l'espace interplanétaire est rempli d' « électrons », c'est-à-dire de corpuscules électriques, projetés à flux continu

par le soleil : il s'ensuit que, derrière l'écran formé par la terre,
du côté, par conséquent, où il fait nuit, les ondes hertziennes
trouvent la route moins encombrée. D'après J.-J. Thomson (de
Cambridge), cette masse d'électrons absorberait une partie de
l'énergie développée par les appareils de transmission, de telle
sorte que les ondes hertziennes, manquant de souffle, seraient
obligées de s'arrêter en chemin.

Tout cela n'est pas très clair. On croit cependant comprendre
que, d'après les plus récentes recherches, la lumière serait, en
fin de compte, *de la matière qui tombe.* C'était, on s'en souvient,
l'hypothèse qu'avait autrefois proposée Turpin, l'inventeur de
la mélinite, et à laquelle personne n'avait voulu croire. Turpin
prétendait même que la gravitation n'avait pas d'autre cause, le
double mouvement de rotation et de révolution des astres étant
déterminé par le fouettement continu de ce bombardement
atomique dont le soleil, considéré comme un colossal électro-
aimant, serait le foyer.

Le fait est que si cette pluie d'électrons solaires, en tombant
avec une vitesse de 500 000 kilomètres à la seconde sur les
planètes, suffit à les faire pivoter sur elles-mêmes et à les faire
se promener en rond dans l'espace infini, comme autant de
toupies, il n'est plus extraordinaire qu'elle arrête au vol les
vibrations hertziennes, de la même façon qu'une étoffe à trame
pelucheuse et serrée arrête les vibrations calorifiques.

Et voilà pourquoi la télégraphie sans fil est parfois quasiment
muette en plein midi !

## Le sélecteur de Mgr Cerebotani.

Le sélecteur inventé par Mgr Cerebotani n'est autre chose
qu'un relais universel pour la télégraphie. Il est applicable, en
effet, à tous les systèmes d'appareils employés : Morse, Hughes,
Baudot, Wheatstone, recorder, ainsi qu'à ceux à venir. Quels
que soient ces appareils, en effet, ils seront toujours destinés à
envoyer du courant sur une ligne et à en recevoir. Courants de

faible intensité, de longue ou courte durée, courants de même sens ou de sens contraire, courants alternés, tout lui est égal. Il est relais polarisé et relais simple à la fois : il est tout ce qu'on veut, suivant les besoins.

Disons d'abord comment il est fait.

Sur un socle de bois d'environ 15 centimètres de côté, sont placées horizontalement quatre petites bobines. On remarque que les noyaux se font vis-à-vis deux à deux. Les bobines $a\,a'$ forment un couple électro-magnétique, et les bobines $b\,b'$ en forment un second. On voit, en effet, sur la seconde figure, qui est une vue en dessous de l'appareil, que $a$ et $a'$ ont un noyau commun, ainsi que $b\,b'$. Au point d'intersection de ces noyaux, est monté un pivot sur lequel oscille l'armature, qui est double et se termine à l'une de ses extrémités par un prolongement capable de buter, suivant les cas, contre un bloc fixe $v$ ou un butoir réglable $s$. Ces quatre bobines sont pourvues d'un enroulement en série qui n'est autre que le prolongement du fil de ligne ; le courant se rend à la terre en sortant de la dernière. Les bobines $a$ et $a'$ sont, de plus, pourvues d'un second enroulement en relation constante avec une pile électrique locale.

Les techniciens verront immédiatement que ce relais est polarisé différemment des relais actuels. On appelle relais polarisé un relais dont l'armature est soumise en permanence à l'action d'un champ magnétique qui lui assure l'équilibre indifférent, c'est-à-dire que cette armature peut osciller à droite ou à gauche, et revenir à sa position normale sans le secours de ressorts antagonistes. Dans tous les relais polarisés actuels, ce champ magnétique est produit par un aimant naturel ou un acier aimanté. Ici, au contraire, un simple barreau de fer doux constitue le noyau de $a\,a'$ ; il est maintenu sous l'action magnétique par le courant de la pile locale parcourant les deux bobines. Mgr Cerebotani obtient ainsi un champ magnétique absolument constant.

On aperçoit encore sur notre schéma, une seconde pile locale M dont le négatif est relié à l'armature et le positif au butoir réglable $f$ ; l'appareil récepteur E est branché sur le circuit de cette pile.

Voici le *sélecteur*, le relais universel. Comment se comporte-t-il sur une ligne télégraphique ?

Lorsque l'appareil n'est parcouru par aucun courant venant de la ligne, celui de la pile locale agit seul sur les deux électro-aimants $a\ a'$, et l'armature est attirée contre ces noyaux. Si un courant de même sens que le précédent vient de la ligne, aucun changement ne se produit, car son action s'ajoute à la précédente et l'armature conserve la même position. Supposons maintenant que la ligne soit traversée par un courant de sens contraire, qui sera plus faible, ou égal, ou plus fort que le courant

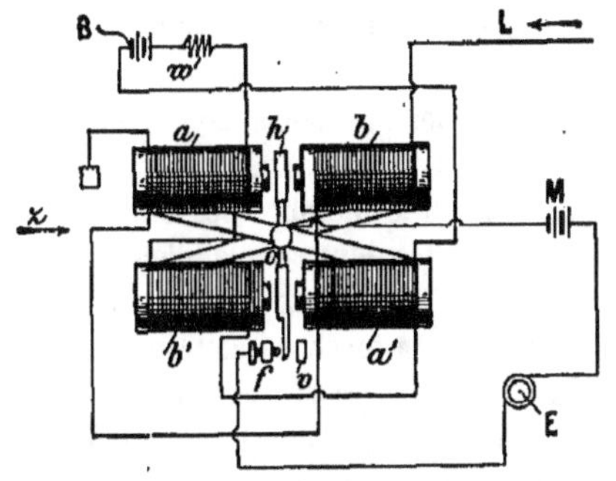

Le sélecteur Cerebotani, vu en dessus.
(Dessin schématique.)

local. De toutes façons, il combattra l'action locale, mais, s'il est plus faible, d'une manière insuf-fisante pour l'annuler — à moins cependant qu'il ne soit supérieur à la moitié de ce courant, car l'action qui résulte du couple $a\ a'$ est égale à la différence entre l'action du courant local et celle du courant de ligne, ce couple étant traversé en même temps par les deux courants. L'intensité de la pile locale étant déterminée à l'avance, le relais se trouve pour ainsi dire réglé magné-

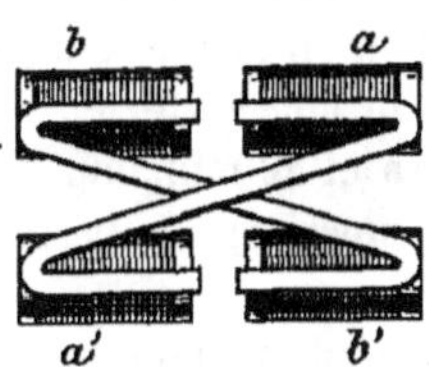

Le sélecteur Cerebotani
vu en dessous.
(Dessin schématique.)

tiquement pour un minimum de courant venant du poste transmetteur. Or, les courants de transmission sont toujours supérieurs aux courants parasites qui circulent sur les lignes. Par conséquent, le relais n'enregistrera jamais de courant parasite, bien que fonctionnant toujours sous l'action du courant de ligne.

Cette théorie est excessivement intéressante, et autorise l'emploi, en télégraphie, de courants très faibles.

D'après ce que nous venons de dire, si le courant de ligne est égal au courant local, il se comportera dans le relais comme s'il lui était supérieur, et, par conséquent, détachera l'armature de $a\,a'$ et l'attirera sur $b\,b'$. Le circuit de la pile locale sera fermé par le butoir $s$, et l'appareil récepteur enregistrera un signal.

Lorsque les émissions sont rapides, aussi rapides que l'on voudra, rien n'est changé en ce qui concerne les actions magnétiques, car si le nombre des enroulements du circuit de ligne est égal sur les deux couples d'électros, la supériorité de l'action magnétique de $b\,b'$ sur $a\,a'$ est constante, quelles que soient la fréquence et la force du courant de ligne.

Dans tout ce qui précède, nous avons seulement envisagé le relais; mais ce relais est également *sélecteur*, c'est-à-dire qu'il ne reçoit que les courants qui lui sont destinés, à l'exclusion de tous les autres circulant sur une même ligne, réunissant un grand nombre de postes. La sélection s'obtient par l'enroulement, qui diffère pour les couples d'électro-aimants. Ces enroulements sont combinés de telle sorte que l'action magnétique, résultant du circuit local et du circuit de ligne, ait une limite en plus et en moins, c'est-à-dire qu'une émission plus faible que celles qui sont destinées au sélecteur n'exerce aucune influence sur lui, pas plus qu'une émission plus forte. Si, par exemple, un sélecteur est réglé entre 15 et 20 milliampères, tout courant d'une intensité moindre ou supérieure le laissera au repos.

On comprend de suite à quelles applications se prête un tel système. Voyons-en brièvement quelques-unes des plus intéressantes.

Nous avons appelé le sélecteur un relais universel. Admettons que sur une longue ligne soient mis en circuit un certain nombre de postes, dix par exemple, à l'entrée de chacun desquels nous placerons un sélecteur. Chacun de ces appareils étant réglé pour une intensité déterminée et pour un sens ou l'autre du courant, nous pourrons, à partir de chaque poste, en appeler un autre quelconque à l'exclusion des huit autres. Il suffit que le courant d'appel soit *syntonisé* avec le sélecteur correspondant.

Nous allons examiner l'appareil de télégraphie destiné aux câbles sous-marins dont le sélecteur constitue l'organe essentiel.

La caractéristique du système de réception réside en cette particularité que l'armature du double d'aimants se met en vibration sans entrer en contact avec la bande de papier ni avec un butoir de courant local. En utilisant le manipulateur Morse, qui n'est nullement obligatoire, on produit, sur la bande, ou l'action immédiate d'une source lumineuse, ou bien encore la fermeture d'un circuit local par l'action de la même source lumineuse sur une

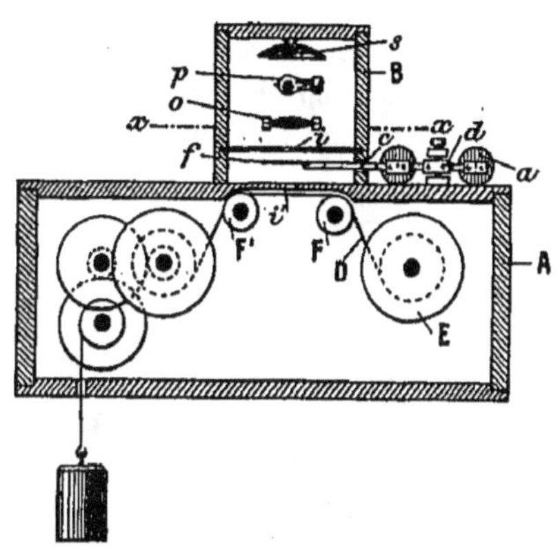

Application pour la télégraphie sous-marine.

pastille de sélénium. Dans le premier cas, le procédé convient à la télégraphie rapide aussi bien qu'à la télégraphie sous-marine ; dans le second cas, il se recommande seulement pour la télégraphie sous-marine, tout au moins, tant que le sélénium ne se montrera pas suffisamment obéissant pour réaliser la télégraphie sensible.

Dans le cas d'une ligne sous-marine, les tours de fil des bobines doivent être aussi nom-

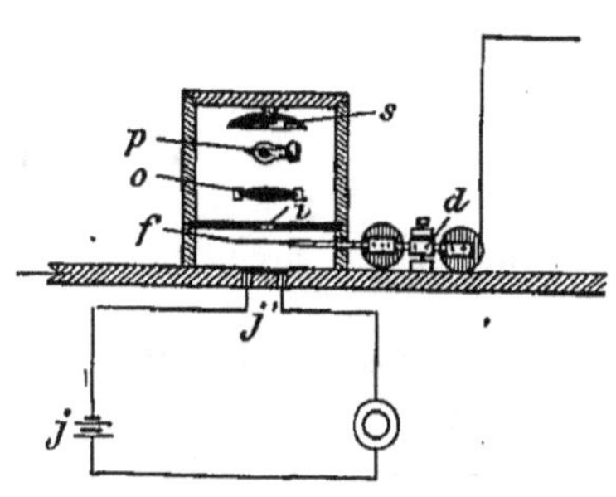

Position de la pastille de sélénium.

breux que possible. L'armature $c$, mobile autour de $d$, et faite d'un métal très léger, porte, à l'une de ses extrémités, une plaque $f$, opaque et très mince, qui, dans sa position de repos, sépare et couvre deux ouvertures $ii'$, dont l'une est pratiquée à la partie supérieure d'une chambre noire A, et dont l'autre est découpée dans la paroi inférieure d'une chambre lumineuse B.

Dans la chambre noire, on a installé un rouleau de papier sensible qui se déroule normalement sous l'ouverture $i'$, et dans la chambre lumineuse se trouve une source de lumière $p$, entre un miroir concave $s$ et une lentille convexe $o$, juste au-dessus des deux ouvertures précitées.

Sous l'influence de l'action électro-magnétique, la plaque de l'armature est chassée de côté pendant un temps plus ou moins long, et les signaux Morse s'impriment sur la bande sensible. Si l'on place une pastille de sélénium $j'$ au foyer de la lentille et que l'on mette cette pastille en communication avec une pile locale J. on ferme alors le circuit de cette pile à chaque oscillation de l'armature, et tout appareil télégraphique Morse ou imprimeur qui se trouvera installé dans le circuit enregistrera les signaux transmis.

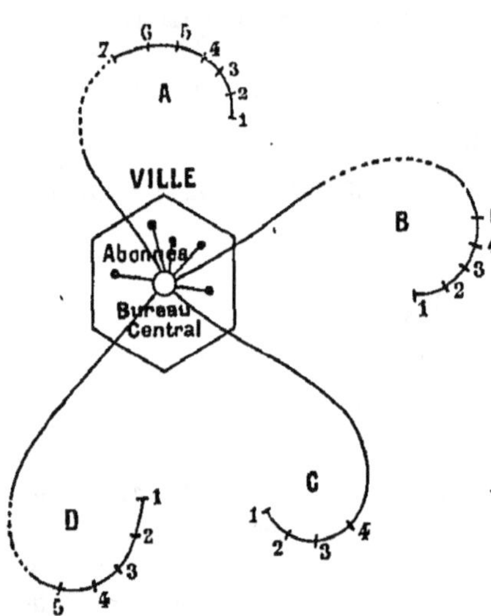

Schéma de la répartition des abonnés.

Le sélecteur reçoit également une application en téléphonie, application d'autant plus intéressante qu'il permet de relier entre eux un grand nombre d'abonnés sans l'intermédiaire d'un bureau central. Il réalise donc — jusqu'à une certaine limite, il est vrai — la téléphonie automatique. Examinons d'abord le cas où plusieurs groupes d'abonnés sont reliés chacun par un fil à un bureau central. Ces abonnés peuvent être, soit à l'intérieur d'une ville, soit en province. Soit les quatre groupes A B C D appartenant à la province. Chaque employée du bureau central qui dessert ces groupes a devant elle une installation que représente schématiquement notre figure, et chaque poste d'abonné est pourvu d'un sélecteur spécialement réglé pour lui seul. Lorsque la téléphoniste veut avoir l'abonné 4, par exemple, du groupe B, elle appuie sur le bouton 4 de son tableau, qui lui donne automatiquement le courant qui fera fonctionner le seul sélecteur 4 du groupe B, et introduit sa fiche dans le jack de la ligne B. L'appel se produit chez l'abonné à l'exclusion de tous les autres, qui, *pendant toute la durée de la conversation, sont mis hors circuit.* Il importe de remarquer que le sélecteur est utilisé seulement pour donner la communication ; dès que celle-ci est établie, les appareils téléphoniques entrent en ligne, et un

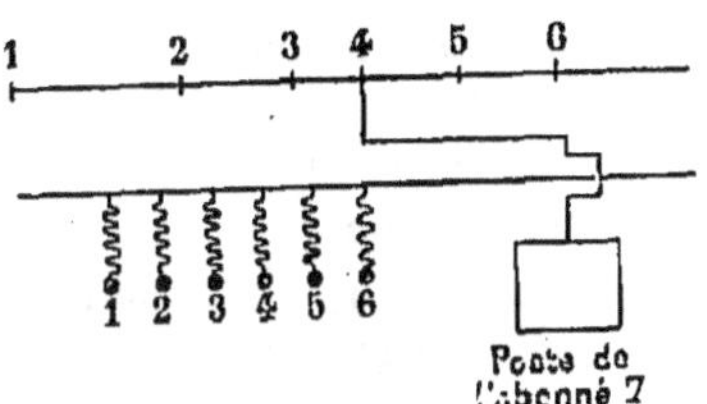

Schéma du dispositif d'appel direct par l'abonné.

abonné quelconque peut converser, qu'il appartienne à la ville même ou à l'un des groupes A C D. Si l'abonné 1 du groupe C demande la communication avec l'abonné 5 du groupe B, il adresse sa demande au bureau central, lequel établit le circuit comme nous venons de l'expliquer. Lorsque la conversation est terminée, il suffit d'appuyer sur le bouton de *fin* pour que, par l'intermédiaire d'un relais ordinaire, tous les sélecteurs se remettent en ligne.

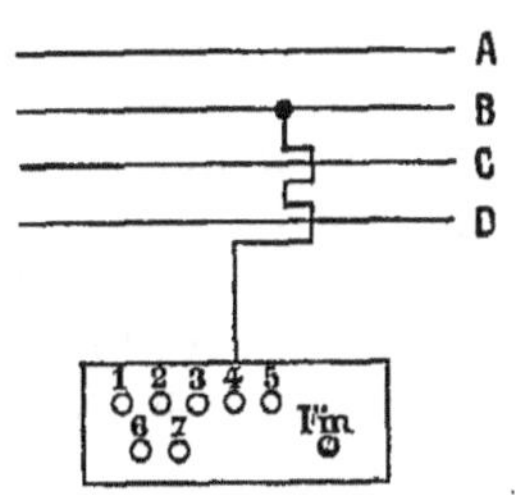

Poste de l'employée du bureau central.

Supposons maintenant que, dans une petite ville, sept abonnés soient reliés *par une seule ligne.* Ils peuvent, grâce au sélecteur, converser entre eux sans le secours d'un bureau central. Cette ligne passe chez chacun d'eux, et, dans chaque poste, passe également un fil de pile. La ligne sera pourvue, chez chaque abonné, de six jacks, et en face, se placera un tableau de 6 boutons d'appel. Ces boutons d'appel sont en relation avec une résistance qui est destinée à permettre l'envoi sur la ligne, quand on appelle, d'un courant syntonisé avec chaque sélecteur correspondant. L'abonné 7 appelle, par exemple, l'abonné 4 : il appuiera sur le bouton n° 4, et le sélecteur 4 mettra l'appelé dans le circuit en éloignant tous les autres postes de la ligne. Aussitôt, le poste de l'abonné 7 sera en communication avec celui de l'abonné 4, et ils pourrout converser. Pendant ce temps, la ligne sera immobilisée pour leur service, et les autres abonnés ne pourront s'appeler mutuellement. La manœuvre du bouton de rappel, qui peut être considérée comme une manœuvre de fin de conversation, remettra le circuit à là disposition du groupe tout entier.

Une telle installation peut s'étendre presque sans limite, c'est-à-dire que 100, 200, 300 abonnés peuvent converser entre eux sans le secours d'un bureau central. La limite pratique du nombre des abonnés sur un fil unique est de 20. Par conséquent, à l'aide d'un seul fil, on peut mettre 20 abonnés en relation entre eux ; mais, si nous augmentons le nombre des fils, que nous le portions à 5, par exemple, ces 5 fils passant tous par le poste de chaque abonné, nous pourrons, par une disposition analogue à la précédente, mettre un abonné quelconque en communication avec les 99 autres ; il lui suffira, pour cela, de placer sa fiche sur la ligne sur laquelle est installé le poste de son correspondant et d'appuyer sur le bouton *ad hoc*. Imaginons maintenant un poste dans lequel passent 10, 20 fils, nous aurons, *sans bureau central*, la possibilité de permettre à 200, à 400 abonnés, de converser entre eux.

✻

### La microscopie du son.

La microscopie du son n'est autre chose que l'amplification du son, comparable à l'amplification des images, telle qu'on la réalise, à l'aide de l'appareil à projections, sur l'écran du cinématographe.

Ce n'est pas neuf, dira-t-on, et il y a bel âge qu'on sait

obtenir des résultats de ce genre. Est-ce bien sûr? Le tout est
de s'entendre.

Sans doute, jusqu'ici, il n'était pas impossible de grossir un
son au point de lui donner une portée beaucoup plus longue
que celle qui semblait à priori réservée à sa faiblesse relative.
Mais ce n'était guère qu'une apparence, une illusion, un leurre.
Ce prétendu grossissement n'était, en réalité, qu'une façon de
restreindre la déperdition, l'amortissement du son, en le ramas-
sant dans une conque, un tuyau, un résonnateur, dont les
vibrations provoquées par son choc avaient l'air de s'ajouter
aux siennes.

Du moment, en effet, qu'il n'y a pas en jeu d'autre énergie
que l'énergie de la source sonore elle-même, il est clair que le
grossissement obtenu ne peut pas dépasser une certaine limite
déterminée par l'intensité de cette énergie.

Pour qu'un son puisse être renforcé au delà du maximum
d'énergie que peut fournir la source sonore, il faut, de toute
nécessité, faire intervenir une force extérieure.

C'est justement là ce qu'a compris et réalisé avec beaucoup
de bonheur M. Dussaud, un physicien supérieurement habile
et expert en matière d'acoustique.

M. Dussaud, naturellement, emploie un résonnateur. Seulement, ce résonnateur, ce n'est pas à la source sonore qu'il
demande de le mettre en branle. Il confie ce soin à un dispositif spécial, distinct de la source, sonore, et mû par un moteur
dont la force étant indéfinie peut *ipso facto* donner des résultats illimités.

Voici comment il procède :

Il prend une membrane vibrante à grande surface, et il la
relie par une connexion élastique, un fil d'acier, par exemple,
à un organe fixe, contre lequel frotte, avec plus ou moins de
rudesse, un organe rotatif, tel qu'un cylindre ou un cône de
friction. Le frottement de la pièce mobile contre la pièce fixe
sera transmis à la membrane, qui va se mettre à vibrer, en
produisant un bruit continu, monocorde, analogue au ronfle-
ment d'un verre sur le rebord duquel on promène un doigt
mouillé. Plus la membrane sera grande, plus le frottement sera
violent, plus, par conséquent, le moteur sera puissant, et plus
ce bruit sera intense, et si l'on accroît démesurément la valeur

respective de ces divers facteurs, il pourra devenir formidable.

Ceci posé, et bien compris, imaginez que la pièce fixe de l'organe de friction, déjà reliée à la membrane qui joue le rôle de résonnateur, vienne à être reliée, d'autre part, par un système articulé, à une source sonore quelconque, instrument de musique, plaque téléphonique, diaphragme derrière lequel quelqu'un parle, chante ou rit, stéthoscope, diapason, etc. Que va-t-il se passer? Il va se passer ce phénomène excessivement simple, mais singulièrement fécond, que les vibrations de la source sonore se communiqueront par l'intermédiaire de l'appareil de friction au résonnateur, qui les répercutera en y mélangeant les siennes, mais en les amplifiant à la mesure de l'énergie dont celles-ci sont animées. Autrement dit, la source sonore ne sera plus qu'un servo-moteur déchaînant une tempête de bruits, dont l'intensité dépendra non plus de l'énergie initiale, mais de l'énergie interposée, c'est-à-dire de l'étendue de la membrane résonnante, de la superficie et de la rugosité des surfaces frottantes, de leur composition, de la nature des enduits dont elles sont revêtues, finalement et en résumé, de la puissance du moteur, qui peut être augmentée, à volonté, à perte de vue.

Par conséquent, les bruits les plus imperceptibles, le moindre frôlement de l'archet sur les cordes, le murmure d'une confidence chuchotée à l'oreille, les échos, assourdis à travers la cage thoracique, du cœur qui bat, du poumon qui se gonfle ou se contracte, de l'ondée sanguine cognant contre les parois des artères, le clapotis d'un estomac dilaté, le grincement des pattes d'une abeille en train de pomper le suc d'une fleur, etc., vont pouvoir s'enfler artificiellement, au point d'emplir l'Opéra, le Trocadéro, la place de la Concorde. Il sera possible de transmettre oralement des nouvelles, des instructions, des ordres, de la façon la plus claire et la plus nette, au milieu du plus effroyable tapage. Rien n'échappera plus à l'oreille humaine, miraculeusement outillée, et l'on entrevoit toute une physiologie inédite, toute une psychologie même peut-être, dont, hier encore, les plus audacieux n'auraient pu seulement concevoir la possibilité.

Souhaitons que ce qui n'est encore jusqu'ici qu'une curiosité

de laboratoire vienne prochainement à passer dans la pratique
courante!...

※

### Le monophone.

Tout le monde connaît les microtéléphones ou appareils combinés, dans lesquels le transmetteur et le récepteur sont fixés
chacun à l'extrémité d'une poignée, un crochet servant à sus-
pendre l'ensemble au commutateur. Lorsque l'on veut s'en
servir, on décroche le système, le récepteur se place à l'oreille
et le parleur vient de lui-même en face de la bouche. C'est
on ne peut plus commode, à cause de cette grande mobilité,
mais qu'en pensent les hygiénistes? Ils pensent que cette
mignonne cuvette ressemble étonnamment à un crachoir, et,
de fait, elle se comporte comme si, effectivement, elle n'était
destinée qu'à recevoir les expectorations.

Le nouvel appareil, que l'on nomme *monophone*, supprime
radicalement ce gros inconvénient. Il diffère des microtéléphones en ce sens que le transmetteur et le récepteur sont
placés tous deux dans un petit boîtier que l'on tient à l'aide
d'une poignée formant cornet acoustique. Le récepteur vient
nécessairement se placer contre l'oreille; il est séparé du
transmetteur par une membrane métallique. Le cornet est
presque droit, et son pavillon débouche à hauteur du visage;
il se trouve donc placé hors de ce que l'on pourrait appeler la
zone dangereuse, ne recevant les sons que de côté. Cela ren-
verse un peu nos habitudes, car nous avions toujours cru
indispensable de nous placer bien en face de la plaque sensible en parlant à un correspondant. Cependant, avec le nouvel
appareil, la netteté des conversations n'est nullement altérée;
peut-être même entend-on mieux et plus distinctement avec
le monophone qu'avec tous les appareils antérieurs. Le micro-
phone reçoit les sons simultanément sur ses deux faces par le
cornet, et son extrême sensibilité est vraisemblablement due
à la présence, entre le centre d'émission des sons et les

plaques vibrantes, d'une colonne d'air qui fait office d'amortisseur.

A tous les points de vue, le monophone est donc recommandable, car il est très puissant et en même temps il donne toute satisfaction aux préoccupations des hygiénistes les plus scrupuleux.

※

### Statistique téléphonique mondiale.

Cette statistique, publiée par le *Journal Télégraphique*, intéresse l'année 1903. Les chiffres qu'elle renferme s'appliquent donc à l'état des réseaux au 1er janvier 1904. On ne saurait tenir rigueur à l'organe officiel de la télégraphie et de la téléphonie d'être en retard d'une année, car ses correspondants, les administrations, ne se hâtent gnère pour établir leurs bilans, qui sont encore incomplets pour la plupart. De sorte qu'il est presque impossible de connaître exactement la situation de la téléphonie dans le monde. Néanmoins, par ce qui nous en est révélé, on peut s'en faire une idée approximative, qui ne manque pas d'intérêt.

Trente-huit États ont collaboré à l'édification de cette statistique.

On sait que l'organisation téléphonique comprend deux sortes de réseaux : les réseaux urbains et les réseaux interurbains. Il y a 211 831 kilomètres de lignes appartenant à des réseaux téléphoniques urbains. Dans ce chiffre, l'Allemagne vient en tête avec le respectable total de 78 451 kilomètres, l'Autriche, avec 10 086, la France avec 24 948, la Grande-Bretagne possède seulement 3 629 kilomètres de lignes exploitées par l'État; les Indes Néerlandaises ont 23 447 kilomètres; l'Indo-Chine française, 251 kilomètres ; l'Italie, 5 478 ; la Nouvelle-Calédonie, 27 ; la Russie, 8 292; la Suisse, 15 328 ; la Tunisie, 399; le Japon 3 800 kilomètres. Les fils de ces lignes, tant aériennes que souterraines ont un développement total de 3 430 974 kilomètres ! Si tous les fils des réseaux téléphoniques urbains du monde entier étaient ajoutés bout à bout, on obtiendrait un conducteur long de près de quatre millions de kilomètres. L'Allemagne à elle seule a 1 383 814 kilomètres de fils téléphoniques urbains, alors que la France en possède tout juste 427 527.

Nous constaterons des faits analogues en étudiant l'état des circuits interurbains, dont le total général s'élève à 22 119, comportant 232 553 kilomètres de lignes ayant un développement de 985 276 kilomètres de fils. L'Allemagne arrive encore en tête avec 248 376 kilomètres de fils.

Toutes ces lignes sont desservies par 1 119 097 postes, comprenant les bureaux centraux, les cabines publiques et les stations des abonnés. L'Allemagne a 470 365 postes ; l'Autriche, 43 742 ; la Belgique, 21 984 ; la colonie du Cap, 2 497 ; le Danemark, 43 240 ; l'Egypte, 6 ; l'Espagne, 15 400 ; la France, 117 502 ; la Grande-Bretagne, 23 672, exploités par l'Etat ; les Indes Néerlandaises, 5 323 ; l'Indo-Chine française, 416 ; l'Italie, 23 339 ; le Japon, 37 077 ; le Luxembourg, 2 488 ; la Norvège, 50 000 ; la Nouvelle-Calédonie, 180 ; les Pays-Bas, 27 000 ; la Russie, 49 000 ; le Sénégal, 105 ; la Suède, 106 000 ; la Suisse, 49 731 ; la Tunisie, 647.

La statistique étudie ensuite le nombre des conversations échangées à l'intérieur des villes et sur les circuits interurbains. Le total serait fameux et aurait mérité d'être fait s'il n'eût manqué trop de données aux problèmes. Contentons-nous de procéder par pays. Le public allemand a à son actif pendant l'année 1903 le total de 927 278 631 conversations — presque un milliard ! Les Américains seuls sont capables de concurrencer les Allemands. Les Français viennent ensuite avec 203 085 217, soit le cinquième, presque. L'Autriche, moins favorisée que nous au point de vue de l'importance des réseaux, sait mieux les utiliser : il y a eu, en effet, dans ce pays, environ 135 millions de conversations. Le petit Danemark arrive avec 85 millions, le Japon avec 134 millions, la Russie avec 175 millions, la Suède avec 180 millions, la Tunisie avec 650 000.

Quelques pays ont donné un chiffre approximatif de dépenses, mais il n'est pas possible d'en faire état. Nous ne connaissons pas mieux celui des recettes. Il est vrai que souvent les Administrations des Postes, des Télégraphes et des Téléphones sont, comme en France, fusionnées aussi bien au point de vue du personnel qu'à celui de la comptabilité, ce qui exclut toute possibilité de donner des chiffres, même approximatifs.

Du peu que nous avons pu extraire de cette statistique, on peut conclure que notre pays, s'il est plus avantagé que beaucoup d'autres au point de vue de l'importance des réseaux, ne sait pas les utiliser aussi complètement. C'est là une preuve de plus que l'organisation est défectueuse et qu'il faut à tout prix y porter remède. Le temps perdu à demander et à attendre les conversations pourrait être employé beaucoup plus utilement, et ce résultat doit pouvoir être atteint, puisque, en Allemagne, où il y a environ 1 500 000 kilomètres de fils contre 460 000 chez nous, le chiffre des conversations a pu être 5 fois plus élevé pendant l'année 1903. On voit bien que la proportion ne se maintient pas. Et dans plusieurs autres pays, moins bien partagés que la France au point de vue du nombre et de l'importance des réseaux, on constate presque autant de conversations.

## L'épuration électrique de l'atmosphère.

Pour être plus fréquent en automne et en hiver, lorsque le refroidissement favorise la condensation de la vapeur d'eau, le brouillard est de toutes les saisons. Et, à quelque époque qu'il sévisse, il est toujours, non seulement un embarras et un ennui, mais un véritable fléau. Abstraction faite, en effet, des catastrophes maritimes dont il est le facteur principal, ses conséquences, par suite de l'entrave qu'il apporte à la circulation et au trafic, peuvent, le cas échéant, devenir désastreuses.

Rien d'étonnant dès lors qu'on ait songé, sinon à supprimer préventivement le brouillard, en agissant par anticipation sur les causes qui lui donnent naissance, au moins à le balayer, une fois formé, dans un certain rayon, comme on balaye la neige.

Voilà, dira-t-on peut-être, qui est singulièrement utopique ! Il semble bien, en effet, que le brouillard relève, comme les

orages, comme les tempêtes et les cyclones, comme les
tremblements de terre, de forces naturelles tellement dispropor-
tionnées aux misérables ressources dont dispose le génie de
l'homme, que, faute de pouvoir tenter contre elles quoi que ce
soit d'efficace, le mieux est encore d'en faire notre deuil, et de
nous résigner à vivre, tant bien que mal, avec l'ennemi.
L'observation est exacte, sans doute : cependant, il ne faudrait
rien exagérer, et la science qui n'a pas craint d'essayer de
casser les ailes aux cyclones, de dissiper à coups de canon les
orages de grêle, de discipliner la foudre et de faire tomber la
pluie à volonté, ne devait pas se sentir davantage désarmée
contre le brouillard.

Il y a quelque vingt ans, sir Oliver Lodge, aujourd'hui recteur
de l'Université de Birmingham, avait remarqué que quand il se
produit une décharge électrique, en vase clos, au sein d'une
atmosphère chargée de poussières et de fumées, il en résulte
infailliblement une précipitation immédiate de la plupart des
particules en suspension. C'est de là qu'il est parti pour
rechercher s'il n'y aurait pas dans ce fait, connu depuis bel
âge, mais auquel personne, avant lui, n'avait attaché d'importance, l'embryon d'une méthode pratique pour dissiper le
brouillard.

Au-dessus du toit de l'Université de Birmingham, sir Oliver Lodge
fit dresser un mât de pavillon supportant une espèce de grand
peigne métallique à pointes très fines, suffisamment espacées,
et relié, d'autre part, par un fil conducteur, au pôle positif d'une
machine électrique à haute tension, dont le pôle négatif était
mis à la terre. Bref, quelque chose comme une station de
télégraphie sans fil, avec cette différence que les ondes ainsi
produites allaient être chargées, non plus de véhiculer d'invisibles signaux, mais de disperser, en s'irradiant à travers l'espace,
de trop visibles vapeurs.

Au premier brouillard, on mit le système à l'épreuve, et l'on
put constater que, tant que durèrent les décharges électriques,
voire un peu après, sur une étendue de cent mètres carrés
environ autour des pointes, l'air était absolument clarifié et
débarrassé, comme par un souffle puissant, de toute trace de
brume.

Ces résultats encourageants, confirmés d'ailleurs par des

expériences analogues, instituées, l'hiver dernier, à Wimereux, par M. Dibos, n'ont pas cependant paru définitivement concluants à sir Oliver Lodge, et il se dispose à les reprendre, sur nouveaux frais, à brève échéance. Mais ils ont au moins servi à préciser d'une façon si rigoureuse les conditions du problème que nul, parmi ceux qui ont suivi de près ces curieux essais, ne doute du succès final.

La grosse difficulté est de pouvoir produire un courant à très haut potentiel (plusieurs centaines de mille volts) qui soit en même temps un courant continu. Impossible d'employer des machines électrostatiques, trop sensibles surtout à l'humidité atmosphérique. Force a donc été de recourir à des dynamos à courants alternatifs et à des transformateurs, dont les courants sont redressés par des rectificateurs spéciaux (à vapeurs de mercure), de manière à maintenir les décharges dans une même direction.

On peut, du reste, remplacer les peignes par deux fils parallèles, garnis de pointes, par où s'écoulent les effluves. De cette façon, il suffit de tendre deux de ces câbles protecteurs, destinés l'un aux décharges positives, l'autre aux décharges négatives, sur chacune des rives d'un estuaire, d'un fleuve ou d'une rivière, des deux côtés d'une passe ou d'une ligne de chemins de fer, pour assurer aux navires et aux trains, aux abords des ports et des gares, une sorte de chenal praticable à travers les brumes les plus épaisses.

※

### L'électro-porteur.

Comment se fait-il que jamais encore on n'ait employé les électro-aimants, au moins d'une façon définitive et courante, dans la pratique industrielle, comme appareils de levage et de transport?

Qu'on ne se soit jamais servi pour cet usage des aimants naturels, malgré leur commodité apparente, cela se comprend de soi. La puissance adhésive des aimants naturels, en effet,

est une puissance permanente, dont on ne suspend pas l'action
à volonté : il s'ensuit que quand une fois un aimant naturel a
saisi sa proie de fer ou d'acier, il ne la lâche plus, et pour la
lui arracher, il faudrait mettre en jeu une force au moins égale
à la sienne. Ce qui ne laisserait pas, pour la manipulation des
grosses pièces métalliques, de nécessiter des efforts et des frais
trop considérables pour être compensés par la simplification de
l'outillage. Mais, avec les électro-aimants, dont l'attraction peut
être interrompue au moment psychologique, rien qu'en appuyant sur le bouton d'un commutateur, il n'en va plus de
même, et il semble bien, à priori, que le système n'a que des
avantages.

Quand il s'agit, par exemple, de transporter de vastes plaques de tôle ou d'énormes lingots métalliques, ne vaudrait-il
pas mieux employer des électro-aimants, porteurs susceptibles
de s'emparer du fardeau par simple contact, sauf à l'abandonner doucement, sur un geste du conducteur, à destination,
au lieu de recourir, comme on le fait partout, à toute une
complication de grues, de ponts roulants, de treuils, de mécaniques savantes, avec des pinces, des chaînes, des accrochages
délicats et pénibles, impliquant l'intervention d'un personnel
nombreux et exercé?

Cependant, jusqu'ici, l'électro-magnétisme n'a presque jamais
servi, dans les opérations de ce genre, qu'à fournir la force
indispensable aux machines motrices, la saisie et le transport
du fardeau restant exclusivement mécaniques, avec tous les
inconvénients inhérents au procédé.

C'est à peine si l'on pourrait signaler à cet égard quelques
tentatives vagues et isolées, telles, par exemple, que l'installation à l'arsenal de Woolwich d'une grue électro-magnétique
pour la manœuvre des projectiles, la charge des pièces et
l'aménagement du parc d'artillerie.

La vérité est que, si simple que puisse paraître la méthode,
elle comporte cependant dans la pratique plus d'un risque et
plus d'une difficulté. Comme l'électricité elle-même, dont elle
n'est qu'une des plus curieuses manifestations, elle a le défaut
de ses qualités. Le courant électrique a ses caprices, chacun
sait ça : il lui arrive, sans qu'on puisse toujours savoir pourquoi, sans même qu'il ait été possible de prévenir ou de pré-

voir l'accident, de s'interrompre brusquement, sans crier gare. On s'explique, dès lors, que les ingénieurs soucieux de leur responsabilité aient hésité à remplir l'espace de formidables masses métalliques, tenues simplement en l'air par une force fantasque, avec la peur incessante de les voir tomber sur le sol en broyant tout sous leur poids. Sans doute, avec les appareils actuels, il est toujours à craindre qu'une chaîne ou un câble ne se rompe, qu'une tenaille ne lâche prise, qu'un crochet ne glisse. Mais, tout bien pesé, le danger semble néanmoins beaucoup moins grave qu'avec un système dont l'efficacité et la résistance dépendent de l'impondérable.

Il n'y a guère plus de trois ou quatre ans que de savants ingénieurs américains, prenant enfin le problème corps à corps, se sont mis à étudier sérieusement toutes les formes possibles à donner aux électro-aimants, ainsi que les conditions les meilleures à exiger pour leur bon fonctionnement, de façon à réduire leurs inconvénients au minimum, et à leur assurer dans la pratique industrielle courante le rôle de faveur qui, théoriquement, semble devoir leur revenir.

Désormais, c'est un fait accompli, et les électro-porteurs commencent à figurer dans l'outillage courant de nombre d'usines américaines et anglaises. On s'arrange de façon à protéger les enroulements et les connexions de ces appareils contre les chocs, les frottements, les échauffements, susceptibles de déterminer une rupture du courant : on a soin, d'ailleurs, de soutenir la pièce à transporter à l'aide de chaînes ou de câbles de secours, de telle sorte que si, par hasard, un malheur arrivait quand même, ses conséquences fussent réduites à leur plus simple expression. D'autre part, quand il s'agit de transporter des pièces encombrantes ou volumineuses, telles que ces immenses feuilles de tôles qui mesurent parfois, à la sortie du laminoir, 15 ou 20 mètres de long sur 2 ou 3 mètres de large et quelques millimètres seulement d'épaisseur, on se sert d'électro-aimants multipolaires, de façon, en multipliant ainsi les points de contact, à opposer la plus grande résistance possible à l'arrachement et à la torsion.

Bien entendu, l'usage de ces appareils se limite au transport de pièces magnétiques (les seules sur lesquelles l'aimant, naturel ou artificiel, ait prise), ou de pièces de petites dimensions réunies et contenues dans un récipient magnétique, tel qu'une caisse de fer. Bien entendu, il faut que tous les objets transportés présentent une surface suffisamment plane pour offrir un contact impeccable aux pôles de l'électro-aimant.

Mais ce sont là des conditions qui se rencontrent assez fréquemment pour que le nouveau procédé réalise un progrès appréciable.

On peut concevoir ainsi l'établissement de tout un jeu de grues roulantes de ce genre, actionnées entièrement par l'énergie électrique, faisant tout ce que doit faire une grue qui se respecte, préhension, levage, pivotage, transport, etc., alimentées à l'aide d'un trolley, par une seule source électrique, et conduites par un seul homme manœuvrant un coupleur à manette.

De bons juges évaluent à 65 ou 70 pour 100 l'économie de temps et de main-d'œuvre qui peut être ainsi réalisée.

### Pour prévenir l'explosion des lampes électriques.

Tout le monde sait que si, dans une lampe à incandescence, l'ampoule de verre vient à se briser, le filament de charbon brûle au contact de l'air, et tout s'éteint. Cette brusque combustion s'accompagne souvent d'une petite explosion, projetant en tous sens des particules en ignition, qui, si minuscules qu'elles soient, suffisent parfaitement à provoquer la déflagration des mélanges détonants constitués par la présence dans l'air de gaz hydrocarbonés (tels que le grisou) ou même de fines poussières de farine ou de charbon.

L'éclairage électrique n'est donc pas, à lui seul, comme on pourrait le croire, le gage d'une sécurité absolue dans les charbonnages ou les minoteries.

Pour parer à ce danger, un électricien bien connu, le docteur Tommasi, a imaginé un dispositif ingénieux.

La lampe à incandescence est montée à l'intérieur d'un cylindre en verre, fermé, d'une part, par le socle de l'appareil, d'autre part, par un couvercle muni d'un petit robinet. Cette double fermeture est, cela va de soi, parfaitement étanche.

Les deux fils conducteurs se fixent, comme à l'ordinaire, aux bornes du socle de l'appareil. A l'intérieur, on place un petit soufflet, dont le rôle consiste, quand il n'est pas gonflé d'air, à soulever un taquet métallique fixé extérieurement à sa partie inférieure, et, par conséquent, à interrompre le courant.

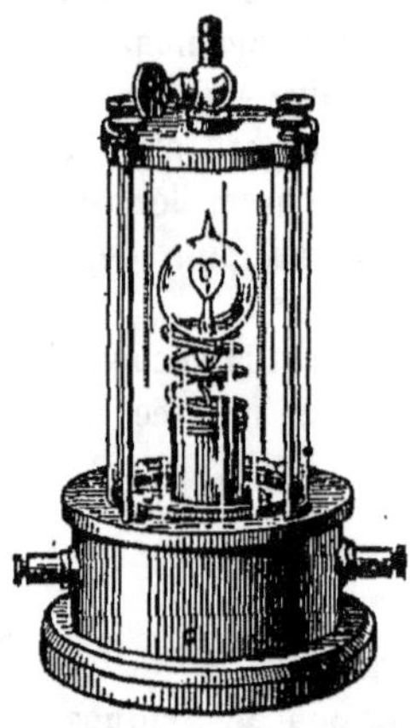

La lampe de M. Tommasi.

Pour allumer la lampe, il suffit de gonfler le soufflet. A cet effet, on emmanche sur l'ajutage du robinet le tuyau d'une poire en caoutchouc, au moyen de laquelle on injecte une certaine quantité d'air. Par l'effet de la compression ainsi produite, le soufflet se dilate et pousse le taquet métallique. Il s'établit ainsi un contact, et le courant passe. Ceci fait, on ferme le robinet et l'on enlève la poire de caoutchouc.

Pour éteindre la lampe, il suffit de rouvrir le robinet. L'air accumulé dans le soufflet fuse au dehors, le soufflet revient à son volume primitif en soulevant le taquet et en supprimant, *ipso facto*, le contact, de sorte que le courant s'interrompt.

Si donc, pour une cause quelconque, le cylindre de verre vient à se briser, la pression intérieure baisse, le soufflet se rétracte et la lampe s'éteint.

Si c'est l'ampoule elle-même qui se brise, l'air intérieur se dilate de tout le volume que représentait la capacité de ladite ampoule, et cette détente suffit pour provoquer l'extinction, par suite de la rupture du contact.

Tout risque d'explosion et d'incendie est ainsi conjuré.

## L'hélium, gaz permanent.

Il est des corps que nous n'avons jamais vus, dans les conditions normales, qu'à l'état solide : c'est le cas, par exemple, du charbon et de la plupart des métaux usuels. Il en est d'autres, comme le mercure, l'alcool, l'acide sulfurique, etc., que nous ne connaissons qu'à l'état liquide. Il est, enfin, une troisième catégorie de corps qui semblent voués à l'état gazeux : tels sont l'oxygène, l'azote, l'hydrogène, l'air atmosphérique, etc.

Ce ne sont là, cependant, que de fallacieuses apparences, et la vérité est que tous les corps, quels qu'ils soient, sont susceptibles d'affecter tour à tour les trois états. Pas un corps solide qui ne puisse, le cas échéant, se liquéfier ou se vaporiser ; pas un corps liquide qui ne puisse se solidifier ou se transformer en vapeurs ; pas un corps gazeux qui ne puisse devenir successivement liquide et solide. Cela est vrai pour l'eau, pour le mercure, pour le fer, pour le soufre, pour l'oxyde de carbone, pour l'iode, pour n'importe quel corps, en un mot, et la règle, théoriquement, ne comporte pas d'exception. Tout dépend, en effet, de la température et de la pression.

Pendant longtemps, on avait cru que certains gaz — l'oxygène, en particulier, l'hydrogène, l'azote et l'air atmosphérique — échappaient à l'universelle loi. Le fait est qu'on n'avait jamais pu les liquéfier et encore moins les solidifier. Aussi en avait-on fait une catégorie à part, sous le nom de gaz *fixes* ou de gaz *permanents*.

Puis, l'on s'était aperçu, à la longue, que cette prétendue permanence n'était qu'un trompe-l'œil, qui s'expliquait par l'insuffisance des moyens dont on disposait autrefois dans le laboratoire. Le perfectionnement des instruments et des méthodes devait avoir raison des résistances des gaz les plus récalcitrants. Tant et si bien que tous les gaz dits permanents, jusques et y compris l'air atmosphérique, avaient fini par se laisser liquéfier et même solidifier, à la condition d'être soumis à des pressions assez énergiques et à des températures assez basses. L'hydrogène, après avoir tenu bon le plus longtemps, avait dû lui même y passer.

On croyait donc l'affaire définitivement entendue, bien qu'il restât encore l'hélium, ce gaz dont l'existence à été constatée d'abord dans l'atmosphère incandescente du soleil, puis dans certaines eaux minérales, et qui paraît être le produit de la dématérialisation spontanée du radium et des autres substances radio-actives. Mais personne ne s'inquiétait de cette particularité; c'était un cas plus difficile que les autres, voilà tout, et le jour viendrait où l'hélium aurait son tour.

Deux physiciens, James Dewar et Olszewski, ont même fini par se piquer au jeu. Ils se sont un beau jour mis à l'œuvre, en employant les grands moyens, avec la conviction bien arrêtée que l'hélium allait se laisser liquéfier, ou qu'il dirait pourquoi. Mais ils en ont été pour leurs frais. C'est en vain qu'ils ont soumis l'hélium à des pressions de 180 atmosphères, suivies de brusques détentes, dans de la neige d'hydrogène, de façon à réaliser l'inconcevable température de 271 degrés au-dessous de zéro, limite au delà de laquelle il n'est guère possible de descendre, puisqu'on n'y est plus qu'à 2 unités du zéro absolu, qui marque la mort de la matière. Non seulement l'hélium n'a pas bougé, mais il n'a pas dit pourquoi !

De sorte qu'on en est aujourd'hui à se demander si, de par on ne sait quel improbable privilège, l'hélium ne serait pas le seul gaz vraiment permanent, et si sa parenté avec le mystérieux radium ne lui vaudrait pas d'être une espèce de monstre irréductible.

### Un avertisseur de gaz délétères.

On aurait enfin trouvé, paraît-il, l'avertisseur de gaz délétères qu'on cherchait depuis si longtemps.

Entendons-nous ! Ce n'est pas d'aujourd'hui, sans doute, ni même d'hier, qu'il existe des appareils susceptibles de déceler la présence dans l'atmosphère d'une chambre close, même à une dose infinitésimale, de l'oxyde de carbone ou de l'acide carbonique. Nous ne parlons pas du gaz d'éclairage, ni de l'acétylène, que leur odeur caractéristique suffit généralement à trahir. Mais tous ces appareils, ou bien étaient trop compliqués, trop délicats, ou bien exigeaient une surveillance constante, qui avait tôt fait, à la faveur de l'accoutumance, de se relàcher dangereusement. Si bien que les connaisseurs en étaient arrivés à conclure que le seul moyen de se mettre en garde contre l'invasion sournoise des mauvais gaz inodores, c'était encore d'avoir, dans l'appartement suspect, un oiseau en cage. Lorsque la pauvre bête, foudroyée par l'asphyxie, tombe de son perchoir, sa chute actionne un signal d'alarme et tout le monde comprend qu'il n'est que temps de fuir. Mais, on avouera que le procédé est à la fois barbare et grossier.

Aussi cherchait-on quelque chose de mieux, et, comme nous venons de le dire, on a fini par y réussir.

Le procédé en question consiste tout simplement en une balance excessivement sensible, portant sur l'un de ses plateaux un récipient d'air, d'une capacité déterminée, et sur l'autre un poids équivalent. Tant que l'atmosphère reste pure, la balance ne bouge pas, et son fléau demeure sensiblement horizontal. Aussitôt, au contraire, que l'atmosphère commence à se vicier, le poids du récipient d'air varie : il augmente si c'est l'acide carbonique qui est en cause; il diminue si c'est l'oxyde de carbone... Quoi qu'il en soit, l'équilibre est rompu, et le plateau qui porte le récipient d'air s'élève ou s'abaisse. Dans l'un et l'autre de ces deux mouvements opposés, il rencontre un butoir qui est un contact électrique; au même instant, une sonnerie commence à tinter, pendant qu'un dispositif spécial déclanche le châssis d'une fenêtre, qui s'empresse de s'ouvrir en donnant passage à l'air frais.

✳

### Le verre violet.

On sait que le verre contenant du manganèse peut devenir violet sous l'influence prolongée des rayons du soleil. Ce phénomène a souvent été observé pour les vitres des serres.

Il ne s'agit pas là d'une coloration superficielle : elle pénètre dans la profondeur de la masse, et l'on n'y remédie qu'en chauffant le verre jusqu'à la température de ramollissement.

Mais ce qu'on ne sait pas, c'est que ce phénomène semble s'accentuer avec l'altitude. Sur les hauts plateaux de la Bolivie, par exemple, à 4000 mètres au-dessus du niveau de la mer, il semble infiniment plus rapide et plus intense.

Quelle en est exactement la genèse ? Quel en est le mécanisme ?

S'agit-il d'une action chimique de la lumière, transformant plus ou moins lentement les sels de manganèse, soit par oxydation, soit par réduction ? C'est ce qui semblerait *a priori* le plus probable. Si pourtant cette explication était fondée, le phénomène devrait se produire, à éclairage égal, à peu près partout. Or, on a constaté que dans certaines régions, au Transvaal, par exemple, malgré l'intensité de la lumière, le verre blanc reste imperturbablement blanc.

D'où la nécessité d'invoquer une autre cause. Cette autre cause, d'après sir William Crookes, serait la radio-activité. Les radiations émises par le radium et les autres substances radio-actives ont, en effet, la propriété de colorer le verre en violet. Pourquoi ne pas supposer, dès lors, que le sol de la Bolivie est particulièrement riche en radium ou en minéraux analogues, alors qu'il n'y en aurait pas trace dans le sol de l'Afrique australe ?

L'hypothèse est plausible. Mais on pourrait également admettre que le phénomène est dû à l'action de certains des rayons dont se compose cette chose très complexe qu'on appelle un rayon lumineux, par l'action des rayons à très courte longueur d'onde, par exemple, des rayons ultra-violets. Tels de ces rayons sont interceptés en chemin par l'atmosphère : voilà pourquoi et comment ce qui se passe au sommet des montagnes ne se reproduit pas toujours en plaine.

### La terre tourne trop vite.

Supposez que juste au beau milieu d'un puits de mine très profond on laisse tomber un caillou.

Ce caillou, qui tombe avec une vitesse uniformément accélérée, va mettre un certain nombre de secondes avant d'arriver en bas.

Mais, pendant la chute, la terre n'aura pas cessé de tourner sur elle-même, de l'ouest à l'est.

Il s'ensuit que, par rapport à la verticale, c'est-à-dire à la ligne perpendiculaire au centre du globe suivie par le caillou, le fonds du puits ne sera plus, à la fin de la chute, exactement dans la même position qu'au commencement. Il s'ensuit que, le puits fût-il rigoureusement cylindrique, la pierre ne touchera pas le fond juste au milieu de la section circulaire, mais plus ou moins à l'ouest de la verticale, si même elle ne heurte pas la paroi occidentale auparavant.

Ce qui se passe avec un caillou qui tombe, dans le sens vertical, se passe également, dans le sens horizontal (suivant la ligne nord-sud, par exemple), avec une balle ou un boulet.

Prenez une cible de 50 centimètres de large, placée vers le 45° degré de latitude, au nord du tireur, à une distance de 1852 mètres — ce qui fait juste une minute d'arc, autrement dit la soixantième partie d'un degré — dans le sens du méridien.

Admettons, pour simplifier le problème, qu'il s'agisse d'un tireur hors pair, capable de tenir compte de toutes les causes ordinaires de déviation. Admettons que ce tireur, présumé infaillible, ait en main une arme de précision parfaite, qu'il connaisse de longue date et dont il soit sûr.

Il vise, il tire et... il manque le but : même il le manquera d'autant plus certainement qu'il aura visé plus juste.

Pourquoi? *C'est la faute à la terre!*

Pendant les trois secondes que la balle met à parcourir sa trajectoire, le tireur emporté par l'éternel mouvement de la planète, se sera déplacé vers l'est de 240 mètres environ. Pendant le même temps, la cible placée à une minute d'arc (1852 mètres) plus au nord, n'aura parcouru dans le même sens que 239$^m$42. On sait, en effet, que, en raison de la forme ellipsoïdale du globe et de l'aplatissement des pôles, les divers points de la surface de la terre tournent d'autant moins qu'ils sont plus éloignés de l'équateur.

Donc, pendant que le projectile fend l'air, le tireur aura bougé de 240 mètres et la cible de 239$^m$42 seulement. Cet écart de 58 centimètres correspond exactement à la différence des vitesses rotatives entre les deux parallèles séparés par une minute d'arc (1852 mètres).

Avec le canon, qui tire parfois à des 8 ou 10 kilomètres, la déviation, nécessairement plus accentuée, pourra atteindre 4 à 5 mètres, ou davantage.

Il va de soi que si la cible était située, non plus au nord, mais au sud du tireur, le même phénomène se reproduirait, dans les mêmes conditions et avec la même intensité, à cette différence près, que ce serait tout le contraire. Au lieu de se faire à l'est, la déviation se ferait à l'ouest. Dans ce cas, en effet, ce serait le tireur qui, étant le plus rapproché du pôle, se déplacerait moins vite que la cible.

La conclusion pratique de ceci, c'est que pour atteindre un but placé dans l'axe du méridien, le tireur — ou le canonnier — doit viser tantôt à droite, tantôt à gauche du but, suivant son éloignement et son orientation, et d'une quantité qui peut être mathématiquement déterminée par avance.

Voilà pour la balistique. Passons maintenant aux chemins de fer.

Ici, c'est encore plus grave. Si, en effet, sur les champs de bataille, la rotation de la terre peut empêcher de tuer le pauvre monde, sur les voies ferrées, en revanche, elle risque de faire tout le contraire.

Nous avons constaté tout à l'heure que chez nous, la différence de vitesse entre deux parallèles séparées par une minute d'arc (1852 mètres) est de 58 centimètres — soit 1 centimètre environ pour une seconde de latitude. Or, une seconde de latitude — 1/3600$^e$ de degré — cela fait quelque chose comme 31 mètres du sud au nord.

Cela étant, considérons une locomotive qui marche, par hypothèse, à la vitesse de 31 mètres par seconde. Elle ne pourra pas, en raison de sa masse considérable, adapter exactement sa vitesse à la vitesse du mouvement de rotation de la terre. Il s'ensuit qu'au bout d'une seconde, ses roues tourneront, non plus sur les rails, mais *à un centimètre en dehors — à l'est — desdits rails.*

Inutile d'ajouter qu'il pourra s'ensuivre, le cas échéant. quelques menus risques. Le fait est que sur les lignes de chemins de fer orientées dans le sens du méridien, du sud au nord, on déraille toujours à l'est quand on va vers le nord, à l'ouest quand on va vers le midi.

Maintenant, si les accidents de ce genre ne sont pas plus fréquents, cela tient à ce que les flexuosités de la voie, qui serpente en sens divers et décrit de nombreux zig-zags, compensent les écarts et rétablissent généralement l'équilibre au prix du mouvement dit « de lacet » — lequel tout de même s'accentue parfois un peu trop. Puis, les roues sont assez solidement ajustées aux rails pour être mises à l'abri des déviations légères. Il est rare, enfin, que nos trains fassent 31 mètres à la seconde, ce qui ferait 112 kilomètres à l'heure.

Cependant, comme on nous annonce l'avènement prochain de locomotives électriques capables d'atteindre couramment des vitesses de 200 ou 220 kilomètres en 60 minutes, il appert qu'on ne fera pas mal, lors des essais de ces vitesses, d'y regarder à deux fois.

✳

### Nouveautés photographiques.

*Le Block-notes* 6 1/2 × 9. — Par les conditions qu'il remplit, et par sa petitesse même, pour le véritable photographe, le Block-notes 4 1/2 × 6, dont nous avons donné la description dans un précédent volume[1], est par excellence l'appareil

1. Voir l'*Année scientifique et industrielle*, quarante-sixième année (1904), p. 119.

complémentaire de l'appareil ou des appareils qu'il a déjà. Même,
à la rigueur, il peut constituer l'unique bagage du photographe.
Toutefois, si c'est ainsi qu'il doit être compris, il faudrait lui
préférer un autre format un peu plus grand. Seulement, tout
format plus grand entraîne forcément l'emploi d'un objectif à
plus long foyer, parce que ce foyer doit toujours atteindre au
plus près de la longueur de diagonale de la plaque employée.
Or, du moment que l'on augmente le foyer de l'objectif, on n'a
plus une mise au point susceptible de rester fixe dans tous

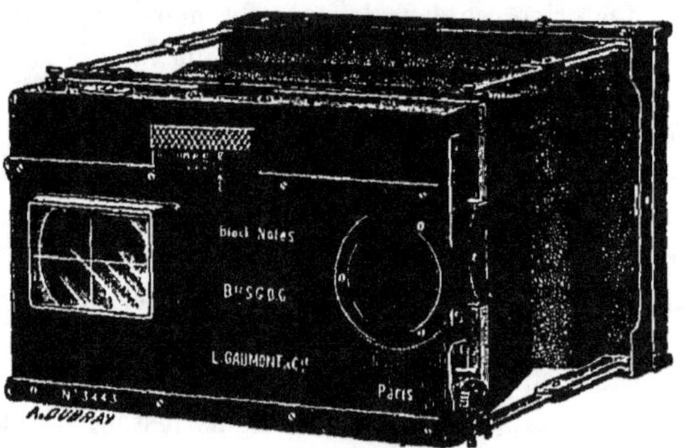

Le Block-notes 6 1/2 × 9,

les cas, puisque l'on éloigne ainsi la distance hyperfocale, distance à partir de laquelle la netteté demeure toujours suffisante
dans la pratique. De plus, il y a alors nécessité de décentrer
l'objectif dans tous les sens. Mais s'il y a décentrement, pour
que l'homogénéité de l'image reste la même, il devient nécessaire de faire emploi de diaphragmes.

Ainsi en augmentant le format, partant le foyer de l'objectif,
on doit pourvoir l'appareil de dispositifs spéciaux permettant :
1° la variation de la mise au point; 2° les décentrements de
l'objectif; 3° la variation des ouvertures de l'objectif par l'emploi des diaphragmes.

En mettant à l'étude un format de Block-notes, qui, tout en
restant petit, puisse constituer l'unique bagage du photographe,
il a donc fallu tenir compte de tous ces dispositifs avant d'établir définitivement un appareil répondant réellement à tous les
besoins.

Le Block-notes 6 1/2 × 9 se compose de deux corps métalliques reliés entre eux par un soufflet de peau et quatre articulations métalliques parfaitement rigides quand elles sont
tendues.

Le corps d'avant, plein, porte en son centre un objectif: le
corps d'arrière, évidé, reçoit un châssis à volet, tout en métal,
contenant la plaque sensible.

Pour assurer une parfaite rigidité à l'ensemble du système

Le Block-notes 6 1/2 × 9  et son décentrement.

de visée, le petit œilleton d'arrière, servant de loupe, s'enclenche
lorsqu'on le redresse, et devient de ce fait complètement immobile. Dans cet enclenchement, il met en saillie, auprès de lui,
un petit bouton. Lors donc qu'on veut le rabattre, il faut préalablement presser sur ce bouton, et celui-ci s'enclenche à nouveau dès qu'il a atteint la position horizontale.

La face avant est montée sur deux plates-formes métalliques
glissant l'une sur l'autre, à frottement doux, sur des velours.
Si l'on veut déplacer horizontalement l'objectif, on appuie le
pouce sur la partie opposée à la lentille réticulée et l'on
pousse doucement vers cette lentille. Tout le plateau se déplace
de la quantité que l'on veut, jusqu'à ce qu'il atteigne le fond

de sa course. Celle-ci est limitée par une fente longitudinale à extrémités arrondies et un butoir.

Veut-on, au contraire, décentrer dans le sens vertical? C'est sur la partie opposée au bouton de déclenchement qu'on appuie le pouce, et l'on pousse doucement vers ce bouton. Une fente et un butoir déterminent encore la limite extrême de la course.

Il y a donc en réalité deux décentrements : un horizontal vers la gauche, un vertical vers le haut. Mais, effectivement, il en existe quatre. Si, en effet, on a décentré vers la gauche et que l'on retourne l'appareil, le décentrement se trouve, par ce simple retournement, effectué vers la droite; similairement, par ce même retournement, l'appareil primitivement décentré vers le haut est ainsi décentré vers le bas.

Ce procédé, extrêmement simple, a le double avantage de ne pas alourdir l'appareil en multipliant les dispositifs du décentrement, et, en outre, de laisser la lentille du viseur toujours pleinement en dehors de l'appareil, de façon que la visée ne se trouve jamais entravée ni modifiée.

Comme nous l'avons expliqué, le format, devenant plus grand, exige un objectif de plus long foyer, c'est-à-dire possédant une distance hyperfocale plus lointaine. Dans l'espèce, le foyer est de 110 millimètres, ce qui représente assez exactement la diagonale de la surface utilisée. Avec une mise au point sur l'infini, on n'a guère une bonne netteté qu'à 10 mètres environ, distance hyperfocale, avec netteté au dixième de millimètre. La mise au point devient donc nécessaire toutes les fois qu'on désire avoir une excellente netteté à des distances moindres de 10 mètres. Pour cette raison, le Block-notes 6 1/2 $\times$ 9 est monté avec un objectif réglé sur l'infini absolu, et est muni d'un dispositif de mise au point facultative, consistant en une petite targette, placée sur la face avant, au-dessous du bouton de déclenchement, et glissant horizontalement, à frottement doux, en face d'une petite flèche repère. Sur cette targette se lisent quatre graduations : $\infty$, 10, 7, 5, c'est-à-dire : infini, 10 mètres, 7 mètres, 5 mètres. Comme on sait qu'en principe la netteté faite à une distance déterminée existe encore, en avant, et d'une manière générale, à une distance égale à sa moitié, on voit qu'à 5 mètres on aura, de ce fait, la netteté suffisante à 2 m. 50. La mise au point désirée

se fera donc en amenant, devant le repère, l'un des numéros
gravés sur la targette.

Du moment que la mise au point devient facultative, *le jeu
des diaphragmes s'impose*. Il va de soi, en effet, qu'en variant la
mise au point, on désire aussi varier ou limiter l'étendue de la
profondeur du champ, c'est-à-dire l'étendue de la netteté. C'est,
en effet, le véritable rôle du diaphragme et même son seul
rôle rationnel, lorsqu'on l'adapte à des objectifs bien corrigés
des différentes aberrations.

Le jeu des diaphragmes, tel qu'il est, donne la possibilité de
se servir de cinq ouvertures différentes, qui sont f/6,3 ; f/7,2 ;
f/10 ; f/14 ; f/20 indiquées par le coefficient de temps de pose
relative à chacune d'elles soit : 0,4 ; 0,5 ; 1 ; 2 ; 4.

Si les temps de pose ont été calculés, comme cela se fait généralement pour l'ouverture f/10, qui est ici l'unité, on saura,
si l'on emploie l'ouverture f/20, par exemple, qu'il faudra multiplier le temps de pose par 4, ou bien par 0,5, si l'on fait usage
de l'ouverture f/7,2.

### La jumelle cinématographique,

Les lecteurs de l'*Année Scientifique et Industrielle*[1] connaissent
cet ingénieux appareil le *diocinescope*, de M. Clermont-Huet, à
l'aide duquel la photographie animée est rendue commode et
réellement pratique. Avec le diocinescope, en effet, les systèmes compliqués d'éclairage qui font du cinématographe ordinaire un instrument utilisable, sauf de rares exceptions, seulement par des professionnels, ne sont plus nécessaires. La
moindre lumière naturelle ou artificielle suffit. L'appareil, il est
vrai, ne permet pas en ces conditions de réaliser de grandes
projections ; il donne des vues de dimensions réduites que cha-

1. Voir l'*Année scientifique et industrielle*, quarante-quatrième année (1900), p. 76.

que observateur doit contempler isolément, à son tour; mais ces vues sont des plus nettes, et exemptes, comme nous l'avons expliqué naguère, en raison même du principe du diocinescope, de ce papillottement si désagréable inhérent à tous les cinématographes, même les mieux construits.

En somme, le diocinescope est par excellence l'instrument familial, celui que l'on peut installer sur un coin de table dans toute pièce d'un appartement et qui se prête sans aucun préparatif à l'examen des bandes pelliculaires dont l'on dispose.

Cependant, ayant de telles qualités, le diocinescope a aussi quelques inconvénients. D'une part, en raison même de sa construction, il donne des images très petites et ayant peu de relief, et d'autre part l'obligation où se trouve le constructeur de loger son mécanisme à l'intérieur d'une boîte renfermant aussi la partie optique du système rend son maniement, quand il s'agit d'opérer le changement des rouleaux pelliculaires, quelque peu incommode.

En vue de remédier complètement à ce double défaut, M. Clermont-Huet s'employa à chercher une combinaison donnant toute satisfaction.

Son nouvel instrument, la *jumelle cinématographique*, résout à cet égard le problème de la plus élégante manière.

Dans ce dernier dispositif, les parties optique et mécanique sont séparées par un plateau d'acajou que supportent quatre colonnes.

Le mécanisme d'enroulement et de déroulement des *films* est installé au-dessous du plateau et si largement accessible qu'il est tout à fait aisé de placer convenablement les bandes pelliculaires.

Quant à la partie optique, logée à la face supérieure du plateau, elle comprend un bloc de verre transparent à faces parallèles, mobile autour d'un axe, au-devant duquel l'on fait passer la pellicule cinématographique dont l'examen direct se fait à l'aide d'une jumelle astronomique qui présente cet avantage de redresser l'ouvrage renversé par le dispositif de projection.

Cette jumelle, pour les nécessités de l'observation, porte auprès de ses objectifs deux prismes à faces parallèles, dont l'utilité est de permettre l'examen avec les deux yeux d'une seule image agrandie de 6 à 10 fois, suivant les modèles d'instruments employés, et d'obtenir ainsi un effet stéréoscopique des plus agréables.

L'instrument, on le voit, est particulièrement simple, ce qui ne l'empêche pas, du reste, de donner d'excellents résultats qui

La jumelle cinématographique.

le recommandent tout spécialement à l'attention des amateurs de photographie animée.

## La navigation aérienne.

Il existe trois sortes d'appareils propres à la navigation aérienne : les ballons sphériques, qui (par essence même sont nés non dirigeables, les ballons dits dirigeables, auxquels on donne la forme allongée, et enfin les appareils multiples que l'on classe sous le nom générique de machines volantes, ou d'appareils réalisant la théorie, aujourd'hui en vogue, du plus lourd que l'air.

Comment ces machines, ces appareils, se sont-ils comportés au cours de l'année 1905 ? C'est ce que nous allons dire le plus succinctement possible.

*Ballons sphériques.* — Le plus beau fait d'armes de cette année, à l'actif du ballon sphérique, est le raid, vraiment intéressant, qui a été accompli au mois de février, par M. Jacques Faure, entre l'Angleterre et la France, ou plutôt, pour préciser, entre Londres et Paris.

Le ballon qui en 6ʰ 1/2 a accompli cette prouesse est l'*Aéro-club II*, de 1550 mètres cubes. Ce ballon était pourvu de deux hélices sustentatrices, à axe vertical, tournant en sens inverse, actionnées par un moteur de 7 chevaux, et permettant à l'aéronaute de s'équilibrer en épargnant son lest.

Voici comment M. Jacques Faure a raconté son ascension.

« Le gonflement se fit au Crystal-Palace, dans l'après-midi du 11 février, et le même jour, à 6ʰ45 du soir, l'*Aéro-club II* s'élevait, emmenant un passager, vers l'Est-Sud-Est. Je maintins le ballon à grande altitude, jusqu'en vue de la mer, que nous prîmes à Hastings, à 8ʰ10. Je me laissai descendre de 800 mètres, jusqu'à ce que mon guide-rope stabilisateur Hervé vînt au contact de l'eau. Nous guide-ropons ainsi pendant deux heures, filant à 60 kilomètres à l'heure. Peu de bateaux sur notre route : cependant nous eûmes toutes les peines du monde à éviter un bâtiment qui voulait saisir notre guide-rope, nous croyant en perdition.

« Vers dix heures, la côte est en vue, je reconnais les feux de Dieppe, et nous voici au-dessus du sol ferme. Nous marchions vers Paris, autant que j'en pouvais juger, et à une heure du matin, en effet, une lueur immense d'aube naissante nous signalait la grande cité. Je ne tenais pas à descendre dans la ville, ne fût-ce qu'à cause des becs de gaz allumés, et j'atterris le plus heureusement du monde, à 1ʰ15 du matin, entre Saint-Denis et Aubervilliers. J'avais encore à bord près de 100 kilos de lest. »

Le premier record aérien Londres-Paris était donc établi. La distance parcourue est de 344 kilomètres.

Le comte Henri de la Vaulx est devenu détenteur de la coupe du *Gaulois*, à la suite de son ascension effectuée le 1er avril, à bord du *Sylphe*, de 1600 mètres cubes. Parti à 5ʰ5 du soir, le *Sylphe* atterrit le lendemain à midi 45 à Pretzsch-sur-Elbe, entre Leipzig et Berlin, après avoir parcouru 830 kilomètres en 19ʰ40.

Cinq jours après, M. Jacques Faure effectuait une nouvelle traversée de la Manche en ballon, entre Folkestone et Calais, prouesse que trois ballons anglais tentèrent, sans la réussir, trois jours après.

L'Aéro-Club du Sud-Ouest organise, depuis trois ans, un concours de ballons sphériques à Bordeaux. Celui de cette année a eu un succès beaucoup plus grand encore que les années précédentes. Neuf ballons ont participé au concours, et des automobiles se sont ingéniées à la poursuite des ballons. Le signal du départ est donné le 25 avril, à 4 heures de l'après-midi. Le vainqueur de la journée fut M. Paul Tissandier, commandant le ballon *Aéro-club III* qui, parti à 4ʰ25, atterrit à 7ʰ5 à 580 mètres du point désigné. Le ballon l'*Aquitaine*, monté par M. Alfred Duprat, atterrit à 1100 mètres. Les autres concurrents ne purent descendre qu'à des distances variant entre 10 et 19 kilomètres.

Le 21 mai suivant, l'Aéro-Club de France organisait une fête suivie d'un concours analogue. Cette fête s'est continuée le 2 juin, par la magnifique réception de S. M. Alphonse XIII, et le 8 juin, par le concours de distance du *Figaro*. Ces trois journées sportives, favorisées par le beau temps, eurent un succès considérable.

Dans l'épreuve du 21 mai, les prix doivent être attribués, dans l'ordre, aux trois concurrents pour lesquels le rapport de la distance, entre le point désigné et le point d'atterrissage effectif, à la distance entre le point de départ et le point choisi, aurait la moindre valeur. M. Surcouf, commissaire sportif, fut chargé d'établir le classement.

Le premier prix revint à M. Georges Lebrun, qui atterrit à 1500 mètres de la gare de Sainville, point désigné. La distance du point de départ à cette gare est de 55 100 mètres. M. Justin Balzon, de l'Aéro-Club de France, s'en rapprocha à 3ᵏᵐ300.

A l'occasion de la réception du roi d'Espagne, huit ballons concurrents furent lancés.

Le concours du *Figaro* obtint, comme tous les ans, le plus grand succès. Ce fut une fête sportive mondaine. Le premier prix fut enlevé par M. Frank Lahm, descendu à 11ʰ15 du matin, à Loo, entre Furnes et Mardyck (Belgique), après avoir effectué un trajet de 244 kilomètres en 17ʰ19. M. Edouard Bachelard atterrit à Wœster, près Ypres, après un voyage de 229ᵏᵐ,400, en 16ʰ9. 250 ballons pilotes avaient été lancés ; certains atterrirent en Belgique.

Amiens eut également son concours, le 30 juillet. M. Georges Blanchet en fut le lauréat avec l'*Aéro-club IV*. D'autres villes : Bruxelles, Caen, etc., et enfin Liége, à l'occasion de son exposition, organisèrent des concours toujours très réussis.

A Liége les concours devaient avoir lieu les 20 et 21 août, mais une tempête sévit dans la journée du 20, et il fut impossible de procéder à aucune sortie. Plusieurs concurrents ayant dû quitter Liége le soir même, l'épreuve du lendemain ne réunit plus que six concurrents. Un nouveau concours avait été prévu pour le 27, mais le temps affreusement mauvais ne permit pas l'exécution du projet. Même contre-temps le 10 septembre. Cependant, le 11, trois concurrents purent prendre la clé des champs... célestes dans des circonstances tout au moins fort défavorables. Le seul concours intéressant, et favorisé par un temps splendide, fut celui du 17 septembre, dans lequel neuf ballons montés étaient engagés. M. Georges Blanchet, de l'Aéro-Club de France, se classa premier avec l'*Archimède*, après avoir pacouru une distance de 595 kilomètres. Vinrent ensuite le *Passe-partout*, le *Radium II*, le *Colonel Charles-Renard*, etc.

La dernière fête aérostatique de l'année est la fête d'automne de l'Aéro-Club de France, qui se termina par un rallie-ballons. Le périmètre routier a un rayon de 25 kilomètres et un développement de 50 kilomètres. Les vainqueurs sont ceux descendus à la distance la plus faible d'un point quelconque de ce périmètre. MM. Alfred Leblanc et Levée avec l'*Albatros* et l'*Alouette*, furent déclarés premiers prix *ex-æquo*. Le deuxième prix fut attribué à M. Justin Balzon.

*Les ballons dirigeables.* — Les expériences sensationnelles de

Santos-Dumont, et celles beaucoup plus intéressantes, du *Lebaudy*, ont pu laisser croire un instant que la conquête de l'air par le plus léger était chose réalisée. Il n'en est rien : ces appareils ont un grave inconvénient qui les empêchera toujours de sortir par un temps quelconque. La vitesse maximum à laquelle puissent prétendre les ballons dirigeables est de 10 mètres par seconde; ils ne l'atteignent pas encore, et, en admettant qu'ils y arrivent, cette vitesse sera toujours diminuée par celle du vent. Qu'ils sortent par une brise de 6 mètres par seconde, par exemple, ils ne pourront faire que 4 mètres — contre le vent bien entendu — c'est-à-dire qu'ils iront à peu près aussi vite qu'un cheval au galop. Le siècle qui commence et qui promet d'être appelé le siècle de la vitesse exige mieux que cela. On pourrait angmenter la vitesse en utilisant des moteurs plus légers, mais, de ce côté, il semble bien que si l'on n'a pas encore atteint le maximum de rendement sous le poids minimum, l'on en approche terriblement. Pour arriver à une vitesse de 16 mètres, il faudrait un moteur quatre fois plus léger que ceux que nous possédons : allez demander à nos meilleurs constructeurs de se charger d'un tel travail!

L'aérostat pèche encore par un autre côté : son prix de revient. Il faut « recharger » la machine en hydrogène ou en gaz d'éclairage après chaque ascension, car il se perd énormément de gaz aussi bien à travers les parois du contenant que pendant les manœuvres, et si l'aérostat reste quelque temps gonflé, on peut être à peu près certain de ne plus trouver que de l'air ordinaire dans son enveloppe.

Alors? — Faut-il donc condamner les aérostats? Evidemment non, ces engins pouvant en effet rendre de grands services à la défense nationale.

M. Santos-Dumont a encore tenté la fortune avec un nouveau ballon qui porte le n° 14. L'enveloppe en soie mesuré 41 mètres de longueur, 3^m,40 au maître couple et pèse 45 kilogrammes : son volume est de 186 mètres cubes. Sous l'enveloppe sont disposés une série longitudinale de goussets d'étoffe dans lesquels est passée une tige de soutien en bambou; les goussets peuvent glisser le long de cette vergue. Le dirigeable est pourvu de deux ballonnets compensateurs; le premier, de 14 mètres cubes, est placé au milieu du fuseau ; le second constitue l'ogive de la pointe avant du ballon.

La suspension est constituée par 13 fils, fixés d'une part à la tige de bambou, et en bas à une poutre armée très légère et très courte placée à 12 mètres au-dessous de l'enveloppe. La nacelle est du modèle ordinairement employé par l'inventeur. Le dirigeable est équipé avec un moteur de 14 chevaux à 2 cylindres, du poids de 26 kilos, volant non compris. L'hélice a $1^m,70$ de diamètre et peut tourner à 2000 tours ; elle est placée à l'avant et calée directement sur l'arbre du moteur. Le gouvernail est à l'arrière.

Le Santos-Dumont 14 fit sa première sortie à Trouville le 21 août. Il évolua pendant une demi-heure environ à une hauteur de 50 mètres dans des conditions excellentes. Cette expérience fut renouvelée le lendemain et le surlendemain avec le même succès. On s'attendait à de nouvelles sorties, mais M. Santos-Dumont les a remises à l'an prochain, peut-être avec un nouveau type de dirigeable.

Le *great event* de la navigation aérienne a été la campagne du *Lebaudy*, qui appartient aujourd'hui, du reste, au ministère de la Guerre.

Les expériences auxquelles a été soumis le *Lebaudy* furent uniquement tentées en vue d'en tirer une application militaire. A cet effet, un programme fut élaboré entre M. Julliot, le commandant Bouttiaux, le capitaine Voyer et le commandant Viard.

En conférant au ballon un champ d'action étendu, on pouvait le libérer de ses ports d'attache et le rendre propre à suivre les armées en campagne. Le *Lebaudy* 1905 reçut en cette prévision quelques modifications spéciales portant sur l'augmentation de ses dimensions transversales ; le maître couple et la résistance à l'avancement furent augmentés de 11 pour 100, la puissance du moteur de 25 pour 100, le lest et l'essence de 75 pour 100. Dans ces conditions la capacité de l'enveloppe passait de 2666 mètres cubes à 2960, le maître couple de $9^m,80$ à $10^m,88$, le moteur de 40 à 50 chevaux. En même temps, on étudiait, à Moisson, un système d'amarrage et de campement en plein champ, constitué par une corde à chevelure servant également de corde d'arrêt et venant s'insérer en différents points des parties antérieures du ballon. Des amarres latérales convenablement disposées et fixées à des pieux de fer et différents cordages donnaient au ballon campé une assiette très solide.

La première sortie eut lieu le 5 juin ; elle était simplement préparatoire, ainsi, du reste, que celles des jours suivants. Le 27 juin, l'aéronat effectua une ascension définitive d'essais au-dessus de la plaine de Moisson ; elle dura de 4h25 à 7h36, et les vitesses obtenues varièrent entre 18 kilomètres et 42 kilomètres à l'heure, suivant que l'aéronat avait le vent en proue ou en poupe. L'atterrissage se fit très facilement à la corde d'arrêt à chevelure.

C'est alors que l'on décida d'aborder le programme préalablement tracé.

Le lundi 3 juillet, à 3h43 du matin, le *Lebaudy* se mit en route pour Meaux, où devait avoir lieu le premier atterrissage. Le capitaine Voyer, le pilote Juchmès et le mécanicien Rey étaient dans la nacelle. A 6h20, le dirigeable arrivait à destination après avoir parcouru 91 kilomètres environ en 2h35. L'altitude maxima fut de 480 mètres, et la dépense de lest atteignit 100 kilos.

Le lendemain, à 4h38 du matin, le ballon reprenait l'atmosphère pour se diriger en un lieu à 2 kilomètres de la Ferté-sous-Jouarre, où il atterrit à 5h25.

Le 6 juillet, le *Lebaudy* achevait de mener à bien, par un raid magnifique, la première partie du difficile programme qui lui avait été imposé. A 8 heures, il quitta la Ferté-sous-Jouarre pour se rendre à Épernay et Châlons. A 8h51, le ballon était signalé à Château-Thierry, luttant victorieusement contre un vent violent, et atterrissait à 11h24 au camp de Châlons. Les 91 kilomètres de cette troisième étape avaient été franchis en 3h21. Malheureusement, le lieu d'atterrissement était très découvert, et lorsque l'ouragan vint s'abattre sur le camp, le ballon ne put résister à l'assaut de la tempête. Emporté à 500 mètres, il vint s'abîmer contre les arbres qui déchirèrent son enveloppe. Les réparations furent effectuées à Toul sous la direction de MM. Julliot et Juchmès dans les bâtiments militaires mis à leur disposition par l'État. Le 28 septembre, toutes les avaries étaient réparées et M. Juchmès effectuait sa première ascension. Les expériences reprirent le 8 octobre et eurent un immense succès, rehaussé encore par la présence du ministre de la Guerre. Les expériences ont continué pendant l'arrière-saison et permettent d'espérer des résultats excessivement précieux pour la défense nationale.

*Les machines volantes.* — Les critiques que soulève la navigation aérienne par les ballons dirigeables disparaissent dès que l'on aborde la question du plus lourd que l'air. Les oiseaux nous fournissent un exemple admirable de ce genre de navigation, qui, à la fin de l'année 1905, a pris un essor considérable, grâce aux travaux des frères Wright dont nous parlerons plus loin. Le problème semble aujourd'hui se localiser dans la formule du vol plané, que l'on obtient à l'aide de surfaces planes, et que l'on équipe avec des moteurs. Les *orthoptères* et les *hélicoptères* sont tombés en défaveur; l'*aéroplane* est devenu le champion de la navigation aérienne.

Un cerf-volant est un appareil réalisant le vol plané. L'appareil se tient en équilibre dès que son poids est égal à la pression que le vent exerce sur l'appareil. L'aéroplane est soumis aux mêmes lois. Et la première condition à réaliser réside dans la recherche de la stabilité longitudinale. Est-elle facile à acquérir? Jusqu'à présent, les chercheurs s'étaient ingéniés à rendre les plans porteurs aussi rigides que possible, de sorte que la stabilité longitudinale ne pouvait s'obtenir que par une manœuvre appropriée, exécutée par le conducteur de la machine. M. Edmond Seux, dans une note présentée récemment à l'Académie des Sciences, est d'avis que tous les efforts des chercheurs doivent tendre vers la recherche de l'équilibre longitudinal automatique. M. Seux rappelle les travaux d'Alphonse Penaud, inventeur français, qui, le premier, en 1872, a donné la théorie d'un gouvernail de stabilité et fait fonctionner le premier aéroplane équilibré. Penaud place son gouvernail régulateur à l'arrière; celui-ci agit alors sur un plus grand levier, son attaque sur l'air est moins brusque, et il offre une moindre résistance à l'avancement. Ce gouvernail, ajoute M. Seux, doit pouvoir, sous la pression de l'air, céder dans une certaine mesure, au-dessus ou au-dessous de sa position normale, suivant que l'air le frappe sur sa surface inférieure ou supérieure, et l'action est d'autant plus efficace que la vitesse

de l'appareil est plus grande. Ce gouvernail ne doit pas être
entièrement rigide; il serait bon, au contraire, que les angles
postérieurs et les extrémités latérales pussent se relever légèrement au-dessus de leur plan moyen, ce qui ajouterait à la stabilité générale du système.

Observant le vol des oiseaux voiliers, l'auteur est d'avis que,
dans le vol à voile aussi bien que dans le vol plané, l'aile n'est
à aucun moment complètement immobile, au moins dans ses
parties latérales extrêmes. Selon la vitesse du courant aérien,
les ailes fléchissent et se tordent sur leur axe, enregistrant
toutes les variations du vent. Là serait la cause du pouvoir
sustentateur extraordinaire que possèdent les oiseaux. Et cette
élasticité serait, dans le vol à voile, indépendante de la volonté
de l'oiseau. Dans ces conditions, on doit s'attacher à construire
des aéroplanes demi-rigides, demi-flexibles, les parties flexibles
étant placées aux extrémités latérales, et capables, sous l'effort
naturel de ressorts convenablement disposés, de donner deux
mouvements distincts : flexion de bas en haut et torsion sur
leur axe. Cette théorie n'aurait été mise en pratique, jusqu'ici,
que par les frères Wright.

Passons maintenant en revue les travaux des inventeurs pendant l'année 1905.

La première manifestation de la navigation aérienne a été le
concours d'Aviation qui eut lieu au mois de février à la Galerie des
Machines. Ce concours était institué pour des appareils non montés, de sorte que tous les projets pouvaient y prendre part, et je
vous certifie que les inventeurs n'eurent garde d'oublier l'ouverture. Au fond de la galerie des machines, sur la galerie du premier
étage, s'élevait un pylone de bois d'où les appareils étaient lancés.

Quatre aéroplanes se présentèrent : celui de M. Dargent, qui
resta 29 secondes en l'air, celui de M. Puyret qui est allé à
151 mètres, et ceux de MM. Burdin et Henrion. Les autres
catégories de machines y étaient également représentées : les
orthoptères avec le *Gélitas* et les petits oiseaux en papier de
M. Moureu, divers genres d'hélicoptères, mais surtout un grand
nombre de conceptions s'appuyant sur toutes les théories admises
ou sur des théories nouvelles — le plus souvent représentant
des idées extraordinaires. C'est dans un concours de cette nature

que l'on peut se rendre un compte exact de la mentalité des inventeurs !

Les records ont été accaparés par les aéroplanes, sans pour cela donner une idée de la valeur des engins, à notre avis. Néanmoins, ce concours a fait plaisir à bien des gens, et je ne vois aucun inconvénient à le voir se renouveler chaque année : on y passe de si agréables instants !

Un des appareils à succès de l'année a été l'hélicoptère des frères Dufaux. Il est d'autant plus intéressant qu'une expérience effectuée à Genève lui a permis d'enlever non seulement son moteur, mais aussi une certaine charge de poids utile. Disons d'abord que cet hélicoptère est seulement une partie de la machine totale, qui est un appareil mixte, à la fois hélicoptère et aéroplane, puisqu'il doit être pourvu de plans.

Voici, d'après M. A. de Masfrand, dans *L'Aérophile*, la description de cet appareil :

« Le moteur a été spécialement construit par les deux inventeurs en vue de son application toute particulière à la navigation aérienne. Il est à deux cylindres superposés à double effet, soit à quatre allumages distincts. Refroidissement par ailettes, carburateur en aluminium et cuivre. Ventilateur constitué par une hélice à deux branches formées d'une légère armature en bois tendue de soie. Soupapes commandées.

« Les quatre hélices horizontales sont commandées par paires, de part et d'autre du moteur, aux deux extrémités d'une armature ou d'une cage transversale allongée, rigide, en tubes d'acier. Leur diamètre est de 2 mètres. Chaque paire d'hélices tourne en sens inverse de son antagoniste, mais les deux hélices d'une même paire tournent dans le même sens ; elles sont placées l'une au-dessus de l'autre aux extrémités d'un arbre vertical très court. Leur entraînement se fait par l'intermédiaire d'un levier transversal calé sur l'arbre, qui est lui-même relié aux hélices par 4 ressorts de caoutchouc. Ce mode d'entraînement par câbles élastiques des surfaces portantes évite les avaries produites sur ces organes légers par un embrayage trop brusque ou par un choc subit de l'air. Chaque hélice pèse 450 grammes seulement, et l'hélicoptère tout entier, en ordre de marche, ne pèse que 17 kilos : le moteur pèse à lui seul 4$^{kg}$,500, et sa puissance, au régime normal de

1500 tours à la minute, est de 5 chevaux 1/10. A cette vitesse,
les hélices tournent à 250 tours à la minute. »

Après les premières expériences de Genève, les inventeurs
vinrent à Paris, où l'Aéro-Club de France mit à leur disposition
le hangar de son parc aérostatique à Saint-Cloud.

Voici le dispositif d'expérience adopté.

Un câble sans fin était capable de rouler sur quatre poulies,
dont deux étaient fixées dans le faîtage du hangar, les deux
autres symétriquement au-dessous des premières, dans le même
plan vertical. L'appareil était inséré dans le quadrilatère de
20 mètres de hauteur ainsi constitué. L'hélicoptère reposait à
hauteur d'homme pour faciliter son départ. Le moteur étant mis
en marche et l'embrayage effectué, la machine s'élevait d'un vol
rapide jusqu'au faîte du hangar. Cette expérience s'est répétée
vingt fois avec des surchages de 5 kilos, 6 kilos, 6$^{kil}$,500.

Un autre hélicoptère qui promet est celui que M. Léger a
expérimenté cette année à Monaco, et qui a donné lieu à deux
intéressantes communications à l'Académie des Sciences. Depuis,
le silence s'est fait autour de l'appareil.

Cet hélicoptère a deux hélices co-axiales superposées et tournant en sens inverse. L'axe vertical de ces hélices s'incline vers
l'avant pour obtenir la translation horizontale ou oblique. L'appareil s'oriente pendant la marche, comme pendant la montée
ou la descente, par un gouvernail monté sur une charnière.
L'appareil d'expérience a été construit en demi-grandeur du
modèle réel destiné à enlever une personne. Les hélices en tôle
d'aluminium ont 6$^m$,25 de diamètre et 1$^m$,75 de largeur, et pèsent
chacune 21 kilos. L'appareil complet — hélices, axes, trains
d'engrenages, châssis, gouvernails — pèse 85 kilos, moteur non
compris. Le mouvement était fourni par une dynamo. Le poids
total à enlever était de 110 kilos; il fut soulevé à chaque essai.
Les résultats furent encore plus probants dans les expériences
successives. Au cours de l'une d'elles, on parvint à faire enlever
à l'appareil un poids de 100 kilos, les hélices tournant à la vitesse
de 60 tours. D'après ces résultats, l'auteur conclut que l'appareil définitif pourra enlever 800 kilos de poids mort, représentés
par 200 kilos pour un moteur de 100 chevaux avec sa provision
d'essence, 75 kilos pour le voyageur, et un reste disponible de

525 kilos, qui pourront être utilisés pour emporter d'autres voyageurs, obtenir une vitesse plus grande, ou une provision de combustible en vue d'une plus longue traversée.

Le vol plané a toujours ses partisans, et, avec le capitaine Ferber, M. Ernest Archdeacon est un des fervents du nouveau sport. Il a abandonné momentanément l'aérodrome de Merlimont et a préféré cette année prendre la Seine comme champ d'expériences. Cela se conçoit sans peine, les appareils étant plus en sûreté au-dessus de l'élément liquide que lorsqu'ils dominent les sables les plus moelleux du rivage. On doit toujours prévoir, en effet, une descente précipitée, et un aéroplane ne s'en relève jamais s'il rencontre le sol; ses débris même deviennent inutilisables. Dans l'eau, au contraire, la chute est moins brutale, et si quelques tirants sont faussés, l'ensemble bénéficie de la fluidité de l'élément liquide dans lequel il s'enfonce. L'expérimentateur y trouve également un avantage de tout premier ordre, risquant tout au plus une immersion peu prolongée, car des sauveteurs volontaires se tiennent toujours à sa disposition.

Le nouvel aéroplane de M. Archdeacon a été construit dans les ateliers de M. Surcouf à Billancourt. Il est constitué par deux surfaces portantes superposées, de 10 mètres d'envergure chacune, sur 2 mètres de largeur. A l'avant est placé le gouvernail, et la surface totale de tous les plans est de 56 mètres carrés. L'appareil étant monté pèse 400 kilogrammes. Nous sommes loin des joujoux que le capitaine Ferber s'évertua à lancer naguère, pendant cinq jours consécutifs, dans la Galerie des Machines, à la grande joie des spectateurs.

Au cours du dernier essai qui eut lieu pendant le mois de juillet, le lancement de l'aéroplane fut effectué à l'aide d'un *motocanot* qui filait à une vitesse de 26 kilomètres à l'heure, l'appareil reposant à la surface de l'eau sur deux flotteurs de 7 mètres de longueur faisant partie intégrante de sa structure. M. Voisin y prit place, assis et non couché à plat ventre, ainsi que le veut une certaine école. Une remorque reliait le planeur à la *Rapière*, remplissant les fonctions de remorqueur, ou plutôt d'entraîneur. Au moment du démarrage, la machine volante fit un bond d'une quinzaine de mètres de hauteur, et se mit ensuite à planer au-dessus du canot. Après un vol d'une soixantaine de mètres, la remorque ayant ralenti, l'aéroplane vint se poser doucement sur la surface du fleuve. Cet essai de planement a donc parfaitement réussi.

Il est utile d'observer — car c'est là un des côtés les plus intéressants de l'expérience — que la machine s'est enlevée très facilement dès que la vitesse du remorqueur a atteint 20 kilomètres à l'heure ; elle est ensuite restée toujours sensiblement

L'aviateur Archdeacon.
Photographie Rol et C⁰, à Paris.

horizontale, ce qui indique d'excellents moyens de stabilité.

Le procédé de lancement sur l'eau, nous dit M. Archdeacon, permet donc à l'expérimentateur d'apprendre en sécurité le métier d'oiseau. Il présente encore cet autre avantage de permettre également de mesurer la vitesse de translation ainsi que la puissance dynamométrique nécessaire pour enlever l'appareil. Par suite, on peut évaluer exactement la force du moteur qu'il conviendra d'employer lorsque les conditions d'équilibre seront parfaitement déterminées, et aussi lorsque l'expérimentateur sera assez habile pour manœuvrer l'appareil.

L'aéroplane de M. Henri Robart, un autre fervent du vol plané, est constitué par deux plans superposés.

Le plan supérieur a une surface de 5 mètres carrés ; il est

mobile autour d'un axe placé, non au centre de la surface rectangulaire, mais à 30 centimètres seulement du bord antérieur du plan. Les dimensions étant dans le rapport de 5 à 1, il en résulte que cet axe se trouve à 20 centimètres en avant du point d'intersection des diagonales. Sous l'action du vent, le plan se redresse seul, malgré la position avancée du pivot, ce qui indique que le centre de pression n'est guère à plus de 15 centimètres de l'avant. Ce plan remplit les fonctions de gouvernail de profondeur. Le plan inférieur diffère du précédent

Aéroplane Henri Robart.

en ce qu'il est fixe, et qu'il affecte la forme d'un éventail, capable, comme tel, de se replier sur lui-même. Il mesure 16 mètres carrés de surface et porte un triangle formant poutre armée sur laquelle l'expérimentateur se pose pour la manœuvre. De l'avant du plan supérieur, qui est fixé au second par trois petits supports formant coussinets, descend une tige à l'aide de laquelle l'aviateur peut faire basculer ce plan sur son point d'appui, pour obtenir alternativement la montée, en soulevant la tige, ou la descente, en l'amenant à lui.

Ce plan mobile semble constituer la caractéristique du système moteur. C'est de lui que dépend la position de l'aviateur sur la poutre armée ; surplombant normalement le plan inférieur de 30 centimètres, il équilibre l'ensemble, en portant le centre de gravité vers un point tel que l'expérimentateur est obligé de passer sa tête par le triangle pour conserver l'équilibre.

Cette machine a été expérimentée par M. Robart, et, autant que l'inventeur a pu en juger, elle s'est comportée admirablement au point de vue de la stabilité; elle conserve à volonté une position immobile et se prête également à la marche contre le vent. Les glissades n'ont pu être bien longues, la nature des terrains ne permettant pas des essais en grand, mais elles ont

L'auto-volant de MM. Lainez et C. Wilfart

permis de constater que l'appareil n'a aucune tendance à plonger ni à se relever brusquement, ainsi que cela arrive presque toujours aux appareils de ce genre.

MM. Lainez et C. Wilfart, qui en sont encore à leurs débuts dans l'art de naviguer(?) dans les airs, ont imaginé un appareil d'aspect assez étrange, mais reposant au fond, sur une théorie généralement admise : celle de tous les hélicoptères.

Un cadre présentant la forme d'un losange allongé est muni à chaque extrémité d'un système d'ailes qui se meuvent dans le sens vertical. Une aile a la forme d'un auget à fond curviligne, constitué par des bandes de toile qui s'opposent au passage de l'air pendant le mouvement de descente et s'ouvrent dès que l'aile remonte.

Les deux groupes d'ailes sont actionnées par un moteur qu'une

courroie relie à la poulie de commande. Malgré les imperfections du système — imperfections auxquelles, d'ailleurs, les inventeurs portent actuellement remède — le moteur étant
mis en marche, on a constaté un allégement de plusieurs kilogrammes. C'est peu, mais, enfin, c'est une indication suffisamment sérieuse pour nous permettre de la signaler.

Enfin, il nous est venu d'Amérique, dans les derniers mois de
l'année, l'annonce de résultats sensationnels qui laissent loin
derrière eux toutes les expériences dont, malgré tout, il importe de rendre compte.

Le 17 novembre les frères Wright écrivaient à M. Georges Besançon l'extraordinaire lettre dont voici les passages les, plus intéressants :

« Le 6 septembre, nous avons réussi à battre notre record
de l'an dernier, qui était de 4$^{km}$,500 mètres. L'état de liquéfaction
du sol, résultat des pluies fréquentes en été, a grandement con-
trarié nos expériences. Les progrès ont été néanmoins rapides,
et, le 26 septembre, nous avons, pour la première fois, dépassé
les 10 milles, ayant fait 17$^{km}$,961 mètres en 18 minutes 9 secondes.
Le réservoir à essence aurait bien contenu une provision suffisante pour un vol de 20 minutes, mais on perd toujours un peu
de temps pour prendre le départ, après que le moteur a été mis
en marche.

« C'est ainsi, que, le 29 septembre, a été arrêté à 19$^{km}$,570 mètres
un vol que nous avions fait en 19 minutes 55 secondes, à cause
du manque d'essence.

« Le 3 octobre, par suite de l'échauffement d'un coussinet, le
vol fut limité à 24$^{km}$,535 mètres en 25 minutes 5 secondes.

« Le 4 octobre, nous restâmes en l'air 33 minutes 17 secondes,
après avoir couvert 33$^{km}$,456 mètres.

« Le 5 octobre, l'insuffisance d'essence arrêta le voyage au bout
de 38 minutes 3 secondes, temps pendant lequel une distance
de 38$^{km}$,956 mètres fut couverte.

« Tous ces vols ont été faits en cercle, en revenant et passant
au-dessus des têtes des spectateurs. L'atterrissage se faisait
toujours sans la moindre avarie. »

Cette lettre était bien faite pour jeter l'émoi dans le monde
de la navigation aérienne, et le capitaine Ferber et d'autres font

des offres d'achat aux heureux inventeurs. Mais des doutes surviennent, on craint un *bluff*, et chacun discute sur la réalité de ces expériences. L'*Auto* envoie un reporter à Dayton, et d'après les renseignements recueillis — les frères Wright demeurant muets et leur appareil invisible — il semble résulter que les inventeurs n'ont dit que la vérité. Au dernier moment, on apprend que M. Fordyce, représentant un syndicat français, vient de passer un contrat avec les frères Wright, aux termes duquel ceux-ci s'engagent à faire, dans les trois mois, un parcours de 50 kilomètres en aéroplane en une heure; les inventeurs recevraient ensuite la somme de un million, qu'ils ont demandée pour leur appareil.

D'après une dernière lettre datée de Dayton, 3 janvier, les frères Wright confirment l'existence du contrat; l'appareil appartiendrait donc dès maintenant à un syndicat français, qui le destine à l'armée française.

Dès aujourd'hui, on peut considérer le problème de la navigation aérienne comme résolu par un aéroplane monté. Il peut l'être par d'autres moyens encore, n'en doutons pas; mais il faut reconnaître que cette fois l'Amérique a battu le record. Soyons bons joueurs, surtout si le gouvernement français bénéficie de l'invention.

# CHIMIE

## Pour déceler des traces d'oxyde de carbone
## dans l'atmosphère.

Le danger de l'oxyde de carbone n'est pas tant dans les intoxications brusques et sensationnelles dont on parle tant, que dans les empoisonnements lents et insidieux qu'il détermine.

Nos procédés de chauffage actuels, surtout de chauffage économique, sont si défectueux que c'est là un danger de tous les jours : soyez convaincus que nombre de malaises indéterminés, vertiges, insomnies, migraines, neurasthénies, etc., n'ont pas d'autre cause.

Il serait donc de la plus haute importance pour notre sécurité quotidienne, surtout pendant la saison d'hiver, de pouvoir reconnaître la présence, à dose inquiétante, dans l'air ambiant, de l'oxyde de carbone. Malheureusement, ce gaz est inodore, de sorte que rien, sauf l'analyse chimique, qui n'est pas à la portée de tout le monde, ne peut le déceler d'une façon certaine.

On ne compte plus cependant les méthodes, toutes plus ingénieuses les unes que les autres, proposées et même expérimentées à ce propos. La dernière, patronnée par M. Armand Gautier devant l'Académie des Sciences, est des plus intéressantes. Elle consiste essentiellement à faire passer trois ou quatre litres de l'air suspect sur de l'acide iodique chauffé à 60 degrés environ, puis, de là, dans un barboteur contenant de l'eau mélangée de chloroforme. L'acide iodique étant réduit par l'oxyde de carbone, l'eau chloroformée prend une teinte rose d'autant plus accentuée que la quantité d'oxyde de carbone est plus considérable, tandis que l'air pur ne modifie pas la couleur du liquide.

On peut ainsi déterminer, le plus facilement du monde, une teneur de deux ou trois cent-millièmes seulement du redoutable gaz.

**Les fumées industrielles et le vitriolage de l'atmosphère.**

La question de la fumivorité (suppression des fumées) est de plus belle à l'ordre du jour, dans toutes les grandes villes, et en particulier à Paris, qui n'aura bientôt plus, il faut bien le dire, si cela continue, rien à envier à Londres, Manchester, Birmingham, Glasgow, Pittsburg. Voici même tantôt huit ans qu'une ordonnance de police avait signifié aux intéressés, architectes, ingénieurs, industriels, etc., d'avoir à en finir avec le fléau dans le délai de six mois. Hélas! Cette belle ordonnance est restée jusqu'ici à l'état de lettre morte, faute d'un système de fumivorité assez parfait et assez pratique pour pouvoir être imposé d'autorité aux brûleurs de charbon....

Il paraît, cependant, que nous serions à la veille de toucher au but, et que la commission spéciale, nommée tout exprès pour examiner les innombrables systèmes proposés par une armée d'inventeurs n'aurait plus que l'embarras du choix entre les deux ou trois appareils qui ont pu résister à une analyse sévère.

Tant mieux! Il n'est que temps d'aboutir. On ne peut pas se représenter, en effet, à moins d'avoir étudié de près l'irritante question, la gravité du danger que présente une atmosphère saturée de fumées industrielles. Tous, parbleu, nous en connaissons les inconvénients essentiels, tous nous savons quels désastres résultent pour notre linge et pour nos poumons d'un excès de suie pulvérulente — la fumée n'est pas autre chose — dans l'air où nous vivons. Mais ce que peu de personnes savent, c'est que la fumée est par-dessus le marché... une « vitrioleuse ».

Le charbon, en effet, comprend presque toujours une certaine quantité de soufre, que la combustion transforme naturellement en acide sulfureux. Or, sous l'influence de l'humidité, cet acide sulfureux devient trop souvent de l'acide sulfurique, que les hautes cheminées d'usines déversent par torrents sur les populations.

Et n'allez pas croire qu'il s'agisse de quantités négligeables !

Un chimiste anglais s'est amusé à faire le calcul de ce que pou
vait contenir d'acide sulfurique, c'est-à-dire de vitriol, l'atmosphère de Glasgow, et il est arrivé à des résultats terrifiants.
Étant donné que la combustion de la houille de bonne qualité
fournit 9 centièmes pour cent de soufre, immédiatement trans-
mué en acide sulfureux, puis en acide sulfurique, et qu'on brûle
à Glasgow quelque chose comme 9.000 tonnes de charbon par
jour, il s'ensuit qu'il se répand dans l'air que respirent les habitants de la cité écossaise plus de 300.000 kilogrammes de vitriol
par an.

Libre à tout un chacun de faire le même calcul pour Paris —
et alors on s'expliquera peut-être pourquoi les arbres de nos
boulevards sont si rabougris, et nos bébés si pâlots!

## L'aluminium et les vapeurs de mercure.

Entre autres originalités, l'aluminium, ce métal artificiel dont
l'usage tend à se multiplier de plus en plus depuis qu'il peut se
fabriquer à des prix abordables, possède celle d'avoir une affinité
extraordinaire pour les vapeurs de mercure. Fussent-elles même
en quantité infinitésimale et à l'état d'extrême dilution dans
l'air, à la température normale, l'aluminium s'empare de ces
vapeurs, qu'il a tôt fait de fixer, partant, de neutraliser.

Cette affinité, qui constitue un moyen d'analyse supérieurement délicat, a, par-dessus le marché, l'avantage de fournir un
excellent moyen de préservation contre l'empoisonnement par
les vapeurs de mercure auxquelles sont toujours plus ou moins
exposés les ouvriers que leur métier oblige à vivre en contact
avec ce dangereux métal.

Il suffit, en effet, pour supprimer à peu près absolument toute
espèce de risque, de faire passer l'air chargé de vapeurs de
mercure à travers un aspirateur — un masque, par exemple —
comportant une couche plus ou moins épaisse d'aluminium
finement pulvérisé. De cette façon, tout le mercure s'arrête en
route, et lorsque l'air toxique arrive aux poumons, il est devenu

inoffensif. Même dans les cas où l'on opère sur du chlorure de mercure, dont le chauffage engendre des nuages si denses de vapeurs homicides, il n'y a plus rien à craindre.

Mis à l'essai, dans certaines usines et mines de mercure, le procédé a donné de très bons résultats.

## Le terbium.

La nomenclature chimique vient de s'enrichir d'un nouveau corps, le *terbium*, spectroscopiquement identifié pour la première fois par M. Urbain. C'est M. Curie, le parrain du radium, qui s'est chargé de transmettre à l'Académie des sciences ce fait nouveau, sans grande portée pratique sans doute, au moins jusqu'à nouvel ordre, mais du plus haut intérêt au point de vue de la science pure.

Il ne s'agit pas là d'une découverte proprement dite, le terbium ayant été signalé — et baptisé — par Mosander, voici déjà plus de soixante ans. Mais l'existence même de ce corps était contestée, et dans le *Dictionnaire de Chimie* de Würtz, le terbium était encore qualifié de « métal hypothétique ».

Le fait est qu'on n'avait pu encore en réaliser l'analyse spectrale. C'est précisément cette difficulté suprême qui vient d'être résolue, et le terbium a désormais son état civil.

Le terbium (ou terbine) est ce qu'on appelle une « terre rare », voisine de la gadoline et de l'yttria.

## Préparation électrolytique de l'étain spongieux par le procédé D. Tommasi.

L'étain spongieux préparé jusqu'à présent par des procédés chimiques présentait l'inconvénient de former de nombreuses soufflures et des particules brillantes et cristallines.

Le procédé électrolytique que M. Tommasi propose, présenterait l'avantage d'être plus économique et de permettre de recueillir l'étain continuellement, sans interruption du courant.

L'électrolyseur à l'aide duquel on prépare l'étain spongieux se compose d'une cuve rectangulaire contenant la solution suivante :

| | | |
|---|---|---|
| Eau. | 50 grammes | |
| Chlorure stanneux | 10 | — |
| Acide chlorhydrique. | 1 | — |

Dans ce bain plongent deux anodes en étain ; au milieu de ces deux anodes est disposée la cathode, laquelle est constituée par un disque en cuivre fixé par son centre à un arbre en bronze pouvant être animé d'un mouvement de rotation.

Le disque ne plonge pas entièrement dans le bain, mais seulement d'un segment, de telle sorte que chaque portion de la zone plongeante du disque se trouve alternativement dans l'air et dans le liquide qui sert d'électrolyte.

La partie du disque qui émerge du liquide de la cuve passe, par suite de son mouvement de rotation, entre deux frotteurs en forme de racloirs mobiles, lesquels ont pour but, non seulement d'enlever le dépôt d'étain spongieux, au fur et à mesure de sa production, mais encore de dépolariser la surface du disque.

Ces racloirs sont formés par deux lames en laiton disposées de telle façon que, par un simple jeu de manivelle, elles puissent se rapprocher ou s'éloigner des faces du disque. Des rigoles convenablement disposées rassemblent et reçoivent l'étain détaché, et l'amènent dans un récipient où il est recueilli.

L'étain est égoutté, puis lavé. Le liquide qui s'écoule est évaporé jusqu'à ce qu'il ait atteint sa densité primitive, et après refroidissement, il est introduit dans l'électrolyseur.

Parmi les nombreuses expériences que D. Tommasi a faites avec un petit électrolyseur dont le disque avait 30 centimètres de diamètre, nous citerons la suivante, qui peut être considérée comme une bonne moyenne, et qui va nous fournir la quantité d'étain libérée par ampère-heure, pour une puissance donnée :

| | |
|---|---|
| Intensité | 40 ampères |
| Force électromotrice | 3 volts |

| Puissance. . . . . . . . . . . . . . . | | 120 watts |
| Durée de l'expérience . . . . . . . . . . . | | 1 heure |
| Poids de l'étain fondu | trouvé . . . . . . | 76 grammes |
| | calculé. . . . . . | 88 — |
| Poids de l'étain déposé | trouvé (a). . . . . | 380 grammes |
| par cheval-heure | calculé (b) . . . . | 440 — |
| Rendement a : b. . . . . . . . . . . . . | | 86, 36 0/0 |

Avec un électrolyseur ayant un disque de 3 m. on pourra donc déposer 4,400 grammes d'étain par cheval-heure, soit 105 kilogrammes par journée de 24 heures.

### Rubis artificiels.

Le premier chimiste venu, à la condition d'être très fort, très habile, de savoir s'y prendre et d'avoir à sa disposition l'outillage requis, peut aujourd'hui fabriquer par synthèse des rubis artificiels, aussi beaux que nature, et ayant absolument la même composition, le même aspect, les mêmes qualités, partant, la même valeur que les vrais rubis, dont il est à peu près impossible de les distinguer.

Il s'en faut cependant — et les lapidaires sont loin de s'en plaindre — que ces rubis synthétiques courent encore les rues.

Il n'en est pas de même de ce qu'on appelle les rubis reconstitués, qui sont formés par l'agglutination de menus fragments de rubis sans valeur, rapprochés, réunis et fondus ensemble, de façon à se présenter sous les espèces de gemmes aussi grosses que superbes. Ce truquage défraye, parait-il, aujourd'hui, toute une industrie florissante.

Il sera peut-être intéressant pour beaucoup de nos lecteurs de savoir par quels procédés on peut obtenir ce résultat paradoxal. Hâtons-nous d'ajouter, avant d'en aborder la description, qu'ils ne sont pas à la portée d'un quiconque.

Un plateau circulaire d'acier se meut sur un pivot, avec une vitesse modérée qui peut aller jusqu'à 40 ou 50 tours à la minute, dans un plan rigoureusement horizontal. On place sur ce plateau un de ces fragments de rubis qu'on appelle du « cailloutis » et qui ne valent guère plus de douze sous le carat.

On dirige ensuite sur ce fragment, pendant que le plateau tourne, le dard d'un chalumeau oxhydrique, de façon à atteindre la température de 1800 degrés à laquelle le rubis entre en fusion et prend l'état sphéroïdal caractéristique de la caléfaction. A l'aide d'une pince, on dépose alors sur le plateau un second fragment de ru is qu'on pousse délicatement vers le premier, jusqu'à ce qu'il le touche et s'y agglutine. Il n'y a plus qu'à recommencer l'opération, jusqu'à ce qu'on ait groupé autour du fragment initial servant de noyau assez de miettes de rubis pour constituer une pierre de volume respectable.

La grosse difficulté est dans le refroidissement, qui doit être conduit avec une prudence infinie et une extrême lenteur : autrement, la pierre reconstituée s'empresserait d'éclater, déterminant ainsi, en une seconde, la perte totale de tout ce long labeur.

On arrive ainsi à fabriquer, grâce à une série de soudures autogènes, de très beaux rubis, valant de 20 à 60 francs le carat, tandis que le prix de revient et celui de la matière première ne dépassent pas ensemble plus de 9 à 10 francs.

Le malheur est que ces rubis ne se travaillent pas commodément : souvent, ils s'effritent à la taille. D'autre part, ils renferment presque toujours des globules d'air perceptibles au microscope. Si, enfin, on les examine au moyen des rayons X ou à la lueur d'un tube de radium, il n'est pas impossible de reconnaître leur genèse factice.

Si parfait qu'il soit, l'art aura toujours beaucoup de peine à égaler la nature.

※

## La rouille du fer.

La *Chemical Society* de Londres vient d'entreprendre une série 'expériences, extrêmement intéressantes, sur l'emploi comparatif des différentes substances susceptibles de prévenir les ravages de la rouille.

À cet effet, l'on prenait de petits fragments, soigneusement décapés, de tôle de fer, qu'on enfermait dans des tubes scellés en présence d'échantillons du corps à éprouver, le tout disposé de façon qu'il restât toujours dans le haut du tube, au-dessus de la solution, un espace plein d'oxygène pur, dont on connaît l'action corrosive sur le fer.

On a tout essayé ainsi, le chlorure de potassium, le sulfate de fer, le percyanure de potassium, le nitrate de potasse, le sulfate de soude, qui, tous, à l'envi, ont donné des résultats désastreux. Il a semblé, en revanche, que, pour prévenir ou retarder la formation de la rouille, on n'avait que l'embarras du choix entre le carbonate de soude ou d'ammoniaque, le borax, l'ammoniaque, le bichromate ou le carbonate de potasse, le nitrite de soude, l'hydroxyde de calcium, tous corps, soit dit en passant, qui provoquent par action de présence la décomposition du peroxyde d'hydrogène.

Quelle que soit l'autorité de la *Chemical Society*, il nous semble, à parler franc, que toutes ces expériences de laboratoire ne riment pas à grand'chose.

Peut-être peuvent-elles servir à classer les différentes substances chimiques dont une atmosphère donnée peut être saturée d'après leur plus ou moins d'action corrosive sur le fer ou l'acier. Mais au point de vue pratique, au point de vue industriel, elles ne nous apprennent pour ainsi dire rien, et, après comme avant, le problème de la préservation courante du fer contre la rouille demeure tout entier.

On a employé tour à tour à cet effet les graisses, les huiles, les vernis, le pétrole, le coaltar, etc., toutes méthodes qui ont leurs avantages, mais qui ont aussi leurs inconvénients, lesquels sont parfois très graves....

Ce qu'on paraît avoir trouvé de mieux jusqu'ici est un procédé inventé par M. Marcel Bourdais, un de ces modestes chercheurs comme il y en a tant à Paris, et dont l'ingéniosité n'a rien à envier à l'ingéniosité des Américains. Ce procédé consiste dans l'emploi d'un liquide obtenu par distillation, en traitant le tanin d'abord par l'alcool camphré, puis par le térébène.

### Le caoutchouc artificiel.

Le caoutchouc, qui joue aujourd'hui un rôle si considérable dans l'industrie, tend, paraît-il, à s'épuiser, si bien que les pessimistes ne voient pas sans inquiétude se rapprocher l'heure où l'offre ne suffira plus à la demande.

En dépit de ces cris d'alarme, il n'y a pas lieu, cependant, de s'effarer outre mesure.

Il s'en faut, en effet, que les prodigieuses réserves de l'Amérique du Sud, de l'Afrique et de l'Asie soient à la veille d'être vidées ou même appauvries. Non seulement il reste toujours pas mal de régions « gummifères » inexploitées et même inexplorées, mais d'autre part, l'expérience nous a appris à employer des méthodes de cueillette, d'extraction et d'aménagement plus économiques que les procédés barbares des *seringueiros* de la première heure. Enfin, on a fini par s'apercevoir qu'une foule des végétaux des tropiques, arborescents ou herbacés, qu'on négligeait autrefois, étaient susceptibles de fournir d'aussi bon caoutchouc que le *ficus elastica* ou l'*hevœa guianensis*.

Pas même besoin, à la rigueur, de pousser jusqu'aux tropiques, puisque le caoutchouc existerait, à dire d'experts, dans une plante fort commune, qui pousse en France, à l'état sauvage. Cette plante c'est le *sonchus oleraceus*, qu'on trouve un peu partout dans les endroits arides, le long des chemins, sur les vieilles murailles en ruines, et qu'on désigne vulgairement sous les noms de « laiteron » ou « laiceron », de « salade à lapins », ou même de « mauvaise herbe » tout court. Traitée par le sulfure de carbone, l'alcool et la potasse, cette « ivraie » donnerait, paraît-il, 0,41 d'une résine élastique présentant tous les caractères du caoutchouc.

Faible rendement, certes, comparativement à ce qu'on obtient avec les lianes ou les arbres du Congo et du Para. Mais il est bon d'observer, en revanche, qu'on a sous la main la plante, qui pousse spontanément. Il y a lieu de croire, d'ailleurs, que plusieurs « composées » voisines du « laiteron », les scorsonères, les laitues, les euphorbes, etc., donneraient peut-être un rendement plus considérable....

Et puis, qui ne sait qu'il existe des « trucs » pour régénérer le vieux caoutchouc, de façon à le séparer des matières minérales, telles que le soufre, par exemple, qui lui ont été incorporées lors de sa vulcanisation? Premier moyen de reculer l'échéance fatale.

Il est vrai que le recul n'est pas une solution. Il faut trouver autre chose.

Cet « autre chose », ne comptez pas trop sur le caoutchouc fossile pour vous le donner. Car il y a du caoutchouc fossile : c'est une substance bizarre, généralement connue sous le nom de « coorongite », et dont les gisements, assez abondants en Australie, aux États-Unis (Connecticut) voire même en France (dans les pierrailles de l'Anjou), constituent de véritables... *mines de caoutchouc !* Seulement, si la « coorongite » sert à falsifier le caoutchouc, elle aurait quelque peine à le remplacer.

Reste enfin le caoutchouc artificiel, dont les recettes sont innombrables, et pour lequel on a mis tour à tour à contribution, avec plus ou moins de succès, tout ce qui est visqueux et gluant, tout ce qui poisse et tout ce qui colle.

Les meilleurs caoutchoucs factices, qui se fabriquent déjà couramment, sont à base d'huile de lin.

L'huile de lin est soumise, dans ce but, à un traitement spécial. Quand on opère à froid, on emploie le chlorure de soufre, qui, à une dose relativement faible (environ 5 pour 100) détermine déjà un épaississement marqué. A 20 pour 100 de chlorure de soufre, on obtient une matière plastique susceptible d'être coulée en plaques ou en rouleaux et de jouer le caoutchouc, et dont la consistance est d'autant plus grande que la teneur en chlorure de soufre est plus considérable. Parfois, on ajoute au magma du carbonate de chaux, qui rend le produit plus spongieux.

On peut aussi opérer à chaud en faisant intervenir l'acide nitrique.

L'huile de lin n'est pas, au demeurant, le seul corps gras capable de tenir le rôle. On peut la remplacer par d'autres huiles, par l'huile de maïs, par exemple, par l'huile de blé, voire même par l'huile de noix, mais le résultat est d'autant meilleur que l'huile employée est moins siccative.

Tout cela, sans doute, ne donne que des imitations grossières du caoutchouc naturel, et bonnes, tout au plus, à remplacer les « sortes » de qualité inférieure. D'accord, mais il n'en est pas moins vrai que les chimistes sont sur la voie, et que, par conséquent, il n'y a rien d'impossible à ce que l'un d'entre eux ne trouve, dans un avenir prochain, la formule *optima*, celle qui sauvera définitivement la situation. La science nous a servi déjà de plus étonnants miracles.

❃

### Vanille et vanilline.

La vanilline vaut-elle la vanille en « gousses » et peut-elle la remplacer sans inconvénient ?

La question est assez délicate. On peut cependant y répondre en disant qu'entre la vanille de laboratoire et l'autre, il y a, au moins, la même différence qu'entre une liqueur à base d'alcool industriel et une liqueur à base d'eau-de-vie de vin. Il manquera toujours au produit chimique ce je ne sais quoi qui s'appelle le bouquet, et qui est fait de la combinaison d'une foule de principes libres, d'éthers volatils et d'essences odorantes, d'une foule d'aromes, qui, dans la plante, réagissent les uns sur les autres, de façon à faire un ensemble harmonieux, mais qu'on ne retrouve plus à l'analyse. La formule en est la même, sans doute, mais les mystérieuses actions de présence font défaut, de telle sorte que l'œuvre de la Science, n'étant qu'une copie imparfaite de l'œuvre de la Nature, aboutit à un produit ambigu, qui peut, à la rigueur, tenir le rôle de l'autre, mais qui ne le remplace pas absolument.

Le parfum est identique, quoique certains connaisseurs prétendent le reconnaître à vue de nez, mais le goût laisse à désirer : il est fugace, peu stable, avec une pointe d'amertume.

D'autre part, on ne sait jamais de quelle cuisine occulte la vanilline est le fruit. Il arrive que parmi les multiples manipulations de sa préparation, il y ait eu des traitements par des sels de cuivre ou de plomb, par l'acide sulfurique, etc.,... et que le produit ultime en ait retenu des traces. N'est-ce pas ainsi qu'on a interprété certains empoisonnements déterminés par des bières d'innocente apparence ? Cela n'est pas à redouter, sans doute, avec la vanilline honnête, consciencieusement préparée. Mais le pâtissier qui achète un paquet de vanilline en poudre sait-il seulement quelle en est la provenance ?

Le pire, c'est encore que certains fraudeurs, estimant probablement que la vanilline pure ne « paye » pas assez, la mélangent avec des vanillines équivoques, avec tels ou tels de ces parfums dérivés du goudron de houille, dont la complexité et l'instabilité sont toujours sujettes à caution. On y a trouvé du gaïacol, de la terpine, de l'acide benzoïque, enfin, dont les cristaux ressemblent tant aux cristaux de vanilline, et qui servent surtout à « givrer » les gousses de qualité inférieure, pour leur donner un aspect plus séduisant.

Peut-on conclure de tout cela que les pâtissiers, cuisiniers,; confiseurs, etc..., feraient mieux de n'employer que la vanille en bâtons — en bâtons non truqués ? Assurément, oui. Mais comment persuader, au siècle par excellence du *toc* et de l'à peu près, au commerçant gagne-petit, qu'il a intérêt à renoncer à l'emploi d'un parfum moins cher, et qui donne *presque* le même résultat ?

### L'analyse rapide du lait.

L'analyse du lait est une opération en général asssez compliquée, lorsque l'on veut obtenir des résultats suffisamment complets et précis. Il faut procéder à des filtrations et à des épuisements multipliés, et il faut employer un temps prolongé pour obtenir la dessiccation de la caséine.

En vue de remédier à ces inconvénients très réels dans la pratique des laboratoires, M. Bordas a imaginé une méthode simple et rapide, et présentant cet autre avantage fort appréciable dans la pratique, de n'exiger qu'une très petite quantité de lait pour chaque analyse, qui peut être faite même sur un lait déjà caillé.

Voici, d'après les indications mêmes du savant chimiste, l'exposé de sa méthode :

On verse goutte à goutte 10 centimètres cubes de lait dans un tube de verre taré contenant une solution composée d'alcool à 65° acidifié par l'acide acétique.

On laisse reposer pendant quelques instants, puis on centrifuge. Après décantation, on relave le précipité en le délayant dans 30 centimètres cubes d'alcool à 50°. On centrifuge à nouveau et l'on décante. Les liquides ainsi obtenus sont recueillis et l'on dose la lactose par la liqueur de Fehling.

L'extraction du beurre se fait sur le précipité provenant de l'opération précédente. On fait deux épuisements en ajoutant d'abord 2 centimètres cubes d'alcool à 96°, puis 50 centimètres cubes d'éther ordinaire. On centrifuge chaque fois pendant quelques minutes et l'éther est recueilli dans un vase taré, à l'effet d'y être évaporé, et l'on pèse le beurre après dessiccation.

Il ne reste plus, dans le tube du centrifugeur, que la caséine en poudre fine qui se dessèche rapidement à basse température. On la pèse dans le tube même du centrifugeur qui a été taré préalablement. On complète tous ces dosages en faisant les cendres sur 10 centimètres cubes de lait.

❈

### Pain bis et pain blanc.

La vieille querelle du pain blanc et du pain bis est loin d'être définitivement vidée. Si le pain blanc a l'air de tenir le premier rang dans la faveur des foules et dans la pratique courante, il s'en faut que ses adversaires, qui lui reprochent d'être insuffisamment nutritif, aient encore désarmé.

Le débat vient précisément d'être porté une fois de plus devant l'Académie des sciences, où les conclusions déposées par M. Edmond Perrier, au nom de M. Pierre Fauvel, n'ont pas laissé de provoquer quelque surprise.

D'une série d'expériences instituées et conduites avec un soin méticuleux et une rigueur mathématique, il semble en effet résulter que, contrairement à toutes les probabilités, le pain *complet* ne serait pas plus nourrissant que le pain *blanc* : non seulement, il n'augmenterait pas la quantité d'azote ou d'acide phosphorique assimilable, mais tels et tels des principes qu'il contient irriteraient l'estomac et l'intestin, entravant par là même l'assimilation des autres aliments.

Par contre, le pain bis (pain de munition) donnerait des résultats parfaits, ayant toutes les qualités qu'on prête au pain complet, sans en avoir les inconvénients.

Voilà qui est tout à fait inattendu, et en contradiction aussi bien avec la thèse des partisans du pain blanc — de plus en plus blanc — qu'avec celle des partisans du « tout au pétrin ».

Les expériences de M. Pierre Fauvel ont été si consciencieusement faites et avec si un grand souci des moindres détails qu'elles défient, au moins en théorie, toute espèce de critique. Tout ce qu'on peut leur objecter, c'est que ces essais, ayant été faits sur un seul et unique organisme, celui de M. Pierre Fauvel lui-même, rien ne prouve qu'ils aboutiraient aux mêmes conclusions sur d'autres personnes, les différences de tempérament, les idiosyncrasies, jouant, à cet égard, un rôle considérable.

C'est précisément une objection du même ordre qui avait autrefois infirmé les fameuses conclusions du mémoire de feu Aimé Girard en faveur du pain blanc.

Nous ne sommes pas, en fin de compte, plus avancés aujourd'hui qu'hier.

✖

### La conservation des cadavres.

Depuis les Pharaons jusqu'à nos jours, on n'avait encore, au point de vue de la conservation des cadavres, rien trouvé de supérieur à la momification telle qu'elle était pratiquée par des spécialistes de l'ancienne Égypte, dont les œuvres furent assez parfaites pour braver impunément l'action des siècles.

Ce n'était pourtant pas faute d'avoir essayé, depuis l'embaumement proprement dit jusqu'à la galvanisation, qui consiste à revêtir le corps d'une pellicule de métal électrolytique, et à la pétrification. Mais aucun de ces procédés n'a pu se généraliser au point de passer dans les mœurs.

Cadavre conservé par le procédé
de M. Vercelloni.

C'est que tous, en outre de leurs défectuosités particulières et de leurs inconvénients, avaient le vice commun — auquel n'avaient point échappé, au surplus, les momies égyptiennes elles-mêmes — de nécessiter la mutilation préalable du cadavre. Ne fallait-il pas toujours, par exemple, quel que fût le système employé, commencer par enlever les viscères, dont autrement, la putréfaction fatale eût compromis le résultat désiré ? Or non seulement cette espèce d'autopsie préjudicielle aboutissait presque toujours à une déformation irrémédiable de la physionomie du défunt, mais elle constituait une espèce de sacrilège de nature à effaroucher, à juste titre, la piété des survivants.

Aussi ne reste-t-il plus de traces, si ce n'est, exceptionnellement, à l'état de squelettes ou de débris informes, des générations qui nous ont précédés, et nos arrière-neveux peuvent d'avance faire leur deuil, à leur tour, de trouvailles sensationnelles comme celles que nous ont values les momies d'Antinoë.

Voici pourtant qu'on nous annonce d'Italie une découverte extraordinaire, qui ne serait rien moins qu'une révolution.

L'inventeur, M. Vercelloni, se fait fort, paraît-il — et non sans raison, *puisqu'il en a fourni la preuve*, au grand ébahissement des chimistes et des médecins de là-bas — de préserver un cadavre quelconque de la dissolution posthume, rien qu'en

déposant dans la bière certaines substances antiseptiques et
antifermentescibles dont il garde le secret. Plus ne serait
besoin de toucher au corps, qui serait inhumé intact, avec ses
vêtements, et pourrait conserver ainsi indéfiniment l'intégrité
parfaitement reconnaissable de ses traits, tels qu'ils étaient au
moment de la mort. La présence seule, dans le cercueil, de la
poudre magique dont M. Vercelloni a réussi, au prix de longs
tâtonnements, à déterminer la formule définitive, suffirait à
fixer les tissus et les liquides organiques d'une façon si stable
que ni les vers, ni les microbes, ni les sels de la terre, ni les
autres agents de décomposition n'y pourraient plus rien.

Quelques expériences ont été faites sous le contrôle des personnages les plus autorisés, et ont toutes admirablement
réussi, confirmant ainsi les affirmations, si paradoxales en apparence, de l'habile inventeur.

Il n'est pas étonnant, dès lors, que le procédé fasse grand
bruit en Italie, et même en Angleterre, où, paraît-il, il ne va
pas tarder à être mis officiellement à l'étude.

# HISTOIRE NATURELLE

## GÉOLOGIE

### Le niveau de la mer.

Le niveau de la mer, contrairement à ce que l'on en pense d'ordinaire, est très loin de constituer la base fixe et mathématiquement invariable où asseoir *in secula seculorum* la géodésie définitive.

Quand, par une tiède nuit d'été, vous vous imaginez, en rêvant aux étoiles, planer à cinq cents mètres au-dessus du niveau de la mer, vous pouvez vous tromper d'*un mètre dix*. Rien que cela !

On a eu beau, en effet, faire une cote mal taillée et essayer de tout ramener à un horizon moyen, les divers horizons océaniques, qu'on se représenterait volontiers situés dans le même plan imperturbable, ont des écarts de cette amplitude.

Comparez plutôt, sur les anciennes cartes hypsométriques, le niveau moyen de l'Océan à Brest à l'officiel zéro des altitudes internationales à Marseille !

Assurément, ce n'est pas là un de ces faits dont l'évidence saute aux yeux. Il faut faire un effort pour s'en rendre exactement compte.

On comprend sans peine — parbleu ! — que les eaux d'un lac fermé de toutes parts, d'une mer intérieure et quasi-stagnante, soient en contre-bas du niveau moyen de la grande masse océanique.

C'est le cas, par exemple de la mer Caspienne, qui est à 25 mètres, du lac de Tibériade, qui est à 100 mètres, et de l'abyssale mer Morte, qui est à 399 (*trois cent quatre-vingt-dix-neuf*) mètres au-dessous du niveau de la Méditerranée. En revanche, le niveau du lac d'Aral, dans l'Asie russe, est à 12 mètres, et celui du lac Titicaca, dans les Andes boliviennes, à plus de 3000 mètres *au-dessus* de l'horizon maritime normal et moyen.... Mais personne ne s'en étonne.

Quand il s'agit, au contraire, de deux mers ouvertes, et qui, comme l'Océan Atlantique et la Méditerranée, communiquent entre elles, on ne s'explique plus aussi bien la dénivellation. Que deviennent donc, en l'espèce, les lois de l'hydrostatique? Que devient, en particulier, la principale de ces lois, nous dirions presque la plus vulgaire, « la loi des vases communiquants »?

En dépit des apparences, et bien que non seulement dans des mers plus ou moins éloignées, mais encore dans la même mer, à quelques lieues de distance, l'on puisse constater comme qui dirait des hauts et des bas — ainsi, de Cette à Nice, on constate une différence de niveau de dix-neuf centimètres — la loi physique n'est pas violée.

Il s'agit simplement de s'entendre. La loi des vases communiquants comporte, en effet, un correctif qui arrange tout. Voici la formule : « Lorsque deux liquides *différents* sont en équilibre dans deux vases communiquants, les hauteurs auxquelles ils s'élèvent sont réciproquement proportionnelles à leurs densités. »

Nous y sommes! Il y a plus de sel dans le saphir de la Méditerranée que dans l'émeraude de l'Océan. D'où cette conséquence que la densité des eaux de la Méditerranée est plus forte (1.029, au lieu de 1.027). Il ne s'agit donc pas d'un seul et même liquide, mais de *deux liquides différents*, dont il n'est pas étonnant que les niveaux diffèrent.

Etant donné que le seuil du détroit de Gibraltar est à la profondeur de 400 mètres environ, on pourrait même calculer d'avance l'écart de niveau nécessaire, qui devrait être de 80 à 110 centimètres.

Il en est de même pour les autres dénivellations, et, notamment, pour celle qu'on a signalée entre la Baltique et la mer du Nord. L'eau de la première est presque douce (densité : 1.005), tandis que la seconde possède la densité moyenne normale de l'eau de mer (1.027). Les deux mers communiquant ensemble par plusieurs détroits, dont le plus profond, le Grand Belt, présente des fonds de 18 mètres au minimum, on pouvait prévoir que la dénivellation devait être voisine de 40 centimètres.

En fait, elle est moindre, la discordance entre le niveau d'Amsterdam et le niveau de Swinemunde ne dépassant guère 12 centimètres. De même, depuis que les nivellements géométriques ont acquis une précision telle que l'erreur probable est inférieure à 1 millimètre par kilomètre, on a dû reconnaître que la dénivellation entre l'Océan et la Méditerranée est, à part certaines exceptions locales, de beaucoup au-dessous des prévisions du calcul. Mais cela s'explique d'abord par ce fait que, si la différence de salure donne des liquides *différents*, ce n'en sont pas moins des liquides *miscibles*, et que, par conséquent, il faudrait faire entrer en ligne de compte l'influence perturbatrice des phénomènes de diffusion. Puis, il existe d'autres causes qui ne sont point sans jouer un rôle plus ou moins considérable, telles, par exemple, que la prédominance de certains vents, la configuration des côtes, le jeu des courants superficiels, etc.

Et voilà comment et pourquoi, en dépit des apparences, en dépit de sa réputation usurpée, le niveau de la mer est un niveau qui ne tient pas bien, un niveau fallacieux auquel les calculateurs soucieux de l'exactitude auraient grand tort de se fier aveuglément !

***

## L'homme et le mammouth à Paris, à l'époque quaternaire.

On sait qu'à l'époque quaternaire, l'emplacement du Paris actuel était déjà fréquenté par de nombreux habitants, à côté desquels vivaient de nombreux mammifères. Une découverte récente, dont M. le docteur Capitan a fait, il y a quelques mois, part à l'Académie des sciences, a permis de constater que sur

l'emplacement même de la rue de Rennes actuelle, l'homme et
le mammouth ont vécu simultanément.

En raison de son intérêt tout spécial, nous reproduisons ici
*in extenso* cette communication du savant paléontologiste :

Les fouilles pratiquées pour l'établissement du Métropolitain au Sud
de Saint-Germain-des-Prés, sous la rue de Rennes, ont permis de
constater, à 8 mètres sous le pavé de la rue et sur une épaisseur de
2 mètres à 3 mètres, l'existence de sables et de graviers quaternaires,
reposant sur les marnes du gypse. Ces sables et graviers ont leur
base à la cote 27 et 28 et leur sommet à la cote 50 ou 51 (la surface
de la Seine, dans le prolongement de la rue de Rennes, étant à la
cote 29). La nappe aquifère souterraine a été rencontrée à la cote 26.
L'épaisseur de ces dépôts quaternaires va en diminuant du nord au
sud, pour arriver à zéro, à peu près à la hauteur de la rue Saint-
Placide.

Ces couches quaternaires ont fourni un certain nombre de silex
taillés extrêmement grossiers, que j'ai recueillis durant l'exécution
des travaux, et une dent de mammouth parfaitement conservée. C'est,
comme on peut le voir sur la pièce présentée, qu'ont bien voulu
étudier les professeurs Gautry et Boulle, une dernière molaire droite,
dont les lames d'émail assez espacées indiquent qu'il s'agit d'une
variété un peu différente du mammouth type.

Je montre également à l'Académie une molaire supérieure du
*Rhinoceros tichorhinus*, qui provient du même gisement, et a été
recueillie par M. Thieullen. On peut déduire de ces observations
qu'au moment où se déposaient les graviers du quartenaire inférieur,
des hommes, des éléphants et des rhinocéros vivaient dans la vallée
de la Seine, précisément sur l'emplacement du Paris actuel.

Les découvertes des ossements quaternaires dans les alluvions
sableux du sol de Paris, quoique rares, ne sont pas exceptionnelles.
Dès 1867, le professeur Gaudry avait signalé les trouvailles multiples
d'instruments en silex et d'ossements de mammifères faites dans le
sol de Paris (par exemple à Grenelle et sur l'emplacement de l'hôpital Necker) et publiées par Cuvier, de Blainville, Gervais, Gosse
(1860), Lortet et Christy (1864), Collomb (1865). M. Gaudry avait insisté
sur les récoltes abondantes de silex taillés et d'ossements fossiles
faites depuis quelques années par M. Martin à Grenelle, et M. Reboux,
à Levallois. Il s'agissait surtout d'ossements d'éléphant antique,
d'hippopotame, de mammouth, de rhinocéros, de bœuf, cheval, renne,
cerf.

Ultérieurement, M. Guadet, architecte, en creusant les fondations
de l'hôtel des Postes, a recueilli une dent d'*Elephas primigenius*. Il

en a été également trouvé une, lors de la construction des magasins du Bon Marché. M. Gustave Lecomte, architecte, a découvert, également dans Paris, des pièces de *Rhinoceros tichorhinus*. Dans ces dernières années, M. Thieullen a trouvé sur divers points de Paris, principalement à Vaugirard, de remarquables spécimens de mammouth, notamment une mâchoire inférieure tout entière, actuellement, dans les galeries de géologie du Muséum. En 1897, M. Menault, en creusant les fondations du pont Caulaincourt, au cimetière Montmartre, a découvert un squelette de mammouth qui paraissait être entier; les dents, à peu près seules, ont été conservées. Quelques autres trouvailles du même genre ont été également faites dans Paris.

Tous ces faits indiquent un mouvement intense de vie à Paris durant l'époque du Quaternaire inférieur.

✸

### Les eaux de source et leurs variations de température.

En matière d'hydrologie, on sait, depuis déjà assez longtemps, grâce aux belles recherches de M. E.-A. Martel : 1º que la température des rivières souterraines et de leurs résurgences n'est nullement égale à la moyenne température annuelle du lieu de l'émergence ; 2º que les variations saisonnières ou journalières de cette température fournissent de précieuses indications sur l'origine et les contaminations éventuelles de ces eaux ; 3º que les infiltrations froides et les neiges de l'hiver exercent une action réfrigérante considérable sur les eaux souterraines des terrains fissurés.

La connaissance de ces faits, cependant, ne paraît pas avoir jusqu'ici suffisamment attiré l'attention des spécialistes. Comme le remarque M. Martel, il y a lieu de tenir grand compte des indications fournies par le thermomètre aux points d'émergence des eaux destinées à l'alimentation, au lieu de leur demander simplement, comme on le fait à l'ordinaire, de renseigner si les eaux considérées sont suffisamment fraîches pour la consommation.

Il en est ainsi, parce qu'en réalité les variations de température peuvent donner des indications précieuses sur l'origine des eaux considérées, et permettre de reconnaître, dans une mesure assez étendue, si l'on a affaire à une vraie source ou à une source de résurgence.

Voici donc, pratiquement, d'après M. Martel, les règles d'application courante que l'on peut formuler pour l'examen géologique des projets de captage d'eaux :

1° Les émergences ne méritent le nom de *sources* (les griffons thermominéraux sont ici hors de cause, en raison de leur modalité toute spéciale) que lorsque leurs variations de température sont à peu près nulles ; dans ce cas, en effet, on peut *en général* préjuger l'origine *véritablement souterraine* de leur eau, géothermiquement équilibrée dans le sol, à l'abri de tout mélange artificiel et impur, ou bien sous des conditions de séjour et de contact au sein de la roche qui favorisent tout spécialement la stérilisation naturelle.

2° On peut admettre, pour les variations, qu'il n'y a pas lieu de tenir compte de celles qui sont inférieures à 0°,5 ; cette tolérance paraît nécessaire pour les erreurs d'observations (même les mieux faites) et les imperfections instrumentales (même les plus réduites).

3° Dès que l'écart approche de 1° C (évaluation résultant d'une foule d'expériences, ainsi que des recherches de Mohn, etc.) l'émergence rentre dans la catégorie des *résurgences*, c'est-à-dire des eaux sujettes aux contaminations par infiltrations lointaines ou rapprochées qui, selon la saison, le volume des eaux et d'autres facteurs, influent en froid ou en chaud sur l'émergence. Alors les causes et points de contaminations éventuelles doivent être recherchés avec le plus grand soin, soit pour interdire le captage, soit pour le mettre à l'abri des pollutions (captages profonds géologiques de MM. Janet et Babinet ; périmètre de protection, article 10 de la loi du 15 février 1902, surveillance médicale, etc.).

4° L'observation thermométrique devrait être faite, sinon pendant une année entière, chose théoriquement désirable, mais matériellement impossible, du moins à quatre reprises : en hiver pendant la sécheresse (étiage) et après des pluies (en crue) et de même en été ; au strict minimum deux fois : après les pluies ou neiges d'hiver et après les sécheresses d'été. *Une seule observation est insuffisante*, si ce n'est dans certaines conditions trop longues à spécifier ici.

5° Les mêmes règles s'appliquent, en principe, aux nappes dites *phréatiques*, parce que la contamination en est généralement très aisée et que, plus souvent qu'on ne le pense, les puits s'alimentent à de vrais *ruisseaux de fissures* au lieu de réelles *nappes d'interstices*.

### Comment s'use une planète.

On estime généralement que le relief de la partie émergente de notre globe, à supposer toutes les aspérités uniformément réparties sur la surface entière, pourrait être figuré par un massif mesurant quelque chose comme 700 mètres d'altitude. Or, ce plateau de 700 mètres est l'objet d'attaques incessantes, de la part des vagues de l'Océan d'un côté, de la part des agents atmosphériques de l'autre. Les cours d'eau ne cessent, en effet, de transporter à la mer les terres délayées et les menus détritus des roches entraînés par les pluies.

Dès lors, la question se pose de savoir dans quelle mesure s'opère, sous l'action combinée de toutes ces forces destructives, la dissolution suprême de la terre.

Quand on écoute le fracas des vagues montant à l'assaut des escarpements du littoral, qui frémit sous le choc, quand on est témoin d'une de ces formidables dégringolades de falaises comme il s'en est encore produit une au Havre il y a quelques mois, on pourrait croire que dans cet émiettement qui ne s'arrête ni ne pardonne guère, la mer doit être le facteur prépondérant.

Eh bien ! ce n'est là qu'une apparence trompeuse. Il est, en effet, des cas où non seulement le travail de démolition des vagues peut être tenu pour négligeable, mais même où la mer apporte, au lieu d'emporter, et édifie au lieu de détruire. On a calculé, d'ailleurs, que, même en mettant les choses au pire, la perte annuelle, de ce chef, ne devait guère dépasser 1 mètre cube 1/2 par mètre courant, soit 1 500 mètres cubes par kilomètre. Et comme le développement total des côtes maritimes sur le globe entier peut être évalué à 200,000 kilomètres, la perte totale du fait des vagues de la mer serait de 1 500 mètres cubes multipliés par 200 000, soit 300 millions de mètres cubes — un peu moins d'un tiers de kilomètre cube.

Les fleuves, torrents, rivières, ruisseaux, et autres cours d'eau généralement quelconques sont autrement « grugeurs »

Si l'on considère les dix-neuf principaux fleuves de l'univers,

on trouve que leur débit annuel est approximativement de
5 722 kilomètres cubes, véhiculant une masse de matières solides en suspension équivalente à 1 1/3 kilomètre cube — ce
qui fait une proportion de 36 pour 100,000.

S'il est vrai, d'autre part, comme le prétend John Murray,
que l'ensemble du débit annuel moyen de tous les fleuves de la
terre puisse et doive être évalué à 35 000 kilomètres cubes,
nous obtenons, en appliquant la proportion précitée de 36 pour
100,000, pour les matières solides déversées en douze mois
dans la mer, quelque chose comme 12 kilomètres cubes.

Ce n'est pas tout. En outre de ce que balaient — mécaniquement — les eaux continentales, il convient de tenir compte
de ce que — chimiquement — elles dissolvent, avec ou sans le
concours de l'acide carbonique. Or, d'après les savants qui ont
étudié spécialement la composition des eaux de telles et telles
rivières, et, en particulier, du Mississipi, de la Tamise et du
Danube, la quantité de matières enlevées ainsi, non plus en
suspension, mais en dissolution, ne serait pas moindre de 4 à
5 kilomètres cubes par an.

Cela nous donne finalement pour l'action fluviale dix-sept
kilomètres cubes et demi au bas mot. Mettons, en chiffres ronds
— car il ne faut oublier ni l'action de la mer ni celle du vent
— dix-huit kilomètres cubes. Voilà ce que perd approximativement, d'une année à l'autre, le terre-plein sur lequel s'agite le
*genus humanum !*

Combien de temps cela peut-il durer ainsi, sans qu'on ait à
redouter, d'une façon trop urgente, l'inexorable raz de marée ?

On sait que le plateau continental, auquel on suppose une
altitude uniforme de 700 mètres, représente une superficie
d'environ 146 millions de kilomètres carrés. Une perte annuelle
de 18 kilomètres cubes correspond donc à l'enlèvement d'une
tranche dont l'épaisseur serait de *cent vingt-quatre centièmes de*
*millimètre.*

Mais comme les débris de cette tranche viennent se déposer
au fond de la mer en sédiments superposés, de façon à prendre
la place d'un égal volume d'eau et à surélever d'autant le niveau de la mer au détriment de l'émergence de la terre ferme ;
comme, d'autre part, le rapport de la superficie continentale à
la superficie de la plaine liquide est à peu près de 25/63, il en

résulte, en ultime analyse, que le « plancher des vaches » subit chaque année un déchet de *cent soixante-quatorze millièmes de millimètre* seulement.

Par conséquent, autant de fois 174 millièmes de millimètre seront contenus dans 700 mètres, c'est-à-dire dans 700 000 millimètres, autant il faudra d'années pour amener la totale disparition de la terre ferme. Et, à la condition de prêter toujours la même intensité aux phénomènes de destruction, *quatre millions trente-quatre mille quatre cent quatre-vingt-deux ans* suffiraient pour raboter d'un pôle à l'autre la surface de la planète.

Voilà — n'est-il pas vrai ? — un délai qui ne laisse pas d'être assez rassurant.

# BOTANIQUE

### L'acide carbonique et les plantes.

Depuis deux ou trois ans, l'acide carbonique est à l'ordre du jour dans le monde des maraîchers, au moins parmi les maraîchers établis autour des villes populeuses. On a prouvé que, grâce à cet élément, rien n'était plus facile que d'obtenir des salades et des légumes superbes et d'un goût délicat.

L'un des savants qui ont le plus contribué à démontrer la bienfaisante influence de l'acide carbonique sur la végétation des plantes de consommation courante, M. Demoussy, a cru devoir naguère procéder à une nouvelle série d'expériences. Voulant à l'avance désarmer la critique, car on pouvait très bien lui objecter que ses premiers essais, qui n'avaient porté que sur des laitues mises sous cloches dans l'étroit jardin potager du Muséum, n'étaient pas suffisamment démonstratifs, il a disposé cette fois des plantes diverses, des fleurs surtout, dans deux cages vitrées, mesurant chacune plus d'un mètre cube.

La première était destinée aux plantes de contrôle, aux plantes « témoins », comme l'on dit; elle renfermait de l'air normal, et comme elle était tout exprès imparfaitement close, cet air pouvait s'y renouveler convenablement.

Par de nombreux dosages, l'expérimentation a constaté que l'air de cette cage vitrée renfermait toujours son chiffre normal (3 dix-millièmes) d'acide carbonique.

Dans la seconde cage, on introduisait chaque jour, le matin, de l'acide carbonique provenant de la décomposition du bicarbonate de soude par la chaleur, et en quantité telle que la proportion de ce gaz dans l'atmosphère de la cage vitrée fût de 18 dix-millièmes environ. Cette proportion s'atténuait un peu dans la journée, ne descendant jamais au-dessous de 12 dix-millièmes.

Par conséquent, l'on peut admettre que la teneur moyenne en acide carbonique de la cage (soit 15 dix-milliémes) était cinq fois plus élevée que celle de l'air ordinaire.

A l'exemple des maraîchers, M. Demoussy étendait dans la journée des toiles sur ses cages, afin d'éviter l'action des rayons solaires directs, et il les ouvrait chaque soir, de manière à ce qu'elles fussent bien aérées durant la nuit. Il choisissait, pour chaque espèce de plante, quatre plantules aussi pareilles que possible ; deux étaient mises dans la cage de contrôle, les deux autres dans la cage surchargée d'acide carbonique. Par mesure de précaution, ou par simple scrupule de savant, lorsque les plantes présentaient des différences plus ou moins appréciables de développement, les plus faibles étaient placées dans l'atmo-sphère carbonique. Toutes les plantes étaient enracinées dans la terre de jardin contenue dans des pots à fleurs d'égales di-mensions.

Après trois mois d'observations journalières, les plantes en question furent coupées et pesées : à l'exception des fuchsias, qui se comportèrent de façon à peu près égale dans l'air enrichi d'acide carbonique et dans l'air normal, toutes les plantes pré-sentèrent de sensibles différences de poids, selon le milieu où elles avaient vécu, et ces différences étaient en faveur de celles qui avaient eu plus de gaz carbonique à respirer, autrement dit, plus de charbon à emmagasiner dans leurs tissus.

Notons qu'au début le poids des plantes était très faible, car elles venaient à peine de germer ; seuls, les géraniums et les fuchsias avaient été formés de boutures.

Les différences constatées au profit des plantes cultivées dans une atmosphère chargée d'acide carbonique ont été aussi accentuées sur les feuilles et les fleurs que sur les tiges. On s'en rendra un compte exact par les chiffres qui suivent, les-quels représentent le poids des plantes venues dans l'air en-richi en acide carbonique, par rapport au poids des plantes cul-tivées dans la cage vitrée de contrôle, dans l'air normal, ce poids étant représenté par 100.

Résédas 155 ; laitues 171 ; géraniums 262 ; muscs 157 ; bé-gonias 138 ; centaurées 122 ; archerantes 170 ; capucines 153 ;

ricins blancs 173 ; menthes 129 ; tabac rouge 180 ; tabac blanc 198 ; balsamines 160 ; coquelicots 143.

L'augmentation est de plus de 150 0/0 pour les géraniums, presque de 100 0/0 pour le tabac ; la moyenne n'est pas inférieure à 60 0/0.

D'une manière générale, l'aspect des plantes témoins et des plantes d'expérience était identique ; seulement, chez celles de la cage à acide carbonique, les feuilles et tiges étaient plus fortes, les fleurs plus précoces et abondantes.

Voilà bien une démonstration péremptoire ! Il faut donc engager les maraîchers à employer l'acide carbonique pour obtenir des produits abondants et meilleurs : ils y trouveront leur compte.

### Flores capricieuses.

Quiconque a examiné le sol et le sous-bois de l'une quelconque des forêts françaises en plaine ou en montagne n'a pas manqué d'être étonné et vivement intéressé par la luxuriance de la végétation spontanée. D'innombrables espèces utiles, et dont la culture pourrait aisément s'emparer, poussent là dans le calme sylvestre, profitant largement des matières humides qui se forment par la décomposition des feuilles, des fleurs, des fruits, des brindilles. Les herboriseurs font au printemps, en été, à l'automne, de copieuses moissons pour leurs herbiers, dans ces jardins naturels, dont beaucoup constitueraient des stations botaniques d'un incontestable intérêt pour l'instruction publique, si l'on se décidait à délaisser un peu les leçons de tribune pour les leçons de choses.

Un botaniste-forestier, dont les travaux scientifiques et pratiques ont sensiblement enrichi notre domaine intellectuel, a remarqué que le tapis végétal couvrant le sol présente, après la seconde saison de végétation consécutive à l'exploitation d'un taillis, un contraste absolu avec celui que l'on observait antérieurement, et il l'attribue, d'une part, au développement

beaucoup plus considérable et à la mise à fleurs sensiblement
plus abondante d'espèces vivaces qui avaient résisté au couvert
peu ou prou, d'autre part à l'apparition, énorme d'habitude,
d'espèces annuelles, bisannuelles ou même vivaces, lesquelles,
ayant besoin de lumière, s'étiolent et disparaissent quand le
couvert est rétabli.

La première question que l'on se pose quand on essaie
d'énumérer ces plantes généralement semées par le vent ou
par les oiseaux, est celle-ci : d'où viennent-elles? Les observateurs se la sont posée souvent, mais ils n'y ont pas encore répondu d'une manière catégorique, définitive. Ils sont même en
contradiction. Les uns admettent exclusivement des apports de
graines venues d'endroits situés hors de la coupe, tandis que
d'autres, moins absolus, sont d'avis qu'une partie des espèces
et des individus qui se lèvent quand le bûcheron a remisé sa
cognée, proviennent de la germination de graines restées inac-
tives dans le sol depuis la dernière exploitation. Et à l'appui
de leur hypothèse, ceux-ci ne manquent pas d'invoquer toutes
sortes de faits plus ou moins probants. Mais les deux opinions
persistent, et elles persistent si bien que naguère un botaniste
français, M. Poisson, déclarait que la seconde est absurde.

Cela n'empêche nullement M. P. Fliche de chercher à les
concilier. La question étant à ses yeux des plus intéressantes,
il ne voudrait pas négliger la moindre observation, et surtout
les deux observations qui sont à l'abri de la critique, comme
celles qu'il a faites en dernier lieu dans des taillis sans futaie,
au sujet de l'ajonc commun, dans le bois de Champfêtu, près de
Sens (Yonne), et de l'*Euphorbia lathyris*, dans la forêt de Haye,
en Lorraine. Elles éclairent vivement le problème botanique
et sylvicole dont il s'agit.

L'ajonc commun (*Ulex europæus*) n'est pas plus spontané
dans le bois de Champfêtu que dans les environs; il y fut seulement introduit dans les premières années du dix-neuvième
siècle, sur quelques points assez éloignés les uns des autres
pour servir de remise au gibier. Cet arbrisseau de pleine lumière dépérit dès que le massif est reconstitué. Or, M. Fliche
s'est parfaitement convaincu que, depuis son introduction dans
la région de Sens, il s'est régulièrement montré abondant et
vigoureux peu après chaque exploitation forestière, et, ce qui

est caractéristique, d'une manière exclusive aux seuls endroits
où il a été cultivé; il ne se dissémine nullement, même dans
une coupe, en dehors de la tache primitive qu'il a formée ; à
peine si cette tache s'étend ou se réduit un peu à chaque re-
nouveau. Il est bien évident que, dans ce cas, l'apport des
graines n'existe pas.

C'est à un taillis de 55 ans environ que se réfère la seconde
observation de M. Fliche, concernant l'*Euphorbia lathyris* ;
elle est même plus caractéristique, plus intéressante que la
première.

En France, l'*Euphorbia lathyris* n'est nullement spontanée; elle s'y est, en revanche, naturalisée en de multiples stations, en Lorraine, par exemple, et Godron, dans sa « Flore
de Lorraine », en cite une dizaine. Toutefois, il serait impossible d'affirmer que cette plante existe encore aujourd'hui dans
toutes ces stations. M. Fliche raconte que lorsqu'on la rencontra, en 1872, dans la grande forêt de Haye, au canton de la
Petite-Malpierre, en abondance, fleurissant admirablement,
puis fructifiant bien, il se produisit dans les milieux botaniques
un certain mouvement de curiosité. Elle s'était développée
dans un taillis de deux ans, et ce n'était sans doute pas la
première coupe du canton où elle était apparue ; elle se présentait également, non fleurie, dans le taillis d'un an. Suivant
la constatation de l'éminent forestier, elle formait, le 2 juin 1874,
dans la coupe de deux ans, de vrais fourrés, mais, dans celle
de trois ans, on ne la rencontrait plus qu'à l'état de pieds isolés ; enfin, elle avait complètement disparu dans celle de quatre
ans, où elle s'était montrée si abondante en 1872.

A quoi attribuer cette disparition, en somme rapide ? Non pas
évidemment à la qualité de la graine, mais à l'influence du
couvert en reconstitution. Pour en avoir le cœur net, M. Fliche
procéda à une expérience définitive. A l'automne, il sema des
graines de l'espèce récoltée à la Petite-Malpierre, partie dans la
pépinière domaniale de Bellefontaine, partie à une distance de
quelques mètres, sur le même versant, sous un perchis âgé d'environ 70 ans, au canton de Val-Thiébaut. Or, les premières germè-
rent parfaitement et donnèrent même naissance à des plantes
vigoureuses, tandis que les secondes restèrent inertes, ce qui
prouve que l'*Euphorbia lathyris* ne se montre qu'après l'exploi-

.tation, parce que ses graines, restées dans le sol, ne manifestent leur puissance germinatrice que lorsqu'elles ont assez
de chaleur et de lumière, ce qu'elles ne peuvent avoir dans
un taillis de quatre ans. Elles se conservent donc intactes,
à l'état de vie ralentie, jusqu'à ce qu'une exploitation nouvelle
permette aux rayons de soleil de ranimer le sol et de provoquer les plus étonnantes fécondations.

Avec un peu d'observation, tous les mystères de la nature
finissent par s'expliquer.

### Un nouveau caféier.

Parmi les plantes des régions chaudes du globe, le caféier est
à juste titre considéré comme étant particulièrement précieux.

La consommation du café, en effet, allant chaque jour s'ac-
croissant, l'on ne saurait manquer de considérer comme un
véritable événement la découverte d'espèces nouvelles de ce
végétal. Pour cette raison, il importe donc de mentionner, d'une
façon toute spéciale, la description qu'a donnée récemment
M. Auguste Chevalier d'une nouvelle espèce de caféier utilisable, rencontrée au Chari, au cours d'une exploration récente.

Il s'agit du *Coffea excelsa*, que M. A. Chevalier a trouvé concur-
remment avec le *Coffea congensis* et le *Coffea sylvatica*.

Le *Coffea excelsa* se présente sous les caractères botaniques
suivants :

Arbre de 6 à 15 mètres de hauteur, à écorce grisâtre, fen-
dillée longitudinalement. Feuilles de $0^m,18$ à $0^m,25$ de longueur; $0^m,09$
à $0^m,12$ de large, à pétiole court de $0^m,015$ à $0,^m025$ de longueur, à
limbe ordinairement obovale-lancéolé, parfois obovale-spatulé sur les
pieds croissant à l'ombre, brusquement terminé en pointe obtuse au
sommet, et muni de 6 à 7 paires de nervures saillantes en dessous.

Inflorescences en cymes axillaires de 1 à 4, comprenant chacune de
1 à 5 fleurs blanches odorantes. Chaque cyme est entourée de 2 à 3 cali-
cules à surface résineuse et à bords plus ou moins fimbriés. Sur les
pédicelles, on trouve d'ordinaire 1 ou 2 petites bractéoles opprimées.

Fleurs à calice presque nul, plus court que le disque et à limbe annulaire entier. Corolle de 20 millimètres de longueur totale, le tube mesurant de 8 à 10 millimètres de long et les lobes toujours au nombre de 5 mesurant de 10 à 12 millimètres de long sur 6 millimètres de large. Etamines entièrement vertes de 10 millimètres de longueur totale, sur laquelle les anthères occupent 6 millimètres environ. Hyle grêle de 15 à 20 millimètres, terminé par deux stigmates filiformes. La plante fleurit en février ou mars.

Ce caféier géant qui, à l'âge adulte, peut exceptionnellement mesurer jusqu'à 20 mètres de hauteur, croît dans les galeries forestières des affluents orientaux du Chari, entre 8 degrés et 8° 30' de latitude nord. Il a aussi été rencontré sur les rives du Batta, affluent de la Kotto (bassin de l'Oubanghi), à une altitude variant entre 500 et 800 mètres. Il ne se rencontre jamais dans les stations inondées.

En ce qui concerne les graines de cet arbre, voici, d'après M. Chevalier, quelles en sont les caractéristiques et les qualités déterminées par l'analyse.

Le café se présente en petits grains arrondis, rappelant par leur forme et leur grosseur certains cafés d'Abyssinie et de Moka. 100 cm³ renferment 700-710 fèves dont le poids, d'après Greshoff, du Kolonial Museum de Harlem, qui a bien voulu nous transmettre les chiffres de ses différents essais, est de 69 gr. 2. Le poids de 100 fèves oscille entre 7 gr. 40 et 13 gr. 95. Il résulte de tous ses calculs et des nôtres que 100 grammes de café renferment de 1,020 à 1,060 grains. À l'état spontané, un pied de 5 ans environ, mesurant 8 mètres de hauteur, nous a fourni 600 fruits ou 1,200 grains, soit environ une production annuelle de 120 grammes. La teneur en caféine du café de Snoussi est très élevée ; elle atteint 1 gr. 89 0/0. Voici d'ailleurs, l'analyse effectuée par M. Houdas, chef du Laboratoire de l'Ecole Supérieure de Pharmacie :

| | |
|---|---|
| Eau à 100°. | 7.66 |
| Caféine | 1.89 |
| Azote total. | 5.11 |
| Matières grasses | 12.58 |
| Cendres. | 3.75 |

Les analyses de M. Greshoff, de Harlem, donnent un chiffre un peu inférieur, dû probablement à la teneur un peu forte en eau de ses échantillons et aussi aux méthodes employées, mais on peut néanmoins conclure, que ce café doit être classé *parmi les méilleures sortes actuellement connues.*

✹

## Un parasite végétal du caféier.

Depuis quelque temps, certaines plantations de caféiers en Nouvelle-Calédonie ont été atteintes par une maladie grave qui se développe à l'époque des pluies, au moment où les arbres sont en pleine vigueur; il s'attaque aux plants les plus beaux, amenant rapidement leur dépérissement et leur mort.

C'est un champignon dont les filaments mycéliens se développent à la surface de tous les organes aériens de la plante parasitée, le *Pellicularia koleroga*, qui est l'agent causal de l'affection, affection fort redoutable, puisque, au Venezuala, en une seule année, elle a pu amener la destruction de 20,000 arbres.

M. J. Galland, qui a eu l'occasion d'étudier l'épidémie développée en Nouvelle-Calédonie. donne sur ce champignon, les renseignements suivants :

Le champignon est un parasite superficiel. Les filaments rampent à la surface du caféier et à un moment donné leur extrémité se résout brusquement en un grand nombre de branches ramifiées dichotomiquement à de courts intervalles et pourvues de membranes de plus en plus minces. L'ensemble forme une plaque adhésive qui fixe le filament sur l'épiderme du cafeier et limite son extension. Mais alors, une des ramifications latérales s'allonge à son tour et va former un peu plus loin une nouvelle plaque adhésive, de sorte que le champignon progresse un peu à la façon d'un *Rhizopus*.

Il se produit aussi de nombreuses plaques adhésives à l'extrémité des courtes branches latérales qui naissent en grand nombre tout le long des filaments principaux. Si l'on ajoute que, toutes les fois que deux tubes mycéliens se rapprochent l'un de l'autre, ils s'anastomosent, on comprendra par suite de quel mécanisme ce champignon filamenteux prend l'aspect pelliculaire qui le caractérise.

Outre leur rôle de fixation, les plaques adhésives fonctionnent aussi comme suçoirs. Aux points correspondants, la cuticule de la plante est fortement corrodée, et, quand on arrache le parasite, il laisse sa trace en creux sur la surface de son hôte. D'ailleurs il ne pénètre jamais plus avant que la cuticule.

Ce mode si spécial de végétation en lames étalées, fixées sur l'hôte par une multitude de crampons qui sont en même temps des suçoirs, permet de comprendre pourquoi le *Pellicularia*, bien que superficiel, peut devenir un parasite dangereux et mortel pour la plante qui l'héberge. Les pellicules élargies et semi-gélatineuses qu'il forme recouvrent rapidement la plus grande partie de la surface aérienne de la plante, qu'elles étouffent en empêchant tout échange gazeux avec l'atmosphère.

D'après M. Galland, en raison du mode même de la végétation du parasite, on a tout lieu d'espérer de pouvoir, avec succès, entreprendre contre lui la lutte. Le mieux, semble-t-il, serait de recourir aux pulvérisations superficielles des arbres malades, par des bouillies cupriques rendues plus adhésives au moyen d'une émulsion de pétrole dans l'eau savonneuse.

Ce traitement fort simple peut du reste être employé avec avantage, à titre préventif, sur les arbres non atteints. En les débarrassant d'autres parasites superficiels, animaux ou végétaux, il ne pourra que concourir, en effet, à les maintenir vigoureux et en santé parfaite.

✳

### Un insecte parasite du bambou et du caféier.

Depuis longtemps, les colons du Tonkin se livrant à la culture du caféier avaient remarqué que leurs plants croissant dans les environs de ces installations en bambous, si fréquentes dans les pays d'Extrême-Orient, étaient davantage ravagés par les *Xylotrichus* que ceux échappant à un tel voisinage.

Pourquoi en était-il ainsi? On l'ignorait, et faute de pouvoir expliquer le phénomène, on se contentait de le constater, et, pratiquement, de supprimer autant que possible les bambous dans le voisinage des plantations.

Cette dernière précaution est en l'espèce la plus judicieuse que l'on puisse prendre.

M. Louis Boutan, au cours d'un séjour à Thi-Hé, dans la province de Hoa-Binh, en a en effet reconnu et démontré l'utilité, en découvrant la raison pour laquelle les insectes ravageurs sont plus redoutables pour les caféiers quand ils sont avoisinés par des bambous.

C'est, tout simplement, que les bambous secs, qui servent dans les plantations de couvertures d'étables, de charpentes ou de clôtures, sont eux-mêmes parasités par les *Xylotrichus*, qui causent dans leurs tiges les ravages tout à fait comparables à ceux qu'ils exercent dans la tige des caféiers attaqués.

« Dans les bambous infectés depuis déjà longtemps par ce *Xylotrichus*, a observé M. Boutan, on aperçoit de loin en loin des orifices de 4 à 5 millimètres de diamètre, tout à fait comparables à ceux que l'on trouve dans les tiges de caféiers attaqués. Si on enlève l'écorce et une partie du bois sans atteindre la cavité centrale du bambou, on se trouve en présence de galeries qui présentent les mêmes caractères que celles qui sont creusées dans les caféiers (galeries comblées par de la sciure de bois agglutinée).

« En poursuivant les recherches, on ne tarde pas à rencontrer des larves à tous les états (puppes, nymphes) et même des adultes sur le point d'effectuer leur sortie. »

Maintenant, le *Xylotrichus* du bambou est-il bien le *Xylotrichus quadrupes* que l'on trouve sur le caféier ?

Il y a tout lieu de le croire, encore que l'on relève chez les sujets recueillis sur les bambous les particularités suivantes :

1° Le *Xylotrichus* du bambou a une apparence plus élancée, des antennes plus filiformes, des dessins un peu différents sur les élytres et le thorax (les bandes noires étant plus étroites et la troisième bande des élytres étant transformée en deux points).

2° La couleur est plus jaune que celle du type que l'on peut appeler classique.

3° Les deux formes ne s'accouplent pas entre elles alors qu'il est très facile d'observer l'accouplement de chaque forme prise isolément.

A s'en rapporter à ces remarques, l'on pourrait croire qu'il y a lieu de distinguer le *Xylotrichus quadrupes* du caféier du *Xylotrichus* du bambou.

Une telle distinction, cependant, n'est nullement démontrée

si l'on tient compte au moins des deux remarques suivantes de
M. Boutau :

« 1° Mis dans des boîtes d'élevage, les adultes extraits du
bambou pondent de préférence sur les tiges du caféier.

« 2° Les coolies que j'employais à ces recherches m'ont
apporté un grand nombre d'adultes extraits des galeries du
caféier, que tous leurs caractères font rentrer dans la forme
vivant dans le bambou. Dans la plantation de M. Moutte où je
faisais cette étude, le pourcentage des formes bambou paraît
très faible, mais il n'en est pas de même dans d'autres plantations où cette forme domine visiblement. »

En somme, il semble que l'on ait affaire ici à une seule et
même espèce présentant un type modifié par l'évolution de sa
larve dans un milieu nutritif différent, le bois vert du caféier,
au lieu et place du bois sec du bambou.

Quoi qu'il en soit, en attendant que l'expérience ait définitivement tranché cette question, les planteurs feront bien, pour
se garer d'un dangereux parasite, d'éloigner soigneusement les
bambous secs de leurs plantations ou de ne les utiliser qu'après
les avoir mis à l'abri du parasite, par une immersion dans une
solution de sulfate de fer, par exemple.

---

# ZOOLOGIE

### Le zèbre.

Le zèbre n'est pas aussi réfractaire qu'on le prétend généralement au dressage et à la domesticité. La question a son importance, quand il s'agit d'augmenter les moyens d'action de l'homme et de lui recruter des auxiliaires nouveaux. Elle a surtout son importance en Afrique, où la mouche *tsé-tsé*, que le zèbre brave impunément, a si tôt fait de décimer les chevaux et les bœufs, et où, en raison des abominables cruautés dont cet usage a été le prétexte, le « portage » des marchandises par les nègres semble avoir fait son temps.

Le dressage du zèbre ne va pourtant pas tout seul.

Tout d'abord, il faut s'entendre, car il y a zèbre et zèbre.

On compte trois variétés distinctes de zèbres :

1° le zèbre proprement dit (*hippotigris zebra*) qui a tout le corps rayé, y compris les jambes, et qui vit dans les montagnes de l'est et du sud du continent noir, depuis l'Abyssinie jusqu'au Cap ; 2° le « daw », ou zèbre de Burchell (*hippotigris Burchelli*), qui a la tête et le corps rayés, mais les jambes blanches, et qui habite l'Afrique équatoriale ; 3° le « couagga » (*hippotigris quagga*), dont les rayures se limitent à la tête, aux épaules et à l'échine, et qui habite exclusivement la Cafrerie et le pays des Hottentots.

Le zèbre proprement dit est celui qui a le caractère le plus difficile. Il en est autrement du « daw » et du « couagga », qu'on apprivoise, paraît-il, sans trop de peine, à la condition de savoir s'y prendre. On n'y réussit guère que par la patience et par la douceur. Un zèbre ne se dresse pas comme un cheval. Il y a pour cela toute une méthode systématique, dont M. Saint-Yves Ménard a jadis posé les règles et mis les procédés en formules, à l'usage des amateurs de bonne volonté.

Sans entrer dans le détail de cette méthode, dont l'exposé risquerait de nous entraîner trop loin, qu'il nous suffise d'en extraire ce précepte, qui la domine tout entière, qu'on n'obtient rien des zèbres par la violence : tous ceux dont on a pu faire quelque chose ne se sont jamais laissé faire qu'à condition d'être toujours soignés, harnachés et conduits par les mêmes hommes doux et patients.

A l'heure présente, le problème de la domestication du zèbre, qui paraissait autrefois insoluble, est à la veille d'être définitivement résolu. Le gouvernement anglais se propose d'en faire, dans l'Ouganda, une sorte de service officiel, et l'exemple sera suivi sans doute au Congo, sur les suggestions du lieutenant Nys, par le gouvernement de l'Etat libre. Pourquoi le gouvernement français n'entreprendrait-il pas, dans le même but, l'élevage du zèbre dans le Sud-Algérien ?

Nul doute, en effet, qu'on ne puisse acclimater les « couaggas », par exemple, sur les Hauts-Plateaux, si semblables aux steppes et aux *kopjes* du Transvaal, comme on a déjà essayé d'y acclimater l'autruche.

✻

### Les mangeurs de plomb.

Dans un mémoire présenté au Congrès international électrique de Saint-Louis, M. Heskett a révélé l'origine des dégâts constatés fréquemment sur les câbles aériens sous plomb protégeant les lignes téléphoniques de la colonie du Queensland. Tout d'abord, la présence de trous dans ces enveloppes ne fut pas attribuée à l'œuvre d'animaux ; on était loin de s'imaginer que de faibles insectes fussent suffisamment armés pour se livrer à un semblable travail. On accusa l'électricité atmosphérique, le procédé de suspension des conducteurs autorisant réellement une telle hypothèse. Ces câbles sont suspendus aux poteaux à l'aide de supports faits de fils d'acier tordus en forme de cordages et reliés électriquement à la terre ; on n'expliquait pas le phénomène, on le constatait seulement. Les perforations avaient un diamètre de 1 à 6 millimètres et pénétraient dans le plomb à différentes profondeurs, quelques-unes même le traversaient entièrement. Pendant la période de sécheresse, ces piqûres n'entraînaient aucun désordre dans les communications, mais lorsqu'arrivait la saison des pluies, toute correspondance devenait impossible. C'était également l'époque des orages ; de là à attribuer à un phénomène électrique ces malversations, il n'y avait qu'un pas : c'était l'opinion généralement admise par les techniciens.

En y regardant de plus près, on finit par découvrir, dans ces trous, des insectes noirs connus sous le nom de *bostrycus jesuita*. Tout ce que l'on a pu connaître de ces insectes, c'est que leurs larves changent de couleur suivant le corps auquel elles s'attaquent ; toutes les recherches faites en vue de découvrir la manière de vivre de ces larves sont demeurées infructueuses.

M. Rosender, ingénieur des télégraphes australiens, vivement intéressé, détacha quelques fragments des gaines de plomb attaquées afin de se rendre compte de ce travail destructif. Il remarqua tout d'abord que les larves choisissent de préférence pour leurs exploits les enveloppes sous lesquelles les câbles sont revêtus d'un ruban de toile goudronnée ou enduite d'une autre substance. Les perforations sont ovales, traversant le plomb et cette seconde enveloppe ; si l'insecte n'a pas eu le temps de terminer son travail, on remarque au fond du trou deux petites rigoles parallèles et adjacentes qui indiquent le mode d'opération de l'animal manœuvrant ses mandibules. M. Rosender a observé que les perforations sont beaucoup plus nombreuses qu'on ne le croyait ; il en a compté jusqu'à 14 sur une longueur de 40 centimètres de plomb. L'insecte est très petit, et sa couleur le dérobe très aisément aux recherches ; aussi fait-il sur les enveloppes des dégâts considérables.

La larve du *bostrycus* n'est pas la seule que l'on ait surprise à perforer les plombs. Il y a quelque temps, l'administration australienne constata des faits analogues, et l'on découvrit dans les trous pratiqués à l'intérieur du plomb quatre cadavres d'insectes appartenant au genre *xylopertha*. Cet insecte est très répandu en Australie ; on le trouve surtout sur les eucalyptus ou d'autres arbres dont le bois est très dur. Il paraîtrait que le bois goudronné ou enduit d'une couleur quelconque résiste à la piqûre de ces insectes. M. Rosender a encore reconnu des travailleurs appartenant à la même corporation destructive, mais qui, jusqu'à présent, sont accusés seulement d'avoir troué le plomb pour se livrer un passage au sortir d'une pièce de bois contre laquelle le câble était appuyé.

Il paraîtrait aussi qu'une espèce de guêpe cause des dommages assez importants sur les lignes aériennes à Shanghaï. Les piqûres de cet insecte peuvent, paraît-il, être comparées à celles de *l'orthorrinos*, qui recherche les câbles sous-marins pour leur confier sa progéniture.

# SCIENCES BIOLOGIQUES

------

## PHYSIOLOGIE

### La cytolyse.

Dans un précédent volume[1], j'écrivais les lignes suivantes, qu'on me permettra de rappeler :

« Une méthode infiniment curieuse d'analyse physiologique, et qui paraît devoir être appelée à rendre de grands services, a été l'objet, en ces derniers temps, de travaux du plus haut intérêt.

« Si à un animal quelconque, tel qu'un cobaye, l'on injecte une certaine quantité du sang d'un autre animal, d'un lapin par exemple, et que l'on renouvelle ces inoculations en les espaçant convenablement pendant plusieurs jours, on ne tarde pas à voir le sang du cobaye acquérir des qualités particulières telles que le sérum de ce sang devient toxique pour le sang du lapin. Si l'on ajoute, en effet, quelques gouttes de sérum extrait du sang d'un cobaye traité comme je viens de l'indiquer à du sang de lapin, l'on voit les globules rouges de celui-ci commencer par se gonfler, se déformer, se coaguler, pour finir par se dissoudre, comme s'ils avaient été touchés par un acide puissamment corrosif.

« Ce phénomène est d'autant plus curieux que s'il ne se produit pas toujours dans les conditions nettement déterminées que je viens de préciser, il ne se produit pas autrement. Non

1. Voir l'*Année scientifique et industrielle*, quarante-cinquième année (1901), p. 173.

seulement le sérum pris sur un cobaye auquel on n'aurait pas préalablement inoculé du sang de lapin n'exercerait aucune action, mais, en revanche, le sérum emprunté à un cobaye vacciné en quelque sorte avec du sang de lapin n'agit — exclusivement — que sur le sang de lapin. Ajouté à du sang de chien, à du sang de cheval, à du sang de cochon, à du sang d'homme, il laisse les hématies intactes.

« L'expérience réussit, d'ailleurs, aussi bien sur des animaux quelconques. Vous pouvez inoculer du sang de chien à un poulet, ou du sang de poulet à un chien, du sang de cheval à un mouton, du sang de cochon à un chat, ou *vice versâ*, et intervertir à l'infini l'ordre des facteurs, le résultat sera toujours le même, en ce sens que l'animal inoculé fournira un sérum doué du pouvoir — baptisé par les physiologistes du nom de *pouvoir hémolytique* — de détruire les globules rouges du sang de l'animal qui aura servi à la vaccination, mais rien que ceux-là.

« Il ne s'agit donc pas d'un fait accidentel, d'une exception, mais d'un fait général, dont la série animale tout entière est justiciable. »

Depuis lors, la méthode a accompli des progrès considérables.

Non seulement, comme j'avais pris soin de le noter, on a tôt découvert que ce qui était vrai pour le sang l'était également pour les autres tissus et liquides vivants de l'organisme, mais on a découvert également qu'à côté des sérums cytolytiques, dont le pouvoir destructeur n'agit que sur les animaux d'une espèce différente, il en est d'autres qui agissent sur les animaux de la même espèce (sérums « iso-cytotoxiques »), voire sur l'animal qui les a fournis (sérums « auto-cytotoxiques), en vertu de la réaction des sécrétions internes de l'organe intéressé sur le sujet lui-même. On peut concevoir, en d'autres termes, un sérum de lapin qui soit toxique pour le lapin auquel il aura été emprunté. D'où la possibilité de s'attaquer ainsi « cytolytiquement » — sans troubler la santé générale du sujet — sur tel ou tel organe, sur tel ou tel tissu, dont il serait désirable de pouvoir provoquer la régression ou l'atrophie.

Du moment, en effet, que cette méthode bizarre permet de fabriquer artificiellement des sérums animaux capables de dissoudre, par affinité élective, au sein de l'organisme, tels ou tels éléments déterminés, sans influencer les autres, pourquoi, se sont dit des savants comme Kullmann et Schücking en Allemagne, comme le docteur Lucas en France, pourquoi ne chercherait-on — et ne trouverait-on — pas une « auto-cytotoxine » *sui generis*, douée d'une action spécifique sur les néoplasmes, sur les tissus parasitaires, dont l'envahissement dévastateur caractérise les tumeurs, par exemple, malignes ou non? Pourquoi ne pas admettre la possibilité logique d'une « fibrotoxine » spéciale à ces tumeurs fibreuses, rebelles à tous les traitements connus, et malheureusement si fréquentes chez les femmes, de façon que les cellules usurpatrices, attaquées *seules* jusque dans les plus intimes profondeurs de l'économie, par le philtre sauveur, fondent à son contact comme le sucre dans l'eau chaude?

Mon Dieu! Ce ne serait ni plus incompréhensible ni plus paradoxal que toutes ces vaccines variées de la rage, du croup, de la peste, etc., qui relèvent toutes en fin de compte de l'immunisation par les virus atténués, les antitoxines, les « anticorps ».

Toujours est-il que l'expérience a l'air de vouloir confirmer ces prévisions théoriques. Le docteur Lucas a pu déjà, grâce à ce procédé, qui semble tenir autant de la sorcellerie que de l'opothérapie, non seulement mettre un terme aux hémorragies et aux douleurs atroces qui caractérisent les fibromes utérins, mais encore réduire le volume du néoplasme lui-même, qui se ratatine et se résorbe peu à peu jusqu'à disparition complète. On dirait que l'organe lui-même travaille, sous le coup de fouet de l'action « cytolytique », à expulser *proprio motu* l'anormale végétation des cellules dégénérescentes qui l'encombre et le ronge.

Chose curieuse! Le premier effet de la « cytolyse » se traduit provisoirement par une sorte de ménopause artificielle. Ce détail ne surprendra pas ceux qui se souviennent qu'on a parfois traité les fibromes utérins, non sans succès, par la castration chirurgicale ou médicale. Mais c'est, en même temps, une indication précieuse en faveur de l'efficacité probable de la méthode « cytolytique » contre tous les troubles généralement quelconques de la menstruation, depuis la dysménorrhée des jeunes filles jusqu'au retour d'âge des femmes mûres.

### Un nouvel anesthésique : la scopolamine.

En dépit de réels bienfaits, c'est un fait bien connu que les divers anesthésiques d'usage courant — éther, chloroforme, cocaïne, stovaïne, bromure et chlorure d'éthyle, etc. — comportent de graves inconvénients, des inconvénients tels que, s'il n'y avait point la nécessité supérieure d'obtenir l'immobilité absolue du patient et de lui épargner l'effroyable souffrance capable à elle seule d'aggraver singulièrement l'état général d'un opéré, aucun chirurgien ne voudrait consentir à les utiliser.

Qui ignore, par exemple, que l'on ne sait jamais en commençant à donner le chloroforme à un malade, si celui-ci se réveillera ? L'accident est très rare, c'est vrai ; mais il arrive cependant, et il n'est pas de médecin qui, au cours de sa carrière, comme étudiant ou comme praticien, n'ait eu l'occasion d'assister à ce spectacle vraiment tragique d'un infortuné appelé à subir une opération légère, et qui, aux premières inspirations de l'anesthésique, alors même que celui-ci est donné avec la prudence la plus avisée, pâlit brusquement et cesse de respirer pour jamais. Contre un tel malheur, les plus savants, les plus habiles sont désarmés. Et ce n'est pas tout. En dehors de ce risque qu'il fait courir, le chloroforme, qui est pourtant un agent admirable et précieux, un agent ayant rendu et rendant chaque jour les plus merveilleux services, comporte encore un certain nombre d'inconvénients. D'abord, il ne peut être donné sans danger à certains malades, notamment aux sujets trop âgés, aux cachectiques, aux cardiaques ; puis son administration nécessite des soins constants qui rendent son usage redoutable quand le chloroformisateur n'est pas très expérimenté; enfin, il crée chez les malades, qui doivent généralement passer au début de la chloroformisation par une phase d'excitation pouvant avoir de funestes conséquences, un état nauséeux très pénible, se traduisant souvent au réveil par des vomissements répétés, quelquefois durant deux ou trois jours.

Avec l'éther, préféré par de nombreux chirurgiens, les inconvénients sont autres. Le danger de la syncope mortelle initiale paraît à peu près écarté ; les maladies de cœur ne constituent plus une contre-indication ; mais les congestions pulmonaires graves sont fréquentes, les autres accidents ne sont pas supprimés, et l'on a à se préoccuper, en raison de la volatilité de ce produit et de son inflammabilité, de l'éventualité du feu et des explosions.

Restent la cocaïne et son succédané récent, la stovaïne. Ces deux composés sont surtout excellents en petite chirurgie, bien que M. le professeur Reclus ait montré par son expérience personnelle qu'avec une habileté spéciale on peut les utiliser pour les besoins d'un certain nombre d'interventions de chirurgie générale. Mais encore ne se prêtent-ils pas à toutes les opérations, et ont-ils ce grave défaut de laisser le malade non endormi assister — sans souffrir, il est vrai — à sa propre vivisection, ce qui, avec des sujets pusillanimes, femmes ou enfants, peut n'être pas toujours indifférent. Et puis, il ne faut pas oublier que la cocaïne est un composé toxique, capable, ni plus ni moins que le chloroforme, et même quand elle est maniée avec une grande prudence, de causer des accidents sérieux, des accidents mortels.

Malgré ces défauts, cependant, ces divers anesthésiques rendent chaque jour d'inappréciables services. On ne saurait pourtant ne pas souhaiter l'introduction dans la pratique chirurgicale courante d'un nouvel agent d'insensibilisation n'ayant que les qualités, sans les inconvénients et les dangers, des autres.

Eh bien ! ce vœu semble aujourd'hui ne plus constituer un souhait irréalisable, grâce à la découverte récente, en Allemagne, des qualités anesthésiques vraiment remarquables d'un produit extrait pour la première fois en 1890 par Schmidt d'un végétal exotique, le *Scopolia japonica*. La scopolamine — tel est le nom de ce produit — se présente sous la forme de cristaux prismatiques, fusibles à 59 degrés, solubles dans l'eau, très solubles dans l'alcool et l'éther, et facilement altérables sous l'action de l'air et de la lumière. Introduite dans l'organisme, la scopolamine provoque un ralentissement de la respiration et une accélération du rythme cardiaque, en même temps qu'elle exerce une action vaso-dilatatrice marquée, qui se traduit par

une coloration rose de la face, par l'élargissement de la pupille
et par l'accroissement des sécrétions, sueur, salive, urine. Enfin,
elle possède un pouvoir narcotique intense et détermine rapidement un sommeil irrésistible sans rêves ni délire.

C'est au cours de l'année 1900 que, pour la première fois, un
chirurgien allemand, Schneider, utilisa la scopolamine comme
anesthésique général.

Bien que les résultats obtenus par lui fussent plutôt encourageants, son exemple fut, dès l'abord, peu suivi. De 1900 à
1905, en effet, quelques rares chirurgiens utilisèrent la scopolamine pour leurs interventions, et c'est seulement depuis
deux ans que la nouvelle méthode d'insensibilisation a enfin
reçu une extension notable. A l'heure présente, il est vrai,
elle semble devoir prendre place dans la pratique, au moins en
Allemagne, et il y a lieu de penser qu'elle ne tardera pas non
plus à recevoir en France un accueil favorable. Les essais pratiqués depuis plusieurs mois déjà par M. le professeur Terrier et
par M. A. Desjardins, essais qui, récemment, motivèrent de la
part de M. Terrier un remarquable rapport à la Société de chirurgie, permettent au moins de le prévoir.

Pour utiliser la scopolamine, M. Terrier, suivant la technique
de M. le professeur Bloch, de Fribourg-en-Brisgau, fait à ses
malades trois injections, la première quatre heures, la seconde
deux heures, et la troisième une heure avant l'opération, avec
une solution renfermant, pour un centimètre cube d'eau, un
milligramme de bromhydrate de scopolamine et un centigramme
de chlorhydrate de morphine.

Par ce traitement très simple, les malades, dans 26 pour 100
des cas, s'endorment doucement d'un sommeil profond. Dans
les autres cas, ceux où le sommeil n'arrive pas directement,
on l'obtient très aisément en faisant respirer au malade, qui
ne présente jamais alors de période d'excitation, une quantité
très minime de chloroforme, que l'on doit ici toujours préférer
à l'éther, en raison des propriétés congestives de ce composé
sur l'appareil respiratoire.

Voici, au surplus, emprunté à un travail publié par MM. Terrier et Desjardins, la description clinique de l'action de la scopolamine administrée suivant la technique que nous venons de
mentionner.

« Après la première injection, environ vingt à trente minutes, le malade est pris d'un sommeil progressif, comme « l'envie de dormir » spontanée ; d'ordinaire, il résiste quelque temps, se frotte les yeux, bâille, se retourne plusieurs fois dans son lit ; ses idées deviennent confuses, ses paroles inintelligibles, ses paupières se ferment, et il s'endort.

« La respiration est remarquablement calme, la bouche entr'ouverte. Souvent le malade fait instinctivement quelques mouvements réflexes ; il porte la main à sa figure, se gratte le nez, se retourne dans son lit ; si on le découvre, il ramène sa couverture.

« Après la deuxième injection, le sommeil est plus profond. Toutefois, d'ordinaire, il sent la deuxième piqûre et porte la main à ce niveau. Les mouvements réflexes diminuent, la respiration, très calme, diminue légèrement de fréquence, et le pouls, par contre, s'accélère quelque peu. Le malade dort presque toujours sur le dos, la bouche ouverte, les bras repliés au-dessus de la tête, les poings fermés ; souvent il ronfle. Parfois il fait avec les lèvres des mouvements de succion, comme s'il rêvait qu'il boit. Cependant, à ce moment, si on lui parle fort avec insistance, si on le secoue, il ouvre les yeux avec l'air hagard d'un homme qu'on éveille d'un profond sommeil, il articule quelques mots sans suite, se retourne dans son lit et se rendort presque aussitôt.

« Après la troisième injection, le sommeil est d'ordinaire complet, et l'anesthésie est suffisante. Le malade ne manifeste aucune sensibilité, ni au pincement, ni à la piqûre (il ne sent pas la troisième injection). Sa face est un peu plus colorée que normalement, sans être cependant le moins du monde cyanosée : elle est rose et non blanche, à cause de la vaso-dilatation sous-cutanée ; parfois, on y voit perler des gouttes de sueur. La respiration est encore diminuée de fréquence, entre 12 à 16 à la minute ; elle est ample, profonde ; l'inspiration surtout est prolongée. Le pouls est plein, bien frappé, régulier, mais rapide, variant suivant les sujets, entre 90 et 120. Si l'on soulève la paupière, on voit la pupille dilatée et tournée en haut comme dans le sommeil physiologique.

« Voilà pour le sommeil. Quant au réveil, qui a lieu en général quatre ou cinq heures après l'opération, que l'anesthésie ait eu lieu avec ou sans addition de chloroforme, il se fait d'une façon absolument comparable à celui du sommeil physiologique.

« Le malade ouvre les yeux, son facies exprime l'étonnement de se trouver couché ; il s'efforce de rassembler ses idées et de reconstituer la tranche de vie qui lui échappe ; il pose des questions à ses voisins, demande s'il a été opéré ou s'il va l'être ; en général, il réclame à boire, et, dès qu'il a bu, se rendort encore plusieurs heures. Parfois, il reste définitivement réveillé, s'étire, se frotte les yeux, comme après un long sommeil, et demande à manger. Plusieurs ont refusé de croire qu'ils étaient opérés ; il a fallu leur montrer leur pansement. »

Comme on le voit, d'après ce tableau, nous sommes loin du réveil coupé de hoquets et de malaises persistants des chloroformisés. Ici, le malade est tout à fait dispos et ne manifeste aucune agitation ou surexcitation, si bien qu'il n'est jamais nécessaire de lui donner de la morphine pour lui permettre de reposer. De plus, l'anesthésie semble se prolonger très longtemps après le réveil, ce qui fait que, durant les premiers jours, comme c'est le cas habituel avec les autres agents d'insensibilisation, les sujets ne se plaignent point de leur plaie.

Cependant, comme rien ne saurait être parfait en ce bas monde, à côté de ces précieux avantages, la scopolamine présente aussi quelques défauts. D'abord, son action n'est pas constante, ce qui oblige souvent à lui associer le chloroforme, dont, au surplus, elle diminue les chances d'accident. D'autre part, étant vasodilatatrice, elle oblige l'opérateur à faire son hémostase avec un soin tout particulier. Enfin, elle détermine une contracture de la paroi abdominale contre-indiquant son emploi en chirurgie abdominale, au moins son emploi exclusif, car à la dose d'une seule injection et associée au chloroforme elle conserve la plupart de ses qualités.

### Le magnétisme animal.

Elle est loin d'être liquidée, tant s'en faut, la question du magnétisme animal, c'est-à-dire l'influence, toute psychique, que peut exercer un homme sur un autre homme, par le seul jeu de ce qu'on pourrait appeler son rayonnement vital, abstraction faite de toute action mécanique, physique, chimique ou électrique. Les uns nient formellement cette influence, sous le prétexte que les actions de ce genre sont de purs mythes, n'ayant d'existence que dans l'imagination dévergondée d'idéologues ou d'observateurs superficiels, trop enclins à généraliser de simples coïncidences, où ils se figurent à tort voir une relation logique de cause à effet. Les autres y croient dur comme fer, et il s'est même créé là-dessus toute une thérapeutique « à côté », qui a ses apôtres et ses fidèles.

Le problème a donc son importance, car il touche à une foule d'intérêts intellectuels, moraux, matériels même, et l'on ne saurait prêter trop d'attention à tous les faits qui semblent de nature à l'éclairer d'un jour nouveau. En voici précisément un, qui date d'hier et qui ne laisse pas, comme on va le voir, de donner singulièrement à penser.

Est-il possible d'agir à distance sur les phénomènes de la vie végétative d'un être vivant, au point, par exemple, d'accélérer ou de ralentir, comme qui dirait au commandement, les battements de son cœur ? Telle est la question, plutôt paradoxale en apparence, que s'est posée le Dr Bernheim, et qu'il a résolue, expérimentalement, par l'affirmative.

Le Dr Bernheim avait remarqué que, si l'on tâtait le pouls d'un sujet sain ou malade en comptant à haute voix le nombre des pulsations, il était facile de précipiter le rythme de l'ondée sanguine. Il n'y avait, pour cela, qu'à compter plus vite : immédiatement, en effet, le pouls s'empressait d'accélérer lui-même sa marche, comme s'il voulait rattraper le compteur, à la façon d'un chanteur qui se laisserait entraîner par l'impatience ou la nervosité de son accompagnateur.

Faite, il est vrai, sans méthode, l'observation pouvait paraitre sujette à caution. Le Dr Bernheim entreprit, en conséquence, de la renouveler systématiquement, dans des conditions tout à fait scientifiques, de façon à éliminer les moindres causes d'erreur.

Tout d'abord, il substitua à la palpation manuelle du pouls, suspecte d'illusions dues à l'équation personnelle, l'action d'un appareil enregistreur (le cylindre Marey), associé à un compteur à secondes.

De cette façon, l'opération s'accomplissait automatiquement, par l'intermédiaire d'un appareil inconscient et passif, réfractaire aux émotions nerveuses et aux agitations perturbatrices, et ne pouvant donner que des renseignements objectifs, d'une précision mathématique, et d'une certitude impeccable. Pour plus de sûreté, enfin, il remplaça la voix par un métronome. Toute probabilité d'hallucination subjective de la part de l'observateur se trouvait ainsi *ipso facto* écartée.

Or, les résultats obtenus furent sensiblement les mêmes, peut-être avec plus de netteté encore.

La numération accélérée, soit à haute voix, soit à l'aide des battements bruyants d'un métronome, produit une accélération réelle du pouls, variant de six à quinze pulsations à la minute. Cette accélération par suggestion commence à se manifester dès les quarante premières secondes ; aussitôt que s'arrête la stimulation acoustique, le pouls diminue de fréquence, et il a tôt fait de revenir à la normale.

Le contraire est vrai, d'ailleurs, et la contre-épreuve aboutit à une conclusion identique, en ce sens que, si l'on compte moins vite, le pouls ne tarde pas à se ralentir également, et à s'accorder avec le rythme du compteur.

Ces effets se produisent infailliblement chez tous les sujets généralement quelconques, jusques et y compris les hypertendus, c'est-à-dire les personnes dont la pression artérielle est excessive. La seule différence est que, chez les hypertendus, ils se produisent avec moins d'intensité, et au prix d'un léger retard ; ce qui tient sans doute au mauvais état du système vasculaire, qui oppose un obstacle matériel à la transformation de l'énergie nerveuse, directement mise en branle par le bruit cadencé, en énergie musculaire.

Quoi qu'il en soit, le fait, qui paraît désormais incontestable, ne peut guère s'expliquer que par une sorte de suggestion s'exerçant sur les fonctions inconscientes de l'économie, dont la circulation sanguine est le type, sans que la volonté ait rien à y voir.

On pourrait évidemment aller très loin dans cette voie, et tous les magnétiseurs qui prétendent guérir n'importe quelle maladie par des passes, des attouchements ou des incantations, ne vont pas manquer d'invoquer les curieuses expériences du Dr Bernheim pour attester le caractère scientifique de leurs procédés, qu'on s'était trop hâté, diront-ils, sur la foi de fallacieuses apparences, de taxer de charlatanisme ou d'impuissance. Le fait est que, du moment qu'il est possible d'accélérer les battements du pouls, c'est-à-dire le flux et le reflux du sang, ce qui suppose une action directe et réelle des ondes sonores (dont l'allure est réglable à volonté) sur les nerfs vaso-moteurs, on ne voit pas pourquoi l'on ne pourrait pas influencer aussi bien les autres fonctions les plus intimes de l'organisme, de manière à en rétablir, le cas échéant, l'équilibre détruit ou menacé.

✱

### Ce que coûte la force musculaire humaine.

Il n'est personne qui, sans même avoir besoin de connaître la mécanique, la physique ni la physiologie, ne devine — ou ne sente — que le travail musculaire de l'homme ou des animaux coûte plus cher à produire, pour un rendement donné, que le travail de la machine.

Mais les spécialistes eux-mêmes se sont rarement arrêtés à serrer cette conception instinctive d'assez près pour en faire l'objet d'un calcul précis. C'est ce qui donne un très grand intérêt aux chiffres suivants, récemment extraits par la *Revue de chimie* d'une étude de Fischer.

La quantité de chaleur dégagée par les aliments absorbés en un jour, et emmagasinée dans le corps d'un homme adulte moyen, est d'environ 3,000 à 3,500 calories. Mais la plus grande

partie de cette chaleur est utilisée à l'entretien des diverses
fonctions de l'activité vitale : c'est à peine s'il reste 300 calories,
qui servent à faire les frais d'un travail mécanique continu,
équivalent, pour une journée de huit heures, à 127 000 kilogrammètres. Or, comme le cheval-vapeur, le cheval-heure, correspond à 270 000 kilogrammètres, il s'ensuit que la journée de
travail d'un homme moyen vaut quelque chose comme les
47 centièmes d'un cheval-heure.

Sur ces données, on peut établir une comparaison.

Soit 100 chevaux-heure à produire. Il faudra y mettre
213 hommes, soit, à 3 francs par jour (salaire minimum),
639 francs. En revanche, 9 chevaux suffiront à la besogne, et
la dépense, tous frais compris, va s'abaisser à 54 francs. Enfin,
une machine à vapeur dépensera 6 francs, un moteur à gaz
3 fr. 50.

D'où cette conclusion que la force motrice humaine revient à
cent fois plus cher que la force motrice mécanique.

### Le cœur à droite.

« Mettre le cœur à droite » est une de ces expressions prover-
biales qui évoquent une idée de paradoxe ou d'impossibilité.

La fatalité physiologique a voulu, en effet, que le cœur fût
placé à gauche, et tout ce qu'il a de mieux à faire, à ce qu'il
semble, c'est de s'y tenir.

Il y a pourtant, à ce qu'il paraît, des exceptions, et l'on cite
non seulement des monstres qui ont le cœur mal placé sans
s'en porter plus mal, mais encore des gens de structure normale qui peuvent parfaitement mobiliser leur cœur à leur gré
et le transporter, par un effort volontaire, d'un flanc à l'autre,
histoire de se distraire ou d'étonner la galerie.

C'est le cas de ce jeune homme de Breslau, que le professeur
Borchardt a récemment présenté à ses collègues de la Société
de médecine interne de Berlin. Ce phénomène a le don, plus
rare que précieux, de pouvoir contracter volontairement, de

toutes les façons et avec toutes les combinaisons imaginables, les différents muscles et groupes musculaires de son corps. C'est ainsi qu'il peut changer la position de son cœur et l'obliger à émigrer de l'autre côté des poumons. Il peut aussi le retourner sur place, de façon qu'il ait la pointe en l'air.

Il possède, par-dessus le marché, la particularité d'être en mesure de comprimer *ad libitum* certaines artères, au point, par exemple, d'arrêter complètement le pouls radial, et cela, par simple contraction musculaire.

Mais le plus fort peut-être, et le plus étrange, c'est le pouvoir dont il dispose de débarrasser son petit bassin de tout le paquet intestinal, qu'il refoule sous le diaphragme, de sorte que l'abdomen, à la palpation et même à l'examen radioscopique, a l'air d'être vide.

Ce singulier sujet ne serait pas seul de son espèce. Le professeur Von Leyden lui connaîtrait, en effet, au moins un émule. Soyez assurés cependant que le type ne court pas les rues.

✠

### La densité du corps humain.

Des observateurs dignes de foi affirment que certains individus maigres, convenablement musclés, en bonne santé (du moins en apparence), peuvent présenter cette singularité d'avoir la sensation d'être comme qui dirait repoussés par l'eau, qui a l'air de vouloir « avaler » les autres.

Tel était le cas de cette jeune fille, citée par Ferrier, qui, sans flotter positivement sur l'eau, quand elle prenait un bain, quittait, au moindre mouvement, le fond de la baignoire.

Une autre femme avait même dû renoncer à prendre des bains, par peur de perdre l'équilibre, sinon même de se noyer : dès qu'elle s'asseyait, en effet, dans la baignoire, la tête emportait le reste du corps, devenu trop léger, et l'obligeait à faire de dangereuses culbutes.

Non moins curieux sembleront le cas de ce jeune homme qui

pouvait se tenir assis en mer en se prenant les deux jambes avec les mains, les cuisses repliées contre le ventre, et celui de ce médecin qui, sans aucun effort, flottait sur le dos et faisait la planche, même dans l'eau douce, même dans une simple cuve.

Vérification faite, tous ces sujets, qu'on pourrait, à certains points de vue, considérer comme des monstres, avaient un poids spécifique moyen, 0,8167 pour l'un, 0,958 pour un autre, inférieur à la normale, qui est pour le corps humain de 1,2002.

D'où il appert qu'ils avaient eu de la chance de ne pas naître au moyen âge, et surtout, de n'avoir pas eu, à cette époque, maille à partir avec la justice de leur pays. On sait, en effet, que, il y a quelques siècles, quand un individu était accusé d'un crime, on le soumettait parfois à ce qu'on appelait l'épreuve de l'eau, c'est-à-dire qu'on le descendait, pieds et poings liés dans un étang ou dans une rivière. S'il enfonçait, il était présumé innocent. S'il surnageait, au contraire, il était présumé coupable, et traité en conséquence.

Et pourtant, cette anomalie aurait pu s'expliquer peùt-être de la façon la plus simple, par la déminéralisation d'un organisme anémié, par le déficit du système osseux en sels minéraux, en phosphates et en chaux. La preuve en est dans ce fait qu'en rephosphatant artificiellement l'organisme de ses sujets, le D^r Ferrier réussit à leur faire perdre, totalement ou en partie, eur insolite flottabilité.

Sans doute, cette flottabilité est une qualité au point de vue de l'aptitude à la natation, mais c'est une qualité qui nous coûterait trop cher, s'il nous fallait l'acheter au prix de la solidité de nos os et de notre résistance biologique.

✳

### L'ambidextrisme.

Qu'il soit avantageux, dans la pratique courante du travail uotidien, pour la commodité de la vie, de pouvoir se servir également des deux mains, cela saute aux yeux d'emblée, et l'on comprend que nombre de braves gens fassent campagne en vue d'introduire l'« ambidextrisme » obligatoire dans l'éducation des enfants. Le fait est que les futures générations auraient, manuellement parlant, tout à gagner et rien à perdre à cette réforme.

Mais ce qui ne s'aperçoit pas aussi bien du premier coup, c'est la répercussion lointaine de l'ambidextrisme sur le cerveau lui-même. Si, pourtant, nous devions en croire sir James Sawyer, médecin en chef de *Queen's Hospital* de Birmingham, l'ambidextrisme devrait nécessairement entraîner une amélioration fort appréciable de notre activité cérébrale.

Telle est la thèse, plutôt inattendue, que le savant praticien développait naguère à Londres devant la « Ligue britannique pour l'ambidextrisme ».

Sir James Sawyer table sur ce fait que les gestes et mouvements de la partie droite du corps sont commandés par le lobe gauche du cerveau, tandis que le lobe droit commande symétriquement ceux de la partie gauche du corps.

Dans ces conditions, le droitier, l'homme qui se sert presque exclusivement de sa main droite, ne fait guère travailler que son lobe gauche. Si donc il s'habituait à se servir également des deux mains, l'activité cérébrale se distribuerait sur une surface plus considérable, la fatigue serait moindre, et l'on aurait probablement là une garantie relative contre certains accidents, tels que les hémorragies cérébrales, les hémiplégies, etc.

Il va de soi que le raisonnement inverse s'applique, avec la même force, au gaucher, dont le cerveau droit doit faire les frais de tout le travail moteur.

Il y a mieux — toujours à en croire le Dr Sawyer.

On sait que la faculté du langage a son siège dans la troisième circonvolution frontale gauche. L'hémisphère cérébral droit n'a rien à y voir. Mais, qui sait si l'usage continu de la main gauche, à force de stimuler le cerveau droit, n'y ferait pas apparaître un nouvel organe capable de suppléer l'organe homologue du cerveau gauche?

De cette façon, les ambidextres ne seraient plus aussi exposés que les droitiers au danger de l'aphasie, puisqu'ils auraient de ce chef deux cordes, au lieu d'une seule, à leur arc.

Malheureusement, sir James Sawyer n'a pas pris la peine de

commencer par établir que chez les gauchers, la faculté du langage avait émigré à droite....

Cette constatation eût pourtant été un argument singulièrement décisif en faveur de ses conclusions paradoxales.

✳

### Comment les émotions coupent l'appétit.

On a souvent constaté que les émotions violentes — joie ou chagrin, peur ou colère — coupent l'appétit.

Est-ce une simple coïncidence? S'agit-il d'une distraction d'ordre psychologique, qui, en concentrant toute l'attention du sujet sur un seul et unique point, le détourne de penser à satisfaire ses besoins les plus essentiels eux-mêmes? Ou bien y a-t-il effectivement en cause un phénomène d'ordre physiologique?

La question valait d'être élucidée. La Société de médecine interne de Berlin a chargé de ce soin l'un de ses membres, le D<sup>r</sup> Bickel.

Le D<sup>r</sup> Bickel a pris un chien, choisi tout exprès de caractère exceptionnellement excitable. Il a pratiqué sur la pauvre bête ce qu'on appelle l'œsophagotomie, c'est-à-dire qu'il lui a isolé l'estomac, afin de pouvoir mesurer la quantité de suc gastrique élaboré pendant un temps donné. On a pu reconnaître ainsi que, placé devant une succulente pâtée dont la vue et l'odeur étaient pour lui plaire au suprême degré, l'animal secrétait normalement quelque chose comme 66 centimètres cubes de suc gastrique en vingt minutes.

Mais si l'on amenait ensuite à côté du plat un chat, dont le voisinage avait le don de mettre le chien en rage, la production du suc gastrique tombait du coup à 9 centimètres cubes dans le même temps.

La preuve est donc faite qu'il s'agit bien d'un phénomène physiologique, et que les émotions violentes, en révolutionnant le système nerveux, et, en particulier, les nerfs pneumogastriques, ont pour résultat immédiat de tarir les sécrétions indispensables pour exciter l'appétit et favoriser la digestion. Quand votre sang ne fait qu'un tour, comme on dit, le robinet au suc gastrique est coïncé : vous n'avez plus faim, et si vous mangez quand même, « ça ne passe pas ».

Il est vrai que le contraire peut aussi, quoique plus rarement, se produire.

Dans tous les cas, la qualité du suc gastrique n'est pas modifiée. Les émotions n'agissent jamais que sur la quantité.

※

### Un signe distinctif de la mort.

Rien n'est plus malaisé, dans certains cas ambigus, que de distinguer, d'une façon absolument sûre, la mort apparente de la mort réelle. Cela est si vrai qu'on a pu dire, sans avoir à craindre de démenti, que la seule et unique preuve, non sujette à caution, de la réalité de la mort, était le commencement de décomposition cadavérique.

Le fait est que, à part ce signe, auquel personne ne peut se tromper, mais qui a l'inconvénient d'apparaître un peu tard, de tous les innombrables procédés mis à l'essai, aucun n'offre une sécurité suffisante. C'est ce qui expliquerait jusqu'à un certain point, si un tel accident n'était pas si rare, les terreurs des braves gens dont la crainte anticipée d'être enterrés vivants hante et trouble le sommeil.

Il paraît cependant qu'on vient de découvrir une nouvelle méthode, de nature à couper court à toute espèce d'inquiétude de ce genre.

Cette méthode est basée sur l'emploi de la fluorescéine, cette substance dont la puissance colorante est si considérable qu'il en suffit de quelques gouttes pour donner à une énorme masse d'eau une teinte caractéristique, reconnaissable à l'œil nu. On sait que la fluorescéine, en raison de cette propriété, sert à jalonner le cours des sources et des rivières souterraines. A en croire le docteur Icard, elle pourrait aussi bien servir à signaler le passage de la mort.

Si l'on injecte, en effet, dans l'épaisseur du tissu cellulaire, une solution de fluorescéine, il s'ensuit immédiatement un jaunissement intense de la peau et des muqueuses, tandis que l'œil se colore en vert vif, « à croire qu'une émeraude est enchâssée dans l'orbite ». Mais pour que ces phénomènes se produisent, il faut que le système circulatoire continue de fonctionner et que le sang véhicule avec lui la substance colorante. Il faut par conséquent qu'il y ait *persistance de la vie organique*. Autrement, la pompe aspirante et foulante que constituent le cœur et les vaisseaux ne marchant plus, la teinture ne serait pas absorbée, et stagnerait, sans avancer, autour du point d'inoculation.

Si donc, quelques heures après une injection de fluorescéine, rien n'est encore apparu, on peut être sûr d'avoir affaire à un cadavre authentique.

Supposons, en effet, le pire. Supposons qu'il y a eu un arrêt provisoire de la circulation donnant toutes les apparences de la mort. De deux choses l'une, ou cet arrêt provisoire, qui ne saurait se prolonger longtemps, deviendra définitif, et alors ce sera la mort indiscutable; ou, au contraire, il se fera un rétablissement automatique de la circulation, immédiatement révélé par la diffusion de la fluorescéine.

Voilà qui est pour rassurer les gens craintifs que terrifie la perspective possible de se réveiller entre les quatre planches d'un cercueil !

### Une grenouille historique.

Il vient de mourir en Amérique, à l'Université de Cornell, une grenouille verte qui aura eu sa page dans l'histoire des sciences.

Cette grenouille, qui figura comme témoin, ou plutôt comme pièce à conviction, dans des congrès physiologistes, offrait cette particularité de n'avoir plus de cerveau et de vivre quand même.

Il y a six ans — c'était en 1899 — le savant Wilber avait pratiqué sur elle cette opération, plutôt grave, en vue de pouvoir démontrer sur le vif le mécanisme des fonctions de l'encéphale. Il ne manque pas, sans doute, aujourd'hui, de par le monde, d'autres grenouilles également décervelées et qui ne s'en portent pas plus mal. Mais la grenouille de Cornell fut longtemps la seule : c'est pour cela qu'elle a été célèbre.

Une piteuse célébrité, au demeurant, car là vie purement végétative de la pauvre bête était réduite à sa plus simple expression. Ce n'était plus guère qu'une espèce d'automate, dont les organes indemnes continuaient de fonctionner machinalement mais sans la moindre conscience, sans la moindre initiative, sans la moindre réaction spontanée.

Elle ne percevait pas la pitance placée devant elle à sa portée, et, pour la nourrir, il fallait lui ouvrir la bouche et y introduire les aliments de force. Cependant, elle voyait, ses yeux et ses nerfs optiques étant demeurés intacts. Lorsqu'on la touchait, elle bougeait, elle sautait même, comme mue par un ressort intérieur; jetée dans l'eau, elle nageait jusqu'à ce qu'elle eût trouvé un point d'appui.... Mais jamais elle ne se déplaçait de son propre mouvement.

Son exemple prouve donc qu'un être vivant peut, à l'extrême rigueur, se passer de cerveau. Mieux vaut tout de même pour lui en avoir un.

# MÉDECINE

## La guérison de la tuberculose.

A la séance de clôture du Congrès international de la tuberculose tenu à Paris, en octobre dernier, le professeur von Behring a fait une communication sensationnelle sur un nouveau traitement curatif de la tuberculose.

D'après le maître de Marbourg, nous serions dès à présent en droit de fonder les plus sérieuses espérances sur la possession prochaine d'un remède curatif de la plus terrible des maladies.

La chose a tellement fait de bruit que nous croyons devoir reproduire ici sans commentaires la traduction intégrale de la communication de M. le professeur von Behring :

Au cours de ces dernières années, je suis arrivé à reconnaître avec certitude l'existence d'un principe *curateur* complètement différent du principe antitoxique décrit par moi, il y a quinze ans.

Ce nouveau principe curatif joue le rôle essentiel dans l'action immunisatrice de mon « bovovaccin », qui, depuis quatre ans, a fait ses preuves dans la pratique agricole pour la lutte contre la tuberculose des bovidés.

Ce principe repose sur l'imprégnation des cellules vivantes de l'organisme par une substance provenant du virus de la tuberculose, et que je nomme T C.

Lorsque la T C est devenue une partie intégrante des cellules de l'organisme des animaux traités par elle, et qu'elle est métamorphosée par ces cellules, je la désigne sous la formule T X.

Dans le bacille de la tuberculose, la T X, ou pour mieux dire, la T C préexiste, comme un agent doué d'un grand nombre de qualités extraordinaires. Cet agent remplit, dans le bacille tuberculeux, la fonction de substance *formative*. En outre, il possède des qualités *fermentatives* (et spécialement *catalytiques*).

Cet agent peut fixer d'une manière élective, par contact, d'autres substances (phénomène qu'on a nommé *adsorption*); de plus, dans certaines conditions, il possède des qualités *assimilatrices*. En un mot, il représente le « principe quasi-vital » des bacilles.

Pour moi, dans le processus d'immunisation des bovidés contre la tuberculose, la T C des bacilles est délivrée des substances accidentelles; elle exerce une action symbiotique à l'intérieur des cellules organiques, en particulier dans les éléments cellulaires qui dérivent des centres germinatifs du tissu lymphatique. La présence de la T C est la cause, d'une part, de l'hypersensibilité à la tuberculine de Koch, et, d'autre part, de la réaction protectrice contre la tuberculose.

La route a été longue par laquelle, après avoir vaincu bien des obstacles, je suis arrivé à la conception, esquissée ci-dessus, du mode d'immunisation anti-tuberculeuse. Cette conception d'une immunité *cellulaire*, qui est toute différente de l'immunité *humorale* antitoxique, je tiens à dire que je n'y serais pas parvenu sans la connaissance très intime des travaux de Metschnikoff sur la phagocytose.

Si je voulais présenter en détail les preuves démonstratives de l'exactitude de ma conception, je serais obligé de vous retenir de longues heures. J'en ai exposé une partie dans le premier fascicule d'un livre qui sera intitulé : *Problèmes modernes phtisiogénétiques et phtisiothérapeutiques éclairés par l'Histoire*. Quelques passages de ce premier fascicule viennent de paraître dans la *Tuberculosis* (septembre 1905).

Je ne veux ici que tenter de décrire la nature et le mode d'action de la nouvelle méthode thérapeutique née de mes études scientifiques sur la tuberculose.

La nouvelle méthode. — Cette nouvelle méthode est, je le crois, appelée à protéger les hommes menacés par la phtisie contre les conséquences nocives de l'infection tuberculeuse. Je considère comme un grand honneur de pouvoir faire devant l'assemblée générale du Congrès de Paris une courte communication sur « un moyen de lutter contre la tuberculose par un remède nouveau ».

Je suppose connue ma méthode de vaccination contre la tuberculose des bovidés. Sans que j'aie besoin d'insister, on voudra bien admettre que j'ai envisagé toutes les possibilités d'appliquer ce procédé en vue de combattre la tuberculose de l'homme. Mais mon expérience m'a fermement décidé à renoncer définitivement à introduire dans le corps humain, pour un but thérapeutique, des bacilles tuberculeux vivants.

Ainsi, le traitement antituberculeux, chez l'homme, commence pour moi avec la découverte du remède dont je vais parler.

Après l'esquisse tracée plus haut du mode d'immunisation contre
la tuberculose, il sera compréhensible, sans plus de détails, que je
me sois efforcé, sans trêve ni repos, d'épargner à l'organisme le travail, toujours long et périlleux, de l'élaboration de la T C. J'y suis
arrivé par des expériences *in vitro*. J'ai transformé l'immunisation
*active*, pour parler comme Ehrlich, en une immunisation *passive*. Je
puis vous donner l'assurance que j'ai rarement éprouvé dans ma vie
plus de joie que pendant les jours, les semaines et les mois où le
lien causal qui relie la *vaccination* à l'*immunité* m'est apparu avec
une clarté toujours croissante, grâce à l'observation réitérée d'innombrables expériences sur les animaux : une énigme, après l'autre,
s'éclaircissait quant à la nature et au mode d'action du sérum anti-
diphtérique!

Condensant en quelques mots les résultats de mes travaux, je dirai
que, pour libérer la T C des substances empêchant son action thérapeutique, il est bon de distinguer trois groupes de substances
baccillaires.

1° Une substance *soluble seulement dans l'eau pure*, et qui possède
une action fermentative et catalytique. De cette substance soluble
dans l'eau dérivent les parties toxiques de la tuberculine de Koch. Cette
substance a toutes les qualités chromophiles physiques et chimiques
de la *Volutine*, décrite par notre botaniste de Marbourg, M. Arthur
Meyer. Je nomme cette substance T V.

Pour donner une idée du pouvoir toxique de la T V, je puis dire
qu'*un gramme* de cette substance, à l'état sec, est plus puissant qu'*un
litre* de tuberculine de Koch.

2° Une substance globulineuse, soluble seulement dans un sel neutre
(par exemple le chlorure de sodium à 10 pour 100); cette substance
est nommée par moi T G L: elle, aussi, est toxique à la façon de la
tuberculine de Koch.

3° Plusieurs substances *non toxiques*, solubles seulement dans
l'alcool, l'éther, le chloroforme, etc.

Une fois que le bacille tuberculeux a été délivré de ces trois groupes
de substances, il lui reste un corps, que je désigne sous le nom de
*Restbacillus*.

Ce Restbacillus possède encore la forme et les qualités tinctoriales
des bacilles tuberculeux. Au moyen de préparations convenables, il
peut être modifié de façon telle qu'il devienne une *substance amorphe*
directement résorbable par les cellules lymphatiques du cobaye, du
lapin, du mouton, de la chèvre, des bovidés et des chevaux.

La substance amorphe est élaborée et métamorphosée par les cellules lymphatiques de ces différents animaux, et ces cellules deviennent
oxyphiles ou éosinophiles. Parallèlement aux métamorphoses des cel-

lules sous l'influence de la T C, l'état d'immunité de l'organisme évolue.

Un fait fondamental est que la T C, substance non reproductible, possède cependant le pouvoir de donner naissance au tubercule. *Le tubercule ainsi créé ne se caséifie pas et ne se ramollit jamais.* Il correspond exactement à la « granulation tuberculeuse de Laënnec ».

Dans certaines conditions, la T C peut déterminer ainsi l' « infiltration grise » et l' « infiltration gélatiniforme » de Laënnec.

Par des expériences sur différents mammifères, j'ai pu me convaincre que la T C, préexistant comme je l'ai dit dans les bacilles tuberculeux, peut être élaborée *in vitro*, de façon à en faire un remède qui pourrait être aussi appliqué sans danger à la thérapeutique humaine. La partie thérapeutique de mon livre, qui devait paraître l'année prochaine, ne verra le jour que quand l'efficacité thérapeutique et l'innocuité de mon nouveau remède auront été démontrées par des cliniciens autrement versés que moi dans la connaissance des variétés individuelles de la phtisie pulmonaire et de son pronostic.

D'autre part, il me paraît nécessaire que d'autres savants, travaillant dans d'autres laboratoires, contrôlent l'action thérapeutique de mon remède sur les animaux et constatent le fait qu'on ne connaît pas encore, jusqu'à ce jour, un agent thérapeutique ayant une pareille valeur.

Vous savez que, jusqu'ici, la tuberculine de Koch et sa nouvelle tuberculine (T R), le sérum de Maragliano, celui de Marmorek, ainsi que plusieurs autres préparations signalées comme spécifiques, auraient eu, au dire de leurs inventeurs, une efficacité préventive ou curative ; mais vous savez aussi qu'à leur suite, beaucoup d'autres observateurs ne sont pas parvenus à obtenir d'aussi bons résultats, surtout sur le cobaye.

J'espère être plus heureux, et que ceux des savants auxquels, après mon retour à Marbourg, je confierai mon remède pour qu'ils l'expérimentent obtiendront, dans leurs laboratoires d'aussi bons et même de meilleurs effets thérapeutiques que moi-même.

Je vous prie de ne pas oublier que ma communication d'aujourd'hui rappelle singulièrement celle que je faisais en 1890 « sur un nouveau remède contre la diphtérie ». Ma conviction de l'importance capitale de cette découverte a été, au cours de ces quinze années, confirmée dans le monde entier d'une façon éclatante.

Mais, après ma communication, il ne s'écoula pas moins de quatre ans avant que les praticiens prissent confiance. Peut-être aurais-je dû attendre plus longtemps encore la reconnaissance de l'exactitude et de l'importance de mes assertions scientifiques, si mon grand ami, M. Emile Roux, ne s'était levé à Buda-Pesth, pour combattre avec moi la diphtérie, « tueuse d'enfants ! »

Combien de temps s'écoulera encore pour que la découverte et l'utilisation de mon nouveau remède contre la tuberculose reçoive la constatation de sa valeur pratique? Je l'ignore. Bien des facteurs peuvent intervenir ici : ma joie au travail et mon activité, mon habileté de tacticien, et aussi la bonne fortune. Qu'elle me donne un compagnon de lutte de la valeur de Roux, ayant la même force conquérante et le même désintéressement à l'abri de tout soupçon, et alors j'espère que le prochain Congrès de la tuberculose prendra note des progrès considérables accomplis dans la lutte contre la phtisie humaine!

※

## L'immunisation des bovidés contre la tuberculose.

Si, en ce qui concerne la découverte d'un remède capable d'assurer la guérison de la tuberculose, nous ne pouvons encore formuler que des espérances plus ou moins sérieuses, en ce qui concerne la tuberculose des bovidés, en revanche, nous sommes aujourd'hui, semble-t-il, plus heureux. A l'heure actuelle, en effet, des expériences récentes, qui viennent d'avoir leur conclusion à Melun, paraissent en avoir fourni la preuve, nous disposerions d'un procédé efficace d'immunisation active des jeunes bovidés contre la tuberculose.

C'est encore au maître de Marbourg, au professeur von Behring, que l'on doit cette découverte, qui n'est en somme que le prélude et l'amorce de celle qu'il prétend avoir faite à propos de la tuberculose humaine.

Au demeurant, pour n'avoir point la portée sociale extraordinaire que doit présenter la réalisation tant cherchée d'un remède propre à lutter efficacement contre la tuberculose humaine, la possession d'un nouveau procédé capable de garantir les animaux bovidés contre la tuberculose serait encore considérable.

Il ne faut pas oublier, en effet, que, chaque année, c'est par millions que se chiffrent les pertes occasionnées aux éleveurs par la tuberculose, et il ne faut pas oublier non plus que l'infection des animaux, bovidés joue un rôle non négligeable dans la transmission à l'homme de la terrible maladie.

Pour ce double motif, nous croyons utile de reproduire ici l'article publié dans le journal spécial *la Presse Médicale*, dans lequel M. C. Guérin, vétérinaire et chef de laboratoire à l'Institut Pasteur de Lille, expose les détails de la méthode nouvelle imaginée par M. von Behring, et enregistre les résultats obtenus jusqu'ici, notamment à Melun, par les soins des savants français appelés à expérimenter ce procédé d'immunisation active :

C'est au mois de décembre 1902 que le professeur von Behring (de Marbourg) indique un moyen de prévention de la tuberculose bovine, qu'il désigne sous le nom de *jennérisation*, cette dénomination voulant spécifier qu'il s'agit d'immunisation préventive par un virus affaibli.

Il n'existe pas jusqu'à maintenant de virus tuberculeux absolument inoffensif pour le bœuf; cependant, certaines souches de bacilles, issues de l'homme, de la poule, et même du bœuf, mais affaiblies par un traitement au trichlorure d'iode ou par la simple dessiccation, sont relativement inoffensives pour le bœuf.

Cette tolérance du bœuf pour ces tuberculoses de souches spéciales est strictement limitée à 2 milligrammes de culture fraîche ou 4 milligrammes de la même culture desséchée, sous cette réserve cependant que les émulsions de bacilles destinées à être inoculées dans les veines des animaux d'expériences soient aussi fines que possible.

Une seule inoculation de cette quantité de bacilles frais ou desséchés ne suffit d'ailleurs pas à conférer une immunité suffisante ; on doit en faire une seconde trois mois après la première, en utilisant cette fois une dose de virus cinq fois plus grande.

De nombreuses expériences furent immédiatement entreprises sous les auspices de von Behring, par les professeurs Eber (de Leipzig) et Schlegel (de Fribourg), ainsi que par M. Lorenz (de Darmstadt). Ce dernier, rendant compte de ses observations, en octobre 1903, constata que sur deux animaux immunisés qui lui avaient été envoyés par von Behring, l'un par deux inoculations intra-veineuses de tuberculose humaine, l'autre par deux inoculations intra-veineuses de tuberculose bovine atténuée, le premier seulement, lors de l'inoculation d'épreuves de tuberculose bovine virulente, s'était montré absolument réfractaire, alors que le second avait manifesté un état d'infection tuberculeuse décelé par l'injection de tuberculine. Cependant cette infection n'était en rien comparable à celle dont était atteint le témoin, qu'on dut abattre prématurément par mesure économique. Dans le même temps, des immunisations en masse avec du bacille humain ont eu lieu dans plusieurs fermes appartenant au prince Louis de Bavière, sur dès animaux faisant partie d'effectifs nettement contaminés par la tuberculose.

Tous les jeunes sujets ainsi immunisés qui ont été livrés depuis à la boucherie se sont montrés indemnes; en outre, ils se sont développés et engraissés plus facilement et plus rapidement.

Aussi M. Lorenz n'hésite pas à déclarer que nous nous trouvons aujourd'hui (octobre 1903) en présence d'un procédé qui s'impose à la fois par sa grande efficacité, la facilité de son application et la modicité des frais qu'il entraîne.

Au même moment, von Behring établissait les règles définitives de sa méthode d'immunisation, consistant en *deux* inoculations *intra-veineuses*, respectivement de 4 et de 20 milligrammes de bacilles *humains desséchés*, ces inoculations étant faites à *trois mois d'intervalle* sur des jeunes bovidés àgés de *moins de quatre mois.*

De nombreux essais furent immédiatement entrepris sur ces bases, et, dès le mois de juin 1904, Marks, directeur des haras à Posen, rapporte que, depuis le mois de janvier 1904, il a injecté la première dose de vaccin Behring à 755 veaux àgés de trois semaines à quatre mois, et la seconde à 322 veaux d'àges différents.

Les résultats obtenus lui paraissent tellement probants qu'il s'empresse de les livrer à la publicité, en même temps que les réflexions que ces expériences lui ont suggérées. L'émulsion complète du vaccin, tel qu'il est fourni par le laboratoire de Behring, est, dit-il, impossible à réaliser. Aussi faut-il toujours avoir soin de laisser déposer cette émulsion avant de s'en servir; sinon on exposerait les veaux à des embolies capillaires plus ou moins dangereuses. Cette objection de Marks n'a que peu de valeur, car si le broyage du vaccin et son émulsion dans l'eau physiologique sont effectués avec beaucoup de soin au mortier d'agate, l'inoculation d'une telle préparation ne produit absolument aucun accident, ainsi que nous avons pu le constater. Quoi qu'il en soit, l'auteur affirme que de la vaccination préventive dépendra l'extinction de la tuberculose bovine.

Presque en même temps Klimmer (de Dresde), après avoir passé en revue les communications de von Behring et de ses principaux élèves et collaborateurs, notamment de P. Römer, Ruppel, Schlegel, Lorenz, en dégage les conclusions générales suivantes :

« Les résultats obtenus par ces savants dans leurs essais d'immunisation contre la tuberculose sont loin d'être concordants;

« Les animaux immunisés et soumis ensuite à une inoculation d'épreuve sévère résistent rarement à l'infection; il est vrai, toutefois, que chez eux les symptômes de cette infection sont bien moins graves que chez les témoins non vaccinés.

« Autant que de nouveaux documents plus nombreux et plus précis n'auront pas démontré d'une façon définitive le bien fondé de la méthode de von Behring, on doit user vis-à-vis des bovidés tuberculeux des mêmes mesures prophylactiques qui déjà ont rendu de grands services. »

C'est vers la fin de cette année 1904 que, sous les auspices de la Société de médecine vétérinaire pratique de Paris, le professeur Vallée (d'Alfort) entreprit à Melun de grandes expériences portant sur une quarantaine d'animaux. A Mortara, en Italie, des essais officiels furent aussi commencés, essais qui se firent parallèlement aux expériences de Melun.

Nous reviendrons dans un instant sur ces essais, dont les résultats, connus depuis quelques semaines, ont fait naître les plus grandes espérances; mais auparavant, il est intéressant de connaître les opinions des divers rapporteurs qui, au Congrès international de médecine vétérinaire qui s'est tenu à Budapest du 5 au 10 septembre de cette année, se sont fait entendre sur cette question.

Le professeur Hutyra (Budapest) estime que les deux inoculations intra-veineuses de bacilles tuberculeux d'origine humaine, qui constituent la méthode de von Behring, accroissent dans une mesure considérable la force de résistance des bovidés vis-à-vis des bacilles tuberculeux d'origine bovine.

La méthode ne présente aucun danger pour les animaux sains, mais des expériences nombreuses doivent être faites pour déterminer la valeur de cette résistance acquise par la vaccination vis-à-vis de la contagion naturelle.

Le professeur Thomassen (Utrecht) aboutit à des conclusions du même ordre. Il donne les règles précises qui doivent présider à l'opération de la vaccination. Il préconise l'emploi de bacilles humains frais, conseille de les broyer avec beaucoup de soin pour éviter les accidents emboliques; mais il signale le danger que fera courir aux opérateurs l'emploi de produits virulents pour eux-mêmes.

Il est impossible, dans l'état actuel des choses, dit-il, de déterminer exactement la durée de l'immunité consécutive à la vaccination; on peut admettre toutefois que cette immunité est plus efficace vis-à-vis de la contagion naturelle que contre l'inoculation expérimentale d'épreuve, toujours très sévère.

Les conclusions de M. Römer (de Marbourg) ne diffèrent pas sensiblement de celles du professeur Thomassen. Pour lui, la méthode de von Behring constitue le seul moyen susceptible d'assurer la disparition de la tuberculose bovine. D'après ses propres expériences, les vaccinés auraient tous résisté à la contagion naturelle, tandis que les autres fournissaient 25 et 30 p. 100 de tuberculeux.

.M. Schütz (de Berlin) critique la méthode de Behring, dont l'utilisation est dangereuse pour le vétérinaire.

Il préconise l'emploi de ses propres vaccins, qui sont livrés *en tubes*, et avec lesquels la vaccination est réalisée par *une seule* injection de 2 centigrammes de bacilles humains ou d'un bacille bovin atténué.

Pour M. Römer, le danger signalé par MM. Thomassen et Schütz n'existe pas, car la vaccination n'est pratiquée que par des gens compétents, en l'espèce des vétérinaires.

M. Lignières (Buenos-Ayres) fait connaître qu'il est possible de conférer aux jeunes bovidés une grande résistance vis-à-vis de la tuberculose, en pratiquant sur eux une seule injection sous-cutanée de tuberculose humaine. Ce fait avancé par M. Lignières n'a pas semblé se vérifier expérimentalement. Au cours des expériences de Melun, trois génisses vaccinées par ce procédé n'ont pas montré à l'inoculation d'épreuve une résistance supérieure à celle des témoins.

M. Pearson (Philadelphie) donne le compte rendu des expériences entreprises par le Bureau de l'industrie animale de Washington, en vue de contrôler la méthode de Behring ; les résultats ont été satisfaisants et conformes aux données positives déjà acquises.

MM. Arloing (Lyon), Eber (Leipzig), Lorenz (Darmstadt), Löffler (Greifswald), parlent dans le même sens et préconisent l'emploi de la méthode de Behring, sur la valeur définitive de laquelle le monde scientifique et agricole ne tardera pas à être fixé.

C'est, en résumé, avec le plus vif intérêt, inspiré par de légitimes espérances, qu'étaient attendus les résultats des grandes expériences entreprises, d'une part, à Mortara (Italie), d'autre part à Melun. A vrai dire, les premières furent loin de donner ce que l'on attendait d'elles, et le professeur Vallée, dans une remarquable conférence faite à Melun à l'issue des secondes, montra ce qu'il faut entendre par rigueur et précision scientifiques, qualités qui paraissent avoir manqué aux expérimentateurs italiens.

A Melun, le 5 décembre, l'élite du corps vétérinaire s'était donné rendez-vous. On assista à l'autopsie de trente jeunes bovidés, don quinze avaient, le 11 décembre 1904 et le 12 mars 1905, reçu les deu inoculations intra-veineuses vaccinales de Behring ; les quinze autres furent conservés comme témoins. Ils étaient tous au début de l'expérience indemnes de tuberculose, ainsi que le prouvait l'injection néga.. tive de tuberculine.

Le 15 juin, les quinzes vaccinés subissent les épreuves suivantes :
6 reçoivent chacun dans la veine $0^g,0045$ d'une culture fraîche de bacilles bovins très virulents ;

7 sont inoculés sous la peau ;

2 sont placés en cohabitation avec des animaux cliniquement tuberculeux.

Bien entendu, les 15 témoins sont soumis aux mêmes épreuves.

L'abattage des 30 animaux et l'exposé des résultats furent faits, nous l'avons dit, le 3 décembre dernier.

Voici quels sont ces résultats :

1° *Épreuves par la veine.* — *Témoins* : trois sont morts avec des lésions pulmonaires considérables trente à quarante jours après l'inoculation ;

Les trois survivants présentent à l'autopsie des lésions tuberculeuses massives et généralisées.

*Vaccinés* : cinq sont absolument indemnes ;

Le sixième, atteint d'une affection chronique de poitrine lors de l'inoculation d'épreuve, présente cinq ou six tubercules disséminés dans les ganglions bronchiques et médiastinaux. Pas de lésion viscérale.

2° *Épreuve sous la peau.* — *Témoins* : trois montrent des lésions énormes du ganglion préscapulaire correspondant ;

Quatre présentent en outre des lésions généralisées aux poumons et aux ganglions bronchiques et médiastinaux.

*Vaccinés* : chez cinq d'entre eux, on ne décèle aucune lésion dans les ganglions immédiatement voisins du point d'inoculation ;

Chez un autre on trouve un tubercule dans le ganglion préscapulaire ;

Le dernier présente une adénite tuberculeuse massive de ce ganglion.

3° *Épreuve par cohabitation.* — *Témoins* : tuberculose généralisée consécutive à une infection par le tube digestif, ainsi que le montrent les lésions constatées.

*Vaccinés* : ne réagissent pas actuellement à la tuberculine. Ils sont conservés et laissés en contact avec des animaux atteints de tuberculose ouverte.

En résumé la vaccination des jeunes bovidés par la méthode de von Behring ne s'est pas montrée dangereuse, car si on laisse s'écouler après la vaccination un temps suffisant et nécessaire à la résorption des vaccins, aucun des animaux vaccinés ne réagit à l'épreuve de la tuberculine.

Elle s'est montrée efficace, car les animaux ont été éprouvés très sévèrement. On a mis en œuvre pour eux des moyens de contamination qui jamais ne se rencontrent dans la pratique courante. La résistance de tous les vaccinés éprouvés par cohabitation suffirait à le démontrer.

Aussi est-il possible d'affirmer dans l'état actuel de nos connaissances qu'on peut expérimentalement conférer aux jennes bovidés une résistance considérable à l'égard de la tuberculose bovine.

Quant à la durée de cette résistance, des expériences sont actuellement poursuivies à ce sujet.

✖

### La sérumthérapie du cancer.

Dans le précédent volume de l'*Année Scientifique*[1], après avoir enregistré, dans son intégralité, la remarquable communication faite le 14 décembre 1904 à la Société de chirurgie de Paris par M. le docteur Doyen, communication dans laquelle l'éminent chirurgien donnait le détail de ses recherches et de celles poursuivies par M. Metchnikoff, de l'Institut Pasteur, aux fins de vérifier la découverte d'une nouvelle espèce microbienne, le *micrococcus neoformans*, nous écrivions :

« Il ne nous reste plus qu'à attendre le rapport de la commission nommée par la Société de chirurgie pour vérifier les résultats cliniques et bactériologiques obtenus par le docteur Doyen. »

Cette commission, composée de MM. Berger, Kirmisson, Monod, Nélaton, et Delbet, rapporteur, poursuivit son enquête du 20 janvier au 3 juillet 1905, et le 12 du même mois, à la séance de la Société de chirurgie, M. Delbet produisait son rapport. Celui-ci, nettement défavorable au traitement préconisé par M. Doyen, se terminait par les conclusions suivantes :

D'ailleurs, Messieurs, nous ne voulons pas discuter sur le plus ou le moins de légitimité des éliminations proposées par M. Doyen. Qu'on élimine tout ce qu'on voudra de la statistique — celle-ci portait sur 26 malades atteints de cancers particulièrement graves — dont je vous ai donné connaissance, il n'en restera pas moins ce fait fondamental, que, pendant les cinq mois où nous avons examiné tous les malades que M. Doyen a voulu nous montrer, nous n'avons pas vu une seule

1. Voir l'*Année scientifique et industrielle*, quarante-cinquième année (1901), p. 200, quarante-septième année (1903), p. 201 et quarante-huitième année (1904), p. 202.

amélioration. Aussi, nous semble-t-il que M. Doyen a été victime des illusions qui entraînent si facilement les inventeurs à confondre leurs expériences avec la réalité, et nous concluons à l'unanimité.

Si invraisemblable que soit la chose, personne ne s'étonna de la rigueur de ce jugement. Personne n'ignorait, en effet, que, dans l'affaire en cause, l'opinion des enquêteurs, celle du rapporteur en particulier, était arrêtée dès l'abord et avant tout examen. La preuve de cette assertion est d'ailleurs aisée à faire. Dans le journal *Le Matin* en date du 1ᵉʳ février, c'est-à-dire exactement dix jours après la nomination de la commission d'examen par la Société de chirurgie, et alors que cette commission avait à peine fait une seule visite à la clinique de M. Doyen, nous lisons ceci :

« Mais, ajoute en souriant M. Delbet, *vous pouvez affirmer aux lecteurs du* Matin *que la commission de contrôle est fixée à l'heure qu'il est sur la valeur du sérum.* »

Une telle déclaration faite au reporter d'un grand journal par le rapporteur d'une commission plusieurs mois avant d'être en état de rédiger son rapport ne laissait pas d'être au moins singulière. Elle ne faisait d'ailleurs que venir à l'appui d'attaques plus anciennes.

Au mois de décembre 1904, avant la nomination de la commission de contrôle, la *Gazette des Hôpitaux* attaquait vivement le docteur Doyen, contestant, sans apporter aucune preuve, du reste, la réalité de l'existence de ce nouveau microbe, et allant même jusqu'à formuler sur la sincérité de M. Metchnikoff, l'éminent sous-directeur de l'Institut Pasteur, des insinuations plus que malveillantes.

Cette attaque ne fut point à l'avantage de ses auteurs. Justement indigné, en effet, M. Metchnikoff envoya à la *Gazette* une remarquable réponse, dans laquelle, après avoir confondu ceux qui l'attaquaient, il constatait l'exactitude des affirmations de M. Doyen au sujet de la réalité de l'espèce microbienne découverte par lui dans les tumeurs cancéreuses. Il ajoutait qu'il avait été assez impressionné par l'excellence du traitement anticancéreux de M. Doyen pour estimer « de son devoir » de conseiller aux malades inopérables de recourir aux injections du nouveau sérum. Il rappelait enfin, dans les termes suivants, l'opinion à lui exprimée par l'un des chirurgiens étrangers les plus illustres à l'heure actuelle, qui l'avait accompagné à la clinique de M. Doyen :

« Il y a certainement quelque chose d'important dans le traitement de Doyen, mais il est possible qu'il exagère la portée de ses découvertes : ce qui, du reste, est le cas de tous les chercheurs. D'un autre côté, il est indéniable qu'on manifeste vis-à-vis de Doyen un parti-pris d'hostilité. Il serait donc utile de poursuivre l'étude de très près. »

De tels témoignages, provenant de savants aussi considérables, s'accordaient peu avec le rapport présenté par M. Delbet, rapport ne reconnaissant au traitement de M. Doyen que des désavantages, ce qui n'empêchait pas les malades de continuer à se bien porter.

Une démonstration sans réplique n'a du reste pas tardé à être fournie. Trois mois plus tard, en effet, au Congrès de Chirurgie tenu à Paris, M. le docteur Doyen apportait, en réponse au rapport de M. Delbet, fermant ainsi définitivement et victorieusement le débat, l'intéressante communication suivante, que nous croyons nécessaire de reproduire *in extenso* :

*Communication du samedi 7 octobre.*

*Statistique des cas de cancer traités par la méthode de Doyen, du 1er janvier 1901 au 30 mai 1905.* — Il n'y a qu'un juge impartial devant lequel s'évanouissent les conclusions hâtives et prématurées : ce juge infaillible, c'est le temps.

Ma méthode de traitement du cancer se présente devant vous plus âgée d'un an, et le premier cas soumis à mon traitement remonte au mois de janvier 1901, c'est-à-dire à près de 5 ans.

Je vais vous présenter les résultats de tous les cas qu'il m'a été possible de revoir récemment. Plusieurs des malades traités dans les premières années sont morts d'affections intercurrentes, alors qu'il ne s'était manifesté aucune récidive, et que la guérison pouvait être considérée comme confirmée.

Je ne citerai aucun de ces cas, parce qu'ils ne peuvent être soumis à aucun contrôle. Je vais seulement vous exposer l'état des malades survivants, sur lesquels il est possible de se rendre compte des résultats obtenus.

Les malades que j'ai examinés récemment et dont j'ai u des nouvelles précises sont au nombre de 150 environ.

Je puis enregistrer aujourd'hui **64** *observations favorables* au traitement que je préconise.

Sur ces 64 cas :

1 est en observation depuis près de 5 ans ;

2 sont en traitement depuis plus de 3 ans ;

11, depuis plus de 2 ans ;

et 24 depuis plus de 1 an.

Soit un total de 38 cas en traitement depuis un temps variant de 1 à 5 ans.

Parmi les observations plus récentes, 22 cas sont traités depuis plus de 8 mois, et 4 depuis plus de 6 mois ;

19 cas ont été traités sans opération : 9 fois il s'agissait de la tumeur primitive, et 10 fois il s'agissait d'une récidive d'une ou de plusieurs opérations antérieures.

Dans 44 cas, le traitement anti-néoplasique a été combiné avec une opération chirurgicale. Chez 35 de ces malades, il s'agissait de la tumeur primitive ; chez 9, de la récidive d'une ou de plusieurs opérations antérieures.

Ces 63 observations comprennent : 36 cancers du sein, 5 cancers de l'utérus, 4 cancers de la langue, 4 cancers de l'estomac, 3 cancers de la face et du maxillaire, 1 tumeur de la parotide, 1 cancer de l'amygdale, 1 cancer du corps thyroïde, 2 tumeurs du cordon et du testicule, 3 cancers de l'ovaire, 1 cancer de la verge, 1 cancer du cæcum, et 1 ostéo-sarcome du fémur.

On peut juger par cette nomenclature que le traitement a été appliqué dans les cas les plus variés. Au nombre des sarcomes je citerai : 1 ostéo-sarcome médullaire du fémur, 1 sarcome de la parotide, 1 myxome du cordon spermatique, 1 sarcome de l'amygdale, 1 sarcome du maxillaire supérieur.

On m'a fait cette objection que chez un grand nombre de malades, je combinais l'opération et le traitement anti-néoplasique. Je me suis déjà expliqué sur ce point. La vaccination anti-néoplasique n'agit que très difficilement dans les cas de tumeurs massives : il y a donc intérêt, quand il existe une masse cancéreuse d'un certain volume, à faire l'opération en la faisant précéder et suivre par le traitement que je préconise.

On ne peut cependant pas contester que les chirurgiens qui ont une grande expérience des opérations pour cancer peuvent prévoir dans certains cas qu'une récidive rapide est à craindre : la grande proportion des succès opératoires durables, lorsque l'opération est combinée au traitement anti-néoplasique, suffirait déjà pour démontrer que ce traitement est susceptible de prévenir ou d'entraver chez certains malades la reproduction de la tumeur.

J'insisterai donc particulièrement sur les cas de cancers qui ont été traités *sans opération*, et aussi sur les cas où l'opération a été incomplète par suite de l'impossibilité matérielle d'enlever la totalité des tissus dégénérés.

Les 63 cas de résultats satisfaisants que je vous signale comprennent 10 cas traités sans opération et 18 cas d'opérations manifestement incomplètes.

Parmi les cas traités sans opération, nous citerons comme étant très intéressante l'observation 63, où il s'agit d'un cancer de l'estomac autrefois traité par la gastro-entérostomie et ayant envahi une grande partie de la paroi abdominale. Le malade était devenu très cachectique, et il s'était produit au-dessus de l'ombilic une fistule donnant issue au suc gastrique et aux aliments. Le malade vomissait et était dans un état de santé très précaire. Il a été traité à partir du 27 juin 1902. Actuellement, la fistule est demeurée close, il n'y a plus de vomissements, et l'état général est très satisfaisant. La plaque cancéreuse de la paroi abdominale a considérablement diminué d'étendue, et les indurations qui persistent au niveau de la cicatrice ont encore subi une régression notable depuis l'année dernière.

La malade de l'observation 144 avait du côté droit une récidive du volume d'une noisette, et du côté gauche une tumeur du sein du volume du poing avec rétraction du mamelon ; depuis longtemps la récidive du côté droit a disparu, et la tumeur du côté gauche s'est rétractée à ce point qu'elle ne présente plus qu'une induration de 10 à 12 millimètres d'épaisseur et d'une petite étendue.

Cette malade est traitée depuis le 26 février 1904.

La malade de l'opération 147, qui est traitée depuis le 29 février 1904, présentait deux tumeurs des seins dont l'une avait subi de nombreuses cautérisations à l'acide phénique concentré. Actuellement, ces deux tumeurs se sont considérablement rétractées, les ganglions ont à peu près disparu et l'état général est redevenu excellent.

Le cas de l'opération 255 mérite d'être mentionné, parce que cette personne était, le 29 octobre 1904, au commencement du traitement, dans un état déplorable. Elle était atteinte d'une vaste récidive en cuirasse, sanieuse et ulcérée, du côté gauche, d'une tumeur du sein droit du volume du poing avec envahissement de la peau et adénopathie axillaire, et, en plus, d'une tumeur rétro-orbitaire ayant déterminé une exophtalmie considérable. Le traitement a eu pour effet un léger retrait du globe oculaire, ainsi que la cicatrisation et l'assouplissement de la plaque de cancer en cuirasse ; il a été fréquemment interrompu en raison de l'état de faiblesse et, bien que la lymphangite cutanée se soit un peu étendue, cette malade, qui est à la campagne, vient de donner des nouvelles satisfaisantes de son état, et va revenir d'ici peu à la clinique. Les médecins qui ont vu cette malade à son entrée à la clinique ne pensaient pas qu'elle pût survivre plus de quelques semaines. Cette observation démontre que le traitement peut être suivi d'un résultat assez satisfaisant dans des cas mêmes où tout espoir semble devoir être abandonné.

Trois autres cas de cancer en cuirasse sont très remarquables, et font l'objet des observations 80, 81, et 311. En effet, ces trois cas, dont le plus récent est traité depuis le 18 février 1905, le n° 81, depuis le 7 janvier 1902, et le n° 80, depuis 4 octobre 1901, démontrent très nettement, si l'on vient à examiner ces trois malades simultanément, le processus de régression que suit le cancer en cuirasse sous l'influence du traitement. Dans le cas n° 311, la malade présentait une récidive en cuirasse du côté droit et une tumeur du sein du côté gauche, avec un grand nombre de noyaux cancéreux disséminés sur toute la surface du corps, notamment dans le cuir chevelu. Cette malade est atteinte en outre d'une affection de l'estomac qui l'expose à vomir fréquemment. Actuellement, il est facile de constater que la plupart des noyaux cutanés, notamment au niveau du thorax, se sont affaissés, et ont pris, comme je l'ai déjà décrit, une teinte jaunâtre et feuille morte. L'ulcération cancéreuse centrale, qui avait l'étendue de deux pièces de 5 francs, a été grattée à la curette et recouverte de greffes de Thiersch : les greffes ont pris, et, actuellement, elles présentent un aspect tout à fait normal.

La malade de l'observation 81 portait un cancer en cuirasse du sein gauche, et fut atteinte, à la suite d'une interruption de traitement, d'un cancer du sein droit, avec beaucoup de ganglions et des noyaux cutanés disséminés. Le sein droit fut enlevé le 1er mars, et la malade repartit chez elle le 21 après une vaccination intensive. Elle n'a pas été traitée depuis cette époque : actuellement, il y a une telle régression de la plaque de cancer en cuirasse, que les noyaux cutanés ont à peu près entièrement disparu et ont repris la teinte de la peau saine. Ce cas est très remarquable, parce qu'il prouve que l'effet de ma vaccination anti-néoplasique peut durer très longtemps après l'interruption du traitement, dans les cas où l'immunisation a atteint un degré suffisant. La malade de l'observation 80 est traitée depuis le 4 octobre 1901 ; c'est le premier cas de cancer en cuirasse soumis à mon traitement. La malade, après une amélioration sensible, cessa de venir à la clinique, et se présenta de nouveau le 1er décembre 1904 avec une lésion beaucoup plus étendue et un noyau cancéreux assez volumineux entre les deux omoplates. Le sein gauche devint le siège d'une énorme tumeur diffuse. Actuellement, le noyau cutané dorsal, qui a été partiellement détruit par une injection interstitielle, a complètement disparu, et il ne reste plus aucune trace de l'énorme plaque de cancer

en cuirasse. La peau, à part une pigmentation accidentelle d'origine
métallique, a repris sa souplesse et sa teinte normale ; la tumeur du
sein gauche, qui est redevenu souple, est réduite à une légère induration siégeant sous le mamelon, et il est impossible de se douter
que la malade a été dans un état aussi grave.

Parmi les 18 opérations incomplètes que j'ai mentionnées, je dois
citer particulièrement trois cas de cancer de l'ovaire généralisé au
péritoine, les observations n<sup>os</sup> 75, 159 et 252, qui remontent, la première, au 3 novembre 1903, la seconde, au 14 mars 1904. et la troisième, au 27 octobre 1904. L'examen microscopique a démontré, dans
les trois cas, qu'il s'agissait de lésions très malignes. Dans l'observation 252, il a été laissé sur la vessie une plaque cancéreuse considérable, et sur tout l'instestin grêle, une cinquantaine de noyaux saillants, atteignant pour quelques-uns le volume d'une petite noisette.
L'ascite ne s'est reproduit dans aucun de ces cas, l'état général et
local sont très satisfaisants.

Parmi les 4 tumeurs du sein, je citerai plusieurs opérations où
j'ai dû laisser dans la profondeur de l'aisselle un noyau cancéreux
assez considérable, infiltrant la gaine vasculo-nerveuse ; l'état général
de ces malades est demeuré excellent et il n'y a aucune trace de
généralisation.

La question du traitement du cancer par ma méthode a donc fait
un grand pas depuis l'an dernier. On se souvient qu'au Congrès de
Chirurgie de 1904, l'existence du *micrococcus neoformans* a été vivement contestée. Actuellement, cette espèce bactérienne nouvelle a
conquis en microbiologie la place qui lui était assignée. Ceux de vous
qui ont assisté à ma démonstration du 3 octobre dernier, à l'hôtel des
Sociétés Savantes, ont pu juger que j'avais d'excellentes raisons pour
être personnellement convaincu de la spécificité du *micrococcus neoformans* comme microbe du cancer.

Les résultats thérapeutiques se sont également confirmés. Lorsque
j'ai entendu affirmer que certains de mes malades, de ceux que je
considérais comme améliorés, étaient au contraire dans un état très
grave, j'ai répondu que l'avenir déciderait. Le temps s'est prononcé.

Quarante confrères, pour la plupart membres du Congrès de Chirurgie, ont pu juger, il y a trois jours, de l'état de 20 de mes malades ;
j'ai présenté trois autres cas, le lendemain, aux chirurgiens qui se
sont réunis au nombre de plus de 50, pour suivre mes opérations.

Sur les 23 malades qui ont été présentés aux membres du Congrès,
16 sont des cas dont l'observation a été commentée le 12 juillet dernier par M. Pierre Delbet à la Société de chirurgie. On a pu constater
que l'état de ces malades était, sans exception, très satisfaisant, et que
chez la plupart, l'état local ne laissait rien à désirer. Sur ceux d'entre

eux où il existe encore quelques lésions locales, ce sont des lésions cutanées superficielles, et qui sont stationnaires ou en voie de régression. J'ai revu, pour ma part, quatre autres des malades qui ont fait l'objet de ce même rapport; l'une d'elles est dans un état très satisfaisant, et les trois autres ont notablement bénéficié du traitement.

Il n'est cependant pas très facile de réunir un grand nombre de malades pour les présenter à de nombreux collègues, et je dois, avant tout, remercier toutes les personnes qui ont bien voulu se soumettre à ces petites vexations et me soutenir dans la tâche ingrate que j'ai entreprise.

Il y a là des faits : ces faits ont été consacrés par le temps. Le nombre de cas démonstratifs que je possède aujourd'hui, et dont plus d'un tiers a été présenté aux membres du Congrès de Chirurgie, ne saurait permettre aucune interprétation tendancieuse.

Les résultats du traitement du cancer par ma méthode sont incontestables. Il est probable que la vaccination anti-néoplasique, telle que je la pratique, est susceptible d'être notablement améliorée. Plus de 60 malades n'en ont pas moins retiré un bénéfice appréciable, car la plupart de ces 60 malades savent que, sans mon traitement, ils seraient morts ou presque mourants.

J'aurais pu ajouter à mes observations personnelles d'autres observations de confrères français et étrangers qui, sans se laisser influencer par un jugement trop hâtif, ont expérimenté mon traitement dans un certain nombre de cas pour la plupart assez graves. Ces observations seront publiées d'ici peu. Je les cite, pour vous démontrer que le traitement que je préconise peut être appliqué hors de ma surveillance directe et avec des résultats satisfaisants.

Toutes mes affirmations de l'an dernier se trouvent donc confirmées. L'expérience de cette dernière année m'a permis d'élucider un point sur lequel j'étais encore incertain : j'ignorais si mon procédé de vaccination pouvait être suivi d'une immunisation de longue durée. Ce fait est acquis aujourd'hui, puisque plusieurs de mes malades ont vu leur état local et général s'améliorer considérablement pendant une interruption très longue du traitement. Il est donc vraisemblable, comme je l'ai déjà fait entrevoir, que ma méthode de vaccination peut servir à préserver du cancer des individus sains. Il est en tout cas démontré, que mon procédé de vaccination anti-néoplasique est absolument inoffensif, et qu'il peut être considéré dès aujourd'hui comme une des principales ressources dont dispose la médecine pour combattre le cancer.

### Le microbe de la syphilis.

Au mois de mai dernier, une nouvelle particulièrement intéressante, celle de la découverte du microbe de la syphilis, fut
portée à la connaissance du monde savant.

C'est à un éminent microbiologiste allemand, M. Schaudinn,
que revient le mérite de cette découverte, que ne tardèrent pas
à confirmer à Paris MM. Metchnikoff et Roux, de l'Institut Pasteur.

En raison de l'intérêt tout spécial de la question, nous ne
saurions mieux faire que de reproduire ici intégralement le
texte de la remarquable communication faite par ces deux
savants à l'Académie de médecine de Paris, dans la séance du
16 mai 1905 :

En poursuivant nos études sur la syphilis expérimentale, nous
avons été amenés à examiner au microscope des produits syphilitiques. Depuis longtemps, on s'est donné beaucoup de peine pour
découvrir l'agent étiologique de la syphilis, mais on avait abouti,
soit à des résultats négatifs, soit à des affirmations inexactes.

Au commencement de l'année courante, un zoologiste allemand,
Siegel[1], a fait à ce sujet une communication qui a produit une vive
impression, surtout en Allemagne. Il a décrit, dans le sang et les
exsudations des syphilitiques, un protozoaire minuscule qu'il colorait
par un mélange de couleurs d'aniline — azur et éosine — et auquel
il attribuait la production de la syphilis. Quoique la description et les
photogrammes de Siegel ne laissent aucun doute sur le peu de fon-
dement de cette opinion, néanmoins on s'est mis à la contrôler par
des recherches nouvelles. Ainsi, dans l'Office sanitaire allemand à
Berlin (Kaiserliches Gesundheitsamt), c'est M. Schaudinn, une autorité
pour tout ce qui concerne les Protistes, qui a été chargé de faire
cette vérification. Dans le premier exemple d'accident primaire dont
il a examiné le liquide avec le mélange d'azur et d'éosine, son attention a été attirée par des spirilles assez nombreux, faiblement colorés
et d'aspect particulier. Schaudinn[2], qui s'est beaucoup occupé des
spirilles, a aussitôt compris l'intérêt de cette découverte et s'est mis
à étudier ces microbes d'une façon très suivie, après s'être assuré

1. *Abhandlungen d. k. Preus. Akad. d. Wissenschaften*, 1905.
2. *Arbeiten a. d. k. Gesundheitsamt*, 1905, vol. XXII, p. 527, et
*Deutsche medic. Woch.* 1905, n° 18.

de la collaboration de Hoffmann pour tout ce qui touche au côté médical de la question.

Depuis très longtemps, on avait déjà constaté la présence des spirilles dans les lésions des organes génitaux et même sur les muqueuses normales de ces organes. Ce n'est qu'à titre de curiosité historique que nous mentionnons l'opinion de Donné[1], émise en 1837, que les spirilles doivent être considérés comme la vraie cause de la syphilis. En effet, il est certain qu'avec les moyens de son époque, Donné n'a jamais pu apercevoir les spirilles si fins, décrits récemment par Schaudinn. Mais beaucoup d'observateurs ont rencontré des spirilles sur la muqueuse des organes. Je ne citerai que les cas d'Alvarez et Tavel[2], qui ont trouvé des spirilles dans le smegma, celui de Berdal et Bataille[3], qui ont découvert les mêmes microbes dans les produits de balano-posthite érosive. Dans ces dernières années, Rona[4], à Budapest, s'est beaucoup occupé des spirilles, qu'il a retrouvés dans les lésions gangreneuses des organes. Parmi tant d'autres observations, cet auteur cite la présence des spirilles dans neuf cas d'accidents primaires syphilitiques de l'homme, mais il ne lui vient pas l'idée de chercher dans ces spirilles l'agent étiologique de la syphilis, car il trouve le même spirille dans des lésions non syphilitiques et même dans le smegma des deux sexes.

On pourrait donc se demander si les spirilles découverts par Schaudinn, dans l'accident primaire, n'étaient pas les mêmes que ceux qui avaient été observés par ses prédécesseurs. Dès le début de ses recherches, il se pose lui-même cette question; mais ses connaissances approfondies des spirilles lui suggèrent cette idée que, dans les muqueuses des organes, se rencontrent deux espèces qu'il range dans le genre Spirochœte : une qui se rencontre dans les papillomes, dans la balano-posthite, et qui peut se trouver aussi dans les produits syphilitiques et même dans le smegma normal, tandis qu'une autre ne se trouverait que dans la syphilis. Dans sa première note, publiée avec Hoffmann, Schaudinn ne s'exprime pas encore d'une façon précise à ce sujet, mais, dans la seconde publication, il insiste sur la dualité des spirochœte, dont il admet deux espèces : une qu'il désigne sous le nom de spirochœte refringens et une autre qu'il nomme spirochœte pallida. La première est caractérisée par ses dimensions relativement grandes, par la forme des spires, qui

1. Cité d'après Berdal et Bataille.
2. *Archives de Physiologie normale et pathologique*, 1885.
3. *Médecine moderne*, 1891, p. 400.
4. *Archiv. für Dermatologie und Syphilis*, 1903-1905.

rappelle celle des vagues, et par la facilité avec laquelle ce microbe se colore par les matières colorantes ordinaires. Le spirochœte pallida s'en distingue par sa petitesse, par la forme en tire-bouchon et par la difficulté de se colorer, qui exige l'emploi de matières colorantes spéciales, telles que la solution de bleu d'azur et d'éosine de Giemsa.

Peut-être quelques observateurs parmi ceux que nous avons cités ont-ils vu cette seconde espèce spirillienne; dans tous les cas, ils n'ont pas reconnu sa spécificité, et leurs descriptions ne laissent aucun doute qu'ils aient eu affaire surtout au spirochœte refringens. Tous parlent, en effet, de la facilité de colorer ces spirilles et de leurs dimensions. Rona donne une figure de ces spirilles, retrouvés dans un cas de stomatite ulcéreuse mercurielle (*L. c.*, Tab. X, fig. 4), qui suffit pour établir leur identité avec le spirochœte refringens de Schaudinn.

Nous ne connaissons qu'un seul cas où l'on ait vu le spirochœte pallida avant Schaudinn; seulement, il s'agit d'une observation inédite. Il y aura bientôt trois ans que MM. Bordet et Gengou, à Bruxelles, se sont mis à chercher le microbe de la syphilis, à l'aide de méthodes perfectionnées. Dans ce but, ils coloraient les produits syphilitiques avec du bleu de méthylène phéniqué de Kühne et les traitaient ensuite avec le violet de gentiane phéniqué de Nicolle. Grâce à l'emploi de ce procédé, dans un chancre, ils ont trouvé un assez grand nombre de spirilles très minces, tournés en tire-bouchon et à peine colorés. De plus, les spirilles se trouvaient à l'état de pureté, sans mélange d'aucun autre microbe. Naturellement, MM. Bordet et Gengou se sont sentis enthousiasmés par cette constatation et se sont mis à rechercher leur spirille dans d'autres cas de syphilis. Mais n'ayant pu trouver ce microbe dans cinq autres accidents primaires, pas plus que dans les ganglions lymphatiques de l'aine, ni dans les papules de la peau, ni dans le sang, ils ont été découragés et n'ont pas poursuivi leurs recherches. Ce n'est que dans une plaque muqueuse de la gorge qu'ils ont rencontré le même spirille; mais comme la gorge, même à l'état normal, contient des spirilles très semblables, ils n'ont pas osé attribuer à leur observation quelque importance.

Il y a quelques jours, M. Bordet nous a envoyé une de leurs anciennes préparations sur laquelle j'ai pu, non sans peine, reconnaître le spirille absolument identique au spirochœte pallida.

Après nos premiers résultats sur la syphilis des chimpanzés, M. Bordet nous conta l'histoire de sa tentative, ce qui nous fit chercher les spirilles dans les produits syphilitiques de ces anthropoïdes. Prévenus des grandes difficultés qui se rencontrent sur le chemin, nous avons concentré notre attention surtout sur le contenu des petites vésicules herpétiformes, par lesquelles débute quelquefois la syphilis. Nous pensions que dans ce liquide le microbe devait se trouver en abondance et pouvait être perçu à l'état vivant, de même que dans le sang d'individus atteints de fièvre récurrente. Mais l'observation nous montra que les gouttes de ce liquide étaient comme des lacs morts, car nous n'y avons pu saisir le moindre mouvement des parties minuscules suspendues en abondance. L'addition de rouge neutre, qui rend si facile l'observation d'autres spirilles, ne nous donna aucun résultat, de même que la recherche des préparations colorées par diverses méthodes, capables de révéler la présence des spirilles. Ces constatations négatives ne nous permirent pas d'admettre les spirilles comme agents spécifiques de la syphilis, comme nous l'avons mentionné dans notre troisième mémoire des *Annales de l'Institut Pasteur*. Ce sont les belles recherches, inaugurées par M. Schaudinn, qui nous ont amenés à rechercher de nouveau les produits syphilitiques des singes et qui ont modifié notre opinion.

Après être tombé dans son premier cas de syphilis sur un grand nombre de spirochœte pallida, colorables par le mélange de Giemsa Schaudinn s'est mis à en étudier d'autres, et, quoique. dans son second cas, il n'ait trouvé que de rares spirilles, dans un autre exemple semblable, examiné le lendemain, il constata de nouveau la présence de nombreux spirilles pâles. Jusqu'à présent, Schaudinn et ses collaborateurs, Hoffmann, Gonder et Neufeld, ont étudié vingt-six cas d'accidents primaire et de plaques muqueuses, et (d'après la dernière lettre de M. Schaudinn) ont « toujours trouvé les spirochœte pâles, quoique souvent en très petite quantité ». Bien des fois ils sont tellement minces et pâles qu'il faut se donner beaucoup de peine pour les distinguer. Quelquefois, il faut parcourir quatre préparations avant de trouver un seul spirochœte.

La présence de ce microbe a pu être constatée non seulement dans le suc des lésions syphilitiques des organes spéciaux, mais aussi dans la couche profonde des chancres et des plaques muqueuses, ainsi que dans huit ganglions inguinaux des syphilitiques à la période primaire et secondaire,

Tandis que Siegel, malgré l'absence de preuves de la réalité de son *Cytorhyctes luis*, n'hésite pas à le proclamer comme l'agent étiologique de la syphilis, Schaudinn et Hoffmann, malgré la grande importance de leur découverte, se montrent très réservés dans leurs conclusions. Ainsi ils terminent leur dernière note par la phrase suivante : « Bien que nous ayons réussi à trouver régulièrement dans huit cas suffisamment étudiés dans le suc des ganglions des aines des syphilitiques le spirochœte pallida, qui paraît être différent de toutes les espèces connues, nous sommes cependant loin de prononcer dès à présent un jugement précis sur l'éventualité de son rôle étiologique. De même que dans notre premier rapport, nous nous contentons uniquement de communiquer nos constatations, et nous devons remettre la solution de cette question importante aux recherches ultérieures. »

N'ayant pas d'anthropoïdes à sa disposition et pensant que les recherches microbiologiques pratiquées sur ces singes pourraient faire avancer la question, M. Schaudinn nous envoya quelques-unes de ces préparations et nous communiqua les détails de sa méthode avant sa première publication, ce dont nous le remercions vivement.

Malgré la grande importance des faits établis par Schaudinn et ses collaborateurs, on pouvait se demander si la présence si inconstante des spirilles pâles dans les accidents syphilitiques des muqueuses, si accessibles à toutes sortes de microbes, pouvait constituer une preuve suffisante de leur rôle étiologique. Même la constatation de ces spirochœte dans les couches profondes des lésions syphilitiques, ainsi que dans les ganglions de l'aine, ne pouvait pas encore entraîner la conviction. Il est, en effet, tout naturel que des microbes aussi mobiles se répandent au delà du point de leur première apparition. On se rappelle que le bacille de Lustgarten a été aussi trouvé dans la profondeur du tissu syphilitique, et cependant personne ne lui accorde plus de rôle étiologique dans la syphilis.

L'impossibilité de trouver son spirochœte pâle dans le sang des syphilitiques, ainsi que dans les frottis de deux accidents primaires de Macaques, qui lui avaient été envoyés par M. Kraus (de Vienne), devaient contribuer à l'hésitation de M. Schaudinn et augmenter son désir d'obtenir le plus tôt possible des renseignements sur des singes anthropoïdes.

M. Schaudinn mit M. Kraus au courant de ses recherches, et il le chargea de nous apporter des préparations. C'est par M. Kraus que nous avons appris la découverte de spirochœte dans la syphilis; nous avons donc prié l'habile bactériologiste de Vienne de nous aider dans nos premiers essais. Nous étudiâmes d'abord les frottis des accidents primaires de deux chimpanzés, dont l'un, traité avec un sérum, était en voie de guérison complète, tandis que l'autre avait un chancre âgé de quarante-six jours, c'est-à-dire en pleine évolution. Eh bien malgré l'emploi de la méthode de coloration, indiquée par Schaudinn nous n'avons pas trouvé de spirilles, pas plus que Schaudinn luimême n'en trouva sur les préparations des macaques de Kraus.

Le premier résultat positif fut obtenu par nous sur un *Macacus cynomolgus*, qui présentait un accident primaire typique à l'arcade sourcilière. Cette lésion, recouverte d'une croûte épaisse, laissait échapper une sérosité rosâtre, dans laquelle nous avons trouvé, vingt-cinq jours après le début de l'accident, des spirilles assez nombreux.

Par contre, chez un autre individu de même espèce, inoculé de la même façon et par le même virus que le premier, nous n'avons pu constater la présence d'aucun spirille. Ce fait s'ajoute à tant d'autres pour démontrer la grande variabilité dans le nombre des spirochœte dans les lésions syphilitiques.

Dans ces conditions, il nous a été très utile d'observer les choses dès le début de l'apparition de l'accident primaire. Parmi nos nombreux singes, anthropoïdes et autres, inoculés avec du virus syphilitique, il s'est trouvé un macaque qui a présenté au vingt-neuvième jour après l'inoculation, à l'arcade sourcilière, une petite tache ovale, à peine différenciée du tissu sain. Ce n'est que le surlendemain que cette tache accusa des caractères typiques d'un accident primaire : entourée d'une zone brun rougeâtre, elle était couverte, dans sa partie centrale d'une mince croûtelle. Sur les frottis de cette lésion toute récente, nous avons trouvé des spirochœte pâles, tout à fait caractéristiques, et assez nombreux. Mais, tandis que ces microbes étaient fréquents sur une des cinq lamelles préparées avec le même matériel, sur quatre autres, nous n'avons pu en trouver un seul, tellement est capricieuse la répartition de ces spirilles dans les produits syphilitiques.

Nous avons examiné encore la sérosité d'un accident primaire tout récent chez un papion (*Cynocephalus sphynx*) et, malgré une habitude assez bien acquise dans la recherche des spirilles pâles, nous n'en avons pu trouver que quelques très rares exemplaires sur la quatrième lamelle soigneusement examinée.

Après les constatations que nous venons de résumer, nous nous sommes mis de nouveau à chercher des spirochœte dans les produits syphilitiques de nos deux chimpanzés mentionnés plus haut. Cette fois-ci, nous avons trouvé, après des recherches très laborieuses, quelques spirochœte rarissimes sur les frottis du chimpanzé atteint du chancre.

Somme toute, sur six singes syphilitiques que nous avons étudiés, nous avons constaté la présence des spirilles dans quatre cas : sur un chimpanzé, un papion et deux macaques. L'absence de ces microbes chez un autre chimpanzé n'a rien d'étonnant, vu que la lésion était en voie de pleine guérison. Il ne reste donc qu'un macaque qui nous ait donné un résultat négatif. Mais, précisément, en présence de cette répartition si inégale et si capricieuse des spirilles, ce fait peut s'expliquer par le nombre insuffisant d'examens que nous avons pu faire.

Nos quatre examens positifs portent sur un chancre de la muqueuse d'un chimpanzé et sur trois accidents primaires, développés sur la peau des arcades sourcilières d'un papion et de deux macaques, c'est-à-dire en dehors des muqueuses. La présence des spirilles pâles est très caractéristique; dans ces conditions, il ne saurait être question des spirilles des muqueuses,

D'un autre côté, il est impossible de nier la nature syphilitique des lésions des macaques et des papions. M. Neisser lui-même, après avoir soutenu pendant longtemps l'impossibilité d'obtenir des accidents primaires chez ces singes inférieurs, s'est rallié à notre opinion dans une publication qui vient de paraître[1].

Si, d'un côté, la grande ressemblance des lésions expérimentales des singes avec celles de la syphilis humaine ne peut plus être mise en doute, de l'autre côté, l'identité des spirochœte retrouvés dans les deux cas est tout aussi certaine. M. Schaudinn, à qui nous avons envoyé une de nos préparations, contenant les spirochœte d'un macaque, a reconnu aussi cette identité.

Les lésions de syphilis expérimentale, obtenues sur les singes en d'autres endroits que la muqueuse fournissent donc un argument très précieux en faveur du rôle étiologique des spirochœte dans cette maladie.

Après avoir fait ces constatations, nous nous sommes mis à chercher des spirochœte pâles dans le râclage des papules secondaires de l'homme, développées sur la peau et loin de l'accident primaire. Dans quatre cas sur six, examinés jusqu'à présent, nous avons obtenu un résultat positif. Quelquefois les spirochœte étaient fréquents et se trouvaient seuls, sans aucun autre microbe. Le fait que les spirochœte ont été retrouvés par nous, surtout dans les papules les plus jeunes, non recouvertes de croûtes et ne présentant pas de collerette, même à la loupe, indique bien que ces microbes ne peuvent être considérés comme des souillures venant du dehors et qu'ils sont apportés par le courant sanguin ou le courant lymphatique.

Malgré que nous ayons pu démontrer les spirilles pâles dans huit cas de syphilis (4 singes et 4 hommes), sans compter quelques exemples de ces microbes dans les chancres des muqueuses, nous ne les avons pas encore retrouvés à l'état vivant, ce qui prouve que, dans tous nos cas, le nombre des spirochœte était encore très faible.

Quant à la méthode de coloration, nous nous sommes servis de celle de Giemsa, prolongée pendant seize à vingt-quatre heures. Pour obtenir des résultats à plus bref délai, nous avons employé la méthode de M. Marino[2], qui consiste dans le mélange de bleu d'azur en solution dans l'alcool méthylique avec une solution aqueuse faible d'éosine. Ce procédé colore les spirochœte pâles moins bien que

1. *Deutsche medic. Wochenschr.*, 1905, n° 192.
2. *Annales de l'Inst. Pasteur*, 1904, p. 764.

celui de Giemsa, mais il a l'avantage d'être moins long. Quelquefois, nous avons pu faire le diagnostic positif dans l'espace d'un quart d'heure.

Malgré la grande rareté des spirochœte pallida dans beaucoup de cas de syphilis, nous pensons que la recherche de ces microbes pourrait être utilisée pour le diagnostic. Aussi comptons-nous sur cette méthode pour différencier les accidents syphilitiques secondaires chez des chimpanzés, qui sont sujets à des affections cutanées diverses, simulant parfois celles dues à la syphilis. Dans cette supposition, nous sommes soutenus par le fait qu'il ne nous a été possible de découvrir ces spirochœte dans aucun des cas de maladies cutanées de l'homme non syphilitique, telles que le psoriasis, la gale et l'acné.

Il serait très important d'obtenir des cultures de ce spirochœte pallida, mais l'impossibilité où l'on est jusqu'ici de cultiver des spirochœte très semblables à celui de la syphilis et que l'on trouve en abondance, soit dans la fièvre récurrente, soit dans la spirillose des oiseaux, fait craindre que le problème ne soit pas résolu de longtemps. En attendant d'avoir des cultures, nous continuerons à employer, pour préparer un sérum antisyphilitique, des produits virulents tels que les ganglions lymphatiques et les liquides des accidents primaires et secondaires.

En l'absence de cultures pures, il faudra réunir un grand nombre de faits avant de conclure, d'une façon définitive, sur le rôle étiologique du spirochœte pallida. Mais tout l'ensemble de données que nous venons de résumer plaide sérieusement en faveur de la thèse que la syphilis est une spirillose chronique, produite par le spirochœte pallida de Schaudinn [1].

1. Pour être complet — et juste — sur ce chapitre, je dois ajouter que d'autres chercheurs revendiquent le mérite de la découverte et de l'isolation d'un parasite de la syphilis, plus ou moins semblable, sinon même identique au *spirochœtes pallida* de Schaudinn. Je citerai, entre autres, MM. Quéry et Champagne. Ce dernier prétend même avoir réussi à inoculer la syphilis à des singes, et être en possession d'un sérum curatif, à employer en inoculations successives, d'après une méthode voisine de la méthode de Bœck et Sperino.

Il y aura tantôt vingt ans, au surplus, le docteur Hamonic avait déja « avarié » des singes, en leur inoculant des cultures microbiennes proches parentes du microbe de Champagne.

### Un nouveau traitement de la rage.

Les lecteurs de l'*Année scientifique* [1] savent de quelle importance aura été pour la thérapeutique la découverte du radium.

Comme il fallait s'y attendre, les applications utiles du merveilleux métal vont s'étendant chaque jour, si bien que, sans être téméraire, il devient possible de fonder dès à présent sur son emploi les plus ambitieuses espérances.

Ainsi, ce ne sont plus seulement certaines affections cutanées, certaines tumeurs malignes, que l'on traite aujourd'hui utilement par le radium, mais une maladie redoutable entre toutes — la rage.

C'est à deux professeurs italiens, M. G. Tizzoni, de l'université de Bologne, et M. G. Bongiovanni, de l'université de Ferrare, que revient le mérite de cette tentative d'un si haut intérêt. Les recherches de ces deux savants — recherches dont les résultats ont été communiqués à l'Académie des sciences de Bologne — encore qu'elles ne soient pas, jusqu'ici, sorties du domaine du laboratoire, paraissent vraisemblablement appelées à passer prochainement dans la pratique.

MM. Tizzoni et Bongiovanni, en faisant agir les effluves du radium, tantôt sur des lapins ayant reçu des injections de virus capables de tuer sûrement un animal en un temps connu, tantôt directement sur du virus rabique, ont, en effet, abouti aux multiples constatations suivantes :

1° Les radiations du radium décomposent rapidement *in vitro* le virus rabique fixe, qui perd toute sa virulence après deux heures de ce traitement ;

2° Ces radiations ont une action semblable sur l'animal qui a reçu précédemment une injection de ce virus ;

3° Ce résultat est constant, quel que soit le point de départ de l'injection (œil, espace sous-duremérien du cerveau, nerf sciatique) et quelle que soit la distance entre ce point et la partie du corps sur laquelle agit le remède ;

1. *Année scientifique et industrielle*, quarante-huitième année (1904), p. 221.

4° Les radiations du radium n'agissent pas seulement avec efficacité sur le virus fixe, lorsque leur application se fait aussitôt après que l'injection a été pratiquée (méthode concomitante), mais encore exercent sur ce virus une action curative, puisqu'elles réussissent à sauver les animaux, lorsque leur application débute aux deux tiers d'une maladie dont les témoins meurent en sept jours, et alors même que le lapin présente déjà des symptômes manifestes de rage (fièvre, diminution de poids, affaiblissement marqué des membres postérieurs).

5° Les effets du radium chez l'animal, tant par la méthode concomitante que par la méthode curative, sont en rapport très étroit avec l'intensité de l'élément radio-actif et la durée de son application ;

6° Toutes choses égales d'ailleurs, l'application du radium sur l'œil est dix fois plus efficace que sur d'autres parties du corps (milieu du dos, au niveau de la colonne vertébrale) ;

7° Dans les circonstances réalisées par les expériences des deux professeurs, il n'y eut jamais d'altérations appréciables de l'œil, soit dans ses parties internes, soit dans les milieux optiques, et il n'a jamais paru que l'animal sujet manifestât le moindre trouble de la vision ;

8° Le virus fixe décomposé par les radiations du radium se transforme en un excellent vaccin, dont une goutte, ou même une fraction de goutte, injectée dans l'œil, détermine chez l'animal une immunité solide contre le virus qui tue les témoins en vingt jours.

Ce sont là des résultats singulièrement importants. Ils ne sont pas les seuls qu'aient obtenus les deux biologistes italiens. Ainsi, à l'aide d'un échantillon de radium de cent mille unités radio-actives, les expérimentateurs ont réussi à ramener à la santé parfaite un animal qui, depuis vingt-quatre heures déjà, présentait des signes manifestes de rage. Aussi, devant un tel résultat (que ne saurait donner aucun autre traitement), MM. Tizzoni et Bongiovanni se croient-ils autorisés à affirmer que l'on pourrait faire mieux encore, à la seule condition de disposer d'échantillons de radium d'une puissance plus grande. « Néanmoins, ajoutent-ils, on ne pourra jamais pousser cette possibilité de guérison jusqu'à la période qui précède immédiatement la mort, et au cours de laquelle se manifestent des

lésions anatomiques capables, à elles seules, de déterminer
la terminaison fatale et sur lesquelles le radium n'a aucune
action. »

Mais, n'est-il pas déjà merveilleux que nous ne soyons plus
complètement désarmés alors que la maladie est déjà avancée
et que le virus rabique a atteint le bulbe, c'est-à-dire quand
elle est parvenue à un stade où les inoculations antirabiques,
pratiquées suivant l'admirable méthode de Pasteur, demeurent
absolument impuissantes ?

Le malheur, dans l'espèce, est que, jusqu'ici, les lapins seuls
aient pu être appelés à bénéficier de la précieuse découverte.

Mais toutes les espérances sont permises. MM. Tizzoni et Bongiovanni estiment, en effet, que rien ne s'oppose à ce que le
même mode de traitement soit appliqué aux cas de rage chez
l'homme. La seule condition, pour le pouvoir faire utilement, est
de disposer d'échantillons de radium d'une activité considérable,
et qui doit atteindre, d'après leurs calculs, environ cinq millions d'unités radio-actives. Suivant eux, du reste, chez les
sujets en incubation de rage, l'application directe sur l'œil de
doses de radium aussi puissantes peut se pratiquer sans faire
courir aucun danger au malade.

Reste à savoir quand une expérience décisive pourra établir
définitivement la valeur réelle de la méthode nouvelle.
MM. Tizzoni et Bongiovanni ne désespèrent pas de tenter cette
expérience dans un avenir prochain, le jour où, le radium
étant devenu moins rare, ils en posséderont enfin une quantité
suffisante pour passer utilement des expériences de laboratoire
à l'application pratique chez l'homme.

❋

## La méningite cérébro-spinale épidémique.

En ces derniers mois, à diverses reprises et en divers lieux,
à New-York d'abord, puis en Angleterre, dans la Silésie prus-
sienne et dans la Silésie autrichienne, en Westphalie, à Berlin
et en Russie, ailleurs encore, on a signalé l'apparition d'une

·maladie redoutable, la méningite cérébro-spinale épidémique.

Cette affection, qui excite une véritable terreur dans les régions où elle se développe, est loin d'être nouvelle.

Les médecins des xvi°, xvii° et xviii° siècles, ceux du début du siècle passé, sous des noms divers — ceux de « trousse-galant », de « mal de nuque », de « phrenitis », de « fièvre cérébrale ataxique » — en ont donné des descriptions assez exactes. Cependant, c'est seulement à partir de 1837, à la suite de l'épidémie des Landes, précédée de peu par celle de Bayonne, que la méningite cérébro-spinale est devenue pour les hommes de l'art une entité morbide bien définie.

L'épidémie des Landes, en effet, donna matière à de remarquables observations. Elle avait éclaté parmi les soldats du 18e léger. On crut bien faire en éloignant le régiment et en le dispersant en diverses garnisons. Le résultat fut tout autre qu'on l'avait espéré. Avec les hommes, la maladie voyagea, et, en peu de temps, on vit se manifester de nouveaux foyers de l'affection dans toutes les parties de la France, au nord, au midi, au centre, à l'est, à l'ouest et jusqu'en Algérie.

Ce caractère de contagiosité spéciale, par foyers très limités et peu denses, se retrouve du reste dans toutes les épidémies de méningite cérébro-spinale étudiées jusqu'à ce jour dans les divers pays d'Europe et d'Amérique, et il forme encore un des traits propres à la dernière épidémie.

Quel que soit son mode de diffusion, la méningite cérébro-spinale épidémique exerce ses ravages en des proportions très variables. Ayant atteint parfois jusqu'à dix pour cent des individus, elle touche le plus souvent moins d'une personne seulement pour mille. Habituellement d'assez courte durée, l'épidémie accomplit tout son cycle en deux ou trois mois, quatre ou cinq au plus, puis disparaît ; mais, souvent aussi, cette disparition n'est point durable, et, après une période de trève, on la voit reprendre avec violence, et cela durant un temps prolongé, comme il advint en Suède, où l'épidémie qui débuta en 1854 dura sept ans et fit 4.158 victimes.

En tous cas, les causes saisonnières semblent exercer sur elle une réelle influence, l'hiver et le printemps voyant le mal atteindre son maximum, alors qu'il s'atténue toujours durant la saison chaude.

La méningite cérébro-spinale épidémique, tout en pouvant atteindre des sujets de tout âge, frappe plus spécialement les enfants et les soldats.

Les traits généraux de la nature contagieuse de la maladie étant dès lors établis, il nous faut à présent voir comment elle se caractérise cliniquement, rechercher sa cause, indiquer son traitement et formuler dans la mesure possible le pronostic qu'elle comporte.

« Le début de la maladie est presque toujours brusque, écrit M. G. Guinon dans le *Traité de Médecine*, publié sous la direction des professeurs Bouchard et Brissaud. Tout à coup, le sujet, en pleine santé, est pris d'un frisson unique, quelquefois de frissons répétés. La température s'élève rapidement, atteint et dépasse 40 degrés centigrades. Puis, surviennent presque tout de suite une céphalalgie plus ou moins intense, des vomissements, des vertiges. On constate quelquefois des épistaxis. »

M. le professeur Dieulafoy, dans son livre *Clinique médicale de l'Hôtel-Dieu de Paris* (1898-1899), constate également cette soudaineté du début de la méningite cérébro-spinale et note l'apparition des maux de tête violents, accompagnés constamment ou à peu près de vomissements alimentaires, bilieux, verdâtres, puis un autre signe caractéristique, la contracture douloureuse des muscles de la nuque avec renversement de la tête en arrière.

A ces symptômes primordiaux s'en joignent habituellement d'autres également intéressants à relever ; les muscles du dos sont contracturés et douloureux ; les diverses articulations, celles du genou en particulier, peuvent s'enflammer et devenir également douloureuses comme dans des crises de rhumatisme ; la constipation apparaît le plus souvent, encore qu'elle puisse être remplacée par une diarrhée incoercible ; le malade peut présenter des troubles cérébraux, des convulsions ; il est souvent atteint d'éruptions cutanées et surtout herpétiques ; des troubles surviennent parfois du côté des yeux et des lésions diverses plus ou moins graves atteignent également l'appareil auditif, etc., etc.

Enfin, un dernier signe, connu sous le nom de signe de Kernig, du nom du médecin qui l'a étudié et signalé le premier, et qui est presque à lui seul caractéristique de la méningite, se révèle de façon constante : il s'agit de l'impossibilité où se trouve le malade de s'asseoir sur son lit en tenant ses jambes allongées.

On le voit par ces brèves indications, les manifestations cliniques de la méningite cérébro-spinale épidémique sont multiples ; mais si elles peuvent toutes se présenter et revêtir un aspect en quelque sorte classique, d'autres fois aussi, les symptômes sont moins accusés ou même manquent tout à fait, la maladie revêtant alors une forme atténuée, telle, en certains cas, que le sujet atteint peut continuer à aller et venir, sinon à vivre sa vie normale et à se livrer à ses occupations habituelles.

Cette bénignité dans les symptômes du mal, pour être en général de bon augure, n'entraine pas cependant d'une façon certaine un pronostic favorable.

Il peut se faire, en effet, comme le note M. Guinon, que « malgré cette apparence d'innocuité, sous l'influence d'une fatigue, d'un excès, d'un refroidissement, ou même sans cause appréciable, subitement les symptômes s'aggravent et que la mort s'ensuive, quelquefois d'une façon foudroyante ».

Cette terminaison fatale de la maladie, qui est d'origine microbienne et due à une infection du système cérébro-spinal par un microbe, le méningocoque découvert par Weichselbaum, est loin cependant d'être toujours la règle.

En général, en effet, la gravité de la méningite cérébro-spinale varie suivant la forme sous laquelle elle évolue. En règle habituelle, quand son début est bruyant, quand les symptômes sont intenses et violents, le pronostic est toujours grave ; au contraire, quand le mal se présente avec des accidents moins brutaux, plus atténués, les chances de guérison augmentent et le pronostic devient meilleur, surtout s'il s'agit de sujets adultes, la maladie étant particulièrement grave chez les enfants.

Pour le traitement de la méningite cérébro-spinale épidémique, qu'il importe de ne pas confondre avec la méningite tuberculeuse, toujours mortelle, ce que l'examen bactériologique du liquide céphalo-rachidien obtenu par une ponction lombaire permet le plus souvent de faire assez facilement et rapidement, il comporte essentiellement l'emploi des bains chauds donnés à la température de 38 à 40 degrés, et celui des médicaments antispasmodiques, dont l'action est aidée par des émissions san-

guines obtenues au moyen de sangsues ou de ventouses scari-
fiées, et cela à diverses reprises.

Quant à la prophylaxie de la maladie, elle nécessite les
mesures couramment adoptées pour toutes les maladies épidé-
miques, c'est-à-dire l'isolement des sujets atteints, la désinfection des locaux où ils ont séjourné, des objets dont ils ont
fait usage, etc.

Mais, et ceci est un point quelque peu rassurant pour les
collectivités, les épidémies de méningite cérébro-spinale ayant
en somme peu de tendance à la diffusion, ces diverses mesures
sont d'une urgence moins immédiate que pour d'autres affections
à contagiosité plus développée.

Cette dernière constatation est consolante, et propre à
nous rassurer pour le cas fâcheux où la funeste maladie viendrait un vilain jour nous rendre visite.

※

### L'hémophilie.

Généralement, quand on se blesse assez sérieusement pour
qu'il y ait dilacération de la peau et mise à vif des chairs,
l'hémorragie consécutive n'est pas indéfinie. Sauf dans les cas
où la plaie est très large ou très profonde, et où les gros vaisseaux sont intéressés, le sang ne tarde pas à s'arrêter tout seul,
même sans compression, sans ligature, sans perchlorure de fer
et sans toiles d'araignées.

Le sang est, en effet, un liquide qui, normalement, se solidifie au contact de l'air. Il se forme ainsi, à l'orifice des artères
rompues, un caillot qui joue le rôle de bouchon. Il n'y a plus
dès lors qu'à laisser le travail de cicatrisation des tissus s'accomplir *sponte suâ*.

Pour certaines personnes, par contre, il n'en va plus de
même. Chez elles, la moindre égratignure suffit à provoquer un
flux de sang qui ne s'interrompt plus. C'est comme si l'on avait
ouvert un robinet qu'on ne saurait plus refermer. Le sang
étant trop fluide pour se coaguler d'emblée, aucun caillot n'ap-

paraît, les vaisseaux tranchés restent béants, et, dès lors, il n'y a pas de raison pour que l'épanchement vermeil cesse, à moins qu'une intervention extérieure ne vienne artificiellement mettre le holà chez ces sujets, qui ont reçu le nom d'*hémophiles*.

Pourquoi leur sang est-il incoagulable, au point de fluer comme de l'eau à la moindre brèche?

Faut-il incriminer les vaisseaux, dont les parois, trop minces, trop fragiles ou en état de dégénérescence graisseuse, laisseraient transsuder leur contenu liquide? Cela n'expliquerait pas pourquoi, une fois extravasé, une fois sorti de cette tuyauterie défectueuse, ledit liquide ne se comporte pas comme un honnête sang qui se respecte. Si la responsabilité de l'hémophilie incombait aux vaisseaux, les hémophiles saigneraient sans doute plus facilement et plus abondamment que le commun des mortels, mais on n'aperçoit pas la raison nécessaire et suffisante pour laquelle leurs hémorragies devraient se prolonger à perte de vue.

Ne serait-ce pas plutôt le sang lui-même qu'il conviendrait de mettre en cause, soit parce qu'il est trop aqueux, soit parce qu'il lui manque tel ou tel des principes mystérieux qui donnent au sang normal ses propriétés caractéristiques?

Des recherches récentes de M. Émile Weil tendent à établir le bien fondé de cette dernière hypothèse. Des expériences instituées par des savants, il résulte, en effet, que l'excessive fluidité de ce sang ne tient pas, comme on aurait pu le croire, à la présence de substances anormales, susceptibles d'en empêcher la coagulation spontanée.

Il paraît plus probable que cette fluidité lamentable est due à l'*absence* de telles ou telles substances — d'un ferment spécial, par exemple — existant *normalement* dans le sang, et dont le rôle consiste à en provoquer la solidification. Il manque quelque chose au sang des hémophiles, et c'est parce que ce «quelque chose» lui fait défaut, que, faute de la présure indispensable, il se refuse à cailler.

Le plus curieux, c'est que cette tare par omission, cette espèce de malformation chimico-physiologique, est souvent héréditaire. On cite de véritables dynasties d'hémophiles, des familles dont vingt, trente, quarante pour cent des membres, plus particulièrement des mâles, ont eu à payer tribut au fléau, tantôt pendant plusieurs générations successives, tantôt par intermittences, en sautant d'une génération à l'autre. Plus rarement, l'infirmité est sporadique et autogène, et s'éteint avec le sujet.

Tout cela est bien obscur, bien incertain.

Il s'en dégage cependant un enseignement pratique.

Du moment·que l'hémophilie est due à l'absence ou à l'altération d'une substance coagulante, d'un ferment ( « thrombase » ) *sui generis,* qui devrait s'y trouver, on conçoit la possibilité d'en avoir raison en introduisant dans le torrent circulatoire une dose déterminée de sang normal, c'est-à-dire d'un sang auquel il ne manque rien.

Le fait est, paraît-il, que le sérum humain — voire, à son défaut, le sérum de bœuf ou de lapin — remplit parfaitement l'office et vous transforme, au moins provisoirement, le cas échéant, le plus déshérité des hémophiles en un homme ordinaire, n'ayant plus à redouter de voir chez lui la moindre blessure devenir le siège d'interminables hémorragies.

## Le venin de l'abeille.

Pendant l'été, il est une sorte d'accidents dont on ne saurait se désintéresser complètement, chacun de nous étant menacé d'en être victime : la piqûre d'un insecte venimeux, spécialement abeille, guêpe ou frelon.

Au temps des chaleurs, en effet, ces piqûres sont plus fréquentes qu'en aucun autre moment, et il semble, ainsi que jadis l'affirmait Jérôme Cardan, qu'elles sont alors plus dangereuses, le venin des insectes ayant une activité plus grande.

C'est parfaitement exact. Si, le plus souvent, la piqûre de l'abeille, de la guêpe ou du frelon est des plus désagréables parce que des plus douloureuses, parfois aussi elle est particulièrement grave, pouvant même aller jusqu'à occasionner la mort.

De tels accidents, au surplus, sont si bien constatés qu'à la suite d'un rapport dont l'auteur, M. Delpech, relevait onze cas de piqûres mortelles, le Conseil d'hygiène et de salubrité du département de la Seine, en 1880, faisait interdire et ranger dans le groupe des industries insalubres la culture des abeilles dans l'enceinte de Paris.

Tout comme les modernes, au surplus, les anciens se sont préoccupés du danger des piqûres causées par ces insectes ; ils firent même à ce sujet d'excellentes observations. Ainsi, au cinquième siècle, Ætius d'Amide affirmait, ce que devaient plus tard confirmer Paul d'Egine, puis Avicenne, « que les symptômes douloureux et inflammatoires sont bien plus intenses après une piqûre de guêpe qu'après une piqûre d'abeille, et, en outre, que la guêpe ne laisse pas l'aiguillon dans la plaie comme fait l'abeille. »

Au dix-huitième siècle, le célèbre naturaliste Réaumur, dans ses *Mémoires pour servir à l'histoire naturelle des insectes*, nota d'une façon charmante ses observations sur la façon dont se produisent les accidents toxiques. « Etant piqué d'une guêpe, écrit-il, je crus qu'il valait autant prendre son mal de bonne grâce. Je la laissai achever de me piquer tout à son aise. Quand elle eut elle-même retiré son aiguillon, je la pris et je la posai, en l'irritant, sur la main d'un laquais aguerri, et qui n'en était pas à une piqûre près : la piqûre ne lui fit que très peu de douleur. Je repris aussitôt la guêpe et je me fis piquer moi-même pour la seconde fois. A peine sentis-je la piqûre. La liqueur venimeuse avait été presque épuisée dans les deux premières expériences ; enfin, j'eus beau irriter ensuite la guêpe, elle ne voulut pas faire une quatrième blessure. Cette expérience et quelques autres qu'on n'aura peut-être plus envie de recommencer m'ont appris que quand l'on se laisse piquer paisiblement, jamais l'aiguillon ne demeure dans la plaie. »

De nos jours, les expérimentateurs apportent moins d'aimable philosophie dans leurs recherches. En revanche, leurs enquêtes sont beaucoup plus spéciales. C'est ainsi, par exemple, que, il y a quelques mois, M. Phisalix, dans une note soumise à l'Académie des sciences, dans laquelle il faisait connaître le résultat de ses recherches sur le venin des abeilles, nous apprenait que ce venin renferme trois principes actifs : 1° une substance phlogogène, c'est-à-dire propre à engendrer l'inflammation des tissus ; 2° un produit convulsivant ; 3° un poison stupéfiant. « De ces produits, ajoutait M. Phisalix, le poison stupéfiant et le produit phlogogène sont sécrétés par les glandes acides; quant à la substance convulsivante, elle semble venir de la glande alcaline ».

Quoi qu'il en soit, en dépit de cette accumulation de substances nocives dans leur venin, tous les insectes hyménoptères ne sont pas également redoutables. Ainsi que l'a observé avec beaucoup de sagacité M. le docteur Paul Fabre, de Commentry, les abeilles sont relativement bien moins dangereuses que les guêpes, les bourdons et les frelons.

Avec ces derniers insectes, les accidents sont parfois très sérieux, au point d'obliger le sujet piqué à s'aliter durant plusieurs jours.

Les piqûres d'hyménoptères sur l'homme produisent des effets locaux et généraux.

D'après M. Fabre, à qui nous devons une étude récente des mieux documentées sur la matière, « les symptômes locaux consistent en une petite plaie souvent insignifiante, s'accompagnant habituellement de rougeur, d'une vive cuisson et de gonflement; souvent il y a œdème. Parfois, il survient de la lymphangite du membre avec engorgement des ganglions. Quelquefois aussi, apparaît autour du point lésé une éruption, généralement vésiculeuse, mais qui peut devenir purulente. D'autres fois, enfin, surviennent, au bout de quelques jours, des abcès ayant pour point de départ la piqûre. On a même cité des cas de phlegmon d'un membre et même des faits de gangrène locale. »

Quant aux symptômes généraux, ils sont des plus variés. En dehors d'un mouvement fébrile assez fréquent, on observe de l'agitation du pouls, des troubles du côté du cœur, pouvant aller jusqu'à la syncope, quelquefois des hémorragies de la peau et des troubles de la circulation; le blessé a souvent une respiration pénible, haletante accompagnée d'angoisse; il est atteint de nausées, de vomissements, de diarrhée; il peut encore avoir des convulsions, du coma, une paralysie légère du système musculaire et même de la folie passagère; les sens de l'ouïe et de la vue peuvent être troublés, et souvent il présente des accidents cutanés éruptifs; enfin, une salivation abondante, en même temps que des sueurs profuses, apparaissent presque aussitôt après la piqûre.

Telle est, dans toute son étendue, la symptomatologie que l'on peut constater chez les personnes piquées par une abeille, une guêpe ou un frelon. Le plus habituellement, du reste, il importe de ne pas l'oublier, l'on constate seulement quelques-uns de ces symptômes, et à l'ordinaire très atténués, mais survenant toujours, en revanche, avec une grande rapidité, qui s'explique par ce fait que c'est très vraisemblablement le sang qui sert de véhicule au poison de l'insecte.

En tous cas, graves ou légers, ces accidents doivent être combattus d'urgence.

Pour cela, bien des remèdes ont été préconisés. Zaculus Lusitanus conseillait l'application de cendres chaudes; Forestus d'Alemar recommandait les cataplasmes de feuille de laurier, et Dioscoride l'usage du propolis : certains auteurs ont indiqué comme souverains les cataplasmes de fourmis écrasées; Enox rapporte qu'à Ceylan on guérit infailliblement la piqûre de l'abeille en dévorant quelques-uns de ces insectes, etc. On a même proposé, il y a peu d'années, de créer une sorte d'immunité au moyen de piqûres répétées d'abeilles, et un certain M. Walker, qui se soumit à l'épreuve, constata au bout de quatre semaines après avoir reçu vingt piqûres, que la vingt et unième ne déterminait que fort peu de gonflement et de douleur.

Malgré ce succès relatif, il y a fort à parier que ce traitement héroïque rencontrera peu de partisans, sauf peut-être cependant parmi les malades atteints de rhumatisme, lesquels tirent, paraît-il, des piqûres d'abeilles ou de guêpes la guérison de leurs cruelles souffrances.

En somme, comme le conseille M. le docteur Fabre, il vaut mieux recourir à d'autres remèdes. D'après cet éminent praticien, les piqûres d'hyménoptères nécessitent un traitement local et un traitement général.

Pour le premier, il convient tout d'abord d'extraire avec soin l'aiguillon quand il est resté dans la plaie, puis de frotter la partie blessée avec de l'eau vinaigrée, ou, mieux encore, avec de l'ammoniaque liquide mélangée d'huile d'olive, ou même, plus simplement, avec de l'eau fortement salée par du sel de cuisine, ainsi que le recommandait Dioscoride.

Pour le traitement général, étant donné que le poison tend à s'éliminer par les divers émonctoires naturels, sueurs, urines,

salive, garde-robes, le rôle du médecin doit consister « à favoriser cette élimination par les stimulants diffusibles, les diuréti-
ques, les sialagogues, les purgatifs, conformément à l'adage :
*Quò vergit natura eò ducendum.* »

Tout cela, en définitive, est facile à suivre.

Si donc le mauvais sort voulait que vous fussiez victime d'une
abeille laborieuse ou d'un frelon féroce, sans vous alarmer, il
vous sera aisé de neutraliser le mal.

Du sel ou de l'ammoniaque, un bon purgatif et quelques bols
d'une tisane diurétique bien chaude y suffiront amplement.

✻

### Les chiens et la maladie hydatique,

La maladie hydatique, personne ne l'ignore, est un cadeau
du chien à l'homme. De même que tous les ténias, l'échinocoque, pour accomplir le cycle évolutif de son existence, doit
passer successivement par plusieurs hôtes. A l'état d'animal
parfait, il habite l'intestin du chien, où il se rencontre souvent
en énormes quantités.

D'où cette conséquence, que les chiens infestés par le
parasite rejettent sur le sol, avec leurs déjections, des anneaux
mûrs et des embryons libres.

A ce moment, interviennent les animaux herbivores, ruminants ou ovidés. Le bœuf paissant dans le pré, le mouton brou-
tant l'herbe rase, avalent les embryons mis en liberté sur le
sol comme nous le notions à l'instant. Dès lors l'embryon de
l'échinocoque trouve toutes les conditions favorables à son
développement. Du tube digestif de l'animal qui l'a ingéré, il
gagne ses divers tissus, se localisant tantôt dans le foie, tantôt
dans les muscles, dans les viscères les plus divers et jusque
dans les os, et, là où il s'est fixé, il donne naissance en se déve-
loppant à des vésicules souvent considérables, les hydatides,
qui renferment en abondance des ténias à peu près parfaits,
n'attendant plus, pour reprendre l'apparence des échinocoques

du début, que d'être avalés à leur tour par un chien, voire même par un chat.

Ce n'est pas tout. L'homme également joue son rôle, le cas échéant, dans cette série de transformations : soit qu'il avale des œufs invisibles en mangeant des fruits, des radis ou de la salade préalablement souillés par des déjections canines, soit, plus simplement, qu'il se fasse infester directement par son chien de la manière suivante, indiquée par un naturaliste ayant tout spécialement étudié les ténias, M. R. Moniez :

« Etant donnée l'énorme quantité de ténias échinocoques qui habitent parfois l'intestin du chien, on comprend qu'il en sorte des anneaux mûrs et des embryons libres à chaque fois que l'animal fait ses déjections ; la plupart touchent à terre, mais quelques-uns peuvent rester au pourtour de l'anus ou sur les poils des régions voisines. Or, le chien, se nettoyant avec la langue, peut en conserver entre les papilles de cet organe ou sur le museau ; le même résultat peut être atteint quand les chiens se flairent les uns les autres. Qu'arrive-t-il ensuite? Le chien va lécher son maître sur les mains, au visage même, s'il le peut, et les anneaux ou les embryons peuvent ainsi arriver dans le tube digestif de ce dernier. Il faut aussi prendre garde à un autre mode d'infection, plus fréquent peut-être que le premier, nous voulons parler de l'habitude détestable que l'on a dans certaines maisons de faire lécher les plats par les chiens ou de leur donner leur nourriture dans les ustensiles qui servent ensuite aux préparations culinaires : il est, en effet, bien facile qu'un de ces minuscules embryons reste accroché dans une fêlure, contre une aspérité, qu'il ne soit pas enlevé par le lavage et soit avalé au repas suivant. Il en est ainsi surtout quand on emploie la vaisselle en bois, comme on le fait dans les contrées pauvres. »

La conséquence logique de ces remarques est que pour empêcher l'homme de se contaminer et de donner abri à des embryons appelés à se transformer chez lui en de redoutables hydatides envahissant ses organes et menaçant son existence, il faudrait empêcher son fidèle compagnon de se contaminer lui-même. Plus de ténias parfaits chez le chien, et plus d'embryons mis en liberté au grand dommage des animaux de la ferme et du fermier lui-même; ce serait la disparition radicale du mal, et seuls, les ténias échinocoques condamnés à disparaître auraient le droit de se plaindre.

Le malheur est que nous sommes loin d'un tel idéal, et que, trop souvent, au lieu de chercher à nous en rapprocher, notre insouciance laisse s'aggraver le mal en laissant les chiens se contaminer à plaisir.

Chiens et chats, en effet, doivent pour s'infecter avaler des kystes hydatiques provenant des animaux de boucherie. En empêchant chiens et chats de manger de ces hydatides, le problème serait donc à peu près complètement résolu. Par malheur, à peu près nulle part, cette précaution si simple n'est prise : bien au contraire. Dans nombre de grandes villes, quand aux abattoirs on rencontre dans un organe, dans un foie ou dans un poumon, des kystes hydatiques en nombre restreint, on en pratique l'épluchage sur place, c'est-à-dire, nous rapporte M. Devé, qu'on fait l'ablation des parties atteintes, lesquelles sont jetées sur le fumier, dans la cour de l'abattoir. Le viscère contient-il, au contraire, de nombreux hydatides disséminés, deux cas peuvent se présenter. Ou bien il est littéralement farci de kystes, comme cela s'observe assez fréquemment. Il est, de l'aveu même du boucher, absolument inutilisable; il est alors envoyé à l'équarrissage avec les viandes avariées saisies. Ou bien, tout en étant impropre à la consommation humaine, il est moins complètement envahi : le boucher est alors autorisé à emporter le viscère contaminé qu'il vend à bas prix à sa clientèle, comme « nourriture pour chiens et pour chats. »

S'il en est ainsi dans les villes importantes où existe une surveillance réelle des abattoirs, comme Rouen, comme Paris, on s'explique sans peine comment la maladie hydatique trouve des facilités extrêmes à se répandre, et en même temps combien il est important de prendre d'urgence des mesures sévères en vue de limiter la propagation du fléau

Ces mesures, naturellement, doivent avoir pour objectif essentiel d'empêcher la contamination du chien, et aussi celle du chat, animaux qui transmettent la maladie à l'homme.

A cet égard, voici les prescriptions que, de l'avis de l'Académie de médecine, qui les a votées récemment à la suite d'un rapport remarquable de M. le professeur Blanchard sur la communication de M. le professeur Devé, il y aurait lieu de suivre :

1° La saisie d'office, dans les abattoirs, et la destruction effective, par incinération, de tout viscère envahi par les hydatides.

2° Une réglementation stricte de l'entrée des chiens dans les abattoirs publics.

3° L'apposition, dans les abattoirs publics et privés, d'affiches indiquant le danger qu'il y a à donner les organes contaminés en nourriture aux chiens et aux chats.

4° Des inspections vétérinaires visant cette prophylaxie anti-échinococcique dans les tueries particulières à la campagne.

5° Adresser une circulaire à tous les vétérinaires pour leur rappeler la pathogénie de l'échinococcose et l'importance des mesures préventives qu'il est utile de prendre à ce sujet.

Dans l'intérêt de tous, espérons que les autorités intéressées voudront bien se rendre à cet avis autorisé de l'Académie de médecine. Et, en attendant, comme la crainte de la maladie hydatique est assurément le commencement de la sagesse, ne laissons pas trop nos chiens prendre des familiarités avec nous, et surtout empêchons nos enfants de se laisser lécher par eux le visage. Un coup de langue de moins peut correspondre, ne l'oublions pas, à une existence de plus.

※

### L'antidote de l'acide prussique.

On sait que l'acide cyanhydrique et les divers cyanures sont les plus dangereux de tous les poisons connus, parce qu'ils sont les plus violents et les plus rapides.

Il s'ensuit que les produits susceptibles, d'après la tradition, de neutraliser le mieux leur action, c'est-à dire l'eau chlorée et l'eau oxygénée, ne sont en réalité que d'insuffisants contre-poisons, parce qu'ils agissent *trop lentement*.

Il y a donc là un problème de nature à passionner les toxicologues. Sans doute, l'empoisonnement par les cyanures est

assez rare. Chez nous, par exemple, il ne se produit presque
jamais accidentellement : quand il y a mort par le cyanure,
c'est que le patient l'a fait exprès.

Mais il n'en va pas de même dans certains pays et notamment dans les régions aurifères, comme le Transvaal, par exemple, où le traitement des minerais se faisant en grand par le
cyanure, le redoutable poison court en quelque sorte les rues.
Aussi la *Chemical metallurgical and mining society of South
Africa*, a-t-elle dû se préoccuper de la question.

Il résulte de ses travaux et de ses expériences que le meilleur
antidote contre ce genre, particulièrement effroyable, d'intoxication, ce serait le sulfate de fer, avec la lessive de soude. C'est
ainsi que des chiens, auxquels on avait administré l'énorme dose
de 4 centigrammes de cyanure de potassium par kilogramme de
poids vif — de quoi foudroyer des éléphants — sont revenus à
la vie et ont recouvré la santé, grâce à ce contrepoison.

D'où cette conclusion que, partout où l'on peut avoir à craindre un empoisonnement accidentel par le cyanure, il conviendrait d'avoir à demeure sous la main une petite provision de
sulfate de fer en solution à 20 pour 100, de lessive de soude
concentrée et de magnésie calcinée en poudre.

Cela, bien entendu, sans préjudice des précautions préventives, qui, en présence d'un aussi grave péril, ne sauraient être
jamais trop rigoureuses.

✳

### La scoliose infantile.

A lire les livres consacrés soit à l'hygiène soit à la chirurgie
de l'enfant et de l'adolescent, on se persuaderait volontiers
que la question de la scoliose est fort bien éclairée sous toutes
ses faces, que c'est une affection de l'adolescence parfaitement
connue, résultant de mauvaises attitudes scolaires, facile à prévenir par l'usage de tel système de pupitres et de bancs, facile
à guérir par une gymnastique orthopédique appropriée.

Il est loin d'en être toujours ainsi.

Tel est au moins ce qui ressort d'un article des plus intéressants, récemment publié par M. le docteur Paul Desfosses dans la *Presse Médicale*.

On sait, fait remarquer cet auteur, combien de procédés ont été utilisés pour redresser les scoliotiques : corsets de plâtre, de feutre, de cuir, de bois, de celluloïd, de treillis, d'étoffes ; tractions, extensions, refoulements ; gymnastique d'appareils, gymnastique de résistance, exercices libres, mouvements passifs, massage : les moyens les plus variés et les plus énergiques ont été employés. En désespoir de cause, dans les cas graves avec gibbosité costale complètement irréductible, on est allé jusqu'à prendre le bistouri et la cisaille pour réséquer les côtes rebelles. Néanmoins, à la lecture de cette thérapeutique variée, on ne trouve publié nulle part d'exemple de scoliose grave véritablement guérie, soit

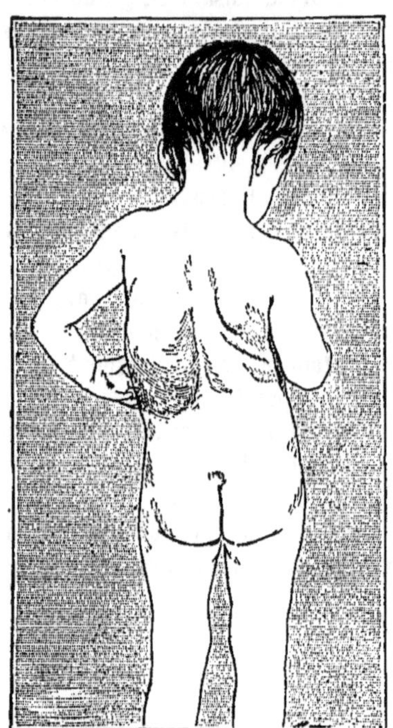

Enfant de 4 ans. Scoliose dorsale à convexité gauche constatée à 1 an et demi.

par le port d'un corset, soit par la gymnastique orthopédique, fût-elle suédoise. La raison de cet échec des traitements, estime M. Desfosses, est qu'ils sont commencés trop tard, alors que les lésions vertébrales et costales sont déjà constituées.

On ne sait pas assez que la scoliose débute souvent dans l'enfance.

Les statistiques, qui montrent que l'âge scolaire de dix à

quatorze ans fournit le plus grand nombre de scoliotiques, auraient de la valeur si elles renseignaient sur l'état de la colonne vertébrale avant cet âge. On ne peut affirmer qu'un enfant s'est dévié pendant la période scolaire, que si l'on a constaté qu'avant cette époque il était parfaitement droit : c'est cette constatation nécessaire qu'ont négligé de faire les statisticiens à gros chiffres. Il est incontestable que nombre de scolioses débutent dans la première enfance.

Comme le fait remarquer le professeur Kirmisson, l'âge auquel les scoliotiques

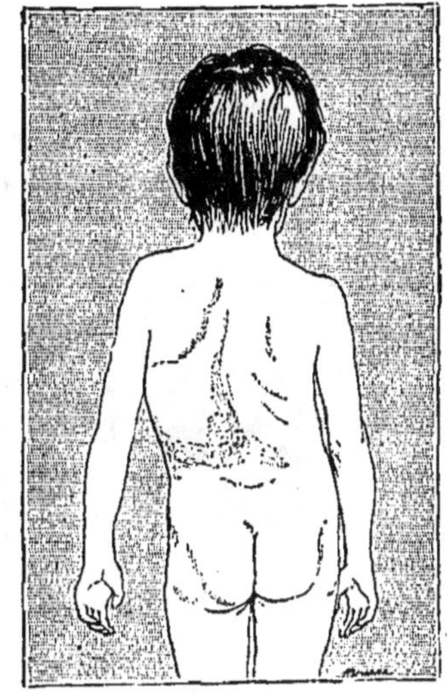

Enfant de 4 ans. Scoliose dorsale à convexité gauche.

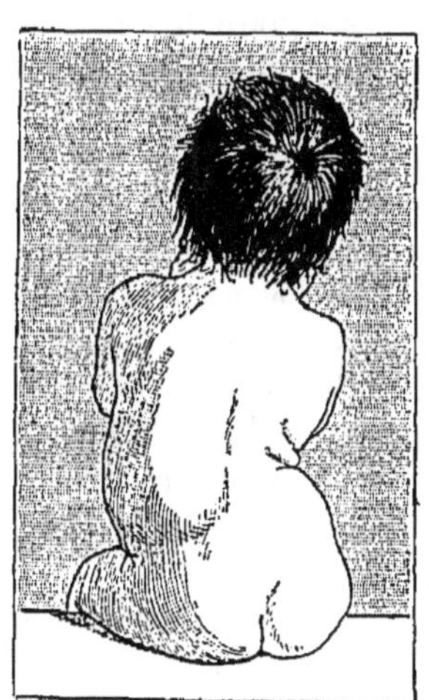

Enfant de 1 an et demi. Scoliose dorsale à convexité gauche. Il existe déjà une gibbosité costale très prononcée.

sont présentés au médecin ne correspond pas toujours à celui auquel la maladie a fait son apparition.

Il est curieux de voir à quel point des difformités énormes passent longtemps inaperçues des parents, et, il faut bien le dire, des médecins eux-mêmes. On n'examine pas suffisamment le dos des enfants, et le premier diagnostic de scoliose est plus souvent fait par la corsetière ou la couturière que par le médecin.

Ayant été à même de voir un très grand nombre de scolioses, tant naguère dans le service de son maître, M. Brun, aux Enfants-Malades, que dans sa consultation de dispensaire, M. Desfosses fut frappé de ce fait que les scolioses les plus graves dataient de la toute première enfance, remontant souvent à la première année.

Une étude attentive et suivie des enfants permet du reste assez aisément de noter les caractères principaux de la scoliose infantile et de suivre sa marche progressive.

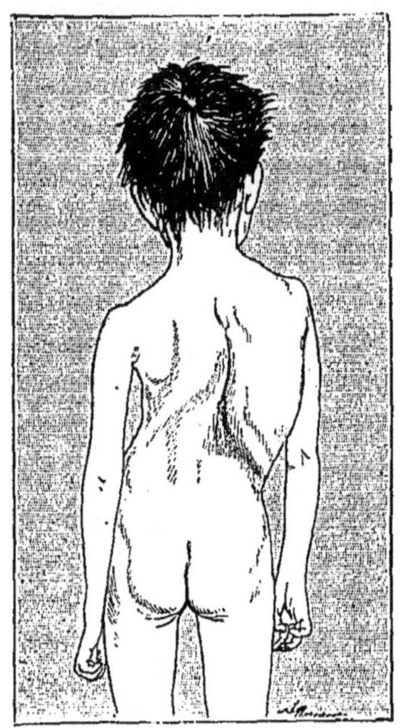

Garçon de 4 ans. Scoliose dorsale
à convexité droite.

La scoliose infantile intéresse principalement la région dorsale; elle se caractérise par une torsion accentuée des vertèbres et par une bosse costale, plus prononcée souvent que la déviation latérale du rachis; cette saillie des côtes d'un côté contraste violemment avec l'affaissement du côté opposé. La scoliose infantile peut aboutir à des déformations énormes, c'est une scoliose grave. Il serait facile de multiplier les exemples; ils me paraissent suffisants pour attirer l'attention du praticien.

On ne saurait donc trop engager les médecins et les mères de famille à examiner fréquemment le dos des enfants, et, en cas de doute sur la rectitude du rachis, à faire pratiquer une radiographie de la colonne vertébrale. De ce diagnostic précoce, l'enfant retirera certainement les plus grands avantages.

D'après M. Desfosses, en effet, il est de la plus haute importance de traiter la scoliose infantile à son début, comme on traite un mal de Pott, par une immobilisation bien surveillée et continuée pendant une période de un à deux ans.

Ainsi seulement on peut espérer enrayer efficacement le mal et prévenir pour l'avenir de fâcheuses difformités.

# HYGIÈNE

### Le casier sanitaire des maisons.

« Où le soleil n'entre pas, pénètre le médecin », dit un vieux dicton populaire.

En ce qui concerne la tuberculose, par exemple, cette redoutable maladie sociale dont meurent chaque année plus de 150 000 Français, le soleil joue un rôle de première importance. « A la lumière directe, dit M. Edwin Solly, peu de minutes suffisent pour tuer le bacille de la tuberculose, et si l'air qui a été ensoleillé pénètre dans les appartements qui ont été infectés par les crachats tuberculeux, l'habitation peut être occupée au bout de trois ou quatre heures, surtout si la literie, les tapis et les tentures ont été mis dehors et exposés à la clarté solaire. » Dans son beau livre sur les *Maladies populaires*, M. le docteur Louis Rénon, professeur à la Faculté de médecine, écrit : « Koch a vu le bacille tuberculeux tué par la clarté solaire directe dans un temps variant de quelques minutes à plusieurs heures, le temps dépendant de l'épaisseur de la couche exposée ». Enfin, M. le professeur Grancher, dans un rapport à l'Académie de médecine sur la *Prophylaxie de la tuberculose*, note en toutes lettres : « Il est démontré que la lumière solaire détruit très vite, en quelques heures, le bacille de Koch, et la lumière diffuse aussi, quoique moins rapidement. »

L'action bienfaisante de la lumière est donc indiscutable. Une note récente de M. Marié-Davy l'établit sans réplique. Cet auteur ayant étudié la mortalité tuberculeuse à Paris dans ses rapports avec le nombre des portes et des fenêtres que possèdent les habitations, a pu dresser un tableau des plus suggestifs, tableau duquel il ressort que les fortes mortalités correspondent aux fenêtres peu nombreuses, et, au contraire, que les proportions plus élevées de fenêtres coïncident avec la rareté des décès. Il s'ensuit donc, et le travail de M. Marié-Davy l'établit de la plus saisissante façon, que l'impôt des portes et fenêtres est le plus déplorable que l'on puisse concevoir, puisqu'il a pour effet de s'opposer à l'assainissement des logis de la portion la moins fortunée de la nation.

Aussi, sans exception, tous les auteurs qui se sont occupés de la question — Brouardel, Cheysson, Landouzy, Lancereaux, Letulle, Rénon, Siegfried, Paul Strauss, André Lefèvre, Filassier, L. Graux, Séailles, Noir, Mosny, Albert Robin, etc. — s'accordent à reconnaître que, pour lutter efficacement contre la tuberculose, il importe avant tout et par-dessus tout de rendre l'habitation salubre. « Vainement, l'on essaiera de contenir ce redoutable fléau — la tuberculose — si on ne commence par en tarir la source », c'est-à-dire par supprimer les logis malsains, écrit M. Cheysson, qui n'hésite pas à ajouter, non sans raison, qu'au lieu de chercher à multiplier à grands frais les sanatoria et autres installations destinées à combattre le mal déclaré, « il serait à la fois plus économique et plus humain de s'occuper du logement de l'ouvrier, avant que la tuberculose, qui lâche si difficilement ses victimes, les ait marquées de sa terrible empreinte ».

Mais, comment réaliser une œuvre semblable? Comment connaître avec exactitude tous ces logements insalubres qu'il convient d'assainir?

L'entreprise n'est pas aussi malaisée que l'on pourrait croire, en certaines villes au moins, grâce à l'institution du *Casier sanitaire des maisons.*

Comptant aujourd'hui onze années d'existence, le casier sanitaire des maisons de la Ville de Paris est l'œuvre de M. Paul Juillerat, chef du « bureau de l'assainissement de l'habitation » à la préfecture de la Seine.

Il est constitué par la réunion d'une série de dossiers, sans cesse tenus à jour, de toutes les maisons de la ville, et qui comprennent, pour chacune d'elles, les documents suivants, dont nous trouvons la mention dans l'excellent ouvrage de M. Juillerat :

1° Une chemise portant l'indication de l'arrondissement, du quartier, de la rue et du numéro de l'immeuble;

2° Un plan par terre, au deux-millième, de la maison, avec l'indication des canalisations, fosses, puits, puisards, fontaines, fosses de fumier, etc.;

3° Une feuille de description de l'immeuble;

4° Une feuille indiquant les décès par maladies transmissibles, survenus dans la maison;

5° Une feuille relatant les désinfections opérées, leurs dates et leurs causes;

6° Une ou plusieurs feuilles contenant l'indication des travaux prescrits par le bureau d'hygiène et la suite donnée à ces prescriptions;

7° Une feuille contenant les résultats d'une enquête sanitaire quand cette enquête aura été rendue nécessaire.

On voit sans peine les services que peut rendre à l'hygiène publique et privée une enquête semblable, méthodiquement poursuivie pour tous les immeubles d'une grande cité.

En ce qui concerne la tuberculose, à Paris, en particulier, l'étude du casier sanitaire a fourni des renseignements du plus haut intérêt. Une première remarque qu'elle permet de faire, c'est que la maladie n'évolue pas à l'aventure dans les diverses régions de la ville, mais qu'elle sévit de préférence dans certains quartiers, plus spécialement dans des maisons déterminées, et non indifféremment à tous les étages desdites maisons.

Sur les 80 000 habitations que renferme l'agglomération parisienne, près de 40 000, depuis l'institution du casier sanitaire, ont eu des décès tuberculeux. Ceux-ci sont répartis fort inégalement. Ainsi, un premier groupe, comprenant 34 214 maisons, donne, pour le temps écoulé depuis cette fondation, 63 487 décès tuberculeux; un second groupe de 4445 maisons compte 26 509 décès, et un troisième groupe, formé de 820 maisons seulement, 11 500 décès.

C'est-à-dire qu'à Paris la tuberculose est essentiellement localisée, et que certains groupes d'habitations, certains immeubles constituent des foyers où la maladie revient sans cesse, où elle règne à demeure. N'est-ce pas ainsi que M. Juillerat a pu relever une maison dans laquelle, « pour une population moyenne de 15 habitants, il y a eu, en 10 ans, 22 décès par tuberculose, et une autre, qui comprend 60 habitants en moyenne, et où il y a eu, en 10 ans, 67 décès par la même maladie »? Partout, en somme, et c'est là ce que montre à l'évidence l'étude du casier sanitaire des maisons, la tuberculose sévit avec d'autant plus d'intensité que les habitations sont davantage privées de soleil et d'air, à telle enseigne que, dans les maisons frappées, la mortalité est plus grande aux étages inférieurs, fatalement moins éclairés que les supérieurs. Plus que l'abondance de l'air, peut-être, la lumière est indispensable, et l'on ne saurait, par suite, trop s'élever contre la pratique permetant de construire de hautes maisons, en bordure de rues étroites. Pour répondre aux besoins de l'hygiène, en effet, une maison doit avoir toutes ses façades, aussi bien celles donnant sur la rue que celles s'ouvrant sur des cours intérieures, entièrement baignées de soleil, au moins durant plusieurs heures chaque jour.

Mais, combien de locaux habités sont loin de répondre à ces nécessités! Le casier sanitaire des maisons nous apprend qu'à Paris il est 5265 immeubles — ceux des deuxième et troisième groupes — particulièrement dangereux. Parmi ceux-ci, certains peuvent être assainis par des travaux appropriés; pour les autres, la démolition seule devrait intervenir. Mais, hélas! en l'état actuel des choses, il n'est guère possible de recourir à cette dernière mesure, en raison des frais énormes qu'entraînent les expropriations pour cause d'utilité publique.

Pour obliger pratiquement les propriétaires récalcitrants aux aménagements propres à assainir leurs immeubles, il serait à souhaiter que le casier sanitaire des maisons pût être librement consulté par tous, et même qu'un extrait en pût être affiché d'autorité à la porte des maisons particulièrement contaminées, de façon à prévenir les malheureux locataires du danger qu'il y a à habiter certains appartements.

La loi actuelle s'y oppose, et, de ce chef, ne permet pas au casier sanitaire de rendre tous les services que l'on pourrait en attendre. En dépit de cette insuffisance, il constitue manifestement une œuvre d'une utilité considérable, dont les avantages ne se relèvent pas seulement à l'occasion de la lutte antituberculeuse, mais encore à propos de toutes les maladies contagieuses. Aussi, comme l'a demandé récemment M. le docteur Marcel Durand au Conseil général de la Seine, ne peut-on que souhaiter voir son organisation s'étendre à toutes les communes des départements, et, comme le réclamait M. Filassier, voir les

bureaux d'hygiène, qui doivent être créés en vertu de la loi du
15 février 1902 sur la protection de la santé publique, exercer
une action commune pour organiser partout une enquête semblable à celle que réalise le casier sanitaire de la Ville de Paris.

### La tuberculose au régiment.

Quelle peut bien être la cause de cette effrayante mortalité
par tuberculose que l'on relève dans les milieux militaires?

En général, l'on s'accorde à accuser le surmenage. Et,
en fait, il semble assez rationnel d'admettre que de jeunes
hommes souvent incomplètement formés soient peu capables de
résister aux influences débilitantes du travail intensif des périodes d'instruction, et, de ce chef, offrent à la contagion une
proie facile. Aussi bien, est-il hors de doute qu'une telle cause
joue un rôle considérable dans l'étiologie des affections tuberculeuses chez les soldats. Mais, ne peut-on invoquer d'autres
raisons pour expliquer leur fréquence considérable? Un travail
récent de M. le Dr Brissard, médecin-major de 2ᵉ classe, tend à
établir qu'il en est ainsi, et montre, non sans sagacité, que le
surmenage n'est peut-être pas, comme on le croit généralement, le plus redoutable ennemi des jeunes recrues. Celles-ci,
en effet, en dehors des fatigues exagérées des premiers temps,
ont à redouter un autre danger particulièrement grave, encore
que l'on ne lui accorde guère d'attention, et ce danger est tout
simplement l'influence néfaste des variations de température
auxquelles sont à tous instants exposés les soldats au cours de
la vie militaire.

Les courants d'air, voilà, si nous en croyons M. le Dr Brissard,
le plus actif des agents de la tuberculisation des jeunes gens
au régiment.

Si imprévue que soit une telle assertion, elle ne laisse pas
de paraître assez vraisemblable, pour peu, comme nous l'allons
voir, que l'on veuille bien y regarder de près.

On se souvient des recherches entreprises naguère par M. le

professeur Lannelongue. Celui-ci, ayant pris deux lots de cobayes, leur inoculait le bacille de Koch. Cela fait, le premier lot d'animaux était placé en observation dans une cave, alors que le second lot était installé en plein air, à la montagne. Or, contrairement à ce que l'on aurait pu attendre, pour qui sait de quelle importance extrême il est, pour les sujets tubercu-leux, de vivre dans des milieux parfaitement aérés, les animaux composant le second lot, quand on venait à les examiner six mois plus tard, présentaient un plus fort déchet que ceux n'ayant cessé de respirer l'atmosphère confinée d'une cave obscure.

Comment expliquer une telle anomalie, en complète contra-diction, en apparence au moins, avec la doctrine unanimement acceptée par tous les médecins modernes, de la nécessité de la lumière et de l'air pur pour le traitement de la tuberculose? D'après M. Lannelongue, la chose est toute simple. Le grand air et le jour sont, sans conteste, excellents pour les phtisiques, mais à la condition qu'ils ne s'accompagnent pas de courants d'air et de changements brusques de température exposant les malades à des refroidissements. Et c'est parce que les cobayes enfermés dans la cave demeurent soustraits à toute variation de température que chez eux la maladie évolue lentement.

Mais, ce qui est vrai pour les cobayes, l'est également pour l'homme. Telle est, au moins, l'opinion de M. le Dr Brissard, dont la façon de voir se base sur des faits précis enregistrés dans la statistique médicale de l'armée.

Dans l'armée, a remarqué M. Brissard, les conditions de l'expérience de M. le professeur Lannelongue se trouvent réa-lisées au complet, avec cette seule différence qu'ici ce sont les hommes qui jouent le rôle des cobayes.

« Les secrétaires d'état-major et de recrutement, qui mènent une vie calme et sédentaire au fond de leurs bureaux, souvent si peu confortables, ne peuvent-ils pas être comparés aux cobayes reclus dans la cave, par rapport aux fantassins, qui, amis des cours d'exercices, des terrains de manœuvres, des grandes routes parcourues sous le soleil, la pluie, le vent, etc., ont bien quelque ressemblance, à cet égard, avec les cobayes de la montagne ».

A la question ainsi posée, la statistique militaire se charge de répondre éloquemment. Voici, en effet, quels sont les chiffres officiels pour l'année 1902, exprimant les déchets par tuberculose dans les deux groupes de soldats que nous venons de mentionner : pertes totales pour 1000 hommes d'effectif dans la section d'état-major et de recrutement, 3,58; dans l'infanterie de ligne, 8,10. Soit une différence de plus du double, au passif de l'infanterie. Et si l'on recherche la fréquence dans ces mêmes armes des bronchites et des pleurésies, dont on connaît l'importance au point de vue de l'étiologie tuberculeuse, on trouve, dans la même statistique de 1902, des chiffres non moins significatifs. Ainsi, pour 1000 hommes d'effectif, la morbidité par bronchite est de 12,8 pour les secrétaires d'état-major et de recrutement, et de 70,5 pour l'infanterie de ligne; quant aux pertes totales, par pleurésie, elles sont de 4,60 pour le premier groupe et de 9,65 pour le second. Or, les secrétaires et les fantassins sont soumis aux mêmes influences nocives de l'état de collectivité. Leur alimentation, leurs casernements sont sensiblement les mêmes, et, en ce qui concerne les prédispositions individuelles pour la tuberculose, elles semblent être plus marquées du côté des secrétaires en raison de leur constitution physique moindre, de leurs origines urbaines, de leurs antécédents familiaux, que du côté des fantassins, issus pour la plupart du milieu rural, plus sain et plus robuste. Et pourtant, ce sont les premiers qui résistent le mieux! Comment expliquer cette immunité spéciale, sinon par cette circonstance que les secrétaires ne sont pas soumis aux obligations professionnelles des fantassins ?

Comme le fait fort justement observer M. le Dr Brissard, l'exercice militaire constitue un ensemble de mouvements physiologiquement mal réglés. Aussi, au cours des manœuvres et exercices des périodes d'instruction, les soldats sont continuellement soumis à de fâcheuses successions de périodes d'échauffement et de refroidissement brusque, troublant le mécanisme de la régulation thermique, si bien que pour eux tout se passe comme s'ils subissaient d'incessantes variations de température ambiante, ainsi qu'il arrive pour les cobayes envoyés à la montagne par M. Lannelongue.

Au surplus, cette influence fâcheuse des refroidissements est si réelle que, dans les nouveaux casernements, les pertes par tuberculose sont en proportion plus considérable que dans les vieux casernements, et cela, malgré les progrès très réels apportés à l'aménagement des chambres et des autres locaux, dont l'éclairage et le cubage d'air, notamment, ont été notablement accrus. Mais, dans les anciens bâtiments militaires, l'intrication des couloirs, les coins et les recoins avaient pour résultat de donner aux hommes des abris multiples contre les courants d'air qui sévissent aujourd'hui sans merci dans les casernes neuves, condamnant ainsi fatalement les soldats à prendre de fréquents refroidissements, d'où ces fréquentes congestions pulmonaires que constatent à leurs visites les majors de régiment.

On le voit, du fait même de ces remarques si intéressantes de M. le Dr Brissard, il importe essentiellement de prendre des mesures propres à sauvegarder la santé des jeunes hommes pris par le service militaire. La tâche à accomplir, au surplus, n'est point irréalisable et pour la mener à bien il suffit surtout de vouloir.

※

### La mortalité des enfants en nourrice.

Il y a peu de temps, dans un journal de médecine des plus justement réputés, l'on pouvait lire la très intéressante information suivante :

« La mortalité des nourrissons est à l'heure actuelle une des questions sociales qui passionnent le plus l'opinion publique, surtout dans quelques pays européens où cette léthalité est considérable. La France se trouve, sous ce rapport, dans une situation privilégiée, grâce à la clairvoyance et à la constance inlassables d'un médecin philanthrope, le docteur Théophile Roussel. Grâce à la loi de 1874 (loi Roussel), notre pays est arrivé au premier rang en ce qui concerne la protection de l'enfance : c'est ce que prouvent depuis de longues années les statistiques sur cette question, et ce que confirment les derniers relevés de la mortalité des nourrissons comparée à la mortalité générale dans les divers pays. Pour éviter tout soupçon de partialité, il nous a paru préférable de puiser ces documents dans une publication officielle de l'étranger, et nous avons choisi à cet effet le *Statistisches Jahrbuch für das Deutsches Reich* de 1905, qui contient un tableau dont nous extrayons les chiffres que voici :

« Sur 100 décès généraux, on compte en France 15 décès d'enfants âgés de moins d'un an, alors qu'on en constate 17,4 en Suède, 19,2 aux Etats-Unis d'Amérique, 22 en Suisse, 22,7 en Finlande, 25,3 dans le grand-duché de Luxembourg, 25,8 en Italie, 26,1 à Cuba, 27,4 en Hollande; 31,2 en Autriche, 33,9 en Prusse, 34,5 dans l'empire allemand, 36,1 dans le Wurtemberg, 58 en Bavière et 42 en Saxe. »

Si l'on en juge par cette note que nous venons de reproduire, il serait bon de naître en France ! Ailleurs, en effet, ce serait trop souvent en vain que le nourrisson innocent dirait avec le poète :

Je suis jeune et je tiens à la vie !

En dépit de ces affirmations, cependant, il ne semble pas, si l'on vient à examiner les choses de près, que nous ayons tant à nous réjouir. Peut-être nos nouveau-nés meurent-ils moins que ceux qui voient le jour en d'autres pays; mais ils succombent encore en grand nombre, surtout ceux élevés loin de leur mère, si bien que nous pouvons trop souvent répéter le mot de Montaigne parlant de ses enfants : « Ils me meurent tous en nourrice », et que, en tout cas, avec Henri Estienne, nous pouvons répéter : « Ces enfants, qui sont à la charge de telles vilaines, s'ils ne meurent pas bientôt après, pour le moins en rapportent des maux et des maladies qui les rendent malheureux pour tout le temps de la vie. »

C'est que, en effet, depuis le seizième siècle, la situation des enfants mis en nourrice n'a guère changé; aujourd'hui, comme autrefois, les bébés privés des soins maternels sont en grand danger, et c'est vraiment miracle quand ils survivent.

En France, il est vrai, comme le remarque le statisticien allemand, il y a bien la loi Roussel, qui, en plaçant sous la surveillance effective de l'autorité tous les enfants mis en nourrice hors du domicile de leurs parents, semble devoir leur assurer une protection efficace. Mais, hélas ! cette protection est en réalité plus apparente que réelle, encore qu'elle assure un léger avantage aux enfants qui en sont l'objet.

Une démonstration irréfutable de ce désolant état de choses a été donnée récemment au cours d'une remarquable étude publiée par Jacques Bertillon, l'éminent chef des travaux statistiques de la ville de Paris, dans la *Revue philanthropique.*

Voici, en effet, d'après ce travail, comment se comporte la mortalité de ces enfants que protège la loi Roussel :

*Sur 1000 enfants, considérés depuis le dixième jour jusqu'au trois cent soixante-cinquième jour de la vie,* il y a eu en France :

En 1897, 203 décès d'enfants protégés ; 128 décès d'enfants français en général.

En 1898, 234 décès d'enfants protégés ; 148 décès d'enfants français en général.

En 1899, 227 décès d'enfants protégés ; 142 décès d'enfants fançais en général.

En 1900, 214 décès d'enfants protégés ; 142 décès d'enfants français en général.

Il s'ensuit donc que durant toute cette période de quatre années — et des résultats analogues se retrouveraient pour les années antérieures ou postérieures — *la mortalité des enfants protégés par la loi Théophile Roussel l'emporte en des proportions considérables sur la mortalité des enfants en général.*

En vain, pour expliquer l'écart formidable existant, l'on invoquera ce fait que les enfants illégitimes — dont la mortalité est toujours fort élevée — sont en proportion plus grande parmi les enfants protégés que parmi les enfants pris en général. La statistique, cette fois encore, établit sans réplique que cette explication est injustifiée.

Pour les quatre années examinées tout à l'heure, l'on trouve en effet les chiffres suivants :

*Sur 1000 enfants considérés depuis le dixième jour jusqu'au trois cent soixante-cinquième jour de vie,* il y a eu :

En 1897, 185 décès d'enfants légitimes protégés ; 120 décès d'enfants légitimes français en général ; — 282 décès d'enfants illégitimes protégés ; 212 décès d'enfants illégitimes en général.

En 1898, 200 décès d'enfants légitimes protégés ; 139 décès d'enfants légitimes français en général ; — 320 décès d'enfants illégitimes protégés ; 235 décès d'enfants illégitimes en général.

En 1900, enfin, 179 décès d'enfants légitimes protégés ; 127 décès d'enfants légitimes français en général ; — 301 décès d'enfants illégitimes protégés ; 240 décès d'enfants illégitimes français en général.

Donc, la mortalité des protégés l'emporte constamment sur celle des enfants français en général, et cela, non seulement quand l'on considère l'ensemble de la nation, mais encore quand l'on prend isolément chaque département.

Et, à ce propos, il y a lieu de faire une remarque particulièrement intéressante, à savoir que les résultats obtenus, c'est-à-dire, en l'espèce, la mortalité plus ou moins forte des nourrissons protégés, n'est nullement en rapport avec les sommes dépensées pour assurer l'application de la loi.

Sur 15 départements dépensant plus de 1080 francs chaque année pour 10 000 journées de présence, quatre seulement, les Bouches-du-Rhône, le Var, le Puy-de-Dôme et l'Hérault, ont de bons résultats ; cinq ont une mortalité très forte, les autres une mortalité moyenne.

Vingt autres départements dépensent seulement 704 francs pour 10 000 journées de présence. De ces départements peu généreux, trois seulement ont une forte mortalité, dix ont une mortalité moyenne et sept une mortalité faible.

Dans les Basses-Pyrénées, enfin, où la dépense annuelle en faveur de l'application de la loi Roussel est réduite à 55 francs, toujours pour 10 000 journées de présence, la mortalité est justement la plus basse qu'il y ait en France, soit de 101 décès pour 10 000 enfants de 10 jours à un an.

De ces chiffres, on voit que la loi Roussel sur la protection des enfants en nourrice ne semble pas exercer d'action bien efficace, et qu'il y a lieu par suite de chercher à la modifier de telle sorte qu'elle puisse donner tous les effets utiles que l'on peut en attendre.

Quand le législateur accomplira-t-il cette réforme si désirable, et, question non moins grave, comment sera faite cette réforme ?

En attendant, que pouvons-nous donc faire pour combattre cette effrayante mortalité qui sévit chez les nourrissons au cours de la première année ?

Tout simplement nous souvenir de ce conseil si sage formulé aphoriquement par M. le professeur Pinard : « Le lait de la mère appartient à son enfant », et ne point oublier que le milieu familial constitue toujours le moyen par excellence d'assurer l'existence du nouveau-né.

### L'épuration des eaux d'égout.

La question de la neutralisation des eaux d'égout, naturellemment infectées et infectieuses, reste toujours l'une des plus essentielles parmi les questions vitales dont les agglomérations humaines ont à se préoccuper.

Longtemps l'épandage des eaux-vannes fut considéré par un certain nombre de spécialistes comme le procédé de choix. Malheureusement, dans la pratique, loin de justifier les mirifiques promesses de ses partisans, ce système n'a pas tardé à donner raison aux méfiances des pessimistes de la première heure.

Aujourd'hui, même, les inconvénients du système sont si bien démontrés que l'on tend partout à y renoncer.

Et c'est ainsi que sur la proposition de M. Chenal et sur un rapport de l'ingénieur Mahieu, le Conseil général de la Seine s'apprête à entreprendre l'essai en grand d'un nouveau système, dit « d'épuration biologique » ou des « lits bactériens », appliqué déjà de l'autre côté de la Manche dans un grand nombre de villes importantes, telles que Hampton, Londres (Barking), Leeds, Manchester, Salford, Chester, Birmingham, etc., à la satisfaction générale. C'est à la suite de l'envoi en Angleterre d'une Commission composée de conseillers généraux, d'ingénieurs et d'hygiénistes que cette décision a été prise, et il n'y sera pas consacré moins de 1 500 000 francs, dont 100 000 francs pour l'achat des terrains : c'est dire que l'expérience va se faire sur une échelle sérieuse et dans des conditions aussi voisines que possibles de la pratique courante.

Les connaisseurs ne doutent pas, d'ailleurs, qu'elle ne soit décisive, et qu'elle n'aboutisse à l'adoption définitive du procédé dont le savant directeur de l'Institut Pasteur de Lille, le docteur Albert Calmette, s'est fait l'apôtre enthousiaste et éloquent.

Ce procédé consiste essentiellement à confier aux microbes eux-mêmes l'œuvre de désinfection : *similia similibus...*

L'épuration des eaux d'égout se ramène toujours, quoi qu'on fasse, à la destruction, ou plutôt à la dissolution des matières organiques que ces eaux véhiculent. Par matières organiques, il faut entendre toutes les matières d'origine végétale ou animale plus ou moins usées ou corrompues, telles que les résidus de la digestion, les débris de viande, les déchets d'abattoirs, les vieilles graisses, les épluchures de légumes ou de fruits, les débris de papier, de cuir, de linge, etc., bref, tout ce qui, après avoir été vivant, salit et souille. Abandonnées à elles-mêmes, sous l'action de l'air et de la lumière, les eaux d'égout se débarrassent toutes seules, à la longue, de ces immondices. Seulement, elles y mettent le temps, au grand détriment du voisinage, intoxiqué par les pestilences, les méphitismes et les miasmes qui en résultent.

Cette épuration spontanée est, du reste, accomplie par une foule de microbes variés — les microbes de la putréfaction et les microbes de la nitrification — qui s'emparent des matières organiques et les transforment en matières minérales, en ammoniaque, par exemple, et en nitrates, de façon à remettre leurs éléments constitutifs en état de servir de nouveau, sous une forme nouvelle, à la fertilisation du sol et à l'alimentation des plantes.

Ceci posé, l'on s'est demandé s'il ne serait pas possible, en copiant au plus près les procédés de la nature, d'obliger les microbes vidangeurs à précipiter la besogne.

A cet effet, on conduit les eaux d'égout dans un bassin (*septic tank*) où on les laisse quelques heures, à l'abri du contact de l'air, à la merci d'une première armée de microbes *anaérobies*, qui a tôt fait de liquéfier et de dissoudre les matières organiques. On déverse ensuite doucement les eaux ainsi clarifiées sur une ou plusieurs couches de scories, de mâchefer ou

de coke, dites « lits bactériens », où s'embusque une seconde
armée de microbes, de microbes *aérobies*, cette fois, qui se
charge de retravailler encore les matières organiques liquéfiées
et dissoutes, pour les métamorphoser définitivement en nitrites
et nitrates solubles, dont l'agriculture n'a plus qu'à faire son
profit.

Ce système, singulièrement intéressant, n'est d'ailleurs pas
point le seul qui ait été préconisé en ces derniers temps. Il en est
en effet un autre, non moins séduisant, dont nous devons indiquer ici les dispositions essentielles.

Ce dernier procédé a recours, pour assurer l'épuration des
eaux polluées, non plus à la cuisine bactérienne, mais à l'action
de certaines algues.

Partant de ce principe qu'il n'existe pas d'eaux *usées*, à proprement parler, en ce sens que l'eau n'est jamais *combinée*, mais
simplement *mélangée* aux impuretés (résidus terreux, particules
minérales, débris organiques, ferments, etc.), qu'elle véhicule,
et dont la présence ne suffit pas à modifier son inaltérabilité
constitutionnelle, un chimiste distingué, M. Jacques Bahar,
estime que si l'on avait le moyen de séparer les eaux soi-disant
usées des corps étrangers qui les escortent, au lieu d'être (ce
qu'elles sont) une non-valeur encombrante, dispendieuse et
pestilentielle, elles redeviendraient une richesse réelle, sous la
double forme d'un liquide potable et de sous-produits utilisables
par l'agriculture.

C'est là précisément l'œuvre de la nature, qui ne cesse de
rejeter dans la circulation, après les avoir nettoyées, épurées,
assainies, les eaux que le jeu régulier d'autres phénomènes naturels avait antérieurement salies et contaminées. Or, parmi les
agents d'oxydation que la nature emploie le plus volontiers à
cette besogne réparatrice, un rôle considérable, mais jusqu'ici
méconnu, appartient aux algues vertes, dont jamais personne
encore n'avait songé à mettre à profit les miraculeuses propriétés, si ce n'est en vue de platoniques expériences de laboratoire.

Il résulte des travaux de Griffon, Gaston Bonnier, Lütz, Molisch,
Gaillon et Despeeit, Chodot, *tutti quanti*, dont la parole fait
autorité en algologie, que certaines algues, à la faveur de l'oxygène dégagé à haute dose par leur respiration, non seulement

aèrent l'eau qui circule à travers leur chevelu, mais encore brûlent les matières organiques et albuminoïdes d'origine animale, les microbes pathogènes et leurs toxines, et s'assimilent directement les composés ammoniacaux et jusqu'aux sels de chaux.

De là à supposer que ces algues, judicieusement sélectionnées, pourraient servir à la purification des eaux suspectes, il n'y avait qu'un pas. Ce pas n'a pas tardé à être franchi par MM. Billard et Bruyant, dont deux communications sensationnelles à l'Académie des sciences (18 février et 11 mars 1905) attestent que la présence dans une eau croupie de certaines algues suffit, grâce à leur action chlorophilienne associée à l'action des espèces microbiennes bienfaisantes ou banales, dont la pullulation est ainsi favorisée, pour métamorphoser cette eau en un milieu où peuvent vivre et prospérer des sangsues et même des alevins de truites, pourtant si vulnérables.

Dès lors, on ne voit pas pourquoi nos ingénieurs sanitaires n'emprunteraient pas aux algues leur précieuse collaboration, de façon à rendre aux eaux soi-disant usées — à l'exemple, en fin de compte, de la nature. qui, dans une large mesure, n'opère pas autrement — leur virginité compromise, et à en refaire, après les avoir ainsi débarrassées de leurs immondices, des eaux propres à la consommation.

Le plus curieux peut-être de cette curieuse combinaison, c'est qu'il existe d'autres espèces d'algues, qui, elles, ne pouvant vivre que dans l'eau chimiquement pure et parfaitement stérile, serviraient de témoins. Là, en effet, où elles pousseraient, le plus délicat serait assuré qu'il n'a plus rien à craindre, et que le dernier vestige des pollutions antérieures a définitivement disparu.

Il ne saurait évidemment être question de soumettre d'emblée à ce traitement végétal les eaux vannes telles qu'elles sortent de l'égout collecteur. Il faudrait qu'elles fussent — cela va de soi — préalablement délestées du plus gros des corps étrangers, dissous ou en suspension, qu'elles charrient, de façon à ne laisser aux algues purificatrices que l'ultime finissage. Il faudrait donc qu'elles fussent débourbées, d'abord par des décantations, puis par des filtrages sur une série de surfaces poreuses et désinfectantes.

On pourrait même, pour rendre la décantation plus rapide et plus efficace, utiliser, à l'aide de dispositifs appropriés, cette pression osmotique qui se produit automatiquement entre deux tranches d'inégale densité au sein du même liquide.

Il ne doit en effet pas être impossible de faire servir cette loi physique, grâce à l'établissement méthodique, au sein du *sewage*, de couches circulantes et de couches dormantes, d'inégale densité, au « dégrossissement » des eaux d'égout, avant de les soumettre, dûment filtrées, à l'action oxydante des algues, qui n'auraient plus à brûler, pour en achever la régénération définitive, qu'une petite fraction des impuretés qui les encombraient au début.

Voilà comment, avec le concours d'humbles végétaux, il deviendrait possible de transformer ce qu'il y a de plus ignominieux au monde en un breuvage frais, propre et salubre, n'ayant de comparable que les eaux de source, qui doivent, en fin de compte, leur pureté, dont la nature a seule fait les frais, à une succession automatique de traitements similaires.

# AGRICULTURE



**La force motrice végétale.**

On a souvent pensé que la houille pouvait être remplacée par des végétaux quelconques ayant subi une préparation spéciale pour accroître leur pouvoir combustible. La houille étant, en somme, un produit d'origine végétale, provenant des forêts fossiles, cette idée de lui substituer, dans la production de la vapeur et de la force motrice, des plantes herbacées d'un rapide développement, ne manque pas de logique.

Dans certains milieux forestiers, c'est le bois seul qui alimente les chaudières, les locomobiles et même les locomotives.

Les expériences récentes de M. Bordenave, poursuivies chez MM. Menier, dans leurs usines célèbres de Noisiel, semblent d'ailleurs résoudre le problème de l'utilisation de végétaux inférieurs au point de vue de la production de la force motrice.

Notez bien que l'agriculture et la petite industrie réclament de la force motrice à bon marché. Et si elles peuvent l'obtenir par la combustion et la gazéification de matières d'une vente difficile ou insuffisamment rémunératrice, j'imagine que ce sera là un progrès d'une portée immense.

Sans doute, nous possédons, par les chutes d'eau de montagne, les torrents, les rivières non navigables, les canaux et les fleuves, une puissance hydraulique incalculable, que l'on peut multiplier au surplus par des barrages, de manière à satisfaire tous les besoins industriels. Mais la houille blanche, malgré d'heureuses tentatives, n'est pas et ne sera pas de longtemps à la portée de tous, partout.

Pour la produire « chez soi » au moyen de petites turbines, il faut disposer d'une suffisante quantité d'eau, ce qui n'est pas le cas de la plupart des agriculteurs et des petits industriels. En revanche, il est possible à tout un chacun de se procurer des pailles, des roseaux, des joncs, des feuilles, sciures et déchets de bois, etc., pour être tout simplement substitués aussi bien à la houille noire qu'à la houille blanche.

Actuellement, dans les petites usines agricoles, on obtient, en employant le charbon et les locomobiles ou des moteurs fixes, le cheval-heure à 20 ou 30 centimes. Il faut 3 ou 4 kilogrammes de charbon pour obtenir le cheval-heure. Dans ces conditions, le travail mécanique agricole est vraiment trop coûteux, et l'on conçoit que, dans les milieux où l'on peut recourir aux applications hydrauliques, on abandonne le charbon. Avec l'eau, le cheval-heure ne revient plus qu'à 10 centimes en moyenne, ce qui est encore un prix exagéré.

Les essais auxquels nous faisons allusion, et qui sont basés sur l'emploi des foins, des pailles de blé et d'avoine, des feuilles d'arbres forestiers, des roseaux, etc., ont donné des résultats vraiment encourageants. On va d'ailleurs s'en rendre un compte exact.

Les foins provenant de prairies marécageuses ont, par leur utilisation dans des moteurs à gaz pauvre, fait ressortir le cheval-heure à un peu plus d'un sou. Il en faut 1 kil. 20 pour obtenir le cheval-heure effectif. Le foin est chargé au gazogène sans précautions spéciales.

Les pailles de blé et d'avoine ont donné des résultats analogues, et même meilleurs. Par contre, avec les joncs, les roseaux, les mousses, produits trop chargés d'eau et nécessitant un certain travail de dessiccation, les rendements ont été inférieurs aux précédents, mais le prix de revient du cheval-heure reste sensiblement au-dessous de celui que l'on obtient avec une installation hydraulique et électrique.

Les feuilles de hêtre, de chêne, de platane, de marronnier, les sciures, déchets de bois, etc., font ressortir le cheval-heure à 5 centimes environ.

Tous ces essais ont été faits avec une installation de 70 chevaux de puissance, comportant un gazogène à colonne de réduction (système Riché) et un moteur à gaz pauvre Duplex.

Avec une installation modeste, les fermiers d'un rayon plus ou moins étendu, de même que les petits industriels, pourraient facilement se procurer une force motrice régulière, extrêmement économique, suffisante pour actionner tous leurs appareils agricoles et instruments de travail.

Les résidus de la combustion des végétaux indiqués, mâchefer potassique et cendres, pourraient servir à l'engrais des terres.

Les végétanx destinés à la gazéification doivent être séchés puis comprimés en balles de 350 kilogrammes au mètre cube.

La production de force motrice à bon marché, suivant la méthode simple et pratique préconisée par M. Bordenave, ne peut manquer d'exercer sur l'évolution de l'agriculture et de l'industrie rurale une influence décisive.

※

### Le reboisement du sol.

Les braves gens qui combattent le déboisement affirment que la conservation des forêts est le meilleur préservatif tout à la fois contre l'inondation et contre la sécheresse.

— Comment les arbres peuvent-ils jouer ces deux rôles contradictoires?

La réponse est facile, car la prétendue contradiction n'est qu'apparente.

Il est évident, tout d'abord, que l'appareil constitué par les différentes parties d'un arbre, c'est-à-dire par le tronc, les branches et les feuilles, absorbe une partie de l'eau pluviale et l'empêche d'atteindre le sol. Cette quantité d'eau retenue représente, suivant les circonstances, 25, 30, 40, et, parfois, jusqu'à 45 pour 100 de l'eau tombée.

En tout cas, les arbres divisent la masse des eaux pluviales, qu'ils canalisent et distribuent en une infinité de gouttes et de menus filets, au lieu de les laisser se précipiter en nappes sur le sol, où elles s'étaleraient à la ronde, sans même avoir le temps d'être bues par la glèbe.

Voilà pour la préservation des inondations.

Mais, en revanche, bien que le sol d'une forêt reçoive moins d'eau qu'un sol nu, il garde cependant beaucoup mieux l'humidité.

Ce qui s'explique par la moindre évaporation à l'ombre des arbres, qui interceptent les rayons solaires et emprisonnent la vapeur d'eau. D'autre part, l'entrelacement des racines forme une sorte de réseau souterrain où la circulation du liquide ne saurait être très rapide : sans compter que ces racines, qui souvent plongent très bas, sont autant de drains et de puits par où l'eau pénètre à de grandes profondeurs au lieu de glisser à la surface, pour aller se perdre dans les rivières et ruisseaux.

Cela est si vrai que, dans les pays boisés, les crues des cours d'eau ne sont jamais très brusques ni très rapides, à la diffé-rence de ce qui se passe dans les régions désertiques.

On doit remarquer également que la neige fond moins vite sous bois et que le sol s'y imbibe plus facilement au dégel, parce que sa croûte superficielle n'y est pas, comme ailleurs, durcie par le froid.

Voilà pour la prévention des sécheresses.

Quand on aura ajouté que les forêts servent également à égaliser la température et à purifier l'atmosphère, on en aura dit assez pour faire comprendre aux plus sceptiques les incon-vénients du gaspillage du bois et les avantages du reboise-ment.

## Légumes chinois.

Nous avions déjà les crosnes du Japon, que l'on cultive abondamment dans les environs de Paris et de Versailles; voici, maintenant, que l'on nous vante, avec un peu d'exagération peut-être, deux autres légumes des antipodes, le Pé-Tsaï et la moutarde de Chine. Mais il n'y a guère encore que le Pé-Tsaï qui compte. On en verra bientôt, sans doute, un peu partout, sur les marchés des grandes villes. C'est qu'on a battu en son honneur la grosse caisse, et le monde qui produit et le monde qui mange sont tout à fait influencés. Puisque les fils du Ciel se régalent de Pé-Tsaï et de moutarde, pourquoi ne les imite-rions-nous pas, si, véritablement la culture de ces légumes est facile en France?

Pour l'instant, le Pé-Tsaï n'est pas à la portée de toutes les
bourses; les riches seuls peuvent s'en payer le luxe; mais pour
peu que les habiles horticulteurs s'en mêlent, il deviendra populaire, et ne se vendra guère plus cher que les choux ordinaires
cœur-de-bœuf ou de Milan.

Sa culture actuelle—qui sort à peine de la période expérimentale — est circonscrite à Malakoff, dans les « marais » de son
ardent propagateur, M. Jules Curé, et de deux ou trois de ses
disciples.

Tout de même, il ne s'agit pas précisément d'une nouveauté;
il y a longtemps que, à l'exemple, d'ailleurs, de presque toutes
les plantes comestibles des régions tempérées de l'Amérique et
de l'Asie, le Pé-Tsaï est connu en Europe. Seulement, on n'avait
pas jugé à propos de l'exploiter au point de vue de la consommation publique; il n'intéressait, à vrai dire, qu'un petit
nombre d'amateurs ou de simples curieux.

Il y a deux ans environ, deux botanistes du Muséum, épris
des choses pratiques, revinrent du Céleste-Empire, où ils étaient
allés accomplir une mission d'études, chargés de sachets de
graines : ils en distribuèrent, en vue de leur acclimatation sous
le climat séquanien, à des maraîchers, notamment à
M. Jules Curé. Celui-ci se livra à des essais répétés. La graine
levait normalement, mais les jeunes plants montaient trop vite
en graines, ne donnant par suite qu'un produit inférieur, de
conformation mauvaise. Ayant eu l'heureuse idée d'appliquer
la méthode intensive à la culture du Pé-Tsaï, notre horticulteur
repiqua les plants sous châssis en couches très chaudes, composées de minces couches alternantes de bon terreau et de
fumier en pleine fermentation — et il les vit enfin « pommer »
doucement comme un « Milan » quelconque. Il procéda à un
deuxième repiquage dans les mêmes conditions que le premier;
seulement, il délaissa alors le châssis vitré, pour la cloche...
fêlée! Cette bizarrerie culturale s'explique par ce fait que si le
Pé-Tsaï a besoin de calorique en dessus et en dessous, il lui
faut au surplus, de l'air en abondance.

Donc, pour que l'air atmosphérique pût circuler librement
dans la cloche, il importait qu'elle eût un trou, une fêlure,
autant que possible à sa partie supérieure, et qu'elle reposât
sur un socle, en l'espèce un fragment de brique, un caillou

plat, un morceau de vieux plâtre. Ainsi, par cette disposition empirique, M. Curé put donner au Pé-Tsaï de la chaleur et de l'air. Ses plants se développèrent et « pommèrent » rapidement.

Notez, s'il vous plaît, que le Pé-Tsaï sans pomme, une pomme dure, bien ronde, ne serait point présentable, et ne pourrait d'ailleurs rendre les services culinaires que l'on réclame de lui.

L'acclimatation de la plante chinoise était désormais, après d'assez longs tâtonnements, bel et bien assurée, et il ne restait qu'à la franciser tout à fait par la semence obtenue des pieds que l'on avait laissés fleurir et fructifier. C'est ce qui a été réalisé en l'an de grâce 1905.

Cette plante légumière a l'aspect et la couleur blanchâtre de la grosse romaine; son principal mérite est de pouvoir être utilisée en toutes ses parties, d'être apte à toutes sortes de préparations. Par exemple, sa racine peut être mangée comme une rave, un navet, dont elle a presque le goût; ses feuilles extérieures sont comparables à celles des choux communs, mais on dit qu'elles sont moins âcres; ses feuilles centrales, composant la pomme, se rapprochent sensiblement de la romaine, et peuvent être consommées, soit crues, en les assaisonnant à l'huile et au vinaigre, soit cuites et préparées à la sauce blanche; enfin, les grosses côtes centrales dépouillées de leur parenchyme sont élevées au rang des asperges....

Évidemment, si toutes ces qualités sont réelles — et nous n'avons pas lieu d'en douter — le Pé-Tsaï constitue une précieuse acquisition pour notre industrie maraîchère. Malheureusement, il faut reconnaître qu'il a un défaut grave : sa culture exige beaucoup plus de soins que la plupart des produits, légumes et verdures, de consommation courante, auxquels nous sommes accoutumés depuis bel âge.... Ce qui fait que le paysan, qui n'aime pas chercher midi à quatorze heures, ne l'adoptera pas sans réflexion — à moins, toutefois, qu'il n'y trouve un sérieux bénéfice.

Quant à l'autre légume, il prétend détrôner l'épinard. Mais ce n'est qu'une prétention, car le nouveau crucifère est toujours à l'état d'expérience dans les jardins de M. Autain, un autre maraîcher de Malakoff.

La moutarde chinoise offre deux variétés de bon goût — à

Chang-Haï et à Hong-Kong — l'une à larges feuilles lobées, l'autre
à feuilles lancéolées et finement dentées sur les bords. Cependant, leur adaptation en nos milieux n'est pas encore assez
avancée pour qu'il soit permis de chanter victoire. Ensuite, il
n'est pas sûr que cette moutarde-là offre de sérieux avantages
à l'alimentation publique.

Quoi qu'il en soit, les expériences culturales dont il s'agit ne
sont pas pour nous déplaire. On ne saurait trop chercher à
augmenter le nombre des aliments offerts à notre gloutonnerie,
et par cela même provoquer sur les marchés de l'Europe septentrionale et occidentale des transactions plus actives, dont les
profits iront tout d'abord aux maraîchers épris d'initiative.

Mangeons donc du Pé-Tsaï, en attendant que nous puissions
confectionner quelque plat délicat de moutarde chinoise — une
nourriture qui vaudra probablement mieux que les fameux nids
d'hirondelles en caoutchouc d'occasion.

### La terre nourricière.

On nous a appris que ce qu'on appelle la terre arable n'est
pas autre chose que le produit de la pulvérisation des roches,
autrement dit, une matière molle, facilement attaquable par la
bêche ou la charrue, dans laquelle les végétaux se développent.
Elle se compose de quatre éléments essentiels, le sable, l'argile,
le calcaire et l'humus, et de quelques autres, dits fertilisants,
tels que l'azote, sous forme de nitrates et de sels ammoniacaux,
de matières organiques, et, enfin, de minéraux, acide phosphorique, potasse, chaux, magnésie, oxyde de fer, principalement.

En raison des études auxquelles elle a donné lieu depuis les
premiers âges agricoles, on pourrait croire qu'on la connaît à
fond. Pas du tout! La preuve, c'est que, de temps à autre,
quelque savant lui consacre ses veilles. Ainsi, par exemple,
MM. Delage et Lagatu nous font aujourd'hui remarquer que
l'étude analytique de la terre arable, qui comporte la séparation
mécanique de lots de fragments plus ou moins fins, au moyen

de tamisages et de séparations chimiques, ne suffit pas pour expliquer de quoi se compose « le premier instrument de travail du paysan», suivant le mot d'un parlementaire. Les deux agronomes en question estiment que les analyses actuelles sont insuffisantes, et qu'une analyse bien plus délicate, pouvant fournir la liste absolument complète des espèces minérales dont la terre est constituée, est seule en état de nous éclairer, et de permettre à l'agronomie de s'orienter avec plus de sûreté.

La méthode d'observation préconisée par MM. Delage et Lagatu consiste à préparer, à l'aide de la partie fine de la terre, une plaque mince à faces parallèles, et à l'examiner au microscope polarisant, de la même manière que les minéralogistes examinent les roches. La terre arable apparaît alors comme un simple produit de désagrégation des roches, et non plus, suivant l'opinion classique, comme le résultat de deux actions combinées, la désagrégation et la décomposition des minéraux constitutifs des roches. Les minéraux s'y trouvent absolument dans le même état où on les rencontre dans les roches originelles, parfaitement purs et normaux, qu'il s'agisse du quartz, du feldspath, des micas, des calcites, des tourmalines, des apatites, etc.

Cette définition nouvelle ne sera probablement pas définitive, et il faut s'attendre à des controverses.

Comment les végétaux peuvent-ils vivre dans ce produit d'une mystérieuse trituration de minéraux variés? Faut-il admettre l'hypothèse que toutes les transformations chimiques dont la terre nourricière est le siège sont consécutives à des dissolutions simples et directes de ses minéraux constituants, lesquels livrent aux dissolvants, à l'eau surtout, tout doucement, la totalité de leur substance? *That is the question.*

Quoi qu'il en soit, l'observation microscopique indique avec précision les éléments multiples qui forment, par leur ensemble, la terre arable. Et cela est d'autant plus utile à connaître qu'énumérer les minéraux, c'est indiquer leurs propriétés physiques et chimiques.

Les analyses faites d'après la méthode nouvelle, dite géologique, ont démontré que la composition d'une terre quelconque correspond parfaitement à celle des roches mères qui lui ont donné naissance, de sorte que l'étude géologique d'un milieu cultural peut à elle seule fournir à l'exploitant des indications presque suffisantes sur la valeur spécifique de son terrain.

Voilà qui justifie la confection des cartes géologiques et agronomiques, trop lentement poursuivie par le ministère de l'Agriculture.

✳

### Le cuivrage des semences.

Deux savants attachés au Muséum de Paris, MM. Bréal et Giustiniani, ayant constaté que des graines de vesce, laissées sur une dalle de plâtre humide pendant une vingtaine d'heures, avaient augmenté leur poids de 55 pour 100, eurent l'idée de semer les dites graines dans une terre à 20 pour 100 d'eau, à côté d'un poids égal de graines non mouillées. Au bout d'un mois, ils récoltèrent les organes aériens des deux semences, et ne furent pas peu surpris de voir combien les organes produits par les graines mouillées étaient plus abondants, plus développés que ceux provenant des graines sèches : ils pesaient six fois plus après dessiccation !

Mais cette façon de procéder ne mérite pas d'être recommandée aux praticiens, car ils savent très bien que les graines mouillées offrent la plupart du temps de très graves inconvénients. Elles sont la proie d'organismes inférieurs, de moisissures microscopiques, qui leur font rapidement perdre leur faculté germinative. Semer des graines saturées d'eau serait s'exposer à amoindrir, sinon même perdre sa récolte, à moins cependant, comme cela a été recommandé maintes et maintes fois, qu'on ne soumette préjudiciellement les dites semences à un sulfatage en règle, lequel consiste à les tremper dans une solution de sulfate de cuivre à 1 pour 100. L'immersion doit être suivie d'un chaulage, afin d'éviter que le cuivre n'exerce sur la germination un effet nuisible.

MM. Bréal et Giustiniani ont cherché à profiter des avantages du mouillage, abstraction préjudiciable faite de ses inconvénients, en pratiquant tout simplement le mouillage avec une solution étendue de sulfate de cuivre. Ils ont donc laissé tremper les graines dans une solution de 1 à 5 pour 1000 pendant vingt heures ; puis, ils ont saupoudré de chaux éteinte, de carbonate de chaux et même de terre calcaire, les graines encore humides, lesquelles, finalement, ont été séchées à l'air. Étant complètement sèches, elles pouvaient se conserver facilement pendant un an. Semées enfin dans un sol humide, à côté de graines témoins, elles donnaient, après huit ou quinze jours, un nombre égal de plants.

On a remarqué que les semences ainsi préparées résistaient admirablement à la pourriture, même quand la terre où elles étaient ensemencées avait reçu une fumure peu de temps auparavant. Les plantes produites présentaient alors un développement bien plus accentué que celles provenant des graines non soumises à ce traitement chimique.

Les premiers essais de MM. Bréal et Giustiniani n'ayant pas été jugés suffisamment concluants, les deux savants ne se désespérèrent point. Ils préparèrent donc, dans le silence de leur laboratoire, une liqueur magique.

Dans une solution renfermant de 1 à 5 pour 1000 de sulfate de cuivre, ils incorporèrent à l'ébullition 2 à 3 pour 100 de fécule ; après refroidissement, ils mélangèrent à cette sorte d'empois quatre ou cinq fois son poids de semence, en malaxant convenablement ce singulier mélange. Après un repos de vingt heures, ledit mélange fut délicatement saupoudré avec de la chaux et mis à sécher à l'air. Les graines se trouvaient ainsi recouvertes d'un enduit de fécule chargé d'hydrate de cuivre et de plâtre.

Pendant environ deux années, MM. Bréal et Giustiniani instituèrent de nombreuses cultures comparatives en pots avec des poids égaux de semences, les unes recouvertes de l'enduit susdit, les autres à l'état naturel.

Or, tant pour les maïs quarantin, le lupin blanc et le sarrasin, que pour les blés, l'orge chevalier et l'avoine, les récoltes fournies par les graines soumises à la préparation cuprique furent sensiblement plus importantes que celles des graines non préparées. Les différences, déterminées suivant le rapport des poids des organes aériens séchés à 110 degrés furent de 10, 15, 20, 40, 60 pour 100 supérieures !

En outre, cinq autres cultures de maïs en pleine terre con-
firmèrent l'effet utile de l'enveloppe cuprique.

✻

### L'emploi comme engrais du manganèse.

On sait que pour qu'un végétal atteigne le maximum de son
développement, il est nécessaire qu'il puisse trouver dans le sol
où s'opère sa croissance les multiples éléments nutritifs qui lui
sont nécessaires, et cela dans une proportion convenable.

L'absence ou l'insuffisance d'un seul de ces éléments arrête
ou diminue la croissance.

C'est sur l'existence de ce phénomène, qu'est en somme
basée, en agriculture, toute la pratique des engrais. Cependant,
ce qui est vrai quand il s'agit des éléments carbone, azote, phos-
phore, potassium, etc., qui entrent en grande quantité dans la
composition chimique du végétal, doit l'être également quand il
s'agit des éléments qui ne figurent qu'à l'état de traces parmi
les corps constituants de la plante.

Aux fins de vérifier expérimentalement la réalité de cette
prévision à propos du manganèse, M. Gabriel Bertrand, avec le
concours d'un agriculteur éclairé, M. L. Thomassin, entreprit
récemment un essai dans les conditions de la grande culture,
sur le rôle du manganèse dans la végétation.

Voici comment M. Gabriel Bertrand rapporte cette tentative,
qui fut opérée au cours même de la dernière campagne.

Il s'agit d'une culture d'avoine commencée en fin février. La couche
arable, d'une grande profondeur, était formée de terre argileuse,
très faiblement calcaire, dans laquelle j'ai dosé, par trois épuisements
à l'acide chlorhydrique concentré et chaud, 0,057 pour 100 de manganèse. Une partie seulement de ce manganèse était soluble dans l'acide
acétique bouillant au centième : 0,024 pour cent.

L'expérience a été faite sur deux surfaces carrées, égales à tous
points de vue, de 20 ares chacune. Ces surfaces ont reçu les engrais
habituels, dans les mêmes proportions, mais l'une d'elles a reçu, en
plus, une quantité de sulfate de manganèse desséché, correspondant

à 50 kilogrammes par hectare. Ce sulfate, exempt d'impuretés, pour avoir plus de certitude dans les résultats, renfermait 31,68 pour 100 de manganèse. Chaque mètre carré de terre avait donc reçu 1ᵍʳ.6 de métal.

La récolte a eu lieu au mois d'août. Jusque là, l'aspect des deux surfaces est resté sensiblement le même : les pesées seules ont accusé de notables différences. On a, en effet, obtenu :

Sans manganèse :

| | | | | | |
|---|---|---|---|---|---|
| Poids total. . . . . . . . . | | 1.290 kilog. | Soit à l'hectare | 6.450 kilog. |
| Après { Grains . . . . | | 518 — | — | 2.590 — |
| battage { Paille et balles. | | 768 — | — | 3.840 — |

Avec manganèse :

| | | | | | |
|---|---|---|---|---|---|
| Poids total. . . . . . . . . | | 1.580 kilog. | Soit à l'hectare | 7.900 kilog. |
| Après { Grains . . . . | | 608 — | — | 3.040 — |
| battage { Paille et balles. | | 968 — | — | 4.840 — |

Les différences en faveur du manganèse sont donc :

| | |
|---|---|
| Pour l'ensemble de la récolte. . . . . . . | 22,5 pour 100 |
| Soit pour le grain. . . . . . . . . . . . | 17,4 — |
| — la paille. . . . . . . . . . . . | 26,0 — |

L'examen comparatif des graines a donné les chiffres suivants :

| | Sans manganèse | Avec manganèse |
|---|---|---|
| Poids de l'hectolitre. . . . | 44 kilog. | 46ᵏᵍ,5 |
| Eau à + 110°. . . . . . . | 17,48 p. 100 | 16,85 p. 100 |
| Cendres . . . . . . . . . | 2,82 — | 2,88 — |
| Manganèse . . . . . . . . | 0,000004 | 0,000004 |
| Azote total . . . . . . . . | 1,61 | 1,58 |

Ce sont là des résultats particulièrement intéressants et vraiment dignes d'attirer l'attention des agronomes sur l'emploi agricole du manganèse.

Mais ils ont encore une autre portée, à savoir qu'ils indiquent l'utilité qu'il y a de rechercher, dans l'étude des causes auxquelles est attribuable la fertilité du sol, si des éléments rares autres que le manganèse, tels que le bore, le zinc, l'iode, etc., ne jouent pas un rôle analogue ; et ne peuvent, par suite, en certaines occasions du moins, concourir, par leur présence, à favoriser notablement la puissance de développement des végétaux cultivés.

# ARTS INDUSTRIELS

### L'automobilisme en 1905.

L'année 1905 a consacré d'une manière-absolue, incontestable, l'industrie automobile française. Autant de courses, autant de victoires.

Il nous est impossible de parler en détail de toutes ces épreuves. Nous retiendrons seulement les plus importantes.

La première épreuve réellement intéressante a été celle dite des éliminatoires de la coupe Gordon-Bennett. Pour diverses raisons, on a abandonné le circuit des Ardennes, pour le remplacer par le circuit d'Auvergne, constitué par des routes très accidentées, avec des tournants très brusques, de véritables « montagnes russes » par endroits, bref, avec toutes les difficultés voulues pour mettre à l'épreuve les engins les mieux construits.

Les voitures engagées dans ces éliminatoires peuvent être considérées comme des voitures merveilleusement étudiées. Les maisons représentées étaient les suivantes : Richard-Brasier Renault frères, Charron-Girardot et Voigt, Bayard-Clément, Hotchkiss, Auto-Moto, Gobron-Brillié, Darracq, de Dietrich, Panhard-Levassor. L'épreuve fut courue le 16 juin. En tête arrivait Théry, sur voiture Richard-Brasier, après avoir couvert les 547 kilomètres du parcours en 7$^h$ 54$^m$ 49$^s$ 1/5, avec une vitesse moyenne de 72 kilomètres à l'heure. La seconde place appartint à Caillois sur une voiture de la même maison, et la troisième à Duray sur une voiture Diétrich. Voilà donc les concurrents que nous retrouvons en ligne pour représenter le groupe français dans la grande course internationale qui s'est déroulée sur le même circuit.

On connaît le résultat de l'épreuve. Théry, sur Richard-Brasier, bat encore tous ses concurrents. La coupe revient encore cette année à la France.

Le classement officiel a été ainsi établi par la Commission sportive de l'Automobile Club de France :

1. Théry (France), en $7^h2^m42^s$.
2. Nazzari (Italie), en $7^h19^m9^s$.
5. Cagno (Italie), en $7^h21^m22^s$.
4. Caillois (France), en $7^h27^m6^s$.
5. Werner (Allemagne), en $8^h5^m30^s$.
6. Duray (France), en $8^h5^m50^s$.
7. De Caters (Allemagne), en $8^h11^m11^s$.
8. Rolls (Angleterre), en $8^h26^m42^s$.
9. Clifford Earp (Angleterre), en $8^h27^m29^s$.
10. Braun (Autriche), en $8^h35^m5^s$.
11. Bianchi (Angleterre), en $8^h38^m39^s$.
12. Lyttle (Amérique), en $9^h30^m52^s$.

La coupe de régularité attribuée à la nation dont les trois voitures ont fait au total le meilleur temps, est gagnée par la France. L'Angleterre est la seule autre nation dont les trois voitures parties sont arrivées.

L'épreuve appelle quelques réflexions qui ne manqueront pas d'intérêt. On peut se demander, en effet, si la voiture Richard-Brasier est réellement si supérieure aux autres qu'on veut bien le dire. La différence de temps entre les quatre premiers arrivants est bien moins grande qu'on aurait pu le supposer : ce ne sont pas les quelques minutes d'avance, sur un parcours aussi long et aussi accidenté, qui suffisent pour mettre au second plan des voitures comme les Fiat, qui ont fourni une randonnée merveilleuse. Mais, d'autre part, il semble s'être confirmé ce fait déjà entrevu à la suite de manifestations analogues, que les voitures de puissance moyenne sont plus avantageuses que les grosses voitures dans ces épreuves où il est impossible de fournir des vitesses sensationnelles. Le puissant moteur est donc inutile. Enfin, signalons que, sur 18 voitures engagées, douze sont arrivées au but, tandis que dans certains concours, comme celui d'Aix, par exemple, qui était réservé aux voitures de tourisme, une proportion beaucoup moins forte put s'établir en faveur des arrivants. Cela ne signifie-t-il pas que les constructeurs apportent moins de soin à la fabrication des voitures

de tourisme qu'à celle des voitures de course? S'il en est ainsi,
les courses se condamnent elles-mêmes, et elles deviennent
l'expression de ce que peuvent faire les constructeurs et de ce
*qu'ils ne font pas.*

Parmi les autres concours, signalons les plus intéressants,
sans entrer dans trop de détails.

Un *concours de silencieux* semble avoir eu un certain succès.
Cela se conçoit, les bruits de l'échappement étant fort désagréables pour les automobilistes et pour le public.

Deux voitures électriques Védrine ont effectué le trajet
Paris-Trouville en passant par Evreux et Lisieux. Ces voitures
pèsent 1 580 kilos et possèdent 700 kilos d'accumulateurs avec
une capacité de 250 chevaux. Ces voitures ont franchi les deux
étapes Paris-Evreux et Evreux-Trouville en rechargeant seulement une fois à Evreux : on peut évaluer à environ 150 kilomètres la distance d'une étape sans recharge.

Un concours également plein d'intérêt a été celui des véhicules industriels et des fourgons militaires automobiles. Nous en-
trons cette fois dans la catégorie des automobiles industrielles,
catégorie jusqu'ici fort négligée par les constructeurs. Les principales maisons d'automobiles de France, d'Allemagne, de Suisse,
avaient tenu à prendre part à ce concours : De Dion, Serpollet,
Krieger (omnibus pétroléo-électrique), E. Brillié, Mors, Peugeot,
Ariès, Cottereau, N. A. C. de Berlin, avec un train sur route,
Dufour (Suisse), Daimler (Allemagne). Etant donnée l'importance de ce concours, importance singulièrement supérieure à
celle de la coupe Gordon-Bennett, quoi que l'on pense, nous
n'hésitons pas à donner les résultats complets de cette épreuve,
parce qu'ils nous serviront de base pour les futurs concours
de cette nature.

Disons d'abord que les véhicules transportant plus de deux
tonnes ont pris le départ d'Enghien et ont tous atteint Compiègne en passant par Creil. Les véhicules des autres catégories,
de 50 à 500 kilos, sont allés à Compiègne, par Meaux, la Ferté-
Milon, Soissons, Compiègne, et ceux de 500 à 2 000 kilos : Paris,
Creil, Paris. Voici les résultats par catégories :

*Véhicules de transport en commun. — Véhicules transportant
plus de 6 personnes.* — Société Lorraine des Anciens Etablissement Dietrich, 1ʰ10 (poids : 1 647ᵏ). — Société Lorraine des

Anciens Etablissement Dietrich, 1ʰ 10 (1 654ᵏ). — Société des Automobiles Gillet et Forest, 1ʰ12ᵐ5ˢ (1 494ᵏ). — Société des Automobiles Peugeot, 2ʰ18 (2 068ᵏ).

*Véhicules transportant 12 à 14 personnes.* — De Dion-Bouton et Cⁱᵉ, 2ʰ7ˢ (2 841ᵏ). — Société des Automobiles Ariès, 3ʰ4 (2 155ᵏ). — De Dietrich, 2ʰ14 (2 341ᵏ). — De Dietrich, 2ʰ14 (2 349ᵏ).

*Omnibus comportant au moins 30 places, avec impériale, remplissant le programme d'exploitation générale des omnibus de Paris.*— Compagnie parisienne des voitures électriques Krieger, 2ʰ40 (4 352ᵏ). — Gardner-Serpollet, 2ʰ16 (4 800ᵏ). — De Dion-Bouton et Cⁱᵉ, 2ʰ36 (3 618ᵏ). — Société des Automobiles Mors, 2ʰ9 (4 192ᵏ). — Société des Automobiles Eugène Brillié, 2ʰ15 (4 177ᵏ).

*Véhicules de transport de marchandises. — Motocycles transportant au moins 50 kilogrammes.* — Mototri Contal I, 2ʰ14 (255ᵏ). — Mototri Contal II, 2ʰ19 (257ᵏ). — Mototri Contal III, 3ʰ4 (255ᵏ).

*Véhicules transportant de 200 à 500 kilogrammes.* — De Dion-Bouton et Cⁱᵉ, 1ʰ39 (911ᵏ). — Automoto, 1ʰ57 (1 216ᵏ).

*Véhicules de transport de marchandises. — Véhicules transportant de 500 à 1 000 kilogrammes.* — Société des Automobiles Gillet-Forest, 2ʰ12 (1 174ᵏ). — De Dion-Bouton et Cⁱᵉ, 2ʰ7ᵐ5ˢ (1 645ᵏ). — Société des Automobiles Ariès, 1ʰ28ᵐ (1 112ᵏ). — Société des Automobiles Clément, 1ʰ25 (1 555ᵏ).

*Véhicules transportant de 1500 à 2000 kilogrammes.* — Société Lorraine des anciens établissements de Diétrich, 2ʰ10 (2 001ᵏ). — Latil, 3ʰ44 (1 977ᵏ). — Société des Automobiles Gladiator, 3ʰ30 (1 521ᵏ). — Delahaye, 2ʰ25 (2 400ᵏ).

*Véhicules transportant plus de 2 000 kilogrammes.* — Compagnie parisienne des voitures électriques Krieger (4 220ᵏ). — De Dion-Bouton et Cⁱᵉ, 3ʰ18 (2 851ᵏ). — Latil, 3ʰ41 (2 251ᵏ). — Turgan, 2ʰ54 (3 200ᵏ). — Delaugère et Clayette, 4ʰ3 (2 700ᵏ). — A. Cohendet et Cⁱᵉ, 4ʰ28 (3 195ᵏ). — Société des Automobiles D. A. C., 4ʰ17 (3 296ᵏ). — Société des Automobiles

E. Brillié, 6ʰ13 (3250ᵏ). — Société des camions Dufour (Suisse),
3ʰ42 (3071ᵏ). — Société des moteurs Daimler (Allemagne),
2ʰ43 (3378). — Cottereau et Cⁱᵉ, 3ʰ5 (2890). — Société N. A. G.
(Allemagne), 4ʰ22 (6270ᵏ).

*Fourgons militaires.* — De Dietrich, 2ʰ32 (5112ᵏ). — Gard-
ner-Serpollet, 2ʰ26 (4012ᵏ). — Gillet-Forest, 2ʰ33 (2608ᵏ). —
De Dion-Bouton, 2ʰ6 (2991ʰ). — Peugeot, 2ʰ54 (3125ᵏ). —
Peugeot, 3ʰ15 (3127ᵏ). — Peugeot, 3ʰ40 (2990ᵏ). — Latil,
2ʰ32 (2863). — Delahaye, 2ʰ2 (5145ᵏ). — Ariès, 5ʰ8 (3215ᵏ).
— Ariès, 2ʰ47 (3125ᵏ). — Cottereau, 5ʰ23 (3675ᵏ).

Le déchet a été minime : partis au nombre de 55, les concurrents étaient 50 à l'arrivée. Encore la plupart des défections
ont-elles été dues à des accidents causés par des tiers.

La *Coupe des Pyrénées* a été gagnée par la 80 chevaux de
Sorel. Brouhot, Didier, Ballot se sont classés ensuite.

Le *concours des tri-cars*, organisé par l'*Auto*, a vu triompher
les machines Bozier avec les deux premiers numéros, et le
Motri-Contal.

Enfin, comme chaque année, les beaux jours du printemps,
de l'été et de l'automne ont été utilisés pour remplir des
engagements antérieurs, c'est-à-dire pour se livrer à des exercices qui reviennent périodiquement sans que l'utilité en soit
bien démontrée.

Ce qu'il faut maintenant à l'automobilisme, ce n'est plus de
la vitesse, c'est de la résistance, de la souplesse, de l'économie,
et les voitures de l'avenir seront les petites voiturettes à bon
marché et les voitures industrielles et de transport en commun.

*　*　*

Chaque année, le « Salon de l'Automobile et du Cycle », toujours inauguré avec la même pompe, par les mêmes personnages officiels, accapare un palais nouveau ou fait édifier des
baraquements provisoires de plus en plus étendus. Le progrès
accompli par la nouvelle industrie se mesure en mètres carrés ;
il y a production intense, exposition intense, et la foule des
acheteurs et des curieux est plus intense encore. Les stands

sont inabordables. Ne nous en plaignons pas. L'automobilisme est presque la seule industrie française qui soit demeurée sans concurrents dans le monde entier. Elle produit constamment et parvient difficilement à satisfaire les commandes.

En pénétrant dans le Grand Palais, on est saisi par une impression de luxe qui ne laisse pas de s'imposer à l'attention.

Au début, les constructeurs hésitaient à créer des voitures atteignant des prix considérables; mais ils se sont vite aperçus que là était, sinon l'avenir, du moins le rapide succès. Cette année, plus qu'aucune autre, caractérise le genre somptueux dans l'automobilisme; le Grand Palais tout entier lui appartient, et sur les stands de la grande nef, aussi bien que dans les galeries adjacentes et dans celle avoisinant la coupole d'Antin, on ne voit que carrosserie d'une ligne pure, révélant un confort poussé jusque dans ses extrêmes limites. Le classique tonneau, qui fit autrefois les délices des premiers amateurs, a disparu pour faire place à l'élégant coupé, au phaéton, à la limousine. C'en est fait des attitudes recroquevillées et douloureuses des premiers temps : cinq, six personnes sont maintenant tout à fait à leur aise dans une 24 chevaux.

A côté de ces élégances et de ces utilités, une autre catégorie de voitures s'est fait jour, catégorie déjà réclamée depuis longtemps par la classe moyenne, par ceux qui sont tout acquis à la locomotion nouvelle et que l'on a trop sacrifiés jusqu'ici. La petite voiturette apparaît, en effet, dans plusieurs stands; elle n'est pas très gracieuse encore, le souci de ses partisans résidant plutôt dans la simplification mécanique que dans la recherche du confort; mais son tour viendra, lorsque, comme cela s'est déjà produit pour son aînée, l'unification se sera à peu près opérée. C'est là un autre progrès, et il appartient aux constructeurs qu'a tentés la solution de ce problème de ne pas perdre courage : l'avenir de l'automobile est là.

Dans ces conditions, les moteurs peuvent se classer en deux catégories : le quatre cylindres et le monocylindrique. Le premier règne en maître, avec une technique spéciale pour chaque constructeur, mais, en définitive, ce sont toujours les mêmes engins qui, tous, produisent les mêmes effets, et, à peu de chose près, aussi régulièrement les uns que les autres. Tout ce que l'on pouvait désirer est acquis ; ils sont souples, silencieux, et fonctionnent parfaitement; il ne reste plus qu'à simplifier, si possible toutefois, leur abord. Le monocylindrique a également conservé sa forme ancienne, tout en bénéficiant du progrès accompli par son rival. Constatons la disparition complète des deux, trois, six, huit cylindres. Cottereau a cependant construit une six cylindres de 160 chevaux montée sur un châssis de voiture de course : c'est une belle pièce. MM. Delahaye ont fait un quatre cylindres de 300 chevaux pour la navigation automobile. Ces monstres, disons-le de suite, n'inspirent que de la curiosité.

Je passe, sans m'y arrêter, sur les différents systèmes d'embrayage, les changements de vitesse toujours mal vus et toujours indispensables, les transmissions, les roues et les pneus, les suspensions, les motocyclettes, nombreuses, intéressantes, mais trop compliquées en général, et les accessoires. Il y a dans tout ce lot de mécaniques des idées neuves, mais rien de révolutionnaire. Signalons toutefois l'*autofauteuil* et les *patins automobiles*, qui constituent deux nouveautés, l'une intéressante, l'autre vraisemblablement plus ingénieuse que pratique.

Que devient la vapeur ? Elle tient une excellente place dans ce Salon. Après avoir lutté pendant de longues années, ses fervents — Serpollet en tête — qui étaient peu nombreux, ont vu leur bataillon s'accroître de plusieurs unités. C'est un signe des temps. Au début de l'automobilisme, la vapeur n'avait enthousiasmé que fort peu d'amateurs, malgré la souplesse qu'elle communique à un véhicule ; ses défauts étaient trop apparents encore. Elle a su se libérer d'une grosse partie d'entre eux, et elle se présente actuellement en face du moteur à explosion comme une dangereuse rivale.

On peut en dire autant de l'électricité. Elle gagne du terrain, et les Kriéger, les Mildé, *tutti quanti*, lui ont fait faire des prodiges. Dinin présente une jolie petite voiturette électrique remarquable tant par l'agencement de ses organes que par la carrosserie.

Le Cours la Reine est moins couru par le monde élégant que le Grand Palais. Il n'intéresse que l'ingénieur, le technicien.

Les deux serres de la défunte exposition n'ayant pas paru suffisantes pour contenir tout ce qui n'est pas automobilisme de luxe, on dut les prolonger par des baraquements, sous lesquels s'entassaient les produits des représentants de l'automobilisme industriel : camions, fourgons, voitures de livraisons, etc. Les machines-outils avaient également leur place réservée avoisinant les canots automobiles, auxquels faisait suite l'aérostation. Les sous-sols étaient affectés aux moteurs en marche : c'est là que se faisaient les démonstrations expérimentales.

L'industrie des « poids lourds » est en progrès en France, mais, contrairement à ce qui s'est produit pour l'automobilisme proprement dit, nous sommes encore loin d'avoir atteint le but désiré. Quelques rares maisons ont eu le courage de s'atteler à cette besogne, qui paraît plus ingrate qu'elle ne l'est en réalité. La vitesse n'est pas exigible dans cette catégorie de véhicules, auxquels on demande seulement beaucoup de régularité et d'économie. Dans cette section figurent quelques types d'omnibus automobiles. Ces voitures ont acquis brusquement une célébrité de bon aloi.

Au stand des machines-outils, on assistait à la confection des moules pour moteurs, à la taille des pignons et aux diverses transformations que subit la matière brute avant de se transmuer en une pièce polie. A signaler ici le découpage rapide du métal par la flamme du gaz oxygène qui agit comme un emporte-pièce : c'est une application industrielle pleine d'avenir.

✻

### Le câble télégraphique français de Brest à Dakar.

La fabrication et l'immersion du câble de Brest à Dakar fait le plus grand honneur à l'industrie française, qui, actuellement, peut rivaliser avec les industries similaires anglaises. La *Société industrielle des téléphones* a commencé la fabrication le 5 avril 1904, et l'a terminée le 31 décembre. L'immersion a été effectuée par le navire-câblier *François-Arago*, qui appartient également à cette société, en trois expéditions : la première en juillet 1904, la seconde en novembre et la troisième en janvier 1905. L'épissure finale date du 4 février et la réception du câble a eu lieu le 7.

Le câble de Brest à Dakar comprend approximativement 27 kilomètres de câble d'atterrissement, 31 kilomètres de câble côtier, 132 kilomètres de câble intermédiaire et 4300 kilomètres de câble de grand fond. Ces divers types se différencient seulement par leur armature, l'âme conductrice du courant demeurant la même pour chacun d'eux. Le câble d'atterrissement est mieux protégé que toutes les autres sections, parce que, près du rivage, le conducteur est sans cesse ballotté par les

Le navire-câblier *François-Arago* de la Société industrielle des téléphones.

vagues et remous qui le projettent sur les rochers et finiraient par l'user très rapidement si une solide armature d'acier ne l'entourait. Non loin des côtes, il peut être également traîné par les ancres des navires ou les engins de pêche, et c'est même là une des fréquentes causes de rupture. En pleine mer, il repose sur un fond souvent vaseux, et se trouve à peu près à l'abri de tous les dangers, sauf toutefois des attaques des organismes abyssaux ; mais son armature suffit, dans la plupart des cas, à le protéger. On doit éviter, surtout pendant la pose, les vallées profondes et étroites au-dessus desquelles le câble serait suspendu comme un fil aérien entre deux poteaux, car les gros poissons peuvent le rompre accidentellement. Il s'est produit, à ce sujet, dans le golfe Persique, un cas de rupture de câble que l'on rappelle dans tous les traités de télégraphie sous-marine : une baleine rencontrant un câble suspendu s'en amusa vraisemblablement, et fit si bien qu'elle l'enroula autour de son corps et fut étranglée. On releva son cadavre en relevant le conducteur pour le réparer.

L'âme du câble de Brest à Dakar a été construite à l'usine que la Société industrielle des téléphones possède à Bezons. Elle est constituée par un fil central en cuivre entouré de 13 autres fils plus petits et de même métal; elle pèse 230 kilogrammes par mille. Sur cette âme, on a disposé trois couches de gutta-percha, ce qui donne à l'ensemble un diamètre de 14 millimètres; cette substance isolante pèse 150 kilogrammes par mille; enfin une couche de jute tanné enveloppe le tout. L'armature, construite à l'usine de Calais, comprend 24 fils d'acier de 2 millimètres de diamètre enroulés sur la couche de jute; ces fils sont enfin recouverts de jute et de compound, substance à base de goudron, qui empêche le câble de se coller lorsqu'il est enroulé dans la cuve du navire qui le transporte. Le câble d'atterrissement est plus solide, avons-nous dit; sur l'isolant qui emprisonne l'âme, on a, en effet, enroulé un ruban de cuivre d'un dixième de millimètre d'épaisseur, sur lequel sont appliquées deux couches de jute; enfin, l'armature est constituée par dix gros fils d'acier de 9 millimètres de diamètre.

Ce nouveau conducteur met le Sénégal et presque toutes nos possessions de l'Afrique occidentale à l'abri du contrôle étranger.

### Appareils d'essai des ponts et charpentes.

Lorsque la construction d'un pont est terminée, on ne livre l'ouvrage à la circulation qu'après l'avoir soumis à une série d'essais dont les plus importants reposent sur la mesure des déformations ou « flèches » produites par des charges fixes ou mobiles.

Les appareils employés pour effectuer ce contrôle ont été établis par M. Jules Richard, sur la demande de M. Rabut, ingénieur en chef des Ponts et Chaussées. Ils se composent essen-

tiellement d'un levier amplificateur mobile autour d'un axe
horizontal. Le petit bras de ce levier reçoit, par l'intermédiaire
d'un étrier de commande, le mouvement à enregistrer; l'extrémité du grand bras porte une plume spéciale qui trace le diagramme sur une feuille de papier tendue sur un cylindre
tournant uniformément autour d'un axe vertical.

Différents modèles d'appareils ont été construits sur ce prin-

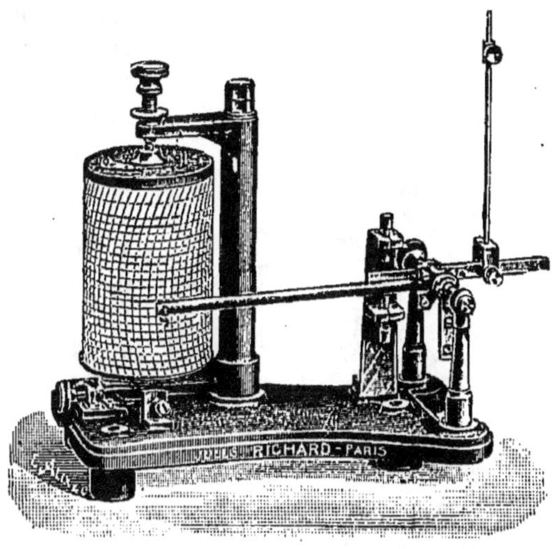

Enregistreur de flèches à potence.

cipe : le dernier en date, qui est aujourd'hui universellement
employé, est l'*enregistreur à potence*. Son socle en fonte, d'un
encombrement aussi réduit que possible, et suffisamment lourd
pour donner à l'appareil un maximum de stabilité, porte une
potence mobile autour d'un axe vertical sur lequel est monté,
entre deux pointes, le système enregistreur. A l'autre extrémité du socle, deux colonnettes soutiennent un axe commun à
deux leviers, l'un vertical et l'autre horizontal, permettant la
commande dans ces deux positions. Chacun de ces leviers est
pourvu de quatre broches à trous coniques correspondant aux
coefficients de multiplication 20, 10, 5, et 2,5. Toutes les articulations sont sans aucun jeu et sans frottement; les pièces en
mouvement étant très légères, il n'est à craindre aucune erreur
par inertie. On éloigne le cylindre de la plume en tournant le

bouton molleté de la potence, lorsque l'appareil n'est pas en expérience.

Pour effectuer une mesure à l'aide de l'enregistreur de flèches, on procède de la façon suivante. Entre le point du tablier du pont ou de la poutre dont on veut mesurer la flèche, on tend un fil d'acier que l'on relie à un point fixe, le sol, par exemple, par l'intermédiaire d'un ressort à boudin. L'appareil est ensuite placé sur un support, de telle sorte que la tige de l'étrier soit parallèle à ce fil, puis on relie de dernier avec la tige à l'aide d'une pince spéciale. Il convient enfin de s'assurer que la plume au repos se présente bien au milieu de la feuille à dia - gramme, et, après l'avoir garnie d'en-

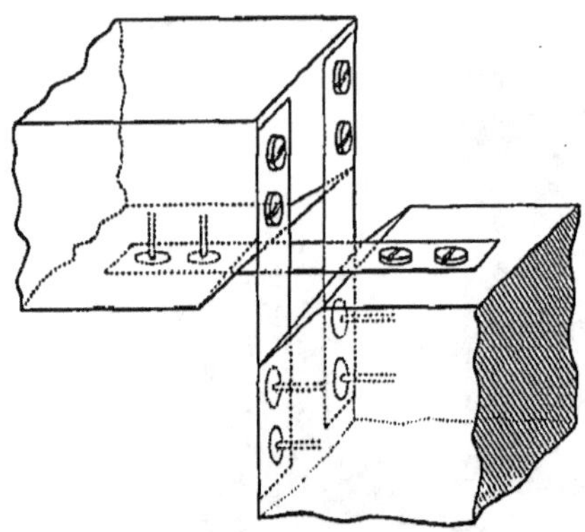

Articulation à lames flexibles.

cre, on la met en contact avec le papier. Dans ces conditions, au moment du passage des trains ou des voitures, ainsi que sous l'effet des charges variables, toutes les flèches seront transmises au levier de l'appareil par le fil d'acier constamment tendu par son ressort et amplifiées sur le diagramme dans le rapport du bras du levier utilisé.

Les constructeurs de fermes métalliques ne sauraient se contenter de ces indications; il n'est pas moins important pour eux, en effet, de connaître comment se comportent les différentes parties qui constituent l'ossature métallique de l'ouvrage. C'est même là une étude à effectuer tout d'abord, car elle permet de donner à chacune de ces pièces la quantité de métal strictement nécessaire, et cela par raison d'économie. On mesure ainsi l'allongement et la compression, et à l'aide de ces deux données, prises en différents points, on détermine la résistance exacte de chaque pièce.

On utilise, dans ce cas, un appareil imaginé par M. Mesnager, ingénieur des Ponts et Chaussées, pour mesurer les déformations élastiques. Il est basé sur l'emploi d'articulations formées de deux lames métalliques flexibles, disposées à angle droit, de manière à constituer une articulation sans jeu. L'ensemble des

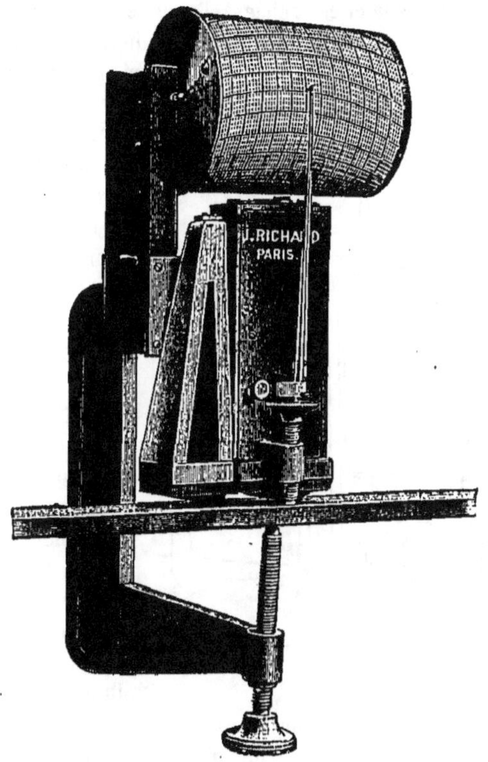


Appareil pour mesurer les déformations élastiques.

pièces reliées par ces articulations placées en A, B et C, permet d'obtenir une multiplication équivalent à 2000.

L'appareil porte à sa partie inférieure deux pointes E F, qui viennent s'engager dans deux coups de pointeau repérés à l'avance sur la longueur de la pièce. Deux vis servent à maintenir l'appareil en place, et permettent de lui donner une position quelconque. La vis supérieure forme avec les deux pointes E F un triangle de base qui rend l'appareil très stable. Soumettons maintenant cette pièce à un effort de traction : les deux pointes E F s'éloignent, le levier D tourne autour de l'articulation A, et B agit par la pièce G sur un second levier H, qui tourne également autour de l'articulation flexible C, et repousse la pièce métallique K. Mais celle-ci est reliée à l'aiguille de l'appareil : cette dernière sera donc portée vers la gauche du zéro et enregistrera sur le papier une quantité égale à 2000 fois l'allongement subi par la pièce métallique. Ainsi que l'indique le dessin de l'appareil, cette aiguille se déplace sur un cylindre, actionné par un mouvement d'horlogerie placé à l'intérieur, et portant une feuille sur laquelle s'enregistre le diagramme. La vitesse de déroulement peut être quelconque ; généralement on la limite à un tour par vingt-six secondes. Le cylindre est approché ou éloigné de la plume à l'aide d'un

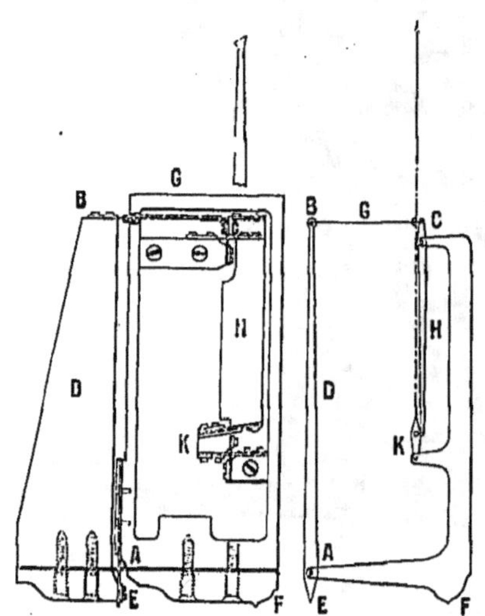

Appareil à leviers pour mesurer les déformations
élastiques.

levier, et on le met en marche au moment de l'expérience en appuyant sur un bouton. L'appareil permet de mesurer les efforts d'une durée plus ou moins longue et ceux résultant d'un choc ou du déplacement d'une charge mobile.

Lorsqu'il s'agit d'apprécier la flexion des poutres ou planches des travaux en ciment armé ou en béton, on emploie un indicateur spécial non enregistreur. Un tel système est en effet inutile, parce que ces essais se font à l'usine ou à l'atelier et sont basés sur des effets de charges successives ; les ouvriers ont donc le temps matériel nécessaire pour noter toutes les flexions ou déviations.

Cet appareil se compose essentiellement d'une tige mobile dans son sens vertical et qu'un ressort tend constamment à faire remonter. On le dispose de telle sorte que l'extrémité supérieure de cette tige soit en contact avec l'ouvrage à essayer. Le montage se fait sur un échafaudage rudimentaire, et l'appareil est ensuite calé à l'aide des trois vis du socle, de telle sorte que l'aiguille vienne au zéro de la graduation. Lorsque la poutre fléchit, la tige entraîne l'extrémité libre de l'aiguille et lui fait parcourir

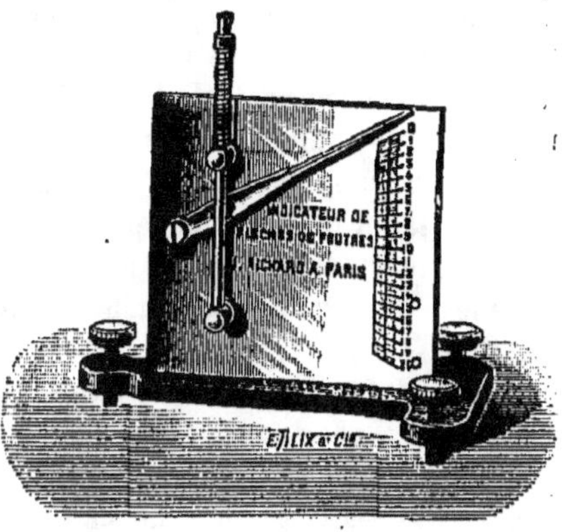


Indicateur de flèches pour poutres ou travaux en ciment armé.

un certain nombre de divisions représentant une multiplication égale à 5 fois la flexion produite; cette graduation permet donc de lire le cinquième de millimètre de flexion.

※

### Appareil enregistreur de la vitesse des trains.

La grande maison allemande Siemens et Halske a imaginé un appareil vraiment ingénieux pour mesurer la vitesse des trains sur une longueur déterminée de la voie. Ces appareils sont actionnés par le passage des trains sur 2 contacts flexibles, fixés aux rails à des distances variant entre 500 et 1000 mètres. On les installe dans la guérite de garde ou à la halte la plus rapprochée, et ils fonctionnent un peu comme des appareils télégraphiques, l'enregistrement s'opérant sur une bande de papier.

L'appareil comprend une pendule actionnée par un ressort, au-dessous de laquelle tourne un tambour muni de chevilles.

Le papier est placé sur un rouet dans le socle inférieur; il est préalablement troué de telle façon que dans chacun de ces trous s'engage une cheville lorsqu'il arrive sur le tambour; son déroulement est solidaire d'un mouvement d'horlogerie. Les trous sont placés à des intervalles qui correspondent à une durée de déroulement d'une demi-minute; de plus, la bande porte une suite de chiffres indiquant les heures et les minutes. Au moment de la mise en place de l'appareil, on dispose la bande de telle façon qu'elle indique, à la partie supérieure du tambour, la même heure que les aiguilles de la pendule; les deux organes conservent donc pendant la marche une concordance absolue.

Sur la droite du tambour est placé un électro-aimant dont l'armature supporte un couteau assez semblable à celui de l'appareil télégraphique Morse. Lorsqu'un train passe sur un contact, le couteau trace un signe sur la bande de papier qui passe lentement sous lui. Mais ce signe est constitué par une succession de points — un contact se produit au passage de chaque roue — dont l'ensemble forme un trait, le tambour tournant très lentement. Comme le train passe ensuite sur le second contact placé plus loin, on voit, à la seule inspection de la bande de papier, combien de temps ce train a mis pour franchir la distance, et on en déduit la vitesse à l'aide d'échelles spéciales.

Si l'on veut connaître la vitesse d'une machine isolée, le système, tel que nous venons de le décrire, pourrait donner des indications insuffisamment nettes à cause de la lenteur de déroulement du tambour. Dans ce cas, on ajoute à l'horloge un organe destiné à allonger les contacts. Le levier imprimeur porte une petite roue à rochet pourvue d'un cliquet, et, sur la cage de l'horloge, est disposé un ressort d'encliquetage qui fonctionne de façon qu'à chaque mouvement du levier imprimeur la roue à rochet soit entraînée d'une dent. Au repos, une cheville placée sur le côté de cette roue à rochet presse contre un petit levier de fermeture de courant qui se trouve au-dessus d'elle. Dans ces conditions, si un simple contact se produit dans l'électro-aimant, le levier imprimeur agit sur la roue à rochet, la cheville quitte le levier de fermeture et ferme un circuit local. Le levier imprimeur continuera donc à fonctionner jusqu'à ce que la cheville de la roue à rochet, après un tour complet, relève légèrement le levier de fermeture et coupe le circuit local.

L'appareil est installé à la partie supérieure d'une sorte d'armoire, et la bande tombe dans le fond ; on conserve donc

Appareil enregistreur de la vitesse des trains.

aussi longtemps qu'on le désire la trace du passage des trains sur une portion de la voie et l'indication relative à leur vitesse.

※

## Les nouveaux trains du chemin de fer métropolitain.

Lorsque fut décidé l'établissement d'un réseau de chemin de fer métropolitain à Paris, l'on s'imagina, tout d'abord, que l'exploitation en devait être, à peu de chose près, comparable à celle des tramways. Il s'agissait donc d'adopter l'un des trois modes courants d'exploitation : la vapeur, l'air comprimé ou l'électricité. La vapeur était absolument impraticable à cause de la présence de la fumée dans les souterrains. L'air comprimé eût donné d'excellents résultats, mais son emploi présentait aussi ce grave inconvénient d'obliger les trains à des stationnements assez prolongés devant des appareils de charge placés à des distances trop rapprochées. La rapidité des transports n'était plus possible, et, par là, disparaissait la seule raison d'être du réseau. L'électricité apparut en la circonstance comme l'agent moteur idéal. Mais si l'on attendait d'elle la solution du problème, il n'en résultait pas qu'elle y fût prête, quoiqu'elle elle eût déjà fait ses preuves dans l'exploitation des lignes de tramways. On s'aperçut rapidement, en effet, que l'organisation du nouveau mode de transport ne pouvait être comparée à aucune autre organisation électrique existante, et l'on dut créer de toutes pièces un matériel d'exploitation spécial au métropolitain. Rien d'étonnant donc que de fausses manœuvres se soient produites dès le début par manque d'expérience.

Les trains qui circulent actuellement sur la ligne n° 5 sont des trains dits à *unités multiples*; ils sont composés de trois voitures motrices : une à l'avant, une à l'arrière et la troisième au milieu. Ce système de traction a déjà été employé pour la ligne électrique Paris-Versailles, exploitée par le train *Sprague*. Ici encore nous voyons réapparaître ces trains en compagnie de deux autres : ceux de la *Thomson-Houston* et ceux de la *Westinghouse*. Ces deux derniers seuls présentent un réel intérêt, car ils sont appelés à faire exclusivement le service sur la ligne n° 5 et sur la ligne n° 1. Dès que leur nombre sera suffisant, les trains Thomson-Houston continueront seuls le trafic sur la ligne n° 5, tandis que ceux de la Compagnie Westinghouse desserviront exclusivement la ligne n° 1. Enfin, tous les anciens trains Westinghouse à unités doubles seront transformés en unités multiples, et les autres, tout en conservant l'équipement double, seront montés sur boggies pour la ligne circulaire Nord-Sud.

Les trains Thomson-Houston à unités multiples sont formés de cinq voitures, dont trois motrices et deux de remorque. On

a cherché, dans ce système de trains, en multipliant les automotrices ayant chacune leur prise de courant propre, à augmenter l'adhérence du train, tout en assurant un démarrage
facile, et à permettre la mise hors circuit rapide d'une unité ava-
riée. La commande des automotrices s'effectue uniquement par
celle de tête et il ne circule dans toute la longueur du train
aucun courant à haute intensité. On a donc été amené, en vue
de l'établissement de ces divers dispositifs, à modifier complète-
tement le matériel ancien. Les contrôleurs ordinaires, appelés

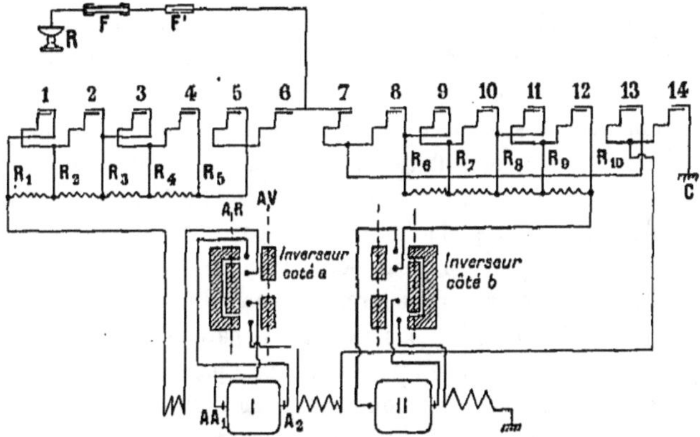


Schéma du circuit du courant de traction dans une voiture Thomson-Houston.

« combinateurs » en automobilisme, agissent sur des « contacteurs » électro-magnétiques, qui effectuent, à l'aide du courant
de commande ou courant local, toutes les combinaisons utiles
pendant la marche du train. Ces contacteurs sont au nombre
de 14; ils constituent, avec les *moteurs*, le jeu de *résistances*, le
*contrôleur* et l'*inverseur*, le mécanisme électrique de chaque
voiture.

Tous ces appareils ne sont plus, comme précédemment, disséminés sur toutes les voitures du train; on les a groupés
dans la loge du conducteur, de sorte qu'il ne circule aucun
courant à haut voltage sous les pieds des voyageurs; de ce
côté donc, les précautions sont prises pour éviter des accidents.
Mais pour que le conducteur puisse actionner les appareils des
deux autres loges inoccupées de sa place en tête du train, il

était néanmoins indispensable de relier électriquement tous les appareils. C'est alors qu'intervient le courant de commande qui circule d'un bout à l'autre du train dans un câble à 9 conducteurs enfermé dans un tube métallique, et relié entre chaque voiture par un coupleur. Par surcroît de précaution, ce tube métallique a été relié électriquement aux longerons des voitures et, partant, à la terre, de sorte que si un courant parasite se trouvait sur ce tube, il s'écoulerait au sol sans produire d'arc. Le courant de commande n'a donc d'autre but que de permettre le fonctionnement régulier des appareils destinés au passage plus ou moins accidenté du courant de traction, fourni par le rail conducteur, pour se rendre au moteur.

Le contrôleur permet au conducteur d'établir toutes les connexions désirées. Il porte à sa partie supérieure une manette qui commande, par l'intermédiaire d'une roue dentée, un pignon calé à l'extrémité d'un axe supportant un certain nombre de disques placés sur leur parcours de rotation. La manette peut prendre neuf positions différentes pour établir neuf relations diverses du circuit principal avec les moteurs, c'est-à-dire les établir en série ou en parallèle, et supprimer plus ou moins de résistances. La manette porte, sur sa poignée un bouton sur lequel le conducteur doit appuyer en permadence; en cas d'oubli, ou pour une cause quelconque, ce bouton, en prenant sa position de repos, détache deux contacts intérieurs et coupe le circuit de commande : les moteurs se trouvent donc automatiquement isolés de la prise de courant de traction. A gauche de cette manette en est placée une seconde qui sert seulement à changer le sens du courant, et par conséquent, la marche de la voiture.

*L'interrupteur de sectionnement*, auquel se rend le courant de commande, permet d'isoler une voiture motrice des deux autres en coupant le circuit de commande local. Ce courant pénètré ensuite dans un rhéostat constitué par des résistances destinées à l'équilibre des circuits et à régulariser le fonctionnement des contacteurs, puis enfin à *l'inverseur*, qui effectue les changements de marche sous l'action de la manette du contrôleur.

Les *contacteurs* sont les organes essentiels; ils réalisent, sous l'influence du courant de commande, les différentes combinai-

sons de résistance et de marche en série et en parallèle des
mot urs. Un contacteur est constitué par un électro-aimant
agissaнt sur un noyau, qui entraîne un contact mobile vers le
contact fixe auquel arrive le courant de traction. Chaque con-
tect porte une bobine de soufflage destinée à supprimer l'arc de
rupture.

Sans entrer dans d'autres détails qui nous entraîneraient au
delà du but que nous nous sommes tracé, nous allons expliquer le passage du courant de traction à travers les contacteurs
et les résistances, avant qu'il se rende au moteur. Ce courant,
émanant du rail R, suit le câble soudé aux sabots, et traverse
deux fusibles F F', qui sautent dès que l'ampérage augmente au
delà d'une certaine limite. Admettons que le conducteur ait
amené sa manette sur le premier cran du contrôleur. Les contacteurs 5, 6, 8, 13 sont fermés par le circuit de commande et
le courant de traction passe donc par les contacteurs 6 et 5 ;
puis il traverse toutes les résistances de $R^5$ à $R^1$, et se dirige vers
le contacteur 13, qui le renvoie au contacteur 8, d'où il franchit
les résistances de $R^6$ à $R^{10}$ avant de venir à l'inverseur, puis
au moteur, et enfin à la terre. Si la manette du contrôleur
franchit un autre cran, c'est-à-dire prend une nouvelle position, deux autres contacteurs sont fermés et deux résistances
sont mises hors circuit, et ainsi de suite, jusqu'à ce que toutes
les résistances soient hors circuit. Dans la marche en parallèle,
les contacteurs 7 et 14 sont fermés, le 13 est ouvert ; le moteur 1 prend alors sa terre par le contacteur 14, et le moteur 2
reçoit directement le courant par le contacteur 7.

Les voitures motrices de ces trains sont à boggies ; ceux
d'avant seuls sont équipés avec deux moteurs de 175 chevaux
chacun, ce qui donne pour le train entier une puissance de
1050 chevaux. Ces appareils sont du type dit *cuirassé*, le cadre
de l'inducteur étant fondu d'une seule pièce ; extérieurement,
ils affectent la forme d'un cube dont les angles seraient arrondis. L'inducteur est à 4 pôles, et on met en place l'induit en
le faisant pénétrer par l'extrémité libre de la cuirasse. L'arbre
de l'induit se termine par un pignon denté, qui engrène directement avec une roue dentée calée sur l'essieu des roues. Chaque
moteur pèse 2850 kilogrammes, les voitures motrices 28 tonnes,
et celles de remorque 17 tonnes seulement. Enfin, il est bon

d'ajouter que la loge du conducteur est entièrement métallique et que les bois entrant dans la construction des voitures ont été ignifugés aussi complètement que possible. D'autre part, on a cherché également à ventiler les moteurs en ménageant à l'intérieur des induits des canalisations en chicane qui obligent l'air à y circuler; les résultats obtenus par ce dispositif ont été satisfaisants. Malheureusement, il est inapplicable dans les anciennes motrices, dont les appareils, après deux jours de service, accusant une température superficielle de 90 degrés, ou même davantage n'ont pas le temps de se refroidir pendant la nuit, et repartent le lendemain avec une température initiale de 70 degrés.

Les trains *Westinghouse*, auxquels est réservée l'exploitation de la ligne n° 1, diffèrent peu des précédents quant aux dispositifs généraux de commande. Ils comprennent également 3 voitures motrices, mais le nombre des voitures remorquées a été porté à 4. Les moteurs des boggies avant sont de 100 chevaux chacun et la cuirasse entourant l'induit est en deux parties; le courant de commande, au lieu d'être comme précédemment de 550 volts sous un ampérage très réduit, est fourni par deux batteries d'accumulateurs de 7 éléments (14 volts). Le câble qui transmet ce courant aux motrices de milieu et d'arrière du train est formé de 7 conducteurs, et toutes les combinaisons de résistance et de marche en série ou en parallèle des moteurs s'effectuent dans un contrôleur-tourelle, type Westinghouse, placé dans la loge du train. La commande s'effectue par une manipulation établissant les contacts avec des doigts fixes, et toutes les manœuvres sont obtenues au moyen d'une manette unique qui revient à la position neutre, c'est-à-dire à celle correspondante à l'ouverture de tous les contacteurs, dès que le conducteur l'abandonne à elle-même. Le contrôleur-tourelle est aidé ici d'un système électro-pneumatique qui n'existe pas sur les précédentes motrices; ses contacteurs sont actionnés par des pistons à air se déplaçant dans des cylindres verticaux; une chambre à air centrale distribue l'air à des valves d'où il pénètre dans les cylindres. Ces pistons ferment les circuits du courant de traction.

Un certain nombre d'organes de sécurité augmentent, avec les inverseurs, les régulateurs, etc., l'appareillage électrique des

voitures. Ce sont : un disjoncteur de tension qui ramène tous
les contacteurs à zéro lorsqu'il se produit une interruption de
courant sur la ligne;

Un disjoncteur d'intensité qui remet à zéro tous les contac
teurs des voitures de la voiture où il se trouve, lorsque l'intensité du courant qui passe dans les moteurs atteint une valeur
exagérée;

Un disjoncteur électro-pneumatique qui, en cas de bloquage
inopiné, coupe le courant dans tous les contacteurs et l'em-

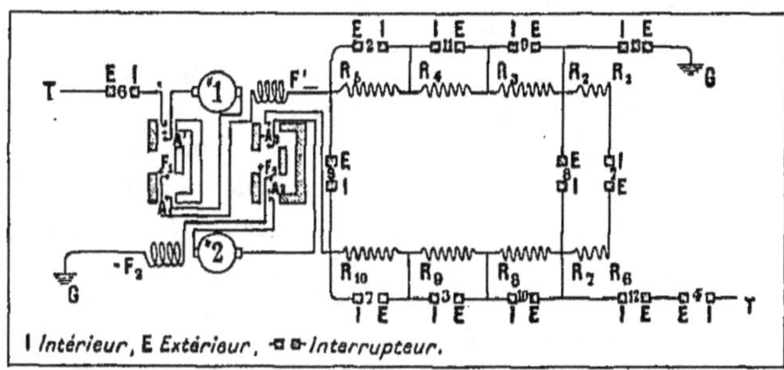


Schéma du circuit du courant de traction dans une voiture Westinghouse.

pêche de passer lorsque les freins ne sont pas débloqués. Le
circuit du courant principal est, à peu de chose près, comparable à celui que nous avons étudié dans les motrices Thomson-
Houston. Dans la première position de la manette du manipulateur, les contacts 6 et 7 sont fermés par le courant de
commande ; le courant du rail passe donc par le contacteur 6,
l'inverseur, le moteur n° 1, les résistances de $R^5$ à $R^1$, le contacteur 7, les résistances de $R^6$ à $R^{10}$, le moteur n° 2 et la terre.
A la position suivante de la manette, le contacteur 8 est fermé,
ce qui supprime les résistances de $R^2$ à $R^1$ et de $R^6$ à $R^7$, puis,
à chacune des autres positions, deux contacteurs sont encore
fermés, de sorte que, au moment où le contacteur 5 se ferme,
tous les contacteurs 5, 8, 9, 10, 11, 3, 1, 2 s'ouvrent, et les
moteurs sont directement en série sans résistances. Pour la
marche en parallèle, les contacteurs 4, 12, 13 se ferment,
5 s'ouvre, le moteur 1 prend sa terre par le contacteur 13 et
le moteur 2 reçoit le courant par les contacteurs 4 et 12.

### La transmission de l'heure sur le réseau des chemins de fer prusso-hessois.

Il existe depuis peu, sur les chemins de fer prusso-hessois, une installation spéciale des plus intéressantes, destinée à fournir l'heure à toutes les stations du réseau. Elle a été imaginée de toutes pièces par la maison Siemens et Halske, de Berlin, et donne d'excellents résultats.

L'appareil placé au bureau central comprend un chronomètre, auquel est relié électriquement un indicateur-récepteur destiné à transmettre un signal aux stations. Ce chronomètre est un instrument de précision pourvu d'un pendule à secondes à compensation Riefler (tube d'acier à remplissage de mercure). Il porte un contact qui, toutes les 24 heures, deux minutes avant huit heures du matin, ferme le circuit de l'appareil d'appel. Un électro-aimant, dont la durée du fonctionnement est limitée à 2 minutes un quart, fait alors déclancher le levier d'arrêt d'un cadran qui, sous l'action d'un ressort moteur, se met à tourner rapidement devant une came commandant à un second levier, lequel produit le déclanchement du signal d'appel MEZ (Mittel Europ. Zeit) dans un certain nombre de lignes locales appartenant à l'appareil.

Le signal est reçu dans des relais comprenant un manipulateur général automatique, qui ouvre et ferme en même temps jusqu'à 20 lignes et transmet le signal d'appel sur chacune d'elles, 50 secondes avant 8 heures ; un second contact du chronomètre établit un circuit dans l'appareil d'appel, et il en résulte, sur toutes les lignes, l'envoi d'un courant permanent qui fait fonctionner les recepteurs télégraphiques Morse de chaque station. A huit heures précises, un troisième contact du chronomètre coupe l'émission générale, et le trait continu cesse d'être enregistré. Le cadran donne encore plusieurs fois le signal MEZ, puis tout rentre au repos.

Dans le cas d'un dérangement, il est toujours possible de transmettre le signal à la main, en se servant d'un manipulateur Morse ordinaire placé près de 'appareil d'appel.

On voit que le signal d'heure qui est envoyé sur une ligne télégraphique peut être retransmis à un nombre quelconque d'autres lignes á l'aide du manipulateur général. Le relais, qui est placé sur le même socle que le manipulateur, se met sur contact, et envoie son courant à toutes les lignes reliées au manipulateur général.

Il s'agissait donc, en somme, d'imaginer un dispositif capable de mettre toutes les lignes appartenant à un réseau étendu à même de recevoir d'abord un signal d'appel, et, ensuite, un courant continu dont le chronomètre détermine la naissance et la fin.

### La sténophile Bivort.

Dans cette nouvelle machine à écrire, les groupes de chiffres ont été supprimés et remplacés par des combinaisons de lettres se présentant sous l'aspect le plus absolu de l'orthographe simplifiée.

La lecture en est donc permise même au profane de la sténographie, ce qui ne laisse pas de constituer un réel avantage.

Toute la difficulté à résoudre résidait presque uniquement dans un assemblage judicieux des lettres pour former des syllabes, des mots, et c'est seulement à la suite d'un labeur portant sur plusieurs milliers de mots, que l'inventeur, M. Charles Bivort, est parvenu à dégager les principes de son alphabet phonétique, qui constitue une véritable nouveauté linguistique.

Cette question tranchée, il restait à l'appliquer à une machine à écrire aussi simple, aussi transportable, aussi silencieuse que possible, et qui fût en même temps d'un apprentissage facile. La « Sténophile » possède toutes ces qualités.

La machine comprend un clavier de 20 touches actionnant un nombre égal de leviers dont les extrémités se rejoignent, suivant un même plan de même largeur que la bande de papier,

les uns à côté des autres ; ils ne portent aucun caractère d'imprimerie. A l'arrière de l'appareil est disposé un matériel spécial, appelé *chariot transpositeur*, constitué par des leviers dont
les extrémités libres, armées des caractères d'impression nécessaires, viennent se ranger au-dessus du plan formé par les
leviers des touches. Ces caractères sont disposés en deux ran-
gées : l'une comprenant les lettres et l'autre les chiffres et
signes particuliers. Dès que l'on appuie sur la touche LETTRES

La sténophile.

placée devant le clavier, la rangée des lettres est sus
ceptible d'être ac-tionnée par les le-viers de comman-de ; pour faire venir en place celle des chiffres, il suffit d'appuyer sur la touche CHIFFRES. L'impression n'est donc pas directe ; on obtient dans ces conditions une frappe bien régu-lière et tout à fait silencieuse.

Le papier-bande est enroulé sur un tambour placé à l'arrière
de la machine ; un second tambour le reçoit après son passage
au-dessus des caractères d'impression, dont la trace est visible
pour l'opérateur, qui peut ainsi y apporter toutes les rectifications utiles. L'avancement du papier et celui du ruban encreur
ne sont pas obtenus directement par les leviers des touches ;
des roues d'engrenages protégées par un bouton servant également de support aux deux bobines de papier, interviennent
pour cette fonction après chaque frappe d'une rangée horizontale. Un bouton fixé au boîtier assure la marche du ruban
encreur dans les deux sens, et sert également à débrayer le
mouvement de la machine. Dans ce dernier cas, on peut utiliser
le clavier comme clavier d'étude. Le mécanisme étant suffisam-

ment connu, il. nous reste à expliquer son fonctionnement.

On remarque, sur le clavier, des lettres simples et des lettres doubles : ces dernières représentent des sons à peu près semblables. M. Bivort a cherché avant tout à combiner son alphabet de manière à lui faire rendre le plus possible d'une seule frappe : c'est encore pour cette raison que nous trouvons deux

| S | B | G | D | L | H | I | O | U | R | L |
|---|---|---|---|---|---|---|---|---|---|---|
| ₁ | % | :: | .: | .. | Δ1 | 2 | 3 | 4 | 5 | |
| J | V | M | N | R | A | E | I | N | S | |
| = | : | × | — | + | 5 | 7 | 8 | 9 | 0 | |

Alphabet de la sténophile.

fois la même lettre sur des touches différentes. Les lettres et les chiffres du clavier sont dans l'ordre suivant :

SJBVGMDNLRHIAOEUIRNLS

$F = {}^o/_o$ :  : : × . : — . . + ) 1 6 2 7 5 8 4 9 5 0

. . signifie 100 ;  . : signifie 1000 ;  : : signifie 1 000 000

L'e muet n'est pas rendu, par conséquent L se lit LE, N se lit NE, etc. Le mot «serai» s'écrira d'une seule frappe SRAI. Les sons BP, FV, CGKQ, DT, s'écrivent avec les lettres doubles BVGD.

Voyons maintenant comment on exécute un travail avec cette machine. Chaque main doit commander dix touches correspondant aux lettres dans l'ordre suivant :

| R. | Pouce. . . . . . . . . . | A |
|---|---|---|
| DNL | Index. . . . . . . . . . | IOE |
| ME | Médium. . . . . . . . . | UI |
| VFB | Annulaire. . . . . . . . | RN |
| JS | Petit doigt. . . . . . . . | LS |

La main gauche frappe en outre, avec le pouce, la lettre H, qui a été récemment ajoutée, le signe > et la touche noire CHIFFRES, et, avec le pouce ou l'index, la touche d'espacement. Le pouce droit commande la touche noire LETTRES.

On pourrait craindre, à première vue, que la multiplicité des combinaisons de signes phonétiques n'exigeât un apprentissage assez long et ne constituât un défaut essentiel de l'invention. Il n'en est rien; après quelques jours d'exercice, un débutant arrive sans aucune difficulté à enregistrer des phrases à une vitesse de 50 mots à la minute. Au bout de deux mois, cette vitesse atteint 100 à 150 mots pour arriver à un maximum de 300 mots, ce qui constitue un record que peu d'orateurs atteignent. M. Bivort nous a cité le cas d'une fillette de sept ans, qui, au concours du 7 août 1904 de la Société d'instruction sténographique du Pas-de-Calais, remporta, pour la vitesse de 50 mots, un prix hors concours sur plus de cent élèves âgés de dix à dix-huit ans. On peut dire que la rapidité de la machine n'est limitée que par l'habileté de l'opérateur.

Exemple d'écriture.

Un autre caractère essentiel de la sténophile réside dans la possibilité que l'on a de transformer les alphabets : on peut donc l'appliquer à [toutes les langues étrangères, en changeant seulement le chariot transpositeur, car les signes du clavier servent toujours.

Lorsqu'un discours est enregistré, le début se trouve à l'intérieur du rouleau. Afin d'en faciliter la lecture, et, partant, la reproduction, on se sert du dévideur-lecteur, appareil accessoire mis en mouvement par un mécanisme spécial : chaque frappe sur la touche fait avancer de 20 à 50 lignes la bande imprimée, qui passe sur un tambour et peut ainsi être corrigée.

L'invention est donc réellement intéressante : elle est appelée à rendre de grands services dans tous les cas — et ils sont nombreux — où l'on a besoin d'enregistrer la parole, soit pendant de longs discours, soit, plus simplement, pour écrire une lettre sous la dictée.

### La vitesse des transmissions télégraphiques.

Quelle est la vitesse d'une transmission télégraphique?

Théoriquement, la vitesse de l'électricité étant à peu près équivalente à la vitesse de la lumière, on devrait tabler sur quelque chose comme 500 000 kilomètres à la seconde. Mais, dans le télégraphe ordinaire, il faut tenir compte de la résistance des fils dans lesquels circule le courant, résistance qui peut être comparée au frottement des parois d'un tuyau dans lequel coule de l'eau sous pression. En fait, la vitesse d'un signal télégraphique expédié par câble doit donc être infiniment moindre. Mais quelle est exactement cette vitesse?

C'est ce que le *general manager* de la Compagnie du câble transpacifique anglais s'est naguère évertué à déterminer, à l'aide d'expériences rigoureuses et précises faites sur la ligne qui va de Washington à l'observatoire de Sydney (Australie), soit une distance de 19 900 kilomètres, à peu près la moitié de la circonférence du globe.

Le durée moyenne de chaque transmission a été évaluée à 5 secondes, ce qui donne finalement 6 430 kilomètres à la seconde.

Il convient de noter que les signaux ont été expédiés par le câble de Vancouver, qui est la plus longue ligne sous-marine (plus de 5 457 milles) actuellement existante, au moyen d'appareils automatiques, et que ces signaux étaient enregistrés par des appareils se plaçant *proprio motu* en circuit.

On perdait donc ainsi le minimum de temps : d'où cette conclusion que, dans la pratique courante, avec des conditions moins favorables, la transmission est loin d'être aussi rapide.

✖

### L'automatisme des enseignes lumineuses.

Depuis quelques années, les enseignes lumineuses intermittentes sont à la mode dans toutes les grandes villes, et à Paris en particulier. Le long des boulevards, les promeneurs en sont éblouis.

L'installation et le fonctionnement de ces enseignes ne laissent pas de comporter certaines difficultés, dont la principale consiste à réaliser régulièrement, à intervalles fixes, l'allumage et l'extinction. On ne suppose pas, apparemment, que le soin de provoquer ces phénomènes alternatifs puisse être confié à un surveillant de chair et d'os. Aucun homme, si pondéré et si maître de ses nerfs qu'il puisse être, ne pourrait tenir à un pareil métier. Force a donc été d'imaginer certains dispositifs automatiques, tel, par exemple (c'est la solution qui se présente la première à l'esprit), qu'un mouvement d'horlogerie à encliquetages équidistants.

Parmi tant de systèmes, tous plus ingénieux les uns que les autres, la palme de l'ingéniosité semble pourtant appartenir à un « truc » inauguré récemment en Allemagne, et dont la simplicité et l'élégance sont véritablement incomparables.

Ce procédé consiste à intercaler dans le circuit électrique commandant l'appareil d'illumination une lame de ressort fixée par une de ses extrémités, tandis que l'autre appuie sur un bouton de contact. Cette lame est formée de deux métaux juxtaposés *dont les coefficients de dilatation sont différents*, de façon qu'une élévation de température force le ressort à se courber, interrompant ainsi le circuit, en détruisant le contact. On a soin, d'autre part, de disposer à proximité une résistance, qui s'échauffe lorsque le courant la traverse.

Dès lors, cela marche tout seul : c'est le cas de le dire.

Quand la lampe est allumée, la résistance s'échauffe sous l'action du courant ; le ressort voisin ne tarde pas à se courber, en raison des dilatations inégales qu'il subit ; par conséquent, le circuit est coupé, et tout s'éteint. Quelques secondes après, le courant ne passant plus, la spirale se refroidit, ainsi que le

ressort, qui se redresse jusqu'à toucher le bouton de contact :
le circuit se ferme de nouveau et la lampe se rallume.

Immédiatement, la spirale s'échauffe, et le cycle recommence.

Il n'y a donc qu'à régler d'avance. suivant les exigences de
l'installation, les divers facteurs du problème.

Il va de soi, d'ailleurs, que le procédé peut s'appliquer à
d'autres besoins qu'à celui de l'allumage ou de l'extinction d'un
jeu de lampes — toutes les fois qu'il est nécessaire de provoquer, à des intermittences périodiques, l'ouverture et la fermeture d'un circuit.

### Le steamer à turbines « Dieppe ».

Il y a quelques mois, sur la ligne Dieppe-New-Haven, a été
mis en service par les soins de la Compagnie de l'Ouest et de
South Eastern Railway Company, un nouveau paquebot présen
tant cette particularité d'avoir des hélices actionnées par des
turbines à vapeur[1].

Cette innovation dans la machinerie de ces paquebots constitue en réalité une amélioration considérable sur les aménagements des bateaux utilisés jusqu'ici pour la même traversée

Il en est ainsi parce que la turbine donne des commodités
toutes spéciales pour l'arrêt et la marche arrière. Or, quand il
s'agit, comme tel est justement le cas, d'un bateau n'ayant à
effectuer que de courtes traversées, mais devant, en revanche,
préeisément et pour cette raison, accomplir de nombreuses manœuvres tant pour l'accès que pour le départ dans des ports
difficiles, ces commodités sont infiniment précieuses.

A cet égard, au surplus, le *Dieppe* a donné aux essais les résultats les plus satisfaisants.

Le contrat de construction stipulait que, marchant à l'allure

1. Cette Compagnie possédait déjà un premier paquebot à turbines,
*the Queen*, dont il a été question dan l'*Année scientifique et industrielle*, quarante-septième année, p. 372

de 12 nœuds, le bateau devait pouvoir s'arrêter sur une distance
de 100 mètres au maximum, distance comptée à partir de
l'instant où serait donné l'ordre de marche arrière.

Cette clause exceptionnellement rigoureuse, a pu être complétement observée, grâce aux soins donnés à l'établissement du
moteur servant à renverser le tiroir qui interrompt l'arrivée de
la vapeur vers les turbines de marche avant et la dirige vers

Le premier paquebot ayant traversé la Manche.
D'après un dessin communiqué par M. le capitaine Churchward.

les appareils de marche arrière. A une allure de 380 tours
d'hélice par minute, alors que la vitesse de marche atteignait
près de 22 nœuds, 41 secondes après la transmission du signal
de renversement de la vapeur, le bateau commençait à reculer,
ayant seulement franchi une distance de 91 mètres. Entre le
temps où l'ordre de renversement avait été envoyé à la
machine et celui où le renversement effectif était effectué, *six
secondes* seulement s'étaient écoulées.

Ce sont là des résultats remarquables, et qui montrent l'intérêt d'une installation mécanique de ce genre au point de vue
de la sécurité de la navigation, notamment au point de vue
des abordages de navires.

Le *Dieppe*, qui a été construit dans les chantiers Fairfields
Shipbuilding and Engineering Company, possède une machinerie pouvant développer une puissance de 6500 chevaux à 610
révolutions par minute. Il est muni de trois turbines, dont une
à haute pression qui actionne l'arbre de couche central et deux
autres latérales à basse pression commandant chacune un arbre

Le steamer à turbines *Dieppe*.
Cliché communiqué par M. le capitaine Churchward.

latéral creux. Sur chaque arbre de couche est calée une seule
hélice.

L'appareil évaporatoire comprend quatre chaudières à simple
face, de 4ᵐ,54 de diamètre sur 5ᵐ,44 de longueur, fonctionnant à
tirage forcé suivant le système Howden. Ces chaudières fournissent de la vapeur au régime moyen de dix kilogrammes et
demi de pression. Celle-ci, à la valve principale, est de 10ᵏᵍ,40,
de 9ᵏᵍ,50 à la turbine centrale, et descend à 1ᵏᵍ,20 aux turbines
latérales.

Quant à la machinerie, elle comprend deux condenseurs
disposés sur chaque bord, chacun d'eux étant relié à la turbine à basse pression correspondante par de larges tuyaux
d'évacuation ; ces condenseurs sont complétés par une pompe
à air indépendante et par des pompes centrifuges, également
indépendantes, ayant pour fonction d'assurer la circulation de

l'eau. Enfin, un réchauffeur d'eau d'alimentation complète cette partie de l'installation.

Pour les leviers de manœuvre de la machinerie de renversement de marche, ils sont installés sur une plate-forme au niveau du pont supérieur.

Les caractéristiques du *Dieppe* sont les suivantes :

$83^m,51$ de l'étrave à l'étambot, $10^m,56$ au maître-bau et $4^m,42$ de creux.

Le tirant d'eau moyen est de $2^m,90$ correspondant à un déplacement de 1560 tonneaux.

Naturellement, en même temps qu'ils introduisaient sur le nouveau paquebot les améliorations que nous venons de signaler, ses constructeurs n'eurent garde de négliger son aménagement intérieur. Aussi, le *Dieppe* est-il un bateau particulièrement confortable et élégant, offrant aux passagers les plus difficiles le maximum de commodités qu'ils puissent souhaiter[1].

## Le développement lent en plein jour.

Depuis quelques années, le développement en plein jour est devenu la préoccupation, pour ainsi dire constante, de tous ceux qui s'ingénient à améliorer les manipulations photographiques. Libérer le photographe des ennuis d'un séjour dans le laboratoire obscur, sous la lumière fatigante, parce que très affaiblie, d'une lanterne à verres inactiniques, l'en libérer complètement ou ne lui imposer ce séjour que durant un temps strictement réduit au minimum est, certes, l'une des plus enviables parmi ces améliorations.

Il y a quelque dix ans, de premiers essais dans cette voie furent tentés avec une cuve assez ingénieuse. « Elle se compose,

---

1. Nous croyons bien faire en mettant en regard de la photographie du type le plus récent des paquebots faisant le service entre Douvres et Calais, le dessin représentant le premier bateau à vapeur ayant fait cette traversée.

d'après une description donnée alors par M. Frédéric Dillaye,
d'une tôle repliée présentant une ouverture rectangulaire sur
chacun de ses plats. L'une de ces ouvertures est obstruée par
un verre rouge que l'on tourne vers la lumière du jour pendant
le développement; l'autre par un verre jaune à travers lequel
on suit la venue de l'image. La solution développatrice est introduite dans la cuvette par un entonnoir, et la plaque est pré-
servée contre toute entrée de rayons blancs par une sorte d'ouverture en chicane. »

Depuis, on a repris, abandonné ou amélioré cette idée, assez
défectueuse dans sa forme originaire, car, si vive que soit la
lumière à laquelle on présente un tel système, il est bien difficile de lire convenablement la venue d'une image, emprisonnée
entre deux verres inactiniques, immergée dans un développateur plus ou moins coloré dont l'épaisseur liquide, si faible
soit-elle, n'est pas négligeable, avec, en plus, l'opacité même
de l'émulsion.

C'est alors que l'on a fait intervenir la coloration du bain par
l'usage de la coxine, du chrysosulfite ou autres produits. C'était
encore l'amélioration d'une idée existante. En effet, dès les
premiers temps de l'emploi du gélatino-bromure, alors que le
développateur presque exclusivement employé était l'oxalate
ferreux, on pouvait, grâce à la coloration franchement rouge
de ce développateur, développer très facilement à la lumière
d'une bougie, puisqu'on peut toujours le faire, d'ailleurs,
avec quelques précautions, en utilisant n'importe quel développateur. Mais, d'une façon générale, les produits employés
pour la coloration des bains teintent plus ou moins la peau
des doigts, et nécessitent quand même le séjour dans le laboratoire obscur, à une lumière moins désagréable qu'une lumière
inactinique, il est vrai, mais encore à une lumière affaiblie.
Puis, c'est surtout ce séjour dans le laboratoire qui, pour beaucoup de photographes en général et pour les voyageurs et les
explorateurs en particulier, reste une gêne et une peine. La
véritable solution se trouve donc dans la suppression complète de ce séjour. Ne pouvait-on y atteindre?

La mode de développement à la montre, le développement
chronométré, si chaudement préconisé par M. Watkins, et qui,
de fait, fournit des résultats dont l'excellence moyenne demeure

incontestable, indiquait la voie. On sait que, dans cette méthode, l'auteur pose en principe que tout révélateur possède un coefficient arithmétique qui lui est essentiellement propre, quel que soit son degré de dilution : lors donc que l'on connaît ce coefficient, on en déduit le temps qu'une plaque mettra à se développer pour fournir toujours une image nécessaire et suffisante pour un bon tirage. La détermination de ce coefficient est évidemment variable pour le tirage que tel ou tel opérateur se propose, celui-ci voulant des négatifs très clairs, celui-là des négatifs très denses. Mais une fois que l'opérateur a déterminé son coefficient, celui-ci reste immuable, ce qui lui permet d'amener des négatifs à des valeurs très à peu près semblables e toujours suffisantes pour ses travaux ultérieurs de tirage par contact ou par agrandissement. Cela est si vrai que ce travail quasi automatique fournit, même à l'amateur le moins expérimenté, le moyen d'obtenir à coup sûr, en fin d'année, une somme de négatifs utilisables beaucoup plus grande que celle qu'il aurait obtenue en suivant lui-même son développement avec les hésitations perplexes où il se trouve toujours de savoir le moment vraiment opportun où il faut l'arrêter.

Dans ces conditions, l'on conçoit que si l'on possédait un dispositif permettant de plonger en plein jour les clichés dans le révélateur, de les y conserver le temps nécessaire, puis de les laver et de les passer enfin dans le bain fixateur, sans les amener en présence de la lumière, le problème de la suppression du laboratoire serait pratiquement résolu.

C'est là précisément ce que permettent de réaliser les boîtes Héméra.

Ce sont des boîtes dont le carton qui les forme a été constitué de façon à ne former aucun produit secondaire néfaste avec le développateur. Elles sont munies à l'intérieur de rainures dans lequelles on glisse les plaques. Des trous, en chicane, perforés à la partie inférieure et à la partie supérieure, permettent l'entrée et la sortie du liquide, en la refusant aux rayons actiniques ambiants. La nécessité du temps à passer dans le laboratoire obscur se trouve donc réduit à son strict minimum, puisqu'une simple mise en boîte des plaques le délimite. Encore peut-il devenir pour ainsi dire nul, puisqu'il est loisible, en sortant les plaques de l'appareil, de les mettre directement et immédiatement dans les boîtes Héméra, au lieu de les replacer, comme on le fait d'ordinaire, dans leurs boîtes primitives. Une bande de papier collée autour de l'Héméra indiquera que la boîte est chargée de plaques à développer.

Celles-ci se font actuellement pour les formats $6 \times 13$ et $45 \times 107$. Elles sont munies de 4 rainures et peuvent recevoir 6 plaques. Dans chaque rainure extrême l'on place une plaque, gélatine tournée vers le centre de la boîte, et, dans chaque rainure du milieu, deux plaques mises dos à dos, verre contre verre. On referme la boîte, puis on l'entoure d'une ficelle ou d'un bracelet de caoutchouc, qui, lors du développement, s'opposera au gonflement des grands côtés de la boîte et à l'ouverture accidentelle de celle-ci, au cours des diverses manipulations.

Cela fait, dans un récipient *quelconque*, pourvu qu'il soit suffisant pour contenir le liquide nécessaire à l'immersion complète d'une, deux, trois ou plusieurs boîtes, suivant le nombre que l'on veut développer à la fois, une par une l'on entre les boîtes Héméra dans le bain, couvercle en dessus, doucement, de façon à laisser le temps à l'air de la boîte de s'échapper sans former de bulles, et l'on l'agite verticalement deux ou trois fois, *sous* le liquide, pour parfaire tout l'échappement de l'air.

Quand le temps nécessaire au développement est écoulé, l'on retire la boîte, on laisse écouler le liquide, et on la plonge à plusieurs reprises, par un va-et-vient de haut en bas et de bas en haut dans un récipient, toujours quelconque, contenant de l'eau, de façon à rincer les plaques et l'intérieur de la boîte.

La boîte est alors jetée dans un récipient contenant un bain d'hyposulfite de soude constitué comme d'ordinaire. Au bout de 10 à 20 minutes, on la retire, on l'ouvre et on la jette aux ordures, après en avoir extrait les plaques pour les mettre dans une cuve à lavage.

On voit donc que le *développement en plein jour*, avec la boîte Héméra, est un rêve complétement réalisé. Pratique pour le travail courant, il devient d'une utilité de premier ordre pendant les villégiatures de vacances, les voyages, les excursions où les explorations, dans tous les cas, en un mot, où l'on n'a qu'un laboratoire de fortune, plus ou moins mal installé, plus ou moins incommode, et dans lequel on a le désir ardent de rester le moins de temps possible, ou bien encore dans les cas où l'on a pas de laboratoire du tout.

✱

### Châssis redresseurs pour tirages de négatifs.

Pour faire, avec un négatif 9 × 12, des plaques de projection 8 1/2 × 10, format réglementaire établi par les Congrès, il faut avoir recours à une réduction à la chambre noire. Ceci n'est point une grande complication et n'offre aucune difficulté sérieuse lorsqu'on est outillé pour ce genre de travail. Toutefois, et dans la majorité des cas, l'image fournie par la plaque 9 × 12 peut être très sensiblement rognée, surtout, ce qui arrive le plus souvent, lorsqu'elle a été prise avec un objectif à foyer relativement court. Dans ce cas, en effet, l'angle embrassé devient assez grand pour amener autour du sujet principal visé des parties n'intéressant pas directement ce sujet même, et pouvant, par conséquent, et aussi avec avantage, être diminuées ou même complètement enlevées. En un mot, l'image 9 × 12 peut fournir le plus souvent, d'une façon directe, une image mieux centrée et plus complète dans les dimensions 7 1/2 × 7 1/2 inscrites dans la plaque 8 1/2 × 10, en permettant l'apposition du cache. Il y a donc un réel intérêt à les tirer sans réduction à la chambre noire, puisque l'image sera à la fois meilleure et plus grande.

Le châssis redresseur permet d'atteindre ce but le plus facilement du monde.

Il se compose de deux volets montés sur charnières, en exhaussement, pour ne pas briser les plaques, et fermés par des crochets quand ils sont rabattus l'un sur l'autre. L'un des volets présente, en son centre, un évidement AAAA 7 1/2 × 7 1/2 ; l'autre un évidement CCCC 8 1/2 × 10 qu'obture une planchette C'C'C'C' maintenue par le ressort d'une tige de rabattement.

Pour s'en servir, on place sur le côté interne du volet portant la fenêtre 7 1/2 × 7 1/2, le négatif 9 × 12 BBBB, verre contre bois, et on le glisse dans tous les sens, de façon qu'en regardant

par transparence on encadre bien le sujet à prendre dans la
fenêtre 7 1/2 × 7 1/2. Quand ce résultat est atteint, on rabat
l'autre volet, et on le fixe avec les crochets. Dans l'évidement
8 1/2 × 10 de ce second volet, on introduit une plaque de projection, gélatine en dessous, on place dessus la planchette, et
l'on rabat la tige de rabattement à ressort. On n'a plus qu'à

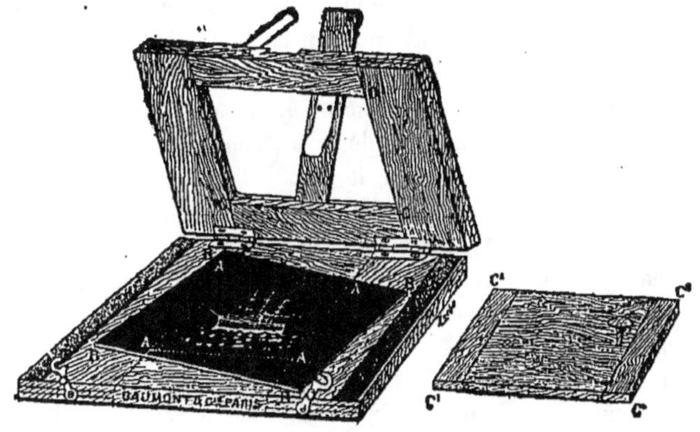

Châssis redresseur pour tirage de négatifs.

faire l'exposition et le développement comme on les pratique
d'ordinaire. L'image qu'on a voulu avoir se trouve ainsi très
correctement placée au centre de la plaque 8 1/2 × 10, et
redressée comme il a plu de le faire, si besoin était.

# TRAVAUX PUBLICS

### Le Métropolitain de Paris.

*Le Pont d'Austerlitz.* — Le nouveau pont, construit pour servir uniquement au passage des trains du Métropolitain, est situé à environ 200 mètres en avant de celui d'Austerlitz. Il est destiné à permettre le raccordement de la ligne n° 2 sud, venant de la place d'Italie, avec la ligne n° 6, qui aboutit à la gare du Nord en passant par la place de la Bastille, la place de la République, le boulevard Magenta, la gare de l'Est. Le raccordement s'effectue de part et d'autre sur les quais par un viaduc traversant sur la rive gauche la gare d'Orléans, et présentant, sur la rive droite, une particularité nouvelle qui intéresse les travées, lesquelles seront hélicoïdales entre le pont et l'ouvrage de maçonnerie.

Le problème de l'établissement de ce pont était posé de la façon suivante : traversée de la Seine par un pont métallique d'une seule portée, le dessous du tablier ne devant pas se trouver à une hauteur supérieure à 12 mètres au-dessus du niveau de l'étiage du fleuve, afin d'éviter des travaux d'accès trop importants.

Dans ces conditions, on ne pouvait songer à l'emploi des arcs surbaissés placés au-dessous du tablier : il fallait de toute nécessité avoir recours aux arcs surélevés supportant le tablier par des tiges de suspension. On se trouvait donc obligatoirement forcé de construire un pont semblable à celui établi par la Compagnie de l'Ouest sur la ligne de la gare Saint-Lazare aux Invalides, et à ceux construits, dans ces dernières années sur le Rhin, à Bonn et à Dusseldorff.

Diverses solutions étaient présentables pour la constitution de ces arcs. Ils pouvaient être, en effet, encastrés sur les culées, aux naissances, ou bien porter des articulations sur chacune des culées, ou encore être munis d'articulations aux culées et à la clé. Dans leur avant-projet, les ingénieurs du Métropolitain s'étaient arrêtés à cette dernière solution : ils présentaient un pont se composant d'une articulation aux naissances et à la clé. Chaque arc était formé de 10 fermes ; la portée entre les articulations était de 140 mètres et la flèche de 28 mètres ; le tablier se trouvait à 11 mètres 35 au-dessus de l'étiage. Cet avant-projet fut soumis au concours des constructeurs, et la Société de Constructions de Levallois-Perret, adjudicataire des travaux, proposa une heureuse modification, qui fut adoptée par les ingénieurs du Métropolitain.

Cette modification a permis de réduire la portée entre les articulations de naissance, si bien que la portée de l'arc n'est plus que de 107 mètres 20, et que la poussée de cet arc est reportée aux articulations de naissance sur des consoles qui se prolongent sur une longueur de 16 mètres 40, jusqu'aux culées sur lesquelles elles prennent appui. Ces consoles peuvent donc être considérées comme des prolongements rigides des culées destinés à diminuer la distance entre les articulations de la rive. On a pu, de la sorte, réduire la hauteur des fermes qui constituent chaque demi-arc, et, par suite, leur poids. C'est grâce à ce dispositif que l'on est parvenu à communiquer à ce pont un aspect de grande légèreté.

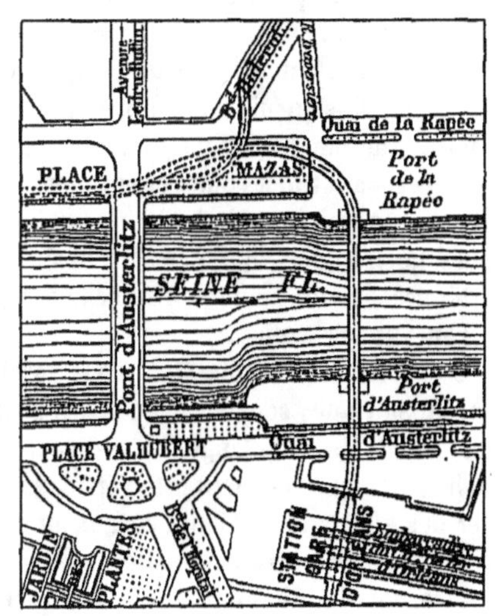


Tracé du Métropolitain aux abords du pont d'Austerlitz.

L'adoption d'arcs surélevés entraîne certaines complications de construction, qui nécessitent l'adoption de quelques dispositions spéciales, dont les deux principales sont relatives aux poussées du vent et aux dilatations provenant des variations de température.

Dans les ponts à arc inférieur surbaissé, les poussées dues au vent sont reportées sur les points d'appui des culées, au moyen de l'entretoisement qui relie les deux arcs sur toute leur longueur. Mais dans les ponts à arcs surélevés, cet entretoisement n'existe plus sur toute la longueur, à cause de la nécessité où l'on se trouve de ménager un passage aux wagons ; les arcs demeurent donc libres de chaque côté, et sur une certaine longueur. Il s'ensuit que la pression du vent, pour la portion moyenne de l'ouvrage, ne peut être reportée directement sur les culées ; c'est alors que l'on a songé à utiliser le tablier pour cet office. Aussi ce tablier est-il constitué par deux âmes métalliques horizontales, qui permettent de le considérer, avec ses entretoises, comme une poutre armée, reportant tous les efforts du vent sur les culées.

Le problème de la dilatation a été résolu d'aussi élégante façon. On sait que, sous l'influence des changements de température, le tablier s'allonge ou se raccourcit ; ces variations produisent sur les montants verticaux qui relient l'arc au tablier des efforts de flexion d'autant plus importants que l'écart est plus grand entre la position primitive et la position occasionnée par la dilatation ou la contraction. La difficulté consiste à réduire cet écart au minimum, puisqu'on ne peut le supprimer. Le dispositif employé existe déjà sur le viaduc de Passy, qui fut également construit par la Société de Levallois-Perret. Il consiste à maintenir d'une manière permanente le milieu du tablier au milieu de la portée de la travée ; l'écart se réduit donc à l'allongement de la demi-corde de l'arc au lieu de la corde entière, et les efforts de flexion sont diminués très sérieusement.

Enfin, on a également ménagé, au point du raccordement du tablier et de la retombée, un système de tenon qui s'engage dans une sorte de mortaise permettant la dilatation longitudinale, tout en empêchant ce tablier de se déplacer latéralement.

Le tablier est donc coupé à la naissance de chaque retombée de l'arc. Ajoutons encore que les longerons dans le panneau central sont articulés avec les pièces du pont, pour faciliter le mouvement vertical résultant des changements de température.

Les deux arcs sont séparés par une largeur de 7$^m$,80 d'axe en axe. Ils sont calculés pour supporter le poids de la partie métallique, qui est de 700 tonnes, la surcharge de deux trains du Métropolitain marchant en sens inverse, et les efforts dus à la poussée du vent. Les efforts supportés par l'articulation de clé, dont l'axe a 1 mètre de longueur et 150 millimètres de diamètre, sont de 585 000 kilogrammes, et chaque articulation de naissance supporte un effort total de 633 400 kilogrammes. Les consoles formant retombées, sur lesquelles s'appuient les articulations de naissance, sont en forme de caissons. Leur hauteur est maximum à l'appui sur les culées, et elle va en diminuant jusqu'à l'articulation. L'effet supporté par l'appui extrados est de 39$^{kg}$,5 par centimètre carré. Entre l'appui et la pierre, a été coulée une couche de ciment, pour assurer une égale répartition de la pression sur la maçonnerie.

Les culées du pont sont constituées par des massifs de maçonnerie que l'on a établis au moyens de caissons de 22 mètres de longueur sur 18 de largeur ; pour atteindre un sol de fondation suffisamment solide, on a dû descendre jusqu'à la cote 16$^m$,08 sur la rive gauche, et 17$^m$,46 sur la rive droite. Sur chacune de ces fondations, s'élève la culée, qui cube environ 1900 mètres de maçonnerie. Le poids total approximatif de chaque culée est de 13.800 tonnes.

Le montage du pont s'est effectué au moyen d'un pont de service s'étendant sur toute la largeur du fleuve et laissant quatre passages de 18 mètres d'ouverture pour la navigation. Toutes les pièces métalliques ont été amenées sur le quai, d'où une grue les élevait sur le pont de service ; des wagonnets les transportaient au point où elles devaient être mises en œuvre. Lorsque les culées ont été terminées, on a commencé par le montage des retombées des arcs et du tablier, c'est-à-dire des consoles. Celles-ci ont ensuite servi de plates-formes pour l'installation des grues destinées au levage des pièces. Au fur et à mesure de l'avancement de l'arc, on faisait reposer les tronçons sur les montants verticaux de suspension, en ayant soin de consolider très sérieusement ces derniers.

Les culées, qui s'élèvent à environ 15 mètres au-dessus du quai, et les arcs métalliques du pont sont décorés de motifs très heureux. Dans un cartouche qui masque la retombée de l'arc sont rassemblés les attributs de la navigation : dauphins, ancres, cordages, gaffes, tridents; partout ailleurs, des motifs analogues couvrent très adroitement la régularité trop mathématique des arcs et du tablier de ce pont, qui est l'unique pont parisien d'une aussi longue portée d'arc.

*Le pont de Passy.* — Le pont de Passy est jeté sur la Seine, entre la rue Alboni et le boulevard de Grenelle; il traverse le fleuve en biais, sa partie centrale reposant sur un ouvrage de maçonnerie qui termine la pointe amont de l'île des Cygnes. Primitivement, les ingénieurs du Métropolitain avaient mis à l'étude un projet de construction d'un pont à une seule arche, mais le service de la navigation intervint, le tracé d'une travée unique conduisant à un arc trop surbaissé. On décida alors de construire deux piles en rivière pour chacun des ponts constituant l'ensemble de l'ouvrage. La longueur totale du pont, prise entre les faces intérieures des culées, est de 231$^m$,50, y compris le massif central de l'île des Cygnes. Les fondations des piles, qui atteignent jusqu'à 16 mètres de profondeur, ont été établies, ainsi que celles des culées, à l'aide de caissons à air comprimé semblables à ceux de la place de l'Opéra. Par contre, la maçonnerie qui relie les deux parties du pont a été élevée à l'air libre, en entourant la pointe de l'île d'un bâtardeau fait avec des pilotis battus en Seine. Le pont comprend donc seulement deux culées et quatre piles.

Les voyageurs du Métropolitain ne seront pas les seuls à franchir la Seine en cet endroit. On a jugé, avec beaucoup de logique qu'il serait profitable aux populations des quartiers riverains, en leur rendant le passage des piétons, d'établir en même temps une voie charretière. De sorte que l'ouvrage se trouve être à trois destinations. La largeur totale du pont proprement dit est de 24$^m$,70 ; il comprend deux trottoirs de deux mètres de largeur, deux voies charretières de 6 mètres, et un terre-plein promenoir de 8$^m$,70 au-dessus duquel s'élève le viaduc.

Les deux ouvrages, sur le grand bras et le petit bras de la Seine, sont du même système; ils ne diffèrent que par la longueur des travées. La disposition générale des fermes principales supportant le tablier est du type à cantilever.

L'ouvrage intermédiaire entre les deux fractions du pont se présente sous un aspect très décoratif ; il forme une voûte qui rompt la monotonie des colonnettes, et des groupes allégoriques en rehaussent le caractère artistique. Depuis la voie charretière, un escalier donne aux passants l'accès de l'île des Cygnes, lieu de promenade très pittoresque, fréquenté presque exclusivement par des pêcheurs à la ligne.

Le viaduc est supporté par des colonnettes d'acier, qui sou-

Le viaduc de Passy.

tiennent les rails à une hauteur de 16 mètres au-dessus du niveau normal de la Seine. Sur la rive droite, le viaduc est relié par une voie métallique ordinaire avec la station de Passy, laquelle jouit de cette particularité, unique jusqu'alors sur tout le réseau, d'être à la fois aérienne, mixte et souterraine. Les voies charretières du pont se raccordent avec le quai par deux rampes latérales en maçonnerie, et les piétons ont à leur disposition un escalier débouchant directement sur la chaussée en face de la rue Alboni.

Sur la rive gauche, les ingénieurs se sont trouvés en présence d'une difficulté esthétique qu'il importait de résoudre élégamment. Entre la culée et l'extrémité de la voie aérienne du Métropolitain, sur le boulevard de Grenelle, la distance est de 55$^m$,28, et il était absolument indispensable de la franchir

d'une seule travée, à cause de la présence de la ligne du chemin de fer des Invalides qui passe sous le quai en cet endroit,
Le viaduc sur la Seine supportant la voie au moyen d'un tablier droit, on ne pouvait songer à placer à la suite une travée
à membrure supérieure parabolique dont la hauteur eût été
forcément considérable. La difficulté a été résolue au moyen
d'une travée en arc rectiligne, c'est-à-dire constituée par une
poutre horizontale sensiblement droite, solidaire de deux pieds-

Le pont de Passy. Massif central.

droits, ce qui permet de réduire la hauteur de la poutre en
son milieu et de lui donner un cachet d'élégance qui n'aurait
pu être obtenu avec le type courant des travées aériennes qui
franchissent nos boulevards.

L'ensemble du pont est très artistique. Indépendamment des
groupes allégoriques de l'île des Cygnes, d'autres ornent également
ment les culées, et il n'est pas jusqu'aux piles elles-mêmes qui,
à la naissance des arcs, ne soient pourvues de décors en fonte
d'un effet très agréable.

*Le nouveau bouclier employé sur le Métropolitain.* — On avait
déjà fait usage de boucliers pour la construction de la ligne
n° 1 du Métropolitain : mais les résultats obtenus n'ayant pas
été suffisants, ces appareils étaient tombés en défaveur.

Avant de parler de celui qui vient de reconquérir une place sur les chantiers, rappelons que le bouclier n'est ni une perforatrice, ni un excavateur : il est uniquement destiné, comme son nom l'indique, à protéger les ouvriers occupés à creuser le souterrain contre la chute des terres surincombantes; les terrassements s'effectuent donc toujours à la main.

L'ensemble de l'installation, qui est très importante, peut être considérée comme étant formée de trois parties distinctes : le

Montage des cintres formant le chemin de roulement du bouclier.

*bouclier proprement dit*, le *chemin de roulement* et la *machinerie*.

Dans les appareils de date moins récente, le chemin de roulement comprenait deux rails sur lesquels glissait le bouclier Ce dispositif, auquel on reprochait quelquefois un manque de stabilité, a été remplacé par un ensemble de rails montés sur des cintres. Ces cintres sont des poutres elliptiques; on les réunit par des entretoises très solides, et chaque entretoise, d'une longueur d'un mètre, porte à sa partie supérieure une portion de rail, qui, naturellement, émerge au-dessus de la ligne des cintres. L'assemblage se fait à l'aide de boulons, de sorte que l'on démonte aisément le cintre d'arrière pour le transporter à l'avant au fur et à mesure de l'avancement des travaux. Remarquons également que les entretoises sont munies de deux oreilles dont nous expliquerons plus loin l'utilité. Enfin, dans le but d'éviter l'écartement des pieds de chaque cintre, un tirant métallique les relie ; ce tirant se met en place lorsque le cintre est monté à l'avant de la galerie. Nous voici donc en présence d'un chemin de roulement pourvu de dix rails ; il a une longueur de 50 mètres ; les cintres d'avant supportent le bouclier et ceux d'arrière soutiennent la maçonnerie, qui s'exécute immédiatement derrière le bouclier.

Celui-ci est constitué essentiellement par une enveloppe en tôle d'acier de 15 millimètres d'épaisseur, qui épouse sensiblement la forme du souterrain. Cette enveloppe est boulonnée à une carapace métallique faite de formes assez semblables aux cintres du chemin de roulement, et présente un avant-bec qui sert à prévenir les éboulements de terre du front d'attaque, et un arrière-bec ; sa longueur totale est de 7$^m$,50. La carapace ou ossature métallique porte des galets de roulement, qui se meuvent sur les rails des entretoises des cintres et servent à maintenir dans une position rigoureusement exacte l'enveloppe supérieure du bouclier. On fait avancer ce bouclier à l'aide de vérins placés entre chaque rangée de galets. La culasse des vérins se compose d'un tube en acier de 1$^m$,51 de longueur et de 0$^m$,17 de diamètre intérieur ; l'avant de ce tube est solidement fermé et laisse seulement passer la tuyauterie d'admission d'eau. Dans ce tube peut se mouvoir un piston, dont l'extrémité libre de l'arrière est pourvue d'un double bras armé de deux taquets de fonte formant talons, très massifs et très résistants, qui s'engagent dans les oreilles des entretoises dont nous avons signalé la présence tout à l'heure. On comprend aisément que, si on envoie de l'eau sous pression dans le cylindre, l'extrémité libre du piston étant maintenue par les oreilles des entretoises, le tube avancera, et, comme il fait partie intégrante de la carapace et de l'enveloppe du bouclier, celui-ci sera chassé vers l'avant. Lorsque le souterrain suit une direction rectiligne, tous les vérins sont actionnés ; mais, si une courbe se présente, on immobilise ceux du côté intérieur pour permettre aux autres de faire tourner le bouclier, lequel est d'ailleurs déjà guidé par les cintres placés suivant la courbe.

Quand les pistons sont à fond de course, on doit pouvoir les ramener à leur position de départ dans les cylindres en dégageant leurs taquets des oreilles dans lesquelles ils sont maintenus.

A cet effet, les talons sont taillés en biseau à l'avant; d'autre part, le corps de pompe est muni à l'arrière d'une seconde admission d'eau sous pression, qui agit sur la face arrière du piston et repousse ce dernier dans le cylindre; le biseau du taquet remonte sur le bord antérieur de l'oreille et glisse ensuite sur l'entretoise. Arrivés à fond de course, ces talons tombent de

Le bouclier du Métropolitain sous le quai de Bercy.

nouveau dans les oreilles de l'entretoise suivante, et le vérin est prêt à fonctionner une seconde fois. Le piston mesure 2$^m$,865 de longueur; sa course est de 1$^m$,13; la longueur du corps de pompe est de 2$^m$,685. On emploie 7 vérins pour mettre en mouvement le bouclier; ils pèsent chacun 1200 kilogrammes, et peuvent supporter une pression de 550 kilogrammes par centimètre carré.

La pression hydraulique nécessaire à la mise en marche du bouclier est communiquée aux vérins par une pompe à trois pistons, alimentée par un bac contenant 700 litres d'eau; cette pompe est mue par une dynamo fournissant 25 ampères sous une tension de 220 volts. La vitesse des pistons est de 40 coups par minute. Les tuyaux de refoulement de chaque corps de pompe se réunissent en un seul, sur lequel viennent se brider les tubulures de distribution. L'eau du bac pénètre dans la pompe par deux robinets, et elle y fait retour par deux tuyaux au sortir des vérins. La pression par vérin s'élève à 5500 kilogrammes. L'ensemble de cette machinerie est porté par un plancher suspendu, monté sur quatre galets roulant sur deux rails fixés aux supports des cintres; elle est traînée en avant en même temps que le bouclier.

Les travaux de terrassement effectués à l'aide du bouclier nécessitent l'établissement préalable d'une galerie inférieure

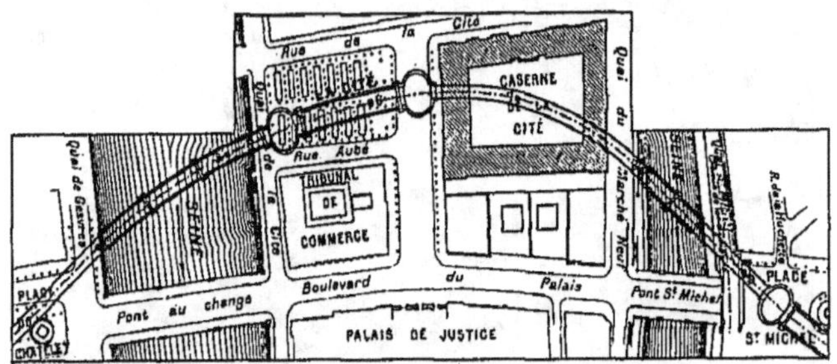


Passage de la ligne du Métropolitain à travers la Cité.

semblable à celles que l'on creuse dans le procédé dit à galeries superposées; elle sert uniquement au passage des wagons chargés des terres provenant des déblais. Les ouvriers creusent alors la galerie supérieure, jusqu'à ce qu'ils puissent y installer le bouclier. Le terrassement se fait à la main devant le bouclier, dont l'enveloppe soutient sur toute sa longueur les terres de l'extrados. A l'arrière, s'installent les maçons, qui construisent la voûte dès que le bouclier a laissé à découvert une certaine largeur de terres, après avoir tout d'abord déroulé une tôle qui est abandonnée sous la voûte. Les cintres, libérés du bouclier, demeurent néanmoins en place, et servent à supporter les boisages sur lesquels s'appuie la voûte maçonnée. Dans le travail courant, on laisse généralement 50 cintres comme supports; l'avancement des travaux étant de près de 6 mètres par jour, la maçonnerie reste par conséquent plusieurs jours sur cintres; on peut ensuite l'abandonner à elle-même sans aucune crainte.

*La traversée de la Seine par la ligne n° 4.* — La ligne qui doit traverser la Seine entre les quais de Gesvres et de la Cité est la ligne n° 4, de la porte de Clignancourt à la porte d'Orléans. D'après le tracé primitif, cette ligne devait effectuer sa plongée sous la Seine entre la passerelle de l'Institut et le Pont-Neuf, en effleurant la pointe aval de la Cité. Ce projet nécessitait l'établissement d'un souterrain sous l'Institut; il rencontra, pour cette raison, une vive opposition de la part de nos académiciens, qui, finalement, eurent gain de cause. La Ville dut alors modifier complétement son tracé depuis les Halles jusqu'au boulevard Saint-Germain.

La nouvelle section de la ligne n° 4 suit en souterrain la rue des Halles, traverse la place du Châtelet, la Seine en amont du Pont au Change, le Marché aux Fleurs, la Caserne de la Cité,

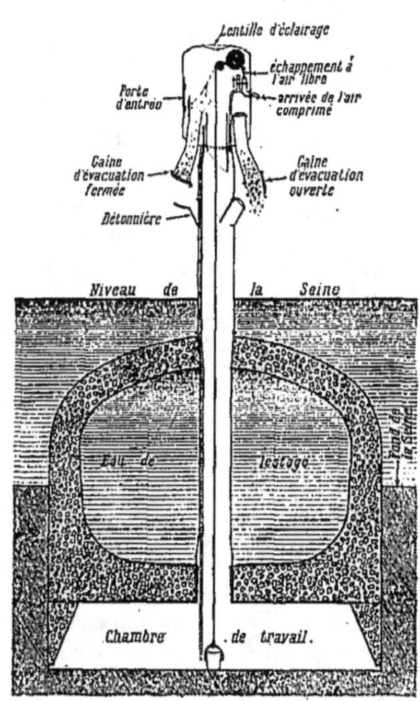


Schéma montrant le fonctionnement du sas à air pour l'envoi de l'air comprimé. L'entrée et la sortie des ouvriers et l'évacuation des déblais.

(Extrait de l'*Illustration*.)

le petit bras de la Seine, la place Saint-Michel, et rejoint le boulevard Saint-Germain par la rue Danton. La courbe ainsi décrite est plus longue que le tracé primitif; aussi le prix de revient du souterrain s'en trouvera-t-il considérablement augmenté.

Depuis le carrefour de la rue de Rivoli et de la rue des Halles jusqu'à celui de la rue Danton et du boulevard Saint-Germain, le souterrain peut être considéré comme entièrement établi,

sinon au sein d'une nappe d'eau, du moins dans un terrain
fortement aquifère. Dans ces conditions, et étant donnée la
longue distance — 1076 mètres — entre les deux points extrêmes, il devenait impossible de creuser des galeries ordinaires,
comme cela se pratique dans les terres consistantes. On a eu
recours à un système de caissons et de tubes. Les caissons
sont employés pour les deux traversées de la Seine, trois sous
le grand bras et deux sous le petit, ainsi que pour l'établissement des stations de la Cité et de la Place Saint-Michel. Partout ailleurs, le souterrain est fait à l'aide de tubes, ou plutôt
d'anneaux de fonte, que l'on pose sous la protection de bou-

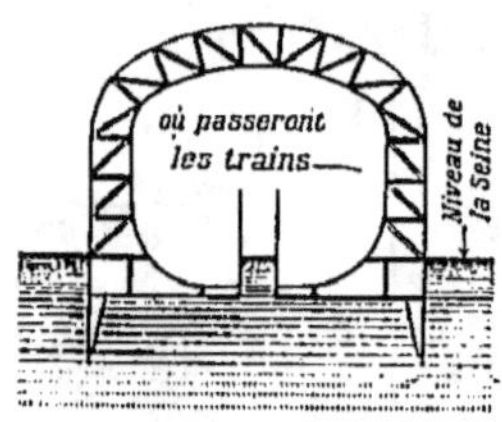


Le caisson inachevé flotte
comme un bateau.
(Extrait de l'*Illustration*.)

cliers, et qui sont boulonnés les uns
aux autres au fur et à mesure de
l'avancement des travaux.

Les caissons nous intéressent
davantage en ce moment que les
tubes, surtout ceux destinés à la
traversée de la Seine. Le premier
est déjà sur les lieux et le second
est en construction sur le quai, en
face de la gare d'Orléans, où a été
établi un chantier provisoire que
tous les Parisiens ont visité. Ces caissons diffèrent totalement
de ceux que nous avons vus place de l'Opéra. Au lieu de se présenter sous l'aspect d'immenses
cuves rectangulaires que l'on char-
geait de maçonnerie pendant leur
descente, et qu'on remplissait ensuite de béton, ce sont, au contraire,
des carcasses métalliques, des squelettes de tunnels. C'est, en effet, à
l'intérieur de ces caissons que passeront les trains du Métropolitain.
Ils sont formés d'une série de fermes elliptiques à treillis, espacées
de 1m,20 et réunies par des entre-

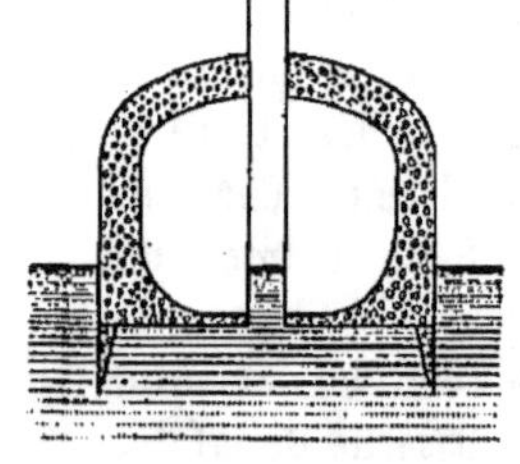

Le caisson revêtu de son
enveloppe commence à
s'enfoncer.
(Extrait de l'*Illustration*.)

toises. La partie inférieure se termine par une chambre de
travail de 1m,80 de hauteur, et la base — qui sert de plafond à
cette chambre — les extrémités et les côtés, sont recouverts de

Installation d'un caisson sous la Seine. (Extrait de l'*Illustration*.)

tôle rendant le caisson complètement étanche. Le premier de ces caissons (déjà disparu dans le sous-sol de la Seine) mesure 56 mètres de longueur; sa largeur est de 9$^m$,60 et sa hauteur totale de 9$^m$,05. Lorsque toute cette partie métallique est terminée, on fait glisser le caisson dans le fleuve sur un plan incliné; il se comporte alors comme une véritable péniche et peut être remorqué jusqu'à sa destination.

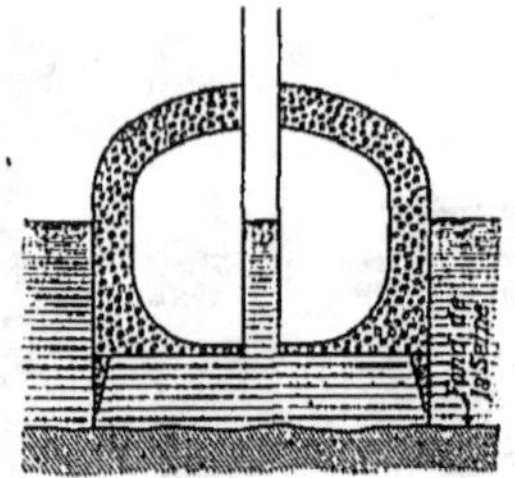

Le caisson repose sur le fond de la Seine.

(Extrait de l'*Illustration*.)

Le premier caisson a pris place sur la rive droite de la Seine, un peu en amont du Pont au Change. Il occupe une position oblique relativement au quai; des pylônes de charpente, sortes de glissières verticales, le maintiennent à droite et à gauche, dans la position qui lui a été assignée, jusqu'à ce qu'il ait atteint la profondeur voulue. Pour l'obliger à s'enfoncer, la base et les parois ont été remplies de béton de ciment, puis on a achevé de le voûter complètement en vue de la prochaine immersion. Toutefois, 4 passages ont été réservés aux cheminées qui servent à la descente des ouvriers, à l'évacuation des déblais, et par lesquelles aussi on envoie dans la chambre de travail l'air sous la pression nécessaire au refoulement de l'eau. Cette pression ne dépasse pas une atmosphère et demie, la profondeur maximum à laquelle les ouvriers doivent descendre étant seulement de 15 mètres au-dessous de la surface de

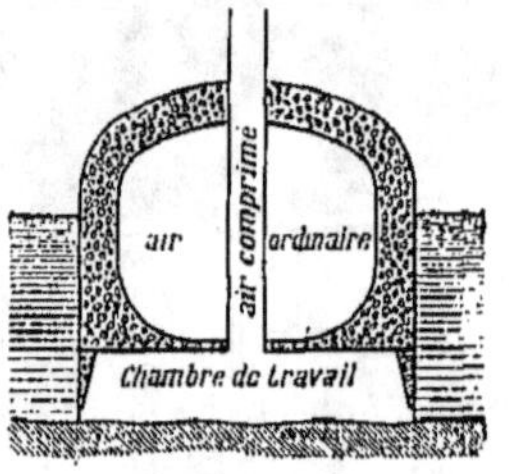


L'air comprimé refoule l'eau et met à sec la chambre de travail.

(Extrait de l'*Illustration*.)

l'eau. Disons enfin que le caisson reçoit encore un revêtement intérieur constitué par un cuvelage en fonte de 4 centimètres d'épaisseur, recouvert de béton fin, sur lequel on applique enfin un enduit de ciment de 3 centimètres d'épaisseur.

Le poids total de la partie métallique de ce caisson est de 293 tonnes; le cuvelage en fonte pèse à lui seul 351 tonnes, et le poids du bétonnage intérieur est évalué approximativement à 2163 tonnes. Les deux autres caissons du grand bras de la Seine auront seulement 30$^m$,40 de longueur chacun, et ceux du petit bras seront encore moins longs : 19$^m$,80.

Le caisson n° 1 est en place; successivement, les deux autres du grand bras viendront se raccorder à ce premier ouvrage.

A cet effet, le second caisson sera amené en face du premier, et coulé dans les mêmes conditions, suivant la ligne axiale du tunnel, à 1$^m$,50 en avant. Il subsistera donc entre leurs extrémités un espace libre de 1$^m$,50 qui sera utilisé pour établir la liaison entre les deux tronçons du tunnel. En amont et en aval de cet espace libre on descendra,

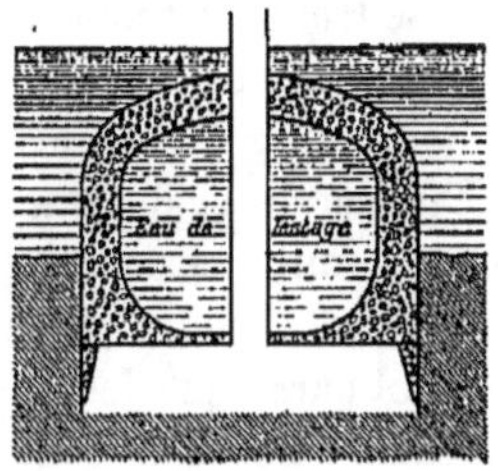



Le caisson est lesté d'eau pour annihiler la poussée ascensionnelle de l'air comprimé.
(Extrait de l'*Illustration*.)

tangentiellement aux parois des caissons, une cloche à plongeur qui servira à la construction d'une sorte de barrage maçonné reposant sur le même fond que les caissons, et qui sera élevé jusqu'à la hauteur de l'extrados. L'espace libre se trouvera donc d'ores et déjà limité par ces deux barrages qui engloberont en même temps une certaine longueur de chaque extrémité des caissons. Mais la partie supérieure de ces derniers étant pareillement surmontée d'une maçonnerie atteignant le même niveau que les barrages, à ce moment, l'intervalle de liaison sera comme entouré de quatre murs de même hauteur.

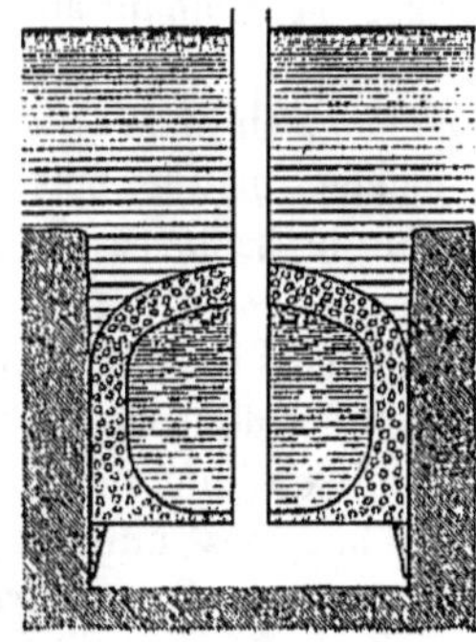

Mise en place définitive du caisson à un mètre environ sous le fond de la Seine.
(Extrait de l'*Illustration*.)

Sur ces murs sera montée une autre cloche à plongeur à l'aide de laquelle on sortira d'abord l'eau emprisonnée dans cette sorte de réservoir, afin que les ouvriers puissent y pénétrer. Ils procéderont ensuite à l'enlèvement des terres, puis ils construiront un anneau de tunnel entre les deux extrémités libres des caissons, en ayant soin d'enlever les tôles pour que le béton nouvellement tassé puisse se souder convenablement avec l'ancien. La soudure de ces deux caissons ressemble donc à un manchon enveloppant les deux extrémités libres, à peu près dans les mêmes conditions que se trouvent réunis les tuyaux de grès employés dans l'établissement d'une conduite d'eau souterraine.

Nous avons dit que les stations de la Cité et de la place Saint-Michel seront également construites à l'aide de caissons. Bien que n'étant pas en Seine, ces stations n'en seront pas moins entourées d'eau, à cause de leur rapprochement du fleuve et surtout parce qu'elles sont situées en-dessous du niveau de son lit. Comme elles nécessitent l'ouverture d'un large souterrain sur une grande longueur, il était peu pratique de tenter le système tubulaire, généralement réservé aux souterrains courants. Chacun des caissons qui abritera à lui seul une station, aura 66 mètres de longueur, 8$^m$,40 de hauteur intérieure et 12$^m$,50 d'ouverture de voûte. On voit que, seule, la largeur, nécessitée par la présence des quais d'embarquement, différencie ces caissons des précédents, la longueur étant uniquement subordonnée à un nombre de fermes n'entraînant aucun calcul spécial. Mais ils seront construits sur place ; on creusera d'abord le sol, suivant les dimensions de longueur et de largeur indiquées, jusqu'à une profondeur de quelques mètres, puis on montera les fermes, on coulera ensuite le béton, et enfin l'enfoncement normal aura lieu.

Nous voici donc en présence de deux éléments de souterrains constitués de la même manière, mais ayant des dimensions différentes. Pour les relier, un nouveau caisson intervient, ce dernier de forme tout à fait spéciale. Imaginez une sorte d'immense cuve elliptique dont les axes auraient respectivement 26 mètres et 18$^m$,50, construite en tôle comme un caisson ordinaire. Cette cuve portera deux tubulures de raccordement, destinées à s'emboîter chacune dans le tunnel qui leur fera face, lorsque l'enfoncement sera terminé. On dispose la cuve de telle sorte que son grand axe soit perpendiculaire à l'axe du tunnel. Deux portions demeureront donc disponibles en bordure sur la voie ; elles recevront deux ascenseurs donnant accès aux quais d'embarquement. On évitera ainsi aux voyageurs une

descente pénible et une montée plus pénible encore, à l'entrée
et à la sortie des stations. Les gares de la Cité et de la place
Saint-Michel seront donc desservies chacune par deux puits,
soit quatre ascenseurs. Ces puits seront fermés à leur partie
supérieure par un plancher métallique très résistant.

Il nous reste encore à parler d'un autre mode de travail que
l'on compte adopter dans cette section du Métropolitain, vraiment favorisée au point de vue de la variété dans son exécution. Cette ligne passant sous la voie ferrée du chemin de fer
d'Orléans qui longe le quai de la
rive gauche jusqu'à la gare d'Or-
say, sa construction ne doit en
aucune façon gêner la circulation
des trains. Lorsque l'on creuse un
souterrain sous une rue, un affaissement du sol supérieur, même
sérieux, ne peut être suivi d'aucune conséquence grave; on se
contente d'isoler le point menacé
pour éviter les accidents. Mais
l'on ne peut traiter avec la même
désinvolture une ligne de chemin de fer, et il est absolument
indispensable que les travaux effectués sous son infrastructure

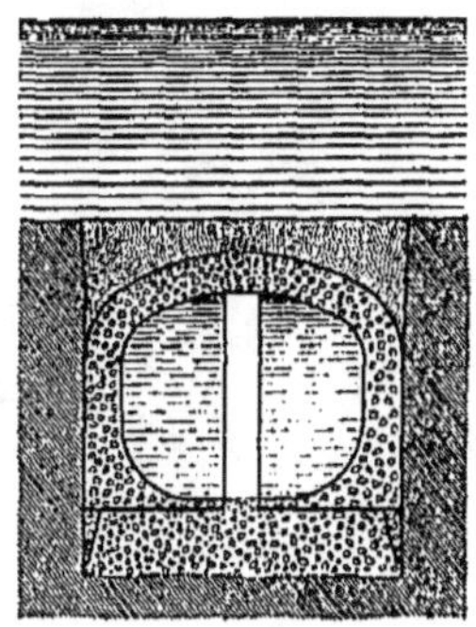

Bétonnage de la chambre de
travail et des tronçons de
cheminée traversant les parois du caisson.
(Extrait de l'*Illustration*.)

n'entraînent aucun affaissement, quelque léger qu'il soit.
C'est pourquoi l'on a résolu de recourir, en cet endroit
du tracé, à un système de forage spécial, mais non iné-
dit, puisqu'il est déjà employé dans le foncement des puits
de mines pour la traversée des couches géologiques aquifères :
la congélation. Des tubes seront enfoncés longitudinalement
dans le sol suivant la direction du souterrain, et en nombre
suffisant pour l'entourer entièrement, puis, dans ces tubes, on
projettera un liquide réfrigérant dont l'action se fait sentir
immédiatement dans toute la masse aqueuse environnante.
L'eau se solidifie, et de ce fait, le sol acquiert une consistance
suffisante pour permettre aux ouvriers de creuser le souterrain
comme s'ils se trouvaient au milieu d'un sous-sol très résistant.

En présence de ces conditions toutes spéciales de construction,

on conçoit que les travaux soient de plus longue durée et plus
coûteux que ceux effectués dans les roches dures. On estime
que l'établissement de ce tronçon de ligne exigera deux années
de travaux. Le prix du mètre courant du souterrain est évalué
à 8000 francs et celui du mètre courant des stations à
14000 francs. Cette dépense est couverte par un crédit global
de 19500000 francs voté par le Conseil municipal.

# GÉOGRAPHIE ET GÉODÉSIE

## L'année géographique.

*Europe*. — Plusieurs événements sont survenus cette année, qui ont modifié — ou modifieront — la carte de la vieille Europe.

Tout d'abord, le divorce suédo-norvégien, causé par la trop grande intransigeance du roi Oscar, et qui va changer un peu la couleur des cartes de Scandinavie. [1]

En France, il est avéré depuis peu, grâce à M. d'Avont, dont la communication à l'Académie des sciences, arts et belles-lettres de Dijon, a été appuyée par M. Chabeuf, que Domremy était un village bel et bien champenois et non pas lorrain, comme on l'a toujours enseigné aux enfants qui épèlent leur histoire de France. Donc, géographiquement, Domremy était en Champagne (France) et non en Lorraine (qui ne nous appartenait pas encore) : il n'empèche que pour beaucoup de monde, Jeanne sera toujours « la bonne Lorraine ».

Le divorce austro-hongrois est plus que jamais à l'ordre du jour, et quant aux provinces baltiques de Russie, nous avons — pour combien de temps ? — une république lettone. N'importe ! les cartographes semblent avoir de l'ouvrage préparé pour l'année 1906.

Dans les Alpes, on a percé la grande galerie hélicoïdale (la plus grande du monde), du Simplon, et on a inauguré l'ouverture au public du chemin de fer de la Jungfrau[1] qui va de la petite Scheidegg jusqu'au pied du fameux glacier. Cette mise en exploitation a donné lieu à des surenchères inattendues, pour l'obtention du premier billet de 1ʳᵉ classe, adjugé à un Saxon, qui l'a repassé à un Anglais, lequel ne s'en est pas servi afin de pouvoir le garder dans ses collections.

1. Voir l'*Année scientifique et industrielle*, quarante-huitième année (1904), p. 391.

*Asie.* — M. Jacob Guillarmod, le célèbre alpiniste, et trois de ses amis, ont tenté une nouvelle escalade himalayenne afin de vaincre le Kantchindjinga, dont l'altitude dépasse 8530 mètres, ce qui en fait la troisième ou quatrième cime du monde; une carte de ce mont a été dressée par l'expédition W. Douglas Freshfield, qui l'avait complètement contourné en 1899.

Le pied de cette montagne n'est qu'à dix jours de portage de Darjiling, terminus du chemin de fer, et les dernières habitations à trois jours seulement du point où commence l'ascension: la base de ravitaillement est donc plus proche que pour l'ascension du Chogori, a déjà abouti à un échec.

Le Kantchindjinga se trouve dans l'Himalaya oriental, sur les frontières du Népaul, du Thibet et du Sikkim.

Parvenus à 7000 mètres, les ascensionnistes n'en pouvaient plus, et décidaient déjà de descendre, quand la glace qui les entourait se craquela, la neige s'amollit sous leurs pas, et une avalanche s'abattit sur la petite troupe. Quand la rafale fut passée, un Suisse, M. Pache (de Morges) et trois guides indigènes avaient été engloutis, triste épilogue d'une tentative qui s'annonçait bien. L'expédition a dû battre en retraite, ce qui ne veut pas dire que M. Jacob Guillarmod ne recommencera pas.

Le Thibet, que l'on croyait renfermer de grandes richesses géologiques, ne suscitera pas de longtemps les appétits européens; s'il faut en croire une dépêche de Calcutta, ce pays est, en effet, l'un des plus pauvres que l'on connaisse, à en croire au moins les géologues qui ont accompagné l'expédition anglaise à Lhassa. Les conclusions de leur rapport, qui vient d'être publié, sont, en effet, plutôt décourageantes. Ni or, ni charbon! Et cependant les explorateurs antérieurs à l'expédition militaire de 1905 s'étaient complu à vanter les richesses du sous-sol thibétain.

En Chine, la nation s'agite — avec des tendances séparatistes en quelques provinces — et les étrangers qui y ont un pied se fortifient toujours. C'est ainsi que, cette année, les Allemands, inquiétés par les succès japonais, ont fait de grands travaux dans leur concession de Kiao-Tcheou, notamment pour la défense de la ville. Depuis le commencement de 1905, trois dragues ont fonctionné sans relâche pour augmenter la profondeur du port; en outre, un dock flottant a été lancé le 25 août, qui mesure 125 mètres de long et peut recevoir les plus puissants navires de guerre. On a construit aussi un môle de protection de 100 mètres de long.

L'explorateur Sven-Eddin, bien connu de tous ceux qui s'intéressent aux choses de l'Asie centrale, est reparti en octobre pour les déserts salés de la Perse orientale, avec l'intention d'atteindre de là l'Hindoustan et d'organiser une nouvelle expédition scientifique au Thibet.

Pendant que les troupes japonaises débarquaient en Corée et chassaient devant elles les armées russes, l'empire du Soleil-Levant s'agrandissait d'une île brusquement surgie des flots, au large des côtes de Yéso. Une commission scientifique fut constituée à Tokio. Malgré l'état de guerre, malgré la présence présumée de l'escadre de Rodjetsvinsky, des savants japonais s'embarquèrent sur un vapeur afin de reconnaître et d'étudier l'île nouvelle, que les pêcheurs disaient immense. Ce rapport fut intéressant. Noushima (ainsi fut baptisée là nouvelle île) semblait émergée pour toujours et ne pas être appelée à subir le sort de l'île Julia, par exemple, au large des côtes de Sicile. Cette terre nouvelle présentait à son centre un massif rocailleux haut de 180 mètres, avec pentes presque perpendiculaires, et faisait songer à l'aiguille de rochers sismiques qui surgit du Mont-Pelé en 1903, grandissant d'un mètre par jour, pour atteindre finalement une altitude de près de six cents mètres.

Le Mikado croyait donc l'île de Noushima éternelle, quand, au mois d'août, le délégué qu'il avait envoyé pour le représenter dans cette nouvelle « possession », lui fit savoir que le point le plus élevé de Noushima (432 pieds à son origine) ne se trouvait plus qu'à trois mètres au-dessus du niveau de la mer, si bien que le drapeau nippon qu'on avait arboré à l'extrême sommet de la colline, n'était plus visible qu'à une courte distance.

Aujourd'hui l'île de Noushima a disparu.


*Afrique.* — L'année 1905 s'ouvre par la pacification du Baoulé, dont une tribu, celle des Agbas, avait refusé de reconnaître notre domination. Refus regrettable, car non seulement le pays est riche, fertile et plein d'avenir, mais encore il devait être étudié pacifiquement pour le tracé du chemin de fer. Les pourparlers ayant échoué, le gouverneur Clozel envoya trois colonnes contre les rebelles : après deux mois de résistance, les Agbas déposèrent les armes et consentirent à la création d'un poste militaire chez eux. Commencée en janvier, cette expédition, où il n'y eut que peu de morts nègres et aucun de notre côté, était close en mars. Rien ne s'oppose plus maintenant à la pénétration pacifique.

La France a également agrandi son domaine africain occidental des îles de Loos, dont nous avions entretenu nos lecteurs l'année dernière [1]. C'est seulement cette année, le 2 mai, que la remise officielle en a été faite (par M. Viret, receveur des douanes et membre du conseil exécutif pour la colonie de Sierra-Leone) à l'administrateur Lejeune, sous-chef de cabinet du gouverneur de l'Afrique occidentale française; les îles de Loos sont rattachées officiellement désormais à la Guinée française.

Dans la Sénégambie, l'année 1905 a été fertile en découvertes archéologiques qui éclaireront peut-être un jour l'histoire ancienne de notre colonie. M. Todd, de Londres, et le capitaine Duchemin, de Dakar, ont découvert une enceinte de monolithes taillés en forme de cylindres et mesurant $2^m50$ et 3 mètres de hauteur. D'où nous pouvons tout au moins conclure qu'il existait en Sénégambie un peuple quelque peu civilisé et possédant même une teinture d'art architectural, parent des peuples argolithiques ou visité par eux.

Avant de quitter notre Afrique de l'ouest, nous devons faire état de la question d'Arguin, question qui fait plus loin dans ce volume l'objet d'un chapitre spécial.

Le lieutenant Agasse, du bataillon de Zinder, a accompli cette année un raid vraiment remarquable. Parti de Zinder avec une petite escorte, ce jeune officier gagne Agadem, puis, poussant vers le nord-est, il atteint l'oasis de Bilmer, reconnue nôtre par les conventions internationales. Le voyageur a rapporté un itinéraire détaillé de son voyage, avec indication des points d'eau et des tribus rencontrées en route, lesquelles l'ont toujours très bien reçu.

Le Dr Koch, qui en juillet dernier pratiquait une exploration

1, Voir l'*Année scientifique et industrielle*, quarante-huitième année (1904), p. 388.

dans l'Afrique orientale, écrivait d'Iringa que la colonie qu'il a créée est dans d'excellentes conditions, et que le climat du district se prêterait parfaitement à un établissement d'Européens. « Il me semble, disait-il, que je suis dans une station alpestre ou en Norvège. »

Au pays Somali, la paix semble être définitivement établie entre le mad-mullah et l'Italie ; déjà plusieurs sociétés de capitalistes parlent de mettre en valeur le Benadir, et le gouvernement italien lui-même projette de créer des ports, de construire des routes et des lignes télégraphiques.

Grâce à M. Johnston, l'ex-gouverneur de l'Ouganda, qui en fit une si belle étude, il y a quelques années, révéla l'okapi et résolut quelques questions irritantes d'hydrographie ; grâce aussi à MM. Wilde et Warde, on sait aujourd'hui que les fameux monts de la Lune sont un massif important du Kudiwenzori, un vrai Caucase, haut de 6000 mètres et couvert de neiges ; il est entouré d'un marécage et de fondrières toujours détrempées qui en défendent l'approche à tout téméraire qui voudrait y parvenir à pied sec.

Au Congo, nous avons eu la triste affaire Gaud-Toqué.

Nous ne nous appesantirons pas sur ce vilain envers de la politique coloniale, et nous signalerons le retour du colonel anglais Harrison, qui a ramené des forêts congolaises six pygmées, voyageurs volontaires, dont l'étude va procurer certainement de sérieux documents à l'anthropologie et à l'ethnographie. Leur taille ne dépasse pas 1$^m$,57 et descend même jusqu'à 1$^m$,12 ; ils ont les jambes et la poitrine velues. L'explorateur a séjourné trois semaines dans la forêt, dans l'espérance d'attraper un okapi, mais jamais il n'a pu saisir un de ces animaux qui trouvent un asile sûr dans l'épaisse brousse du pays. L'okapi se raréfie cependant, et le colonel Harrison a eu beaucoup de peine à se procurer des peaux tannées de ces curieux ruminants.

Le commandant Lemaire, explorateur belge, s'embarquait à Anvers le 31 juillet 1902 pour explorer le cours du Congo. Il est revenu de son voyage et en a fait connaître les résultats. Il a remonté le grand fleuve jusqu'à Boumbou, près du confluent de l'Ilimbéri ; passant ensuite dans le bassin de l'Ouellé, qu'il atteignit au poste de Bima, il remonta l'Ouellé et son affluent le Dongou jusqu'à la ligne de faîte Congo-Nil, qu'il franchit en mars 1903. Il prit ses quartiers d'hiver au poste fortifié de la rivière Yei, affluent du Nil, qu'il explora en entier. Au cours de son voyage, l'explorateur avait eu à châtier les Azandés pillards. En 1904, le commandant Lemaire fortifia l'autorité belge dans le Lado, explora scientifiquement cette région, établit différents postes, régla avec tact les contestations du Bahr-el-Ghazal, et revint, par le Nil, en Europe, cette année.

Depuis 1894, la frontière du Congo-Cameroun avait été provisoirement établie, et depuis, sa délimitation avait toujours été remise d'année en année ; il a fallu le regrettable incident de Missoum-Missoum, où plusieurs de nos tirailleurs ont été assassinés par les troupes allemandes du Cameroun du capitaine Schœnemann, pour ramener l'attention sur cette question. Les Allemands voulaient occuper le poste comme leur appartenant, et nos nationaux ne voulaient pas l'abandonner sans ordre du gouvernement français.

C'est seulement après cette sanglante aventure que les deux nations convinrent de reviser une frontière si mal délimitée. Une commission fut nommée, dont le côté français fut confié au capitaine Cotte et au commandant Lenfant. Il s'agit de s'assurer si la frontière doit rester figurée par une ligne idéale dite du *Campo*, un peu avant le 12ᵉ degré de longitude. Cette ligne rejoint ensuite le N'Goko, pour se continuer par un tracé délimité par le Dʳ Cureau pour notre compte ; reste à savoir si les déterminations astronomiques n'ont pas été erronées et si Missoum-Missoum est allemand, comme le prétend le capitaine Schœnemann, ou s'il est français comme l'affirment nos commerçants.

Mentionnons, enfin, les découvertes paléontologiques et botaniques très intéressantes de M. François Geay, à Madagascar.

Parti en octobre 1904, l'explorateur Geay, qui s'était imposé déjà à l'attention du monde savant par ses explorations du Venezuela, du contesté franco-brésilien et de la Guyane française, a mis au jour des squelettes d'hippopotames et de lémuriens qui vont probablement éclairer les géologues sur la formation de Madagascar ; il a également envoyé au Muséum des échantillons de lianes à latex qui nous vaudront peut-être un supplément de caoutchouc.

L'explorateur poursuit actuellement ses travaux scientifiques en compagnie de M^{me} Geay.

*Amérique.* — Deux nouvelles provinces viennent d'être constituées au Canada : ce sont celles de Saskatchewan et d'Alberti. La première, peuplée surtout d'agriculteurs, a choisi Régina, ville de 5000 habitants, pour capitale; la deuxième a choisi Edmondtown. La province de Saskatchewan fait un grand commerce de grains, mais les hivers y sont rigoureux.

Dans l'Amérique du Sud, nous n'avons à mentionner que le chemin de fer transandin, destiné à vivifier les transactions, et les travaux de la mission française pour mesurer l'arc du méridien de Quito, dont les premières études ont commencé en 1899. La mesure est presque entièrement effectuée. Aux capitaines Maurain et Lacombe, les ouvriers de la première heure, l'Académie avait adjoint une Commission dont tous les membres étaient pris dans son sein : MM. Bouquet de la Grye, Hatt, Bassot, Lœwy et Poincaré, et, depuis 1900, ces savants ont exercé leur contrôle sur les travaux exécutés.

La première Commission géodésique comprenait 6 officiers et 17 sous-officiers et soldats. Mais le 9 décembre 1900, les capitaines Maurain et Lacombe repartaient pour compléter leur reconnaissance de 1899 et acheter sur place les animaux de selle et de trait nécessaires à la grande expédition.

Le 26 avril 1901, le gros de la mission, sous les ordres du commandant Bourgeois, s'embarquait à Bordeaux avec un matériel considérable, passait par les Antilles, et, traversant l'isthme de Panama, débarquait à Guyaquil le 1^{er} juin.

La région parcourue par la mission est traversée du nord au sud par les deux chaînons de la Cordillère des Andes, reliés de distance en distance par des chaînes transversales. Depuis la frontière colombienne jusqu'à Cuenca, ce ne sont que d'immenses volcans, hauts de 5 à 6000 mètres, couverts de neige, tels que le Chimborazo (6300 m.) et le Cotopaxi entre autres.

Les membres de la mission furent obligés de placer les signaux nécessaires à l'établissement de leurs points de triangulation sur les plus hautes cimes, à des altitudes variant de 4 à 4500 mètres. Les travaux étaient plus difficultueux à cause des brouillards et des nuages (qui ne se déversent pas durant de longues périodes), et l'humidité très grande est encore accentuée par un vent qui souffle avec force.

Chaque observateur opérant isolément, avec un officier écuadorien, quelques soldats français et de nombreux auxiliaires indigènes, ainsi que 40 animaux de selle et de bât, un gros matériel encombrant, devait à la fois songer à ses études, à la sûreté de son monde et à déjouer les éléments coalisés, sans préjudice des signaux qu'il fallait guetter, et des éclaircies dont il fallait profiter pour rendre les travaux fructueux et utiles.

Au début, les signaux établis entre le Rio Bamba et Quito furent plusieurs fois détruits par les indigènes, et le gouvernement écuadorien dut prendre des mesures énergiques. Ces pauvres Indiens croyaient à des maléfices, mais dès qu'on leur eut expliqué que les savants français travaillaient pour le Très-Haut, ils offrirent d'eux-mêmes leurs travaux et leurs peines.

Après le départ du commandant Bourgeois, le capitaine Maurain prit le commandement de la mission, de février 1902 à mai 1904, et le capitaine Massenet vint le remplacer en février 1905, pour que, à son tour, il pût revenir en France se reposer de ses fatigues.

Les observations se sont poursuivies aussi régulièrement que par le passé, et grâce à l'appui bienveillant du gouvernement écuadorien, les travaux seront bientôt terminés, maintenant la France au rang qu'elle a su conquérir et garder toujours dans cette science spéciale qui s'appelle la géodésie.

*Océanie.* — Si le Japon s'est vu doter d'une île par les secousses de son sol, les îles Samoa se sont enrichies d'un volcan. Au mois d'octobre 1905, à l'arrivée du Dr Solf, gouverneur de l'archipel, la nouvelle « soupape de sûreté » n'avait pas eu une minute d'accalmie depuis quarante-quatre jours qu'elle s'était ouverte.

Un petit îlot plus que minuscule, qui va jouer enfin un rôle, par suite de l'achèvement futur du canal de Panama (et c'est pourquoi les puissances s'en disputent déjà la possession), c'est notre petite colonie de Clipperton, perdue en plein Pacifique. La meilleure preuve que Clipperton est bien français, c'est qu'aucune puissance n'a jamais cherché à se l'approprier : sous le fallacieux prétexte qu'elle était *res nullius*. Cependant les

Mexicains et les Américains commencent à rôder alentour.

Toute la valeur de Clipperton réside dans sa position stratégique, car cet îlot est plutôt pauvre. Situé à 8 degrés du groupe Revilla-Gigedo, sous la latitude même de Panama, il est fatalement désigné comme station à tous les navires partant du Japon, de Chine ou des îles Sandwich, et qui se rendront au futur canal.

L'île Clipperton a 8 milles de tour environ, et est entourée de récifs de coraux; au centre, un petit lac avec une belle eau bleue et profonde, reste certain d'un ancien cratère. Ce lac mesure 700 mètres de longueur et 450 mètres de largeur; il communique à la mer par des canaux, tout en coupant l'île en deux parties; c'est un futur Gibraltar sur lequel on pourra tenter en même temps l'agriculture, car les pentes de l'île sont couvertes d'un éternel gazon.

Par contre, les arbres auraient peu de chance d'y vivre, à cause de la nature volcanique du sol.

Les Anglais viennent de s'annexer l'archipel Ashmore, près Timor.

***

### L'année cartographique.

Pour la quinzième fois, la librairie Hachette et C<sup>ie</sup> a récemment fait paraître, dressée sous la direction de l'éminent géographe M. F. Schrader, son *Année cartographique*.

On sait de quelle importance est cette publication, dont l'objet est de suppléer aux lacunes que les atlas les plus parfaits présentent infailliblement, par suite même des progrès accomplis chaque jour par la science.

Le but de l'*Année cartographique*, en effet, est de noter, à l'aide de cartes établies d'après les derniers documents recueillis par les explorateurs, les modifications incessantes de nos connaissances sur les diverses contrées du globe, tant au point de vue politique qu'à celui de leur structure même.

Comme sa devancière, la livraison qui vient de paraître renferme trois cartes se rapportant respectivement à l'Asie, à l'Afrique et à l'Amérique.

Dressée par M. Emile Giffault, la feuille de l'Asie contient, en outre d'un état fort intéressant des travaux géodésiques, astronomiques, topographiques et cartographiques accomplis par le service géographique de l'Indo-Chine française, une carte de la région de l'Asie centrale explorée par M. V. Obroutcheff, une autre carte figurant l'itinéraire du capitaine C. G. Rawling et des lieutenant A. J. G. Hargreaves, officiers de l'armée anglaise, dans le Thibet occidental, et, enfin, une dernière carte donnant l'itinéraire du voyage accompli en Indo-Chine française, dans la province de Dar-Lac, par le lieutenant Oum.

Quant à la feuille de l'Afrique, dont l'établissement a été opéré par les soins de M. Chesneau, elle enregistre de nombreux et importants documents sur le lac Tchad, sur la région du Sahara comprise entre In-Salah et Tombouctou, sur la Gambie, sur la Guinée, sur les îles de Loos, etc.

La feuille de l'Amérique, enfin, a été dressée par M. V. Huot. Elle comprend deux cartes, l'une de la région des monts Appalaches et des grands lacs canadiens, et l'autre consacrée aux explorations poursuivies dans la Haute Argentine et la Bolivie.

※

### Les chemins de fer et communications.

Il était tout naturel que l'Europe, après s'être à peu près partagé l'Afrique, songeât à la mettre en valeur le plus tôt possible ; aussi ce ne sont partout que voies ferrées et lignes ou câbles télégraphiques à l'étude ou en construction.

Ainsi, au Congo, dans cette région qui a tant fait parler d'elle cette année, et dont les Français et les Belges se disputent les richesses, on a posé, le 10 août, deux câbles télégraphiques qui ont été immergés dans les eaux de l'antique Zaïre, afin de relier les colonies française et belge. Réclamée depuis longtemps, cette mesure va donner enfin satisfaction aux besoins du trafic très important dans cette partie de l'Afrique, et pouvoir établir entre les deux colonies rivales un service régulier. Jusqu'à présent, le service n'avait été assuré que par des pirogues et des petites chaloupes à vapeur. Les deux bureaux reliés sont Brazzaville (côté français) et Kinchassa (côté belge).

Une commission a été nommée pour l'établissement d'une voie ferrée au Congo, à travers la grande forêt équatoriale; le commandement a été donné aux capitaines Gambier et Lucien Fourneau. Le tracé devra traverser la grande forêt et les contreforts des monts de Cristal. Le sous-sol est, paraît-il, très riche en minerais, en minerais cuprifères surtout, et cette nouvelle ressource augmentera d'autant les revenus du Gabon, alimentés déjà par un caoutchouc très prisé sur les marchés européens.

Au Sahara, on projette l'établissement d'une voie télégraphique franchissant le grand désert, et qui réunirait Alger à Tombouctou.

En 1901, le commandant Lapérine avait été chargé d'une mission pour l'étude du tracé. En 1905, M. Jonnart envoyait au Sahara M. Etiennot, inspecteur des postes et télégraphes en Algérie, pour une étude définitive. M. E.-F. Gautier, professeur à l'Ecole des lettres d'Alger, qui explorait depuis 1904 les régions voisines du Touat, joignit M. Etiennot, et le 16 juin, la mission était à In-Zize. Arrivés à In-Zaouten, terminus de nos territoires algériens, les deux explorateurs se séparèrent, et M. Etiennot reprit sa route par le Hoggar et le Touat, pour rentrer en Algérie, tandis que M. E.-F. Gautier poursuivait sa route vers le Niger et atteignait, le 3 août, ce fleuve à Gao.

Cette exploration a été féconde en résultats scientifiques, surtout au point de vue géologique.

Pour la ligne télégraphique elle-même, il a été demandé un crédit de 2 millions, et nous espérons bien que les travaux en seront terminés en 1906. Notre Afrique occidentale pourra dès lors communiquer rapidement et directement avec l'Algérie.

Cette année a vu se poursuivre activement la voie ferrée du Cap au Caire, la grande pensée des Anglais. Le tronçon du Cap au Zambèze est ouvert, et permet de remonter jusqu'aux fameuses chutes Victoria au-dessus desquelles un pont a été jeté. La ligne n'aura pas moins de 9000 kilomètres, et les travaux d'art du viaduc ont dû prévoir la traversée de cette gigantesque faille révélée à l'Europe par Livingstone, et qui est de beaucoup plus profonde que celle du Niagara. Long de 1980 mètres, avec un arc d'une ouverture de 152$^m$,50, le pont a été inauguré le 12 septembre. Les trains passeront à 122 mètres au-dessus des eaux mugissantes. On voit par là quelles difficultés ont dû surmonter ingénieurs et ouvriers.

Le railway avait atteint les chutes dès le 29 avril de l'année dernière, sur une longueur de 2532 kilomètres. Du côté du nord, les ingénieurs se sont mis également à l'œuvre, et ont posé 1843 kilomètres de voie ferrée, de sorte qu'il ne reste plus que 1500 kilomètres environ à terminer pour que le long ruban d'acier ne soit qu'une ligne continue et qu'on puisse aller du nord au sud du continent noir sans changer de wagon. A l'heure où nous écrivons, le Caire doit être relié à Khartoum.

C'est un travail gigantesque, plus admirable certes que le Transsibérien, puisqu'il s'est effectué au milieu de tribus hostiles, belliqueuses, parfois cannibales, au milieu de régions malsaines et souvent dénuées de toutes ressources, où tout ce dont on avait besoin devait être amené par le tronçon de voie déjà existant.

Il est question d'établir également une ligne ferrée réunissant l'océan Atlantique à l'océan Indien, sans passer par aucun territoire britannique; cette voie transsaharienne partirait à l'est de Dar-el-Salam, et se terminerait à Libreville en passant par l'Est-Africain allemand, le Congo belge, le Congo français et le Gabon.

Il est douteux, vu les circonstances présentes, qu'il lui soit jamais donné suite.

Commencé il y a longtemps, le chemin de fer transandin va bientôt être terminé, et il est fort probable qu'en 1906, on ira de l'Atlantique au Pacifique comme on va de Paris à Vladivostok, et le trajet ne durera pas plus de 32 heures, c'est-à-dire à peine un jour et demi.

Cette voie ferrée, qui part de Santiago du Chili, traverse la Cordillère des Andes et franchit 244 kilomètres depuis Santa-Rosa et les Andes (Chili, 800 mètres), par le tunnel de là Cumbre (5189 mètres), jusqu'à Mendoza, en République Argentine; le tronçon argentin (175 kilomètres), se raccorde, à la

Cumbre, au tronçon chilien, et c'est ce dernier (69 kilomètres) qui a causé le retard de l'achèvement de la voie. Malgré son infime longueur, les travaux viennent seulement d'être repris.

En République Argentine, la locomotive parvient déjà à Las Cuevas, c'est-à-dire au kilomètre 170, et il ne reste plus qu'à terminer le tunnel de la Cumbre au Chili; l'exploitation de la voie ferrée s'arrêtait depuis longtemps au Salto del Soldado; elle a été avancée vers le Juncal, où débouche le tunnel qui a été un des labeurs gigantesques de ce travail déjà peu ordinaire, puisqu'il traverse les Andes en plein granit sur une longueur de 15 à 16 kilomètres, rien qu'en ligne droite; la voie ne mesure pas plus de 8 kilomètres à vol d'oiseau, mais comme, du côté chilien, la pente est presque à pic, il fallut établir un tracé en lacet et en spirale. La voie terminée sera à triple crémaillère avec une inclinaison de 8 pour 100. Le kilomètre de rail reviendra à 7000 livres sterling, chiffre qui n'a rien d'excessif si l'on songe au nombre et à la difficulté des travaux d'art qu'il a fallu exécuter (quelques ponts ont plus de 100 mètres et ont coûté près de 400 000 francs). Bref, une fois achevé, le chemin de fer transandin, pour s'être fait attendre, n'en sera pas moins une des merveilles du siècle et une nouvelle victoire pour la science moderne et pour l'industrie.

En Océanie, nous allons avoir également une voie ferrée. En dépit du peu d'appui rencontré au ministère des colonies, en dépit aussi du trafic côtier des caboteurs, la Nouvelle-Calédonie a décidé de se doter d'un chemin de fer qui irait de Nouméa à Bourail. Mais, en attendant, ces deux villes communiquent par un service d'automobiles.

✳

### Expéditions polaires.

*Pôle Sud.* — *Expédition Charcot.* — Au point de vue exploration, c'est sans contredit le sphinx polaire qui a le plus stimulé le zèle des voyageurs. En se reportant à nos derniers volumes, le lecteur se rappellera les missions allemande, anglaise et suédoise (1901), écossaise (1902). Seul, notre pays qui avait vu jadis son pavillon planté par Dumont d'Urville, semblait se désintéresser complètement de ce tournoi quand le D<sup>r</sup> Charcot projeta de reprendre la glorieuse tradition.

Déjà, en 1902, notre compatriote avait accompli une pointe hardie au pôle Nord, conduisant un yacht de 100 tonnes à Jan-Mayen dont l'accès est réputé très difficile. C'était un excellent apprentissage pour sa prochaine croisière, en même temps qu'un merveilleux encouragement.

Aussi le 23 août 1903, le *Français* quittait le Havre; c'était un trois-mâts goélette de 4300 tonnes, muni d'une machine auxiliaire, qui emportait, en outre de son chef scientifique, 2 officiers de notre marine, MM. Matha et Rey; un ingénieur, M. Pléneau, 2 naturalistes, MM. Gourdon et Turquet, et un équipage de vaillants matelots.

A la fin de janvier 1904, le *Français* perdait de vue la Terre-de-Feu[1] et s'enfonçait dans l'inconnu de la mystérieuse Antarctide.

Après une navigation d'une semaine, apparurent de grandes îles montagneuses chargées de glaciers, terres qui bordaient le détroit de Gerlache (continuation du canal d'Orléans), entre le groupe d'îles dont nous venons de parler et le massif continental situé au sud extrême de l'Amérique. Mais jusqu'à présent les côtes nord-ouest étaient restées inconnues : leur révélation fut le premier résultat de l'expédition française.

Le *Français* continua sa route dans le Sud jusqu'aux îles Biscoe, devant la Terre de Graham, région qui n'était guère mieux connue. Mais comme on était au mois de mars (septembre de l'hémisphère boréal), le D<sup>r</sup> Charcot dut s'occuper de l'hivernage. D'ailleurs, le temps était devenu effroyable, les coups de vent se succédaient sans répit, et ce ne fut qu'après dix jours terribles que le *Français* put s'abriter dans un havre de l'île Wandel, située près de l'entrée sud du détroit de Gerlache, à 20 kilomètres environ de l'île Viencke, où, en janvier 1905, l'*Uruguay*, parti en décembre 1904, devait en vain rechercher nos compatriotes.

Au printemps, les explorateurs s'engagèrent à pied sur la ban-

---

1. Voir l'*Année scientifique et industrielle*, quarante-huitième année (1904), p. 377.

quise — afin de reconnaître la topographie du détroit de Bismarck[1], détroit ou golfe, on l'ignorait — que le Dr Charcot devait également identifier. L'été venu, la banquise étreignait
toujours le *Français*, et son chef résolut de le délivrer, même
en employant les grands moyens; il forçait en effet ce « blocus »
en décembre 1904, et venait cingler, plus au Sud encore, en
vue de la Terre Alexandre Ier, qui ne put être abordée à cause
d'une épaisse banquise qui en défendait le rivage.

Nos compatriotes se seraient avancés jusqu'au 68° degré de latitude Sud, mais les difficultés — beaucoup plus grandes que dans
une expédition arctique — contraignirent le Dr Charcot à battre
en retraite et à reprendre la route du Nord. Il en profita pour
explorer la côte inconnue de la Terre de Graham, tentative très
dangereuse, car les icebergs flottent en grand nombre au large.
Le Dr Charcot faillit même périr dans sa téméraire entreprise,
le *Français* ayant donné contre un récif, par un temps abo-
minable. Grâce au courage admirable de son équipage, le vail-
lant petit navire put aveugler sa voie d'eau, et le Dr Charcot
continua l'étude de la côte.

Le 17 février 1905, nos compatriotes quittaient définitivement
l'Antarctide après seize mois de séjour au milieu des glaces.

*Les expéditions au Pôle Nord.* — Si du pôle Sud nous passons
au pôle Nord, nous avons à mentionner plusieurs expéditions,
plutôt malheureuses, mais du moins non sans gloire.

Telle est celle de l'infortuné Toll, à la recherche duquel on
avait envoyé deux missions[1]. Un rapport du lieutenant Koltsjak
dit qu'on a trouvé à l'île Bennett une suprême missive dans
laquelle l'explorateur avertissait le monde civilisé qu'il allait
continuer sa route malgré la pénurie de vivres. En effet, les
malheureux n'avaient plus de provisions que pour une quinzaine
de jours. Aussi, désespère-t-on unanimement de revoir Toll et
ses compagnons : ils doivent avoir succombé à la faim, et renou-
velé le terrible drame de l'expédition Franklin sur la Terre du
Roi-Guillaume.

L'expédition Ziegler, par contre, dont on était sans nouvelles

1. Voir l'*Année scientifique et industrielle*, quarante-huitième année
(1904), p. 375.

depuis le 20 juillet 1903, a été retrouvée. Des trente-neuf hommes qui la composaient, un seul — un Norvégien — est mort. Le lecteur se rappelle que les deux premières expéditions de secours avaient échoué, mais celle de la *Terra-Nova* a été plus heureuse puisqu'elle a ramené l'expédition disparue.

Parti de Tromsoë en juin, la *Terra-Nova* arrivait le 29 juillet au cap Dillon, où il trouvait six hommes de l'expédition Fiala, dont le chef était plus avant dans les terres. Neuf de ses hommes coururent à son camp pour lui annoncer l'heureuse nouvelle. Le 30 juillet, enfin, le navire sauveteur arrivait au Cap Flora où se trouvaient vingt-deux voyageurs.

L'expédition américaine avait enduré de cruelles souffrances et s'était crue séparée pour jamais du monde civilisé.

Après avoir hiverné dans la baie de Teplitz, et déposé sur la banquise 100 tonnes de charbon, et 50 tonnes de provisions, le commandant Fiala vit, le 16 novembre 1903, son navire *l'Americ* se briser sous la pression de la glace, et, pour comble de malheur, la banquise se fendillait, entraînant avec elle toutes les provisions qu'on y avait débarquées.

Le 22 janvier 1904, une tourmente dispersa ce qui resta du navire naufragé, et si l'expédition Ziegler fut sauvée de la mort, c'est que le hasard voulut qu'à la baie de Teplitz, on découvrît les provisions laissées par l'expédition Baldwin.

Malgré toutes ces disgrâces, les courageux voyageurs firent trois tentatives pour atteindre le pôle, mais inutilement, car ils ne purent dépasser les limites atteintes par leurs prédécesseurs ; les provisions s'épuisaient, et c'eût été folie insigne de s'entêter à pousser au Nord. De plus, le 8 août 1904, la banquise se fermait, interdisant le Sud à ces malheureux qui n'avaient plus les moyens ni les forces d'aller au Nord.

Les explorateurs, chefs et matelots, se résignèrent stoïquement au destin, et attendirent la mort qui, pour eux, n'était plus qu'une question de temps. On sait l'arrivée providentielle de la *Terra-Nova* et le retour des voyageurs qu'on croyait définitivement perdus. Ajoutons que, jusqu'au dernier moment, les vaillants membres de l'expédition Ziégler continuèrent leurs travaux scientifiques.

Mentionnons l'expédition polaire du duc d'Orléans, à bord de la *Belgica*, commandée par son ancien chef, M. de Gerlache, et qui est revenue le 13 août 1905 en Islande après une heureuse croisière. Après quelques semaines passées au Spitzberg, l'expédition explora le littoral de la banquise et pénétra dans ses fjords le 20 juillet, pour aller toucher la côte N.-E. du Groënland, non sans difficultés d'ailleurs. Longeant ce littoral, toujours en appuyant au Nord, l'expédition débarquait le 29 juillet sur un promontoire qu'on baptisa cap Philippe, situé à 35 milles au Nord du cap Bismarck, atteint en 1870 par l'expédition allemande Koldewey.

L'expédition du duc d'Orléans a été fructueuse en sondages, pêches scientifiques et surtout en observations océanographiques.

L'expédition Peary est partie de New-York le 10 juillet, à bord du *Roosevelt*, navire construit tout exprès d'après les plans du courageux explorateur, avec l'espérance d'arracher définitivement le secret du sphinx polaire et de fouler le point central où viennent se réunir tous les méridiens du globe.

Le *Roosevelt* est un schooner à trois mâts, à voiles et à moteur auxilliaire à vapeur; long de 60 mètres et large de 12, il jauge 640 tonneaux et possède un déplacement de 1500. Bienque construit sur le modèle des baleiniers à vapeur modernes, il est plus élancé de formes et a sa carène taillée en côneafin de se dégager plus facilement des glaces.

Le coût global de l'expédition Peary a été de 2 millions et demi de francs.

L'explorateur américain utilisera la télégraphie sans fil pour rester en communication constante avec le monde civilisé, afin de remédier au silence souvent cruel qui entoure les expéditions polaires et interdit la possibilité de leur envoyer un secours efficace. Il reste à savoir si la climatologie ne contrariera pas ce *desideratum* et permettra les transmissions.

Le *Roosevelt* emporte 2 ans de vivres : il est monté par un capitaine et un équipage terre-neuviens.

Le 26 juillet, Peary quittait Sidney dans l'île de cap Breton, et annonçait qu'il espérait toucher le pôle en 1906 ou 1907, en partant en traîneau du 84° degré parallèle; il emmène avec lui sa jeune fille, qu'il a fait photographier en costume esquimau.

Pour conclure, annonçons une très intéressante décision prise par le Congrès d'expansion économique mondiale, réuni, à Mons, le 24 septembre 1905. Il s'agit d'un projet d'entente internationale pour envoyer aux pôles des expéditions communes, et aussi pour l'élaboration d'un programme commun pour l'entreprise de travaux scientifiques dans ces régions.

Ce projet, très sérieux, signé de noms connus, surtout de personnalités s'intéressant aux choses des pôles (Gerlache, Charcot, Nanssen, Nordenskjold, duc des Abruzzes, duc d'Orléans, etc.), a été accepté au mois d'octobre, et l'on pense que le gouvernement belge prendra le patronage de son exécution, au moins au point de vue financier.

Le vingtième siècle verra donc peut-être enfin résoudre cette irritante question des pôles, à l'assaut desquels il a été déjà sacrifié tant de vies humaines et tant d'argent sans que les résultats acquis soient en rapport avec les sacrifices consentis.

### Traités et conventions.

En dépit d'une dépêche de Londres du mois de novembre qui affirmait la signature, à Calcutta, du traité anglo-thibétain, cette nouvelle n'est rien moins que certaine. Bien que cette convention soit entrée en vigueur depuis les premiers mois du printemps, le gouvernement chinois n'a pas encore donné sa ratification de pouvoir suzerain. La Chine insiste toujours pour une modification de la clause IX du traité au sujet du monopole économique....

Le grand événement de l'année 1905 est sans contredit le traité russo-japonais, qui fait rentrer la moitié de l'île de Sakhaline sous l'autorité japonaise.

Voici les principales clauses du traité de Portsmouth au point de vue géographique.

D'abord, une partie du secteur de la voie ferrée jusqu'à Port-Arthur devient japonaise, tandis que les Russes conservent les secteurs est et ouest, et le secteur sud jusqu'à Kouang-Tchan-Tse; la partie sud de l'île Sakhaline jusqu'au 50 degré nord, et le protectorat de la Corée rentrent également sous l'autorité japonaise.

Les Nippons qui, à la fin de la guerre, détenaient l'île

entière de Sakhaline, devaient transférer la partie nord à la Russie le 21 octobre, mais, par suite d'un incendie à l'extinction duquel Russes et Japonais ont collaboré, le transfert n'a pu s'opérer que le 22.

Vis-à-vis de la Chine, le Japon, héritier des droits de la Russie, a signé la convention suivante : 1° le bail de la péninsule de Kouang-Toung expirera en 1923; 2° la voie ferrée au sud du Chang-Toung sera remise au Japon, la Chine devant racheter, en 1906 ou à une date plus rapprochée, si la Russie rétrocède la section nord; le Japon ne devra pas construire d'embranchements; 3° le Japon sera autorisé à entretenir des garnisons destinées à la garde de la voie ferrée ; 4° la Mandchourie devra être évacuée en dix-huit mois; 5° les télégraphes militaires seront placés sur le même pied que les voies ferrées ; 6°, 7° 8° établissement de garnisons et consulats à Niou-Tchouang, Moukden, Antoung, Girin et Chang-Toung ; 9° rétrocession à la Chine des douanes de Niou-Chang; 10° restriction des droits de mines à Mujun et Yen-Taï ; 11° remboursement rapide des créances militaires — cessation de l'administration japonaise avec l'évacuation.

Voici maintenant les conventions du protectorat japonais sur la Corée, rayée des cartes d'Asie le 16 décembre 1905.

1° Maintien de l'honneur et de la dignité de la maison impériale coréenne; 2° nomination du gouverneur japonais par le gouvernement coréen; il dirigera l'administration; 3° transfert au Japon de toutes les questions diplomatiques, qui seront restituées à la Corée quand elle sera jugée digne de son indépendance; 4° seront Japonais tous les commissaires à la tête des douanes et des ports libres; 5° la Corée ne pourra avoir de relations étrangères sans l'intermédiaire du Japon.

Cette « tunisification », commencée le 23 février 1904, est un nouveau succès pour le marquis Ito.

Le traité franco-siamois est en principe signé, malgré de vives oppositions de la part du gouvernement de Bangkok, et nous pouvons espérer un jour la reconstitution de l'ancien et brillant empire Khmer qui nous a laissé de si beaux monuments.

La Commission présidée — pour la France — par le commandant Bernard continue les travaux en exécution de la convention du 13 février 1904, entre le Grand-Lac et la mer.

La frontière, entre les provinces de Pursat (dépendant du Cambodge) et de Battembang (au Siam) a subi deux rectifications importantes ; le Siam nous a abandonné deux territoires lui appartenant, et que prétendaient conserver les habitants de Battembang.

Dans la région de Krât, ce fut une autre affaire : la frontière, que l'on croyait délimitée par des accidents de terrain, était absente, et le commandant Bernard proposa de la reporter jusqu'à l'estuaire de Pak-Nam-Ven, proposition acceptée non sans peine par le Siam. Ainsi se trouve à peu près résolue une question irritante, qui traînait depuis 1868 ; le traité du 3 octobre 1893, tout en voulant « arrondir les angles », avait plutôt envenimé l'affaire, et il avait fallu l'arrangement franco-anglais du 15 janvier 1896 pour faire accepter le *statu quo*. C'est seulement au mois de janvier 1905 que M. Morel, résident supérieur du Cambodge, a enfin pu faire remise du territoire de Krât au roi de Cambodge.

En Afrique, mentionnons aussi quelques délimitations de frontières, notamment celle du Congo-Cameroun, et celle de la Casamance-Gambie par le capitaine Duchemin.

## Le Maroc en 1905.

Cet empire chérifien, cette « île d'Occident », comme le nomment ses habitants, aura fait parler de lui, cette année. Nous mentionnerons tout d'abord, l'assassinat de M. Copollani, secrétaire général des colonies et explorateur, qui a trouvé la mort à Tidjikdja, le 12 mai, à neuf heures du soir, sous les coups d'un parti de Maures dissidents.

Depuis 1898, notre malheureux compatriote s'efforçait de nous constituer une Mauritanie saharienne, et de soumettre les musulmans à notre influence en se servant habilement du pouvoir des marabouts.

Mais le grand événement marocain de 1905 — en laissant de côté la visite de Guillaume II à Tanger, voyage qui ne regarde que de très loin la géographie — c'est l'exploration de M. de Segonzac, qui s'est fait une spécialité, un fief d'exploration, dans les provinces de l'Ouest africain.

M. de Segonzac avait choisi pour itinéraire les régions méridionales du Maroc, nouant des relations avec des chérifs, voyageant en leur compagnie, et c'est en compagnie de quelques-uns d'entre eux qu'il quittait Marrakech le 2 janvier 1905. Mouley-el-Hassem et Mouley-Abdallah convinrent d'accompagner notre compatriote en échange d'une raisonnable indemnité qu'ils devaient toucher au retour.

La région du Haut-Atlas vers laquelle se dirigeait la caravane est une région à peu près inconnue, avec le danger des avalanches, des rafales de neige, et des attaques de montagnards pillards et insoumis. Le chérif Mouley-el-Hassem hésitait même à s'y engager; sans la ténacité de notre compatriote, il lui eût probablement faussé compagnie dès la première heure.

De plus, des bruits couraient que les voyageurs allaient à la mort, et que le moins qui pût leur arriver, c'était d'être pillés. La conséquence fut de faire le vide autour des voyageurs et de les priver de guides. M. de Segonzac y suppléa en imposant aux gens des villages qu'il traversait de guider la caravane jusqu'au village suivant. C'étaient comme des sortes d'otages.

M. de Segonzac était accompagné — outre les deux chérifs — de M. Bou-Lifa, interprète de langue berbère, et de M. Zénagui Abd-el-Aziz, professeur à l'École des langues orientales de Paris, et d'interprètes de langue arabe.

La mission s'enfonçait dans une région dont les habitants sont en guerre continuelle et ne se réconcilient que lorsqu'il s'agit de faire face aux troupes du sultan (à Demnât, à l'est de Marrakech, on venait même de brûler quatre hommes qui s'étaient donnés au Maghzen), ce qui n'empêche pas ces hommes d'être hospitaliers envers l'étranger, surtout musulman. Si, par malheur, ces Berbères eussent reconnu en M. de Segonzac un *roumi*, ils auraient exterminé toute la caravane, sans respect pour les chérifs, et l'exploration se fût terminée plus tragiquement que chez les Aït-Djellal.

M. de Segonzac faillit plusieurs fois se compromettre en prenant des photographies, et, pour endormir les méfiances des indigènes, il allait jusqu'à placer sa photo-jumelle dans l'étrier du chérif dont il faisait semblant de sangler la mule.

Cependant, M. de Segonzac, se trouvant chez les Aït Aldi, résolut d'atteindre à tout prix les sources de la Moulaïa, cette grande rivière qui descend de l'Atlas vers la Méditerranée ; le 25 janvier, son desideratum était accompli, et M. de Segonzac pouvait écrire à un de ses amis : « La première partie de notre voyage est terminée, j'ai vu l'origine du grand fleuve méditerranéen, ses trois sources.... » Mais ce n'avait pas été sans peine ni sans risque.

Notre compatriote avait atteint le point culminant de l'Atlas, le Djebel-Aïachi (4300 mètres), dont il avait déjà fait l'ascension en 1901. C'est le nœud orographique du Maroc, son château d'eau, où se condensent les nuages, réservoir de neiges d'où partent vers l'Atlantique et la Méditerranée les rivières et les fleuves qui arroseront et nourriront le pays.

Le 26 janvier, le thermomètre descendit le matin à 9 degrés au-dessous de zéro, et la caravane jugea bon de quitter cette zone de froid ; elle se dirigea vers le col de Tounfit et descendit dans la plaine méridionale où elle allait rencontrer de nouveaux dangers. Voulant mettre à l'abri les documents déjà recueillis, et comme il était arrivé le 4 février à la zaouïa d'El Haouari, M. de Segonzac renvoya M. Bou-Lifa à Marrakech avec les notes, clichés photographiques, carnets de route et observations de la première partie du voyage. Après quoi, la caravane s'avança dans la région désertique de l'Oued-Drâa, où M. de Segonzac devait rencontrer la trahison et la captivité. Ce n'était plus ni l'hospitalité marocaine, ni même son fanatisme cruel mais sincère ; dans la région de l'Oued-Drâa, les habitants ne croyaient qu'à deux choses : l'argent et les coups de fusil.

Ainsi, quand notre compatriote voulut descendre l'Oued-Drâa, puis obliquer à l'Ouest, vers la region du Souss et de l'Anti-Atlas, dont il désirait reconnaître la structure, il se rendit bien vite compte que les nouvelles populations ne reconnaissaient pas l'autorité des chérifs qui l'accompagnaient. De plus, il fit la rencontre de gens qui l'avaient vu à Mogador et le connaissaient comme *franzi* : le secret qu'il avait voulu garder était devenu le secret de Polichinelle, et notre compatriote eut, à ce moment, la tentation d'abandonner son projet de revenir par l'ouest, et de l'effectuer par l'est, où il eût rencontré les oasis de Tafilalet, berceau de la dynastie marocaine actuelle, Djenian-bou-Resq et le général Lyautey.

Mais le passage de sa caravane dans cette région pouvait exciter les susceptibilités de telle ou telle puissance européenne et celles du Maghzen : M. de Segonzac avait, de plus, promis de ne pas y passer, et c'est alors qu'il s'enfonça dans le Sud-Ouest, sur l'Oued-Drâa.

Le 26 février, la caravane arrivait à Agga-Iren, au nord de Tisint, et là, un indigène de Mogador, El-Hachemi, venait au camp dire à M. de Segonzac qu'il le reconnaissait, mais qu'il se tairait si on le payait bien. C'était du chantage ; notre compatriote crut parer au danger en prenant El-Hachemi avec lui comme serviteur, mais celui-ci disparut le lendemain. On ne devait pas tarder à avoir de ses nouvelles. Comme la caravane s'engageait sur le territoire des Aït-Djellall, entre Hir et Tagmouth, région difficile, accidentée, infestée de pillards, on obtint un *zettal* (otage) qui n'était qu'un espion, et qui aidé de sa tribu, faisait peu après l'explorateur prisonnier. Nos lecteurs savent le reste.

La vérité nous oblige à reconnaître que les ravisseurs de M. de Segonzac n'attentèrent point à sa vie et se contentèrent de lui ravir la liberté pour s'en faire de l'argent. Ils laissèrent même partir M. Zénagui, qui allait donner l'alarme à Mogador et de là à la France.

Pendant ce temps, les collaborateurs de la mission, MM. Gentil, de Flotte-Roquevaire et Bou-Lifa reconnaissaient la région de Marrakech, le Haut-Souss, et le Haut-Atlas. Leur étude couvre les flancs étendus de la carte du Maroc, et c'est un argument de plus à notre actif, devant la fameuse conférence internationale, que ces travaux et ces voyages accomplis par nos explorateurs.

Terminons cet exposé rapide par le compte rendu succinct de l'exploration effectuée par le lieutenant Dyé, un des compagnons de Marchand dans la mission Congo-Oubanghi-Nil.

Parti au mois d'avril, le lieutenant Dyé vient d'accomplir un voyage dont les conséquences seront à la fois scientifiques et commerciales ; d'importants travaux hydrographiques ont permis de connaître toute la côte occidentale du Maroc, très fréquentée par les commerçants.

La mission a découvert à Mazagran, à la suite de nombreux

sondages, des roches sous-marines qui ont provoqué la perte de 7 vapeurs. Dans toute cette région, l'accueil des caïds et de la population a toujours été bienveillant, et notre compatriote n'a eu qu'à s'en louer.

Un des principaux travaux de la mission Dyé a été le relevé du cours de l'Oued-Sebou, le fleuve le plus important du Maroc, mais cette opération ne s'est pas faite sans dangers, car à chaque instant, le canot des explorateurs était arrêté par des Beni-Hassem armés de fusils. Ce fleuve est destiné à devenir une grande route commerciale entre Fez et l'Océan Atlantique ; en même temps, ce sera une voie assurée pour la pénétration pacifique. Une des conséquences des travaux de la mission Dyé sera également de créer un service de navigation sur le Sebou.

L'établissement de la carte de ce fleuve a occupé nos compatriotes tout le mois de novembre et une grande partie du mois de décembre.

En somme, si notre horizon politique marocain s'est assombri, nous pouvons du moins être fiers au point de vue géographique. La France ne s'est laissé devancer par personne, et quoi que nous réserve l'avenir, notre influence en gardera toujours quelques bénéfices, qui ne seront pas à dédaigner à l'heure du règlement des comptes.

※

### Sahara et Tchad.

Inconnu encore hier, le Sahara — appelé improprement grand désert — sera bientôt aussi connu que nos provinces d'Algérie, et ce résultat sera dû au courant d'exploration organisé depuis quelques années par la presse coloniale.

Mentionnons à ce sujet la belle exploration de M. E.-F. Gautier.

Professeur distingué, M. E.-F. Gautier est en même temps un savant et un explorateur ; sa dernière mission en est une preuve convaincante.

Parti en décembre 1904, de Beni-Ounif, pour l'Ouest saharien, région plutôt inconnue, il visita durant tout l'hiver l'*erg* d'Iguig, jusqu'à ce que sa marche s'arrêtât — forcément — devant un obstacle diplomatique. L'Ouest saharien n'est ni français, ni marocain, et rentre, par ce fait, dans la question marocaine.

Vers la moitié du mois de mai, M. E.-F. Gautier changea de route et se dirigea vers le Niger, en partant de Taourirt, dans le Bas-Touât, pour arriver le 5 août 1905, à Gao, sur le fleuve ; la traversée du désert (que M. Gautier appelle *une promenade*) avait demandé deux mois et demi. Pour diminuer autant que possible les risques de cet aventureux voyage, l'explorateur fait coïncider ses départs avec ceux des patrouilles méharistes, de façon à marcher avec elles ou dans l'aire de leurs protections ; il fit, côte à côte avec ces patrouilles, la plus grande partie de la route, et put se convaincre de quelle tranquillité leur création avait dotée ce Sahara, si redouté autrefois. Notre compatriote a cependant voyagé seul de l'Oued-Tongsemin à Gao (400 kilomètres environ à vol d'oiseau), et sa seule escorte était un petit indigène.

L'amitié de Moussa ag-Amastane, le nouvel *aménokel* des Touareg (ou tout au moins sa francophilie éprouvée) permit au voyageur d'atteindre les rives du Niger sans danger, accompagné d'un Targui qui lui fut fourni par l'aménokel lui-même.

Ce chef est un homme âgé d'environ trente-cinq ans, d'une physionomie énergique, très intelligent, et qui a compris de quel appui pouvait lui être l'amitié française, en se rendant indispensable à nos projets. Voici les résultats et observations de cet intéressant voyage.

Tout d'abord, sécurité réelle du pays presque entièrement pacifié. Le coq gaulois a su s'arranger dans le domaine de sable qu'on lui avait donné à gratter.

D'après M. E.-F. Gautier, la boucle ou plutôt le coude du Niger résulterait d'un assez récent captage ; auparavant, le Niger devait converger — comme tous les *oueds* Sahariens — vers la « cuvette » du Taouderi, et dès lors, on peut affirmer que jusqu'à l'époque romaine, il a existé une civilisation agricole très avancée, peut-être intensive, tout le long de ce réseau fluvial, bu depuis par les sables.

M. E.-F. Gautier prouve également, par sa « promenade », que le Sahara n'est pas aussi large que le faisaient les cartes africaines; le steppe soudanais à mimosas commence à 400 kilomètres à peu près du Niger; sur l'itinéraire suivi, la partie réellement difficile de la traversée peut donc être réduite à une bande de 500 kilomètres.

Le Sahara proprement dit manque peut-être de ressources — et encore, depuis l'organisation merveilleuse du colonel Laperrine, c'est la première fois que ce désert est étudié scientifiquement — mais on sait maintenant que le bassin du Niger est, par contre, un pays riche au point de vue agricole, dont l'avenir est certain, surtout lorsque les Touareg, les seuls ennemis, se seront un peu « civilisés ».

Il faut donc souhaiter qu'un nouvel itinéraire soit choisi, et qu'un émule de M. E.-F. Gautier vienne compléter, par une seconde étude, ce beau voyage de notre compatriote.

S'il n'y a plus beaucoup à apprendre dans la région du Tchad au point de vue géographique et ethnographique, du moins, a-t-on acquis de nouvelles connaissances au point de vue zoologique et orographique.

Les géographes d'antan, qui faisaient communiquer le Sénégal, le Niger et le Nil, et n'en faisaient qu'un seul fleuve, ne se trompaient pas autant qu'ils en avaient l'air. Non pas que ces trois fleuves n'aient leurs sources respectives, mais leurs eaux ont dû se mêler très certainement à une époque lointaine.

Il est avéré aujourd'hui que le lac Tchad, sujet de tant de compétitions européennes, a fait partie d'un système de lacs qui — reliés par des canaux — réunissaient les différentes eaux du bassin africain atlantique à celles du bassin africain nilotique.

La mission Alexandre Gossling, qui, a exploré scientifiquement la Nigérie, a pêché des spécimens ichtyologiques dans le Tchad et dans le Chari, et les a rapportés au Muséum de South-Kensington où on les a étudiés.

Or, les savants viennent de faire connaître le résultat de leurs travaux, et les poissons soumis à leurs investigations, au lieu d'être spéciaux (comme ceux du lac Tanganyka, par exemple), appartiennent indifféremment au Nil, au Niger et au Sénégal.

De plus, le Tchad, dont le niveau baisse tous les ans, fut bel et bien autrefois une vaste mer intérieure séparant les bassins des trois grands fleuves. Voilà peut-être l'origine du goût de natron trouvé à l'eau de ce lac.

# VARIÉTÉS

## La génération spontanée.

Il y a quelques mois, on annonçait un beau matin à grand orchestre qu'un jeune naturaliste anglais, attaché au laboratoire Cavendish, à l'Université de Cambridge, M. John Butler Burke, venait de découvrir le moyen de réaliser à volonté, avec la collaboration de ce mystérieux radium, sans lequel il n'est plus, par les temps qui courent, aucun prodige présentable, le troublant phénomène de la génération spontanée, dont Pasteur, lors de sa fameuse polémique avec Pouchet, prétendait avoir définitivement démontré l'inexistence et même l'impossibilité.

On sait que dans un bouillon de culture préalablement stérilisé et mis à l'abri de l'air, il ne doit se produire aucune fermentation, aucune éclosion d'êtres vivants. La vie, en effet, s'engendre exclusivement de la vie — *omne vivum ex vivo* — et, dans un milieu rigoureusement expurgé de tous les germes préexistants, la vie ne saurait apparaître, fût-ce même sous la forme la plus rudimentaire. Telle est la doctrine classique universellement accréditée jusqu'ici.

Or M. John Butler Burke se flattait d'avoir changé tout cela.

Ayant placé dans une éprouvette de la gélatine stérilisée en contact avec un fragment de radium, il avait vu apparaître, sous l'influence du radium, au bout de deux ou trois jours, des végétations insolites, ayant tout l'aspect et tous les caractères de cellules vivantes, aptes à la prolifération, et se reproduisant, ni plus ni moins que des bactéries, par fragmentation spontanée, par scissiparité, c'est-à-dire, en somme, présentant tous les traits essentiels caractéristiques de la matière vivante.

M. John Butler, d'ailleurs, n'est pas le premier à avoir cru de bonne foi résoudre cet angoissant problème de la création de la vie.

Bien avant lui, Dutrochet, Traube, Karl Vogt, Monnier, Harting, Rainey, d'autres encore, avaient réussi, au moyen de réactions chimiques appropriées, à obtenir des espèces de cellules, ayant l'aspect de cellules vivantes, et susceptibles, comme celles-ci, de se mouvoir *proprio motu*, de grossir, de se développer toutes seules, de s'incorporer des éléments empruntés au milieu ambiant, voire de se multiplier par segmentation automatique. Un savant nantais, M. Stéphane Leduc, avait même pu, en faisant agir sur une couche de gélatine une solution de sulfate de cuivre et une solution de ferro-cyanure de potassium, réaliser toutes les formes connues de cellules, avec leur membrane d'enveloppe, leur pulpe protoplasmique et leur noyau, avec leur structure traditionnelle et leur aptitude caractéristique, à s'agglomérer en tissus, avec, enfin, les fonctions d'absorption, d'assimilation et d'excrétion dues à des échanges moléculaires, à des phénomènes d'osmose, dont on entretenait l'activité en plaçant ces pseudo-cellules dans un milieu nutritif.

Toute l'originalité des travaux de M. J. Butler Burke tient surtout à ce qu'il a fait intervenir le radium. On sait, en effet, que son procédé consiste à déposer dans un tube contenant un bouillon de culture stérilisé un petit fragment de chlorure ou de bromure de radium. Quelques heures plus tard, quelque chose qui ressemble à un commencement de fermentation apparaît. Des granulations éclosent, qui grossissent lentement, s'agitent en tous sens, et finissent par se subdiviser par scissiparité. C'est à ces granulations, qui ne sont ni des bactéries, ni des cristaux, qu'on a donné le nom de *radiobes*, comme si c'étaient vraiment des embryons d'êtres vivants issus des justes noces du radium hyperactif et de l'inerte gélatine.

Encore le professeur de Cambridge est-il irrecevable à réclamer la priorité de la découverte. Voici pas mal de temps déjà, en effet, qu'un éminent naturaliste de la Faculté des sciences de Lyon, M. Raphaël Dubois, en soumettant une gelée colloïdale à l'action, non pas du radium, mais d'un autre corps radioactif, du baryum, avait obtenu des corpuscules étranges, faisant figure des cellules, et donnant l'apparente illusion de la vie à un tel point que des maîtres ès-micrographie les avaient pris, qui pour des moisissures, qui pour des œufs de grenouille.

Le fait est que les « vacuolides » de Raphaël Dubois, tout

comme les « radiobes » de John Butler Burke, ont ceci de commun avec les cellules vivantes, en outre de l'identité d'aspect, qu'elles se meuvent, croissent, se développent et se nourrissent spontanément aux dépens du milieu. Mais il leur manque la fonction biologique essentielle, *la faculté de reproduction* (dont leur aptitude à la fragmentation n'est qu'une caricature), la faculté d'engendrer une progéniture similaire. Ce n'est pas encore la création de la vie, à moins que le temps — qui n'appartient pas aux misérables expérimentateurs éphémères que nous sommes — ne finisse, après des siècles ou des éternités, par mettre la dernière main à ces ébauches informes,

✻

### Dans la baie d'Arguin.

On s'est beaucoup occupé, en ces derniers temps, et à juste titre, de la mission récemment accomplie le long du littoral saharien de l'Afrique occidentale française, par M. Gruvel, professeur à la Faculté des sciences de Bordeaux, sur l'initiative et avec le patronage et l'appui de la Société de Géographie de la même ville — une brave Société, soit dit en passant, et qui ne laisse jamais passer l'occasion de donner le bon exemple.

Il s'agissait de savoir s'il ne serait pas possible de tirer parti de nos possessions, jusqu'ici inutilisées, de cette côte inhospitalière, et, en particulier, s'il ne serait pas possible d'y créer des pêcheries rémunératrices, où les « Terre-Neuvas » trouveraient une fructueuse compensation à leurs déboires.

Là-dessus, les avis étaient partagés. Il fallait envoyer sur place un homme compétent, pour voir de quoi exactement il retourne et ce qu'il est permis d'espérer. Ce rôle est échu à M. Gruvel, dont nous possédons aujourd'hui les conclusions, qui sont extrêmement encourageantes.

Là-bas, en effet, sur une superficie énorme, qui se mesure par kilomètres carrés, le poisson abonde.

Sans doute, ce n'est pas précisément la morue proprement dite qui fait les frais de ce pullulement extraordinaire, quoi qu'il

s'y rencontre beaucoup d'espèces analogues, et dont les
« intérieurs » peuvent donner, par exemple, un produit analogue
et équivalent à l'huile de foie de morue. Mais, enfin, la question
est de savoir si la morue est indispensable au bonheur de l'hu-
manité, et si la terre cesserait de tourner parce que ce commerce aurait disparu ou aurait passé en d'autres mains que des
mains françaises. Il semble en bonne logique, que la chose importante pour les pauvres pêcheurs, ce n'est pas tant le genre
de poissons qu'ils prennent que le bénéfice qui finalement leur
reste.

Donc, les parages du cap Blanc fourmillent de poissons divers,
dont les uns ressemblent et dont les autres ne ressemblent pas
à la morue, mais qui ont la précieuse qualité d'être tous comestibles. On y trouve par exemple des soles énormes, sans parler
des langoustes, qui valent, à dire d'experts, celle de Corse,
d'Algérie et du cap de Bonne-Espérance. Ajoutons enfin — car
c'est là un point essentiel — que l'encornet et les autres espèces
pouvant servir de *boëtte*, c'est-à-dire d'appât, y foisonnent au
point de pouvoir faire, à la rigueur, l'objet d'un trafic spécial.

On dira, peut-être que ce n'est pas le tout d'avoir du poisson
à foison, et qu'il n'y a rien de fait s'il n'y a pas moyen d'en assurer
la conservation et le transport. Soit ! Mais M. Gruvel est là pour
nous dire que, de ce chef, il n'y a rien à craindre. N'oublions
pas, tout d'abord que la baie d'Arguin est à six jours de mer de
Bordeaux, ce qui permet d'amener, au besoin, le poisson *vivant*
et les langoustes *vivantes* sur le marché où leur vente pourrait
s'effectuer à un bon marché insolite : ce serait vraiment le poisson du pauvre, étant donné qu'on pourrait opérer sur des quantités colossales. Mais il y a mieux : il est établi désormais que
le poisson africain prend admirablement le sel, et se conserve
sans aucune difficulté, à la condition d'employer, en raison des
différences de température et de climat, des procédés de salai-
son tout à fait différents de ceux en usage à Terre-Neuve.

A cet égard, il n'est même pas besoin de rien inventer. Ces
procédés existent : ils sont appliqués déjà, avec succès, quoique
sur une trop petite échelle, et dans des conditions par trop rudi-
mentaires, par les pêcheurs canariotes, dont c'est l'unique
industrie. Il n'y aurait qu'à les perfectionner, en y mettant de
la méthode. Chose d'autant plus facile à organiser que, partout

là-bas, le sel se trouve en grande quantité et de qualité excellente, dans les salines naturelles du littoral.

A cet effet, sans doute, il faudrait créer des installations à terre. Mais ce n'est pas la mer à boire. Il semble même que l'affaire devrait aller toute seule, d'autant mieux que tout se passerait dans les eaux françaises et en territoire français, sans aucune des complications qui sont toujours à craindre dans ce nid à querelles et à conflits qu'est le *French Shore* de Terre-Neuve. Tout au plus, serait-il sage de prendre à l'avance quelques arrangements préventifs avec l'Espagne dont les possessions sont limitrophes.

C'est la baie de Cansado qui paraît être le lieu le plus propice pour les installations des saleries, sécheries, fumeries, etc., avec toutes les annexes indispensables. Le gouvernement français a promis, du reste, d'y créer un poste aussitôt qu'il y aura là quelque chose à protéger,

Ce n'est pas encore fait, quoique le rapport de M. Gruvel soit de nature à faire avancer l'œuvre, en dissipant les préjugés et en secouant les apathies. On pourrait créer là des établissements d'autant plus prospères que le climat est excellent, quoique un peu chaud, mais sans aucun des redoutables inconvénients qui font de Terre-Neuve, comme l'Islande, une sorte d'enfer glacé, pour lequel l'engouement de nos armateurs et de nos pêcheurs ne s'explique que par la force de la tradition et la ténacité de la routine.

Plus de brumes, plus de glaces, plus de tempêtes à craindre! Plus de paquebots monstres traversant à toute vapeur les lieux de pêche! La brise y est fraîche, l'air pur et sain, au point qu'il fut jadis question d'y crér un sanatorium à l'usage des malades du Sénégal; les fonds y sont commodes, les mouillages sûrs.

Tôt ou tard, il se créera là des ports fréquentés, des villes florissantes, vivant largement de la pêche et des industries connexes, dont l'industrie des huiles, celle des engrais et celle de la colle ne seront pas les moins avantageuses.

Il est temps de s'y mettre, à présent qu'on sait à quoi s'en tenir, car déjà les chalutiers hollandais et allemands commencent à y faire des apparitions de plus en plus fréquentes, et certainement intéressées.

### La science du témoignage.

Quiconque a jamais suivi avec un peu d'attention les séances d'un tribunal, chambre correctionnelle ou cour d'assises, a pu se rendre compte de l'extrême difficulté que les magistrats éprouvent à obtenir des témoignages vraiment conformes à la réalité, et cela, non pas que, par définition, les témoins manquent de sincérité, mais simplement parce que, de la meilleure foi du monde, ils se trompent continuellement et affirment *mordicùs* les erreurs dont ils sont eux-mêmes convaincus.

C'est que la mémoire n'est pas une faculté absolue, qu'elle ne tient compte, dans un ensemble de faits observés par hasard, que de certains points plus saillants, autour desquels notre « inconscient » travaille, établit des raisonnements, bâtissant *sponte suâ* de véritables romans.

En pareille matière, l'auto-suggestion et les suggestions externes, sans que nous nous en rendions compte, jouent un rôle considérable, tant et si bien que lorsque l'instant est venu de raconter un fait dont on fut témoin, les inexactitudes se glissent et prennent tout naturellement la place de la réalité. Rien n'est difficile à écrire comme l'Histoire, l'Histoire contemporaine surtout, quand on veut se dégager des partis pris et de la passion, tout uniment parce que rien n'est moins aisé que d'obtenir des documents précis et véridiques.

Mais, sans entrer dans le domaine de l'Histoire, et en restant dans celui plus immédiatement pratique, plus terre à terre, des simples témoignages concernant nos petites affaires courantes, de ceux que, chaque jour, l'on apporte devant les tribunaux, et qui servent couramment de base à l'établissement des arrêts rendus par les juges, combien de réserves à faire quant à leur valeur absolue !

Qui ignore qu'un juge d'instruction un peu habile obtient d'un témoin sincère à peu près tout ce qu'il veut ?

Quand il s'agit de témoignages, avec la plus grande aisance, le rouge devient noir et le blanc vert pomme ou bleu azur. Et ceci ne veut pas dire que le juge soit un méchant homme sol-, licitant de fausses déclarations dans un but plus ou moins illicite. Mais c'est que, très souvent, pour fausser un témoignage, il suffit qu'une question soit posée d'une manière et non d'une autre, et cela pour cette raison qu'une interrogation comporte le plus souvent une suggestion.

M. Alfred Binet, directeur du laboratoire de psychologie physiologique de la Sorbonne, que préoccupe fort cette question du témoignage, qui, depuis quelques années, a été l'objet, en Allemagne, d'importantes études, a institué naguère à son sujet une expérience particulièrement intéressante, dont l'objet était justement de déterminer dans quelle mesure un interrogatoire peut suggestionner un témoin. Voici quelle fut la méthode suivie par l'auteur de cette enquête.

A un certain nombre d'enfants, il montrait un carton, sur lequel, à l'avance, il avait fixé divers objets familiers, tels qu'un timbre, un bouton, une étiquette, un portrait, un dessin, etc., et leur disait : « Regardez bien ce carton, car je ne le laisserai sous vos yeux que pendant dix secondes, et, quand il aura disparu, vous devrez me décrire en détail tout ce que vous aurez vu, et je vous poserai une foule de questions ». En raison du peu de temps accordé pour observer le carton, la perception en était un peu confuse. Aussi, l'enfant se trouvait-il, au moment de faire sa description, sensiblement dans le même état mental qu'un témoin invité par le magistrat à déposer sur un fait ancien qu'il ne peut décrire en détail, ne l'ayant point observé avec une suffisante attention au moment précis où il s'est produit.

L'expérience étant ainsi préparée, M. Binet sollicitait les témoignages des enfants et cherchait à raviver leurs souvenirs, tantôt les laissant faire un récit spontané de leurs impressions, tantôt guidant leurs déclarations par un interrogatoire.

De ces deux méthodes d'investigation, en ce qui concerne la véracité du témoignage, la valeur est fort inégale. La première est excellente, bien qu'elle s'accompagne de dépositions souvent très incomplètes; la seconde, au contraire, paraît être des plus dangereuses. Telle est, du moins, l'impression qui se dégage du récit de cette expérience donné par M. Binet lui-même dans son *Année psychologique* :

« Je m'aperçus que deux procédés principaux peuvent être

mis en usage, et que ces deux procédés sont de valeur inégale :
le premier, c'est l'interrogatoire ; le second, c'est le récit spontané. Ce dernier est excellent, tandis que l'interrogatoire est
dangereux comme une arme à deux tranchants. En interrogeant avec un accent pressant, on arrive sans doute à rompre
le mutisme, à délier les langues, à attirer l'attention du témoin
sur des points dont souvent il n'aurait pas l'idée de parler. Si
vous voulez des témoignages abondants, interrogez. Mais, si
vous voulez des témoignages *fidèles*, méfiez-vous de l'interrogatoire. Il faut s'en méfier d'autant plus que les questions
posées ne sont pas écrites, mais inventées au moment même,
soutenues du geste et de l'accent et qu'on n'en conserve pas
trace. Or, il y a des questions qui, rien que par leur forme,
sont de formidables machines à suggestion. Elles dictent la
réponse, sans en avoir l'air. Je suppose qu'interrogeant sur un
portrait que l'enfant vient de voir parmi les objets présentés
sur le carton, on lui demande, à cet enfant : « Le portrait a-t-il
un chapeau rond ou un chapeau haut de forme ? » Je suppose que
pour le timbre, qui était à côté du portrait, on lui demande :
« Était-il rouge ou vert » ? Ces questions contiennent implicitement
l'affirmation que le portrait avait un chapeau et que le timbre
avait certainement une des deux couleurs signalées. Et précisément, dans nos expériences, le timbre était bleu, et le portrait nu-tête. Grâce à la suggestion du dilemme, beaucoup
d'enfants ont commis l'erreur dans laquelle nous les engagions.
Ils l'ont commise de bonne foi, sans se douter de la contrainte
qui était exercée sur leur souvenir. En pratique, cela pourrrait
devenir très grave, surtout si le juge d'instruction ne se doute
pas lui-même qu'il a fait de la suggestion, et s'il ne conserve
pas le texte précis de la question qu'il a posée. Il y a un nombre
formidable d'erreurs à craindre. Ce sont des erreurs de psychologie, on ne s'en doute pas. Dans le cabinet du juge, on fait
de la psychologie sans le savoir, et, souvent, de la mauvaise.
C'est absurde. C'est à peu près aussi absurde que si un bactériologiste faisait ses préparations dans un milieu sale. »

On le voit, ce n'est pas précisément une entreprise commode
que d'interroger correctement un témoin, et l'on s'explique
sans peine que les prétoires entendent tant de faux témoignages inconscients. En réalité, tous les auteurs sont, à cet

égard, d'accord, la plupart des témoignages, même donnés sous la foi du serment, étant entachés d'erreurs, si bien que l'on peut dire avec raison, ce qui ne laissera peut-être pas de surprendre, que « l'erreur est un élément constant normal du témoignage ».

Cette assertion, posée d'abord par le psychologue allemand W. Stern, a été tout récemment confirmée par Mlle Borst, qui consignait dans une curieuse étude sur le témoignage le résultat de ses recherches expérimentales poursuivie à Genève dans le laboratoire de Fournoy et Claparède.

« Les dépositions exactes, déclare M⁽ˡˡᵉ⁾ Borst, sont tout à fait l'exception ». Ainsi, sur deux cent quarante dépositions recueillies par elle, dépositions portant sur des faits assez simples, *cinq seulement* étaient exemptes de toute faute.

Quant au degré d'assurance avec lequel sont apportés les témoignages, il est très variable, si bien que l'on peut considérer trois termes dans la certitude d'une déposition. « Celle-ci, note M. Alfred Binet, peut être *hésitante*, ou *certaine*, ou *affirmée sous serment* », et, remarque-t-il encore, « il y a un certain parallélisme entre la valeur objective d'une déposition et son degré de certitude subjective », si bien que l'on trouve quatre fois moins de fautes dans les réponses certaines que dans les hésitantes, et deux fois plus dans les premières que dans celles affirmées sous serment. Il n'empêche pourtant que « le douzième environ des réponses jurées est faux ».

En ce qui concerne les autres éléments du témoignage, M⁽ˡˡᵉ⁾ Borst a fait encore quelques constatations intéressantes. L'exercice, c'est-à-dire en l'espèce l'habitude du témoignage, est en faveur de son exactitude : il apprend au témoin à observer et accroît sa confiance en lui-même.

Le temps, au contraire, est un élément funeste, car, s'il ne diminue guère la propension du témoin à affirmer ce qu'il croit avoir remarqué, il a pour effet habituel de brouiller ses souvenirs, et, par suite, de nuire à la fidélité de la déposition. Quant aux souvenirs eux-mêmes, leur exactitude varie suivant leur nature, les plus fidèles étant, en général, ceux qui portent sur les relations spatiales, les objets et les personnages, les moins précis ceux qui se référant aux couleurs et aux nombres, pour lesquels on constate une tendance générale à l'amplification.

Enfin, dernièré constatation de M^me Borst, « le récit spontané qu'une personne fait est constamment plus pauvre en détails que ses réponses aux questions », mais, en revanche, « l'interrogatoire contient plus de fautes que le récit ».

Voilà qui justifie cette assertion de M. Binet, qu'il serait infiniment utile à créer « une science pratique du témoignage » !

Mais quand juristes et psychologues sauront-ils s'entendre pour en poser les bases?...

***

### Une condamnation scientifique du « naundorffisme. »

Le dauphin de France, Louis XVII, est-il mort au Temple où on l'avait enfermé sous la garde du cordonnier Simon? Ou bien, au contraire, comme certains le prétendent, a-t-il pu, grâce à des complicités romanesques, être enlevé de sa prison et remplacé par un autre enfant du même âge, qui y a succombé et a été enterré comme le vrai dauphin, sans qu'un seul membre du gouvernement révolutionnaire soupçonnât la supercherie?

La question a passionné et passionne encore nombre de gens. Suivant, en effet, que l'on admet l'une ou l'autre version, on peut être conduit à accepter la légitimité des revendications de l'un des divers prétendants qui, au cours du siècle dernier, se présentèrent comme le vrai dauphin providentiellement sauvé, ou à ne considérer que comme de vulgaires imposteurs tous ces prétendants en bloc, et notamment Naundorff, le seul de ces candidats au trône qui ait vraiment réussi à grouper autour de lui un nombre respectable de partisans sérieux, sincèrement convaincus de son droit.

Encore qu'il y ait vraiment peu de chance de voir jamais régner un descendant de Naundorff, il n'est pas sans intérêt, au point de vue de l'histoire, d'élucider à fond la question. Or, celle-ci est particulièrement épineuse et difficile, tellement même que les plus habiles y ont perdu jusqu'ici leur latin, en dépit du soin et de la méthode apportée à leurs investigations.

Bien que le dauphin, mort à l'âge de dix ans et deux mois,

ait dû être enterré dans le cimetière Sainte-Marguerite, jamais on n'a pu retrouver ses restes.

Les premières recherches, faites en 1816, à la suite de l'ordonnance royale du 14 février, rendue sur la proposition de Chateaubriand, en vue d'élever un monument expiatoire au fils de Louis XVI et de Marie-Antoinette, demeurèrent stériles. Plus tard, en 1846, au cours des travaux poursuivis dans le cimetière Sainte-Marguerite, près du pilier gauche de la porte latérale, on découvrit un cercueil de plomb. Le Dr Milcent, appelé à examiner les ossements qu'il renfermait, se prononça sans hésiter et déclara qu'ils constituaient les restes de Louis XVII; mais le Dr Récamier, ayant à son tour examiné les débris mortuaires, put démontrer que les os soumis à son étude appartenaient au squelette d'un sujet âgé d'au moins quinze ou seize ans, sinon plus, et, par suite, qu'ils ne pouvaient provenir du dauphin.

C'est à un résultat analogue qu'aboutirent les recherches faites, il y a quelques années, à l'instigation de M. Laguerre. L'examen des restes découverts dans une petite caisse exhumée et qui portait l'inscription L. XVII, examen qui fut fait d'abord par les Drs de Backer et Bilhaud, puis par les Drs Manouvrier, délégué de la Société d'anthropologie, et Magitot, membre de l'Académie de médecine, et enfin par le professeur Paul Poirier et le Dr Amoëdo, révéla encore que l'on se trouvait en présence d'ossements provenant d'un sujet ayant plus de quatorze ans et très probablement de dix-huit à vingt.

Ces diverses enquêtes, on le voit, sont, en somme, favorables à la cause des naundorffistes. Si l'on n'a jamais pu retrouver les restes de l'enfant royal, n'est-ce pas, en effet, qu'il n'a jamais été enterré dans le cimetière Sainte-Marguerite et, par suite, que ce n'est point lui qui est mort au Temple sous son nom ?

Contrairement à ce que l'on pourrait penser, cependant, le problème n'est peut-être pas tout à fait insoluble. Au moins est-il à présent permis de le croire, grâce à la très inattendue contribution, basée sur des recherches de zootechnie et de pathologie comparée, que, d'une façon fort imprévue, le Dr Galippe a récemment apportée à la question.

Grâce à M. Galippe, en effet, ainsi que nous l'allons voir, il

devient aujourd'hui possible de démontrer, avec une quasi-
certitude, que Naundorff n'a jamais pu être, comme il le prétendait, le fils de Louis XVI.

C'est un fait actuellement admis de tous les naturalistes que
certaines conditions biologiques favorisent la dégénérescence
des espèces animales. C'est le cas de la domesticité, comme
le disait naguère M. Mégnin, « par les modifications qu'elle
apporte au régime, à l'habitude, aux fonctions de relation en
général, modifications qui vont agir indirectement sur le milieu
utérin, où se développe l'ovule appelé à donner un nouvel
animal ». Les éleveurs, au surplus, mettent sans cesse à profit
ces influences. Sous l'action de causes variées, ils provoquent
chez certains animaux l'apparition de particularités nouvelles,
et, par des croisements convenablement réglés, ils font intervenir l'hérédité dans le but de fixer définitivement ces particularités accidentellement apparues.

Mais, s'est dit le Dr Galippe, ce qui est vrai pour les animaux
doit aussi l'être pour l'homme, et, si l'on procède avec celui-ci
par les mêmes moyens que pour ceux-là, il y a tout lieu de penser que l'on arrivera à d'analogues résultats, c'est-à-dire encore à la formation de véritables races nouvelles. L'observation montre la justesse de ces prévisions. Ainsi, de concert
avec M. H. Mayet — comme il le note dans son ouvrage, l'*Hérédité des stigmates de dégénérescence et les familles souveraines* —
M. Galippe a pu publier « des observations de familles rachiti-
ques, chez lesquelles on voyait se reproduire, par hérédité similaire, des déformations du thorax et des tibias, s'accompagnant
toujours de déformations craniennes et d'anomalies des maxillaires et des dents ». Ainsi encore, par des mariages consan-
guins, si l'un des parents au moins est porteur d'un caractère
particulier, d'un stigmate de dégénérescence quelconque — et,
par stigmate de dégénérescence. M. Galippe, avec l'aliéniste Ma-
gnan, considère « toute disposition organique congénitale et
permanente dont l'effet est de mettre obstacle à l'accomplisse-
ment régulier de la fonction correspondante et de détruire
l'harmonie biologique où l'espèce trouve les moyens de poursuivre son double but naturel de conservation et de reproduction » — ce caractère, ce stigmate trouveront des conditions
éminemment favorables pour se transmettre à la descendance,

et, l'hérédité intervenant, pour se fixer et devenir permanents.

Évidemment, pour obtenir un tel résultat, il est nécessaire que l'action de l'hérédité ne soit pas contrariée par des unions nouvelles avec des sujets ne présentant aucun des caractères à transmettre.

Or, pour l'espèce humaine, dans la très grande majorité des cas, de telles conditions ne se trouvent jamais réunies de façon durable. Les unions consanguines étant toujours l'exception, les caractères communs sont rares, et l'on n'a pas souvent l'occasion de voir l'hérédité s'exercer suffisamment pour accumuler des caractères dans des générations successives. Mais ce qui est vrai pour la grande majorité des familles humaines ne l'est pas pour toutes, cependant. Certaines d'entre elles, les familles souveraines, par exemple, pour des raisons spéciales — orgueil de caste, nécessités politiques, etc. — ont normalement recours aux unions consanguines, et, de ce chef, accumulent les tares et les stigmates de dégénérescence, créant en quelque sorte un type humain nouveau transmissible héréditairement. Il est aisé de s'en rendre compte en observant en historien et en biologiste les archives de ces maisons princières.

Ayant étudié, à ce point de vue, une famille particulièrement illustre, celle des Habsbourg, le Dʳ Galippe n'a pas tardé à faire des remarques du plus vif intérêt. Partout, en effet, où les hasards d'une alliance amènent un Habsbourg, on voit de suite apparaître une déformation spéciale, un stigmate de dégénérescence caractéristique, le prognathisme inférieur — qui est « l'anomalie en vertu de laquelle les rapports des deux maxillaires et des dents cessant, par un mécanisme quelconque, d'être normaux, la mandibule est projetée en avant, laissant le maxillaire supérieur plus ou moins en arrière, et donnant ainsi à la physionomie un aspect rappelant la malformation décrite chez les bouledogues » — et le développement exagéré de la lèvre inférieure. Ce prognathisme des Habsbourg, du reste, vient de loin. Brantôme, en ses *Mémoires*, rapporte qu'Éléonore d'Autriche, sœur de Charles-Quint et femme de François Iᵉʳ, contemplant les restes de Marie de Bourgogne, dont elle s'était fait ouvrir le tombeau, s'écria : « Ah ! je pensois que nous tinssions nos bouches de ceux d'Austriche ; mais à ce que je voy, nous les tenons de Marie de Bourgogne, notre ayeule et autres ducs de Bourgogne, nos ayeuls. Si je voy jamais l'empereur mon frère, je lui dirai, encore le luy manderay-je. »

Mais, puisque ce stigmate de dégénérescence se retrouve ainsi constamment chez tous les personnages comptant dans leurs ancêtres des membres de la famille des Habsbourg, ce membre fût-il unique, comme c'était le cas pour Napoléon II, qui tenait de sa mère les traits caractéristiques des Habsbourg, il est manifeste qu'il devait *à fortiori* se retrouver chez le fils de Louis XVI, Habsbourg, à la fois, par son père et par sa mère.

Donc, encore que nous ne le sachions pas explicitement, il est infiniment probable que le dauphin était atteint de prognathisme inférieur comme sa sœur Marie-Thérèse-Charlotte, duchesse d'Angoulême. Il ne serait pas vraisemblable, en effet, que seul il eût échappé à l'influence héréditaire, quand celle-ci se retrouve obstinément et de façon si constante que l'on peut inférer de son absence chez don Juan d'Autriche, fils naturel de Charles-Quint, que celui-ci a pu se tromper et être trompé sur sa paternité.

Or, l'examen très attentif des portraits que l'on possède de Naundorff et de ses enfants montre, avec une précision indiscutable, qu'aucun de ces personnages ne présente le stigmate de dégénérescence propre aux membres de la famille des Habsbourg. D'où la science infère que Naundorff ne fut jamais qu'un faux dauphin.

Voilà comment l'étude des lois de l'hérédité et de la pathologie comparée peuvent, à l'occasion, permettre d'élucider un problème historique.

✻

### Le plus gros diamant connu.

Le plus gros diamant du monde — et de l'histoire — a été, au cours de ces derniers mois, trouvé au Transvaal, près de Prétoria.

Cette gemme monstrueuse, à laquelle on a donné le nom de

*Great Premier Diamond*, ne pèse pas moins de 3032 carats, soit (en comptant le carat à 0gr,2055) *six cent vingt-trois* grammes ! Elle a même dû être beaucoup plus grosse, et l'on n'a là qu'un fragment du diamant primitif : cela se voit, pour ceux qui s'y connaissent, à la conformation générale et à la disposition des plans de clivage.

Tel quel, à l'état brut, le *Great Premier Diamond* mesure 0m,10 × 0m,06 × 0m,035. Il perdra naturellement beaucoup à la taille, quoique sa structure semble, parait-il, devoir s'y prêter plutôt bien.

La question qui va se poser immédiatement est celle de savoir combien peut valoir une pierre aussi belle. Au tarif actuel — bien inférieur aux anciens tarifs — on l'évalue à 18 ou 20 millions.

Cependant, lors de son transport à Londres, la prime d'assurance exigée n'a pas dépassé 6 millions.

Il est bon d'observer, en effet, que le nombre des personnes en mesure et en humeur de s'offrir un aussi luxueux joyau étant très restreint, il représente un capital qui risque de demeurer longtemps immobilisé. Or, quelque précieuse que soit une marchandise, elle ne vaut pratiquement rien si elle ne trouve pas d'acheteur.

Il est même possible que le propriétaire du *Great Premier Diamond* finisse par être obligé de le débiter en morceaux d'une vente plus facile, au risque d'ajouter à la perte résultant de la diminution de volume (les petits diamants valant toujours, toutes choses égales d'ailleurs, proportionnellement moins cher que les gros) la perte de substance effective consécutive à la taille.

### La résistance d'une coquille d'œuf.

Rien n'est aussi fragile, en apparence, qu'une coquille d'œuf vide de son contenu. On serait même tenté d'y voir comme l'emblème par excellence de la fragilité.

La vérité est, au contraire, que cette mince pellicule de calcaire est beaucoup plus résistante qu'elle n'en a l'air, et qu'elle peut très bien supporter sans se rompre des pressions qui sembleraient *a priori* hors de proportion avec sa minceur.

Des expériences ont été instituées à ce propos par des savants curieux, et elles ont donné des résultats plutôt inattendus.

A cet effet, l'œuf, préalablement vidé par un petit trou, était dressé par une de ses extrémités, sur une plate-forme horizontale, tandis qu'un plateau, chargé de poids, permettait de le comprimer par l'autre bout. On avait eu soin d'interposer des plaques de caoutchouc pour parer à la brutalité des chocs des surfaces dures.

Eh bien, la charge a pu atteindre ainsi, sans provoquer l'écrasement, de 18 à 54 kilogrammes! On a même pu en conclure que le coefficient moyen de rupture était de 26 kilogrammes environ.

La rupture se produit, tantôt suivant un grand cercle, tantôt en menus fragments, sur une assez grande portion de la surface, mais jamais aux extrémités.

L'épaisseur moyenne de la coquille était de 55 centièmes de millimètre. Les plaques de caoutchouc employées à l'amortissement des chocs mesuraient environ 15 ou 16 millimètres. Il ne s'est jamais produit, avant rupture, de déformation appréciable.

On a essayé également la résistance à la pression intérieure, en introduisant dans l'œuf un tube de très faible diamètre entouré d'un ballon de caoutchouc très mince, ligaturé au tube en dehors de la coquille. Un petit orifice, latéralement percé dans le tube, permet d'appliquer la pression hydraulique à l'intérieur du ballon, qui la transmet, en se gonflant, aux parois de l'œuf. La pression de rupture a varié de 2 atmosphères 1/4 à 4 atmosphères 1/2.

Pour les essais de pression extérieure, de dehors en dedans, l'œuf, enveloppé d'une membrane élastique, était enfermé dans un récipient soumis à une pression hydraulique croissante. La rupture, dans ce dernier cas, ne s'est produite que sous un effort variant de 30 à 47 atmosphères.

Voilà pour contredire beaucoup de légendes — et beaucoup de préjugés!

### Le tatouage des yeux.

Peut-on changer la couleur des yeux d'une personne? Peut-on, par exemple, transformer artificiellement en reflets sombres ou métalliques, jais ou vieil or, le bleu de pervenche des tendres prunelles d'une blonde, sauf à azurer, de la même façon, le sombre regard d'une brune?

*A priori*, cela peut paraître impossible. Il y a, sans doute, des regards changeants, dont la couleur semble varier avec l'état d'âme. Mais, dans ce cas, c'est la nature elle-même qui fait tous les frais de cette polychromie troublante, mais éphémère.

On ne conçoit pas la praticabilité d'une opération chirurgicale ou d'un traitement clinique aboutissant au même résultat. La fixité de la couleur des yeux est une chose si constante et si stable, si parfaitement à l'abri des altérations perturbatrices, qu'on l'a choisie comme un signe d'identité quasiment infaillible dans les services d'anthropométrie.

Il s'est pourtant rencontré deux oculistes américains, les D<sup>rs</sup> Haskell et Hefferman, pour essayer de modifier tout cela. Ils paraissent y avoir réussi, puisque le tatouage des yeux se fait aujourd'hui couramment, sous leurs auspices, à la *Massachussett's Infirmary* de Boston.

Après avoir insensibilisé l'œil par la cocaïne, les D<sup>rs</sup> Haskell et Hefferman font, avec un jeu d'aiguilles excessivement fines, une centaine de piqûres légères dans la cornée, à un dixième de millimètre de profondeur, où ils déposent délicatement une minuscule gouttelette d'un pigment spécial — bleu, vert, noir ou marron — suivant la couleur qu'on désire donner à l'iris.

Une semaine de repos dans la chambre noire, et le tour est joué.

### La date d'une photographie.

Est-il possible, sur le vu d'une photographie, de préciser la date à laquelle elle a été prise? Oui, répond formellement le professeur William Rigge, de l'Université Creighton (Omaha).

Pour réaliser ce tour de force, le professeur Rigge table sur l'examen des ombres qui apparaissent sur la photographie, et qui dépendent évidemment de la position exacte du soleil au point et au moment où l'épreuve a été prise. Des calculs astronomiques très compliqués, mais infaillibles, permettent, en partant de la direction de ces ombres, de retrouver la direction des rayons solaires, et, par conséquent, la position de l'astre dans le ciel. On peut donc déterminer ainsi le mois et le jour du mois où l'opération a eu lieu.

Assurément, cela ne donne rien au point de vue de la détermination de l'année, mais on sait toujours, à quelques années près, l'époque à laquelle remonte une photographie. Il ne reste donc plus, dans ce champ limité, qu'à consulter les bulletins météorologiques de la région et à comparer leurs indications avec l'état de l'atmosphère enregistré par la photographie, pour arriver, après des tâtonnements plus ou moins longs, à déterminer l'année elle-même. Dès lors, on possède tous les éléments du problème, qui se trouve *ipso facto* résolu.

✳

### L'empoisonnement par les tomates.

— « Est-il vrai, qu'on puisse s'empoisonner avec des tomates? »
En général, non.

Cependant, on cite le cas — la chose s'est passée il y a quelques mois à Lyon — de deux familles qui furent atteintes d'un commencement assez sérieux d'intoxication alimentaire, avec coliques atroces, diarrhées profuses, dilatation des pupilles, etc., après une abondante consommation de ces légumes.

Mais il est bon d'ajouter que ces tomates avaient peut-être été sulfatées pour cause de maladie, c'est-à-dire saupoudrées de sels de cuivre, et que, par-dessus le marché, *elles n'étaient pas mûres.*

N'oublions pas que la tomate (*lycopersicum solanum*) appartient à la famille botanique des solanées, particulièrement riches en produits vénéneux. Il est vrai que la pomme de terre loge à la même enseigne. La pomme de terre n'est pourtant pas un poison : autrement, il y aurait bel âge que nous ne serions plus là. Ce qui n'empêche qu'on a vu des gens malades à mourir pour avoir mangé des pommes de terre *vertes* ou *avariées*.

Il est probable que, dans la lente évolution des divers éléments constitutifs d'une plante, surtout d'une plante appartenant à une famille équivoque comme la famille des solanées, il y a une phase toxique.... Il faut s'arranger à ne pas prendre la plante à ce moment-là.

D'où cette conclusion que les amateurs de tomates, pour donner libre carrière à leur goût, ne sauraient trop attendre qu'elles soient mûres.

✹

### L'épuisette fulgurante.

Les pêcheurs chargés d'approvisionner de poisson vivant les bacs de l'aquarium de New-York, le plus vaste du monde, emploient, paraît-il, un truc singulier, et dont le moins qu'on puisse dire, c'est qu'il n'est pas banal. Jugez plutôt!

Le pêcheur est muni d'un de ces filets en forme de poche, avec un long manche, qu'on appelle épuisettes. Un double fil court le long du manche, aboutissant, d'une part, à une batterie d'accumulateurs placée dans une sacoche que l'opérateur porte en bandoulière, d'autre part, au-dessus du filet, à une petite cartouche agrémentée d'une amorce analogue aux détonateurs des pétards de dynamite. Ainsi outillé, notre homme s'avance avec précaution dans les bas-fonds entre les rochers, où il sait que le poisson s'abrite volontiers; il plonge son appareil dans l'eau, en le dissimulant avec des herbes contenant de l'appât, et il attend.

Tout le monde sait que si les poissons sont méfiants, ils sont aussi curieux à l'extrême. Les poissons américains ne font point exception à la règle. On ne tarde pas à en voir un, plus entreprenant que les autres, qui s'aventure aux environs du mystérieux engin.

Aussitôt qu'il est à portée, le pêcheur qui, jusque là, avait observé une immobilité de statue, fait le simple geste d'appuyer le pouce sur un bouton. Il n'en faut pas plus pour fermer le circuit et pour enflammer le détonateur. Aussitôt, la cartouche éclate, et le poisson, brusquement foudroyé, tombe dans l'épuisette, où il n'y a plus qu'à le prendre à la main et à le porter dans un seau, à l'aquarium.

Il n'est pas mort, en effet, mais simplement étourdi, la cartouche étant minuscule. Mais quand il reprend ses sens, il est dans le bac, pour le plus grand profit de la science ichtyologique et de la curiosité populaire.

### Cartes postales phonographiques.

Ou nous nous trompons fort, ou c'est aux Autrichiens qu'appartient — au moins jusqu'à nouvel ordre — le record de la carte postale [1].

On vient, en effet, d'inaugurer la carte postale *phonographique*, vous permettant d'envoyer à votre correspondant non plus des compliments ou des renseignements écrits, mais votre voix vraie « olophone », avec son accent, son timbre et son rythme.

Ces cartes postales « nouveau jeu », que distribue un appa-

---

1. La carte postale phonographique se trouve également en France. On a même créé à cet effet un carton spécial, baptisé « Sonorine ».

reil automatique, moyennant le dépôt préalable d'une pièce de monnaie, portent, en effet, une rondelle analogue au disque des gramophones. Vous n'avez qu'à parler devant un pavillon joint à l'appareil, après avoir introduit votre obole dans la fente *ad hoc*, et à tourner une manivelle pour obtenir le « phonogramme » désiré, qui s'expédie ensuite par la poste, comme une carte ordinaire.

Et comme le disque est fabriqué au moyen d'une composition particulièrement résistante, il n'est pas à craindre que les manipulations postales l'altèrent ou le dégradent.

Il faut, bien entendu, que le destinataire ait à sa disposition un phonographe capable de reproduire les paroles enregistrées. Mais tout le monde sait que les phonographes courent aujourd'hui les rues !

### Le microphotoscope.

Depuis les dernières grandes manœuvres, les officiers allemands seraient munis, dit-on, d'un nouvel appareil, extrêmement ingénieux et commode, baptisé le « microphotoscope », et qui permet de consulter une carte en pleine nuit, en tout temps et en tout lieu.

Sur une plaque en verre dépoli, on a reporté photographiquement la carte à consulter, réduite à des dimensions microscopiques. Cette plaque peut être éclairée par en-dessous, au moyen d'une toute petite lampe électrique, du genre de celles qu'on adapte aux épingles de cravate lumineuses. De cette façon, on peut distinguer les moindres détails, non pas à l'œil nu, cela va de soi, mais grâce à l'adjonction d'une loupe réglable à genouillère articulée.

Il suffit de presser un bouton et de régler la loupe pour que l'appareil soit prêt à servir.

Tout cela tient dans une boîte qui n'occupe pas plus de place qu'un étui à cigares.

### A quoi peuvent servir les dindons.

Le truquage des antiquités s'opère un peu partout aujourd'hui sur une vaste échelle.

Ainsi, paraît-il, il existe en Italie, dans la banlieue de Rome, une fabrique de vieilles médailles. Et le plus curieux, c'est que les ouvriers qu'on y emploie sont des dindons !

Un malin avait observé que les liquides gastro-intestinaux ont la propriété de donner à certains métaux, au bronze en particulier, une remarquable patine jouant à s'y méprendre la patine du temps. Il eut alors l'idée géniale de frapper plus ou moins grossièrement des médailles ou des monnaies à l'effigie de Tibère, de Caligula ou de Marc-Aurèle, et de les faire avaler par des dindons. Après quoi, lesdites médailles ont tout à fait l'aspect et la nuance qui font la joie des numismates, et elles se vendent des prix fous.

On pourrait supposer, *a priori*, que pour une spéculation de ce genre, il devrait être possible de se passer de la collaboration de la volaille, et qu'il suffirait de traiter les médailles, dans le laboratoire, par l'acide chlorhydrique dilué. Mais il n'en est rien. Il faut, en effet, qu'à l'action de l'acide chlorhydrique de l'estomac, s'ajoutent celle des sucs gastriques et celle des petits cailloux du gésier, dont le frottement émousse mécaniquement les arêtes trop vives et donne à la gravure le « flou » de rigueur.

En tout cas, le vrai dindon de la farce, c'est... le collectionneur !

*

### La pendule-tirelire.

On vient de créer en Amérique un nouveau modèle de pendule qui fait littéralement fureur de New-York à San-Francisco et de Chicago à Galveston.

C'est la pendule-tirelire.

Par devant, elle ressemble à une pendule quelconque, mais c'est par derrière que son originalité s'affirme. Impossible, en effet, de la remonter sans avoir fait jouer un ressort secret; dont la commande dépend de l'introduction préalable d'une pièce de monnaie d'une valeur déterminée dans une fente *ad hoc.*

Une fois l'offrande faite, cela va tout seul, mais tant que vous n'aurez pas « éclairé », vous serez condamné à ignorer l'heure.

C'est l'épargne domestique obligatoire.

# NÉCROLOGIE


## Henri Parinaud.

Au début de l'année qui vient de s'écouler, succombait, après une longue et pénible maladie, le docteur Henri Parinaud. Né à Bellac (Haute-Vienne) le 1er mai 1844, ce savant s'était spécialisé de bonne heure dans l'étude de l'ophtalmologie et on lui doit d'importantes études concernant l'optique physiologique.

Après avoir étudié la médecine à Limoges, puis à Paris, M. Parinaud, en 1877, se faisait recevoir docteur avec une thèse fort remarquée intitulée : *Étude sur la névrite optique dans la méningite aiguë de l'enfance*, dans laquelle il exposait un certain nombre de vues nouvelles et personnelles qu'il devait compléter plus tard en deux autres ouvrages : *Contributions à l'étude de la névrite œdémateuse d'origine intra-cranienne* (1895) et *La névrite optique rétro-bulbaire et les voies d'infection du système nerveux* (1896).

D'une activité inlassable, encore qu'il fût d'une santé très délicate, M. Parinaud a accompli une œuvre considérable et qui porte sur presque tous les domaines de l'ophtalmologie. Parmi ses nombreux travaux, il convient spécialement de mentionner ses recherches sur les troubles oculaires dans les affections nerveuses, et entre autres sa monographie intitulée : *Les troubles oculaires de la sclérose en plaques*, monographie bientôt suivie d'une publication sur *La paralysie des mouvements associés des yeux*. Enfin, l'on doit aussi signaler son livre intitulé : *Le strabisme*, son *Rapport sur le traitement du strabisme*, et son mémoire : *De l'héméralopie dans les affections du foie et de la nature de la cécité nocturne*.

M. Henri Parinaud, en 1870, avait été décoré sur le champ de bataille.

## L. Kessler.


Le 18 mars dernier, à l'âge de 80 ans, mourait à Clermont-Ferrand, où il s'était fixé depuis 1871, M. Jacques-Louis Kessler, ingénieur manufacturier, à qui la grande industrie chimique doit un certain nombre de découvertes importantes.

Après de solides études faites à Strasbourg, M. Kessler s'orienta de bonne heure vers la chimie industrielle, sous la direction de Persoz, dont il fut le préparateur.

Un peu plus tard, à peine âgé de 22 ans, il s'associait avec un pharmacien strasbourgeois pour une entreprise de fabrication de produits chimiques, et, dès cette époque, découvrait et mettait en application la distillation de l'alcool de garance.

Ce premier travail si intéressant ne devait point demeurer isolé. M. Kessler, dont l'activité ne chômait jamais, s'employa successivement à étudier de nombreuses questions intéressant la pratique industrielle, spécialement dans l'ordre de la chimie minérale.

On lui doit ainsi, en particulier, des recherches sur le traitement des eaux ammoniacales des usines à gaz, sur l'extraction de l'oxyde d'urane de la pechblende, sur l'utilisation des gaz de grillage des pyrites pour la fabrication du sulfure de carbone, sur l'extraction de l'acide urique du guano pour la préparation de la murexide, sur les propriétés antifermentescibles de l'acide fluorhydrique et sur leur application à la conservation des jus sucrés, etc.

Devenu, en 1855, ingénieur-conseil de la fabrique de vitraux Maréchal et Cie, de Metz, M. Kessler fit alors une découverte qui obtint immédiatement un succès considérable, celle de la gravure chimique du verre par l'acide fluorhydrique, avec décalquage d'une réserve résineuse, et, peu après, il créait des types d'appareils à multiple effet pour la distillation et la rectification de l'alcool, qui lui valaient en 1861, à l'Exposition universelle de Metz, une médaille d'honneur. Enfin, vers la même époque également, il décrivait un appareil pour la concentration de l'acide sulfurique dans le plomb à l'aide du vide. Cette dernière question devait du reste l'occuper longtemps encore, si bien qu'on lui doit actuellement le remplacement dans les fabriques d'acide sulfurique du traditionnel alambic en platine par un appareil à cuvettes avec dômes de plomb.

M. Kessler, en 1871, était venu se fixer à Clermont-Ferrand pour y diriger, en compagnie de M. Faure, une fabrique d'acide sulfurique, à laquelle il devait ajouter de nouvelles branches d'industrie : la fabrication du chlorate de soude, celle de l'acide phosphorique pur au

moyen du phosphate de soude et du gaz chlorhydrique, l'extraction par
la chaux de la magnésie contenue dans l'eau de mer, etc.

Tous ces travaux avaient valu à leur auteur de nombreuses récom-
penses et distinctions honorifiques. Chevalier de la Légion d'honneur
depuis 1878, membre de diverses sociétés savantes de France et de
l'étranger, M. Kessler, jusqu'aux derniers temps de sa vie, ne cessa
de faire montre d'une vivacité d'esprit remarquable.

Il était né en 1823, à Boulay, dans l'ancien département de la
Moselle.

✻

### Le docteur Édouard Hervieux.

Le nom de M. le Dr Édouard Hervieux, décédé dans les premiers jours du mois d'avril der-
nier, est inséparable de la lutte
entreprise en notre pays par le
corps médical tout entier en faveur de la propagation de la
vaccine.

A l'Académie de médecine, à
laquelle il appartenait depuis
de longues années en qualité
de membre titulaire pour la section d'accouchements, M. Hervieux, qui occupa jusqu'à ses
derniers instants les fonctions
de directeur du service de la
vaccine, prit toujours une part
active à ses travaux.

Cependant, pour s'être adonné
plus spécialement à la lutte contre
la variole, M. Hervieux ne se dé-
sintéressait pas des autres questions se rapportant à la méde-

Édouard Hervieux
Cliché Petit.

cine. Aussi lui doit-on de multiples productions sur les sujets les plus
divers de la pathologie médicale. De ces publications, dont un grand
nombre ont trait aux maladies des femmes et des enfants, certaines
méritent une mention toute spéciale. Tel son beau *Traité clinique
et pratique des maladies puerpérales*, important ouvrage où

M. Hervieux a condensé le fruit d'une pratique de dix années dans un hôpital exclusivement réservé aux accouchements, et où il procède à une étude approfondie de toutes les maladies des femmes récemment accouchées, au triple point de vue clinique, microscopique et thérapeutique.

## Le colonel Renard.

Le nom du colonel Renard, mort prématurément le 15 avril dernier, restera intimement lié à l'histoire de l'aérostation à notre époque. C'est en effet, surtout, comme l'un des protagonistes les plus autorisés de la question si passionnante de la direction des ballons que M. Renard était connu du grand public, qui ne voyait guère en lui que le directeur du service de l'aérostation militaire.

Qui ne se souvient des sensationnelles expériences de 1884 et 1885, où, avec le capitaine Krebs pour la partie mécanique, et ensuite avec son frère, le capitaine Paul Renard, il démontra, pour la première fois, la possibilité de diriger un ballon en ramenant à cinq reprises sur sept essais l'aéronef *la France* à son point de départ?

Colonel Renard.
Cliché de *l'Illustration*.

Cependant, encore que ces essais eussent été couronnés de résultats extrêmement encourageants, M. Renard ne les renouvela point, et, depuis lors, c'est surtout à des études théoriques sur les conditions du problème de l'aviation qu'il consacra ses soins. On n'a point oublié, du reste, les remarquables mémoires qu'il a publiés en ces dernières années, et dont il a été rendu compte dans l'*Année scientifique*.

Mais ce n'est pas seulement dans le domaine de l'aéronautique que s'est exercé le génie inventif du colonel Renard. On lui doit encore

diverses découvertes des plus importantes, parmi lesquelles nous
citerons : la pile chloro-chromique à grand débit, la source d'énergie
électrique la plus légère qui existe à l'heure présente ; la chaudière
à vapeur à mise en marche presque instantanée, qui, par sa légèreté,
se recommande pour les installations sur les petits navires, et enfin,
le train automobile à propulsion continue et à tournant correct, dont
nous avons naguère donné la description.

Le colonel Renard était encore dans la force de l'âge, et rien ne
permettait de prévoir sa fin, survenue si brusquement. Né à Lamblin,
dans les Vosges, le 23 novembre 1847, il était entré en 1866 à l'École
polytechnique, d'où il sortit dans l'arme du génie.

Il était membre du Conseil de perfectionnement du Conservatoire
des Arts et Métiers et membre du conseil de la Société de physique.

✼

## J. Kolb.

M. Auguste-Ferdinand-Jules Kolb, décédé à Lille le 18 avril dernier, naquit à Strasbourg le 2 juillet 1830.

A peine âgé de vingt ans, à sa sortie de l'École centrale, il entrait
en qualité de chimiste aux établissements Kuhlmann, à Lille. En ce
poste, il ne tarda pas à se signaler à l'attention des directeurs de
cette importante société, qui, l'année suivante, lui confiaient la direction de l'une des usines à Amiens.

En 1881, à la mort de M. Kuhlmann, M. Kolb, qui, depuis plusieurs années déjà, était à la tête de l'usine principale de la
Madeleine-lès-Lille, fut choisi à l'unanimité comme directeur et
administrateur délégué de la Société, poste qu'il remplit avec succès
et un dévouement ininterrompu pendant vingt-quatre années.

Au cours de sa longue carrière industrielle, M. Kolb ne négligea
point les recherches et les études scientifiques, et on lui doit de
nombreuses publications d'une haute valeur, parmi lesquelles nous
devons mentionner ses thèses pour le doctorat ès sciences, *Sur les
réactions dans la fabrication de l'acide sulfurique*, et *Sur les changements de volume qui accompagnent les combinaisons d'acide sulfurique et d'eau*, ainsi qu'une quantité considérable de notes et de
communications insérées dans les *Comptes rendus* de l'Académie des
sciences, dans diverses revues spéciales, et dans l'*Encyclopédie chimique* de Frémy, des études très approfondies sur les chlorures, les
phosphates et les superphosphates.

M. Kolb, qui, en dehors de ses recherches scientifiques, s'intéressait vivement aux questions d'hygiène industrielle et d'économie sociale, était grandement apprécié pour la droiture de son caractère et son esprit d'initiative. Couronné, à diverses reprises, par diverses sociétés savantes, et notamment par l'Académie des sciences, qui lui attribua, en 1886, un prix Monthyon pour ses perfectionnements divers au point de vue de la salubrité introduits dans l'industrie chimique, M. Kolb, à qui la Société industrielle de Lille, en 1895, décernait en séance solennelle la grande médaille d'or de la fondation Kuhlmann, était officier de la Légion d'honneur.

✹

## Claude-André Paquelin.

Né à Avignon en 1836, Paquelin fut l'un des plus savants chercheurs de notre époque. Travailleur inlassable, il dota la chirurgie et les sciences appliquées d'une foule de découvertes qui furent l'origine de nombreux travaux médicaux et industriels.

Mais son plus haut titre de gloire, celui qui mit le sceau à sa renommée, fut la création du « thermo-cautère », en 1876. Ce merveilleux instrument changea complètement la face de la chirurgie moderne : fermant les vaisseaux au fur et à mesure qu'il les sectionne, il facilite les opérations les plus délicates.

De 1890 à 1894, le docteur Paquelin perfectionna le thermo-cautère, connu dans le monde entier — excepté en France — sous le nom de son inventeur.

Claude Paquelin.
Cliché Pierre Petit.

A côté des remarquables *Etudes de Biologie* et des savants mémoires présentés à l'Académie des Sciences, le docteur Paquelin fut le créateur d'un carburateur pour l'éclairage des villes et des campagnes, utilisé surtout en Amérique, d'un laryngoscope à foyer de platine, de fers à souder les travaux d'orfèvrerie, et d'un grand nombre d'autres instruments à feu.

En même temps que savant distingué, Claude Paquelin — qui fut médecin-interne de Saint-Lazare — était un véritable philanthrope. Immédiatement après la guerre, en 1872, il installa, à l'aide de ses seules ressources, la première polyclinique gratuite.

Depuis la même époque, le docteur Paquelin était rédacteur en chef de la *Gazette Médicale*.

Plusieurs fois lauréat de l'Académie des Sciences et de la Faculté de Médecine, décoré de la médaille militaire pour sa belle conduite pendant le siège de Paris, ce grand et modeste savant était chevalier de la Légion d'honneur depuis 1884.

Le 1er mai dernier, une mort soudaine arrachait à ses études ce travailleur infatigable doublé d'un homme généreux.

## M. Potier.

Admis à l'Ecole polytechnique à l'âge de 17 ans, M. Potier en sortait deux ans plus tard pour entrer à l'Ecole des Mines, et, en quittant cet établissement, en 1863, il était attaché au sous-arrondissement minéralogique de Paris.

L'année suivante, il était nommé ingénieur à Chartres et chargé d'achever la carte géologique du département d'Eure-et-Loir commencée par Laugels, puis, en 1867, il était attaché au service de la carte géologique détaillée de France.

Ingénieur des Mines, doué d'une prodigieuse puissance de travail, M. Potier, dont l'érudition était immense, a fait de très nombreux relevés sur le terrain, et la géologie lui doit des résultats du plus vif intérêt.

Les études auxquelles donna lieu, voici une vingtaine d'années, le projet d'établissement d'un tunnel sous la Manche devant réunir la France et l'Angleterre, furent l'occasion pour M. Potier de mettre à profit ses qualités de géologue, et on lui doit pour la meilleure part les déterminations qui ont fixé la constitution stratographique du détroit du Pas de Calais.

Jusqu'au moment de sa mise à la retraite, en 1902, comme inspecteur général des Mines, M. Potier est resté attaché au service de la Carte géologique.

Malgré qu'il ait laissé des travaux importants en géologie, M. Potier est surtout connu du monde savant par ses belles recherches de physique mathématique et expérimentale, qu'il enseignait à l'Ecole des Mines depuis 1867.

On lui doit, en particulier, de remarquables mémoires sur la théorie de la chaleur, sur l'entraînement des ondes lumineuses par la matière en mouvement, et sur diverses questions se rattachant à la lumière polarisée.

Les applications de l'électricité le passionnaient tout spécialement, et, à l'Exposition internationale de 1881, il prit une part active aux travaux de la Commission chargée d'étudier les conditions de fonctionnement des machines et appareils magnéto et dynamo-électriques et de déterminer les moyens de mesurer l'énergie qu'elles dépensent.

En 1887, M. Potier, qui, depuis 1881, était professeur à l'Ecole polytechnique, fut désigné pour faire à l'Ecole des Mines des conférences sur les applications industrielles de l'électricité, et, en 1895, on créait pour lui une chaire d'électricité.

En 1891, l'Académie des Sciences l'avait appelé à remplacer M. Edmond Becquerel, comme membre de la section de Physique.

M. Potier est mort durant les premiers jours de mai dernier; il était né à Paris le 11 mai 1840.

## Docteur du Castel.

Né en 1846, le docteur René du Castel, mort à Paris dans les derniers jours de juin, appartenait à une vieille famille de Picardie.

Ses études classiques achevées, M. du Castel était venu à Paris pour y faire ses études médicales. Nommé interne en 1867, il passait sa thèse en 1872, et devenait, en 1874, chef de clinique du professeur Lasègue; puis, de 1876 à 1883, il dirigeait le laboratoire d'anatomie pathologique de la chaire de clinique médicale du professeur Potain. Nommé, en 1880, médecin du Bureau central, il devenait, quelques années plus tard, chef de service titulaire à l'hôpital Tenon, puis à l'hôpital du Midi, et enfin, à l'hôpital Saint-Louis.

Dès son internat, M. du Castel se révéla un travailleur actif et original, et la Société anatomique reçut alors de lui de nombreuses et intéressantes communications.

Cependant, ses premiers travaux ne constituaient qu'un prélude ; sa thèse de doctorat, *Sur la mort par suffocation dans la coqueluche* vint montrer combien le jeune médecin était un observateur sagace, en même temps qu'un chercheur ingénieux.

Durant les premières années de sa carrière médicale, M. du Castel s'occupa surtout de recherches d'anatomie pathologique et de clinique, et il publia alors des mémoires de haute valeur : *Sur les températures élevées dans les maladies; Sur la physiologie pathologique de la fièvre; Sur l'anatomie des ganglions lymphatiques; Sur la dilatation et l'hypertrophie des ventricules du cœur*, etc. La maladie devait amener une orientation nouvelle de son activité. Victime de crises répétées d'appendicite grave, à une époque

Docteur du Castel.
Cliché Pirou.

où la cure chirurgicale de cette terrible maladie n'existait pas encore M. du Castel se vit obligé de renoncer à la médecine générale, devenue pour lui une trop grande cause de fatigue, et c'est alors, en 1884, qu'il entra comme chef de service à l'hôpital du Midi, et entreprit de se spécialiser dans l'étude des maladies cutanées syphilitiques.

On sait quelle place honorable, dans cette seconde partie de sa carrière, devait se faire ce savant éminent, qui, depuis 1901, appartenait à l'Académie de Médecine, où il siégeait en qualité de membre titulaire dans la section de thérapeutique et d'histoire naturelle.

✻

## Élisée Reclus.

De tous les géographes de ce temps, aucun, assurément, n'aura exercé autant d'influence sur le développement de la science qu'Élisée Reclus.

Tout jeune, il comprit que l'enseignement de la géographie ne devait pas consister, comme jusqu'alors tous les savants semblaient indistinctement le penser, en une fastidieuse énumération de noms de villes, de fleuves, de montagnes, de lacs ou de mers, et, dès 1859, il publiait, dans la *Revue des Deux Mondes*, des études fort remarquées sur ses voyages en Europe et en Amérique, études dans lesquelles par une innovation géniale, il présentait en une langue attrayante les rapports intimes qui existent entre les conditions du sol, du climat et le développement des civilisations, montrant, en un mot, l'accord des hommes et de la terre.

Élisée Reclus.
Cliché Nadar.

Un peu plus tard, en 1868 et 1869, dans la publication de ses deux beaux volumes *La Terre* (les Continents, l'Océan, l'Atmosphère, la Vie), il précisait sa façon d'entendre la géographie et rénovait définitivement son enseignement.

Cependant, pour mettre le sceau définitif à sa renommée, il lui restait à publier son œuvre capitale, sa *Géographie universelle*. Cet ouvrage colossal, qui occupa dix-neuf années consécutives de sa vie, de 1876 à 1894, semble être encore aujourd'hui le monument le plus considérable et le plus fidèle que l'on ait jamais consacré à la description de notre globe.

M. Élisée Reclus, dont le labeur fécond était infatigable, a encore publié de nombreux autres livres d'un rare intérêt. Citons en particulier un *Voyage à la Sierra Nevada de Santa Martha*, qui est un vrai récit d'exploration personnelle ; — l'*Histoire d'un ruisseau* ; — l'*Histoire d'une montagne* ; — les *Mers et les Météores* ; — l'*Homme et la Terre*, etc.

Depuis 1894, M. Elisée Reclus, qui, durant de longues années, avait été activement mêlé à la vie publique, s'était complètement dégagé de toutes préoccupations politiques pour se consacrer uniquement à l'étude et aux devoirs que lui créait sa situation de professeur de géographie comparée à l'Université nouvelle de Bruxelles.

Né le 15 mars 1830 à Sainte-Foy-la-Grande (Gironde), il a succombé le 4 juillet dernier à Thourout (Belgique).

### Constantin Decharme.

Encore en possession de toutes ses facultés, mourait à Amiens, le 5 juillet dernier, dans sa 90ᵉ année, M. Constantin Decharme, docteur ès sciences, professeur de physique honoraire, auteur de nombreux et remarquables travaux sur les sciences physiques (La Capillarité, l'Acoustique, l'Électricité), travaux très appréciés des savants les plus illustres — Dumas, du Moncel, Faye, Planté, Melsens, Berthelot, etc. — et insérés dans les *Comptes Rendus de l'Académie des Sciences* et dans les *Annales de Chimie et de Physique*. Il a publié 911 mémoires. Ces mémoires sont le résultat d'expériences originales, lesquelles ont contribué au progrès et à l'avancement des sciences par la découverte des lois de la nature et leur application. M. Decharme a surtout étudié à l'état dynamique, par des procédés nouveaux, des phénomènes physiques qu'on n'avait abordés jusqu'alors qu'à l'état statique, tels que les phénomènes capillaires; la conductibilité thermique des métaux, les formes vibratoires des corps solides et des liquides.

Citons de ces travaux : Expériences hydrodynamiques : imitation par les courants liquides ou gazeux des phénomènes d'électricité et de magnétisme. — Recherches expérimentales sur la vitesse du flux thermique dans une barre de fer. — Relation entre les températures des métaux et leurs colorations thermiques. — Nouvelles flammes sonores. — Qualités sonores comparatives des métaux, des bois et des pierres. — Anneaux colorés thermiques et chimiques. — Point critique dans les phénomènes physiques. — Expériences d'aimantations longitudinales et transversales superposées. — Courbes magnétiques, etc.

Et ainsi que le proclamait l'illustre Dumas, en présentant à l'Académie des sciences les mémoires de l'éminent physicien : « Les recherches expérimentales, originales de M. Decharme ont donné des résultats qui ont enrichi diverses parties de la physique et ont pu être obtenus sans secours étrangers avec les instruments qu'il a su se créer et avec les modestes ressources dont il pouvait disposer. »

Les travaux de M. Decharme ont été publiés dans nombre de revues telles que : les *Annales de Chimie et de Physique* ; la *Revue scientifique*, le *Cosmos*, la *Nature*, le *Journal de Physique*, la *Correspondance scientifique*, l'*Institut*, la *Revue générale des Sciences*, la *Revue internationale d'Electricité* ; l'*Électricien* ; l'*Electricité* ; l'*Industrie électrique*, et dans les *Annales de physique et de Chimie* ; la *Lumière électrique* (actuellement l'*Éclairage électrique*), etc., de Leipzig, dans l'*Électrotechnische Zeitschrift* de Berlin.

La *Revue Scientifique*, le *Cosmos*, la *Lumière électrique* le comptaient parmi leurs principaux collaborateurs et lui ont consacré des éloges nécrologiques.

M. C. Decharme était chevalier de la Légion d'honneur, officier de l'Instruction publique et membre honoraire de nombreuses Sociétés savantes. Il était né à Breuvannes (Haute-Marne), le 30 septembre 1815, issu d'une des plus anciennes familles de Lorraine, laquelle avait compté parmi ses membres des Templiers.

✳

### Ernest Adolphe Bichat.

Dans les premiers jours d'août dernier, mourait à Nancy, en pleine activité scientifique, un savant du plus haut mérite, M. Adolphe Bichat, professeur de Physique et doyen de la Faculté des Sciences de Nancy.

Né en 1845, après avoir fait ses études à l'École normale supérieure, où il s'était fait recevoir en 1866, M. Bichat en était sorti premier, agrégé des Sciences physiques.

Reçu docteur en 1873, avec un important mémoire sur la polarisation rotatoire magnétique, il publiait bientôt de nouveaux travaux remarqués sur l'induction et sur le pouvoir rotatoire magnétique des liquides et de leurs vapeurs.

À sa sortie de l'École normale, M. Bichat fut nommé professeur de physique au lycée de Poitiers, puis à celui de Versailles, et enfin au lycée Henri IV, à Paris, poste qu'il occupa jusqu'en 1877, époque où il fut chargé du cours de physique de la Faculté des Sciences de Nancy.

Élu successivement doyen de la Faculté des Sciences, membre du Conseil municipal de la ville de Nancy, membre du Conseil général de Meurthe-et-Moselle qu'il fut appelé à présider, M. Bichat fut encore désigné par ses collègues des Facultés des sciences des diverses Universités, pour siéger au Conseil supérieur de l'Instruction publique.

Depuis 1893, enfin, il appartenait à l'Académie des Sciences, en qualité de correspondant pour la section de physique.

✳

### Savorgnan de Brazza.

Venu en France de bonne heure, le comte Savorgnan de Brazza, qui appartenait à une ancienne famille italienne, mérite d'être rangé parmi les explorateurs les plus célèbres de ces cinquante dernières années.

À l'âge de vingt ans, en 1872, il entrait au titre étranger comme élève à l'École navale de Brest. Il en sortait en 1874, et bientôt après, il débarquait au Gabon, à la suite de l'amiral Guillot, dont il était officier d'ordonnance.

Cette première expédition fut le début de sa carrière d'explorateur africain. Promu peu après enseigne de vaisseau auxiliaire, M. de Brazza obtenait, de concert avec Marche, le Dr Ballay et Hamon, une mission d'exploration. Celle-ci fut des plus fructueuses, et révéla en particulier l'Ogooué. Naturalisé Français à la suite de cette expédition qui l'avait mis en évidence, M. de Brazza ne tarda pas à vouloir reprendre la suite de ses travaux sur le continent africain.

Savorgnan de Brazza.

Une nouvelle mission lui ayant été confiée par le ministre des Affaires étrangères, il partait, dans les derniers jours de 1879, à la recherche d'une voie de pénétration, destinée à relier le Gabon au Congo.

Cette expédition, au cours de laquelle furent fondées Franceville et Brazzaville, et signé avec le roi Makoko le fameux traité qui devait donner à la France une grande partie de l'Ouest africain, se termina en 1882.

Nommé lieutenant de vaisseau, M. de Brazza retourna bientôt en Afrique comme commissaire de la République française, pour annoncer à Makoko la ratification du traité de 1880 et pour explorer l'Alima. Puis, l'année d'après, il rentrait en Europe et assistait en 1884-1885, en qualité de représentant de la France, à la Conférence de Berlin, où furent délimités les divers droits européens au Congo.

En 1886, quand fut créé le Congo français, M. de Brazza, en qualité de commissaire général, fut chargé de son administration.

Il demeura en ce poste jusqu'en 1897, époque où il rentra en France, brusquement rappelé par un ordre du ministre.

Au début de l'an passé, des faits pénibles survenus au Congo français ayant rendu nécessaire une enquête, M. de Brazza fut chargé de la poursuivre. Cette expédition devait lui être fatale. Vaincu par la maladie, il succombait à Dakar, le 14 septembre, à l'âge de 54 ans.

## Le commandant Massenet.

A Cuença, le 1er octobre dernier, la Mission française chargée de la mesure de l'arc de méridien de l'Equateur, perdait son chef, le commandant Louis Massenet, emporté par un abcès du foie succédant à une fièvre typhoïde contractée dans les régions malsaines où les travaux de la Mission l'obligeaient à séjourner.

Cette mort prématurée enlève à la science géodésique un travailleur de premier ordre, et qui, depuis longtemps déjà, avait fait ses preuves.

C'est tout particulièrement en Indo-Chine que M. Massenet attira l'attention sur lui, alors que, chef de la section de géodésie du Service géographique de la Colonie, il proposa de relier par un réseau ininterrompu de triangles, les travaux divers exécutés avant son arrivée. Ce projet ayant été adopté, M. Massenet, de 1901 à 1904, en poursuivit l'exécution, et détermina tous les points géodésiques principaux de ce vaste territoire qui s'étend sur plus de 2000 kilomètres en partant du Tonkin pour arriver à la Cochinchine en traversant l'Annam.

En outre de cette œuvre considérable, M. Massenet exécuta encore de nombreux travaux secondaires en vue de l'établissement de la carte de ces régions, puis, continuant ses opérations de triangulation, il relia les déterminations exécutées en Birmanie par le colonel Mac Carthy à celles effectuées le long de la côte indo-chinoise par le Service hydrographique de la Marine.

Rentré en France à la suite de ces importants travaux, le commandant Massenet fut presque immédiatement chargé de prendre sur place le commandement de la Mission française chargée d'effectuer la mesure du degré dans la République de l'Equateur. Cette nouvelle mission devait lui être fatale et interrompre brusquement une carrière qui promettait d'être particulièrement brillante.

### Émile Oustalet.

Né à Montbéliard, le 24 août 1844, M. Jean-Frédéric-Emile Oustalet accomplit toute sa carrière scientifique au Muséum d'histoire naturelle de Paris, où il entra en 1873, en qualité d'aide naturaliste, fonctions qu'il occupa sans interruption durant vingt-huit années, jusqu'au 20 août 1900, époque où il fut nommé professeur de mammalogie, chargé spécialement de la ménagerie, et sous-directeur à l'Ecole des Hautes-Etudes.

Émile Oustalet.

Lauréat de l'Institut en 1877, secrétaire de la Commission permanente d'observations ornithologiques, ancien président du Comité ornithologique international, président du Congrès ornithologique de 1900, etc.

M. Oustalet a écrit de nombreux ouvrages intéressant les sciences naturelles, parmi lesquels nous mentionnerons spécialement ses *Recherches sur les insectes fossiles*, ses *Publications sur les oiseaux utiles*, ses *Monographies de Mégapodes*, son très considérable mémoire sur les *Oiseaux de la Chine*, etc.

M. Oustalet est mort à Saint-Cast (Côtes-du-Nord), le 24 octobre dernier, en pleine activité scientifique. Il était chevalier de la Légion d'honneur.

### A. Radiguet.

Le 6 décembre dernier, succombait à Paris, à l'âge de 56 ans, M. A. Radiguet, l'un de nos plus habiles et de nos plus ingénieux constructeurs d'appareils pour les sciences.

C'est spécialement dans le domaine de l'électricité et dans le domaine de l'optique que M. Radiguet développa son activité, et l'on ne compte plus les multiples dispositifs ou appareils qu'il imagina et construisit en vue de réaliser des applications nouvelles. La découverte des rayons X, en particulier, le passionna de manière toute spéciale. Il se livra avec ardeur à leur étude et était devenu rapidement un de nos meilleurs radiographes. Cette ardeur au travail, du reste, devait lui être fatale.

Les expériences sur les radiations de Rœntgen ne sont, hélas! pas toujours sans danger. M. Radiguet devait en faire la cruelle expérience. L'exposition prolongée aux radiations de l'ampoule de Crookes provoqua chez lui des accidents graves — une radiodermite maligne — que les soins les plus énergiques ne purent enrayer.

M. Radiguet, qui depuis quelques années, avec la collaboration de son gendre M. Massiot, avait repris la suite de la maison Molteni, fut pendant près de quinze ans trésorier de la Chambre syndicale des industries électriques.

## Pierre Mégnin.

Né à Hérimoncourt, petite localité du département du Doubs, le 16 janvier 1828, M. Pierre Mégnin, qui succombait à Vincennes, le 31 décembre 1905, entra à l'école vétérinaire d'Alfort en 1849. Il en sortit en 1853, et entra dans le corps des vétérinaires militaires, où il ne devait pas tarder à se signaler par ses travaux sur la parasitologie.

De bonne heure, Charles Robin l'avait associé à ses recherches sur les Acariens, recherches qu'il poursuivit durant de longues années, accumulant patiemment pour ses travaux sur l'anatomie des Vers intestinaux, des Ixodes et des Acariens, les matériaux que lui fournissait l'exercice de sa profession.

Les publications de M. Mégnin sont nombreuses et intéressent non seulement la parasitologie, mais aussi de nombreux points de la science vétérinaire,

On lui doit ainsi de remarquables mémoires sur les *Origines de la ferrure du cheval*; — sur les *Acarioses et les Teignes*; — sur les *Métamorphoses des acariens*; — sur le *Parasitisme auriculaire* et sur l'*Otite parasitaire de quelques espèces animales*; — des livres appréciés sur l'*Hygiène et les maladies du cheval, du chien, du furet, des oiseaux*; — sur *les parasites et les maladies parasitaires*; — et une série d'études des plus intéressantes pour la médecine légale,

ouvrage qui mit le sceau à sa réputation scientifique, sur la *faune des tombeaux*, sur *les insectes des cadavres*, sur *les travailleurs de la mort*. Enfin nous devons signaler un dernier ouvrage dont il achevait de corriger les épreuves quand la maladie est venue le terrasser, *Les Insectes buveurs de sang et colporteurs de virus*.

Pierre Mégnin.

Rentré dans la vie civile, en 1885, M. Mégnin, tout en continuant ses travaux scientifiques, avait fondé le journal l'*Éleveur*, destiné aux amis' des animaux et à ceux qui les exploitent.

Tous ces travaux avaient valu à leur auteur une grande réputation. Aussi, en 1893, l'Académie de médecine l'avait appelé à siéger parmi ses membres dans la section de médecine vétérinaire, au fauteuil devenu vacant par le décès de Reynal. M. Mégnin était également membre de la Société de biologie.

---

## Henri de Saussure.

Le 20 février dernier, succombait au cours de sa soixante-seizième année, dans sa retraite du Creux de Genthod, au bord du lac de Genève, un des plus éminents naturalistes de la Suisse, M. Henri de Saussure.

Né à Genève, le 27 novembre 1829, M. de Saussure, après des études à l'Institut Follemberg à Hofwyl, sous l'influence de son maître François-Jules Pictet de la Rive, s'orienta vers l'entomologie, et entreprit un travail considérable, sa grande monographie des *Guêpes solitaires*, pour l'exécution de laquelle il vint s'installer à Paris, où il séjourna durant plusieurs années au cours desquelles il prit ses grades de licencié et de docteur ès sciences.

Henri de Saussure.
Cliché Fred. Boissonnas, à Genève.

Un peu plus tard, en 1854, il partait pour les Antilles et le Mexique, où il accomplit un séjour des plus fructueux pour la science, faisant une abondante moisson d'observations tant sur l'entomologie que sur la géologie, l'archéologie, la physique, l'agronomie et l'archéologie.

De nombreuses distinctions avaient naturellement récompensé cette vie de labeur. M. Henri de Saussure, ancien président de la Société de physique et d'histoire naturelle de Genève, était encore membre de nombreuses autres Académies et Sociétés savantes.

Il était officier de la Légion d'honneur.

## J.-E. Dutton.

Le 27 février dernier, la science anglaise perdait, en la personne du docteur J. Everett Dutton, de l'École de médecine tropicale de Liverpool, décédé en cours de mission, à Kasongo, sur le Congo supérieur (Etat indépendant du Congo), un de ses représentants les plus en vue, malgré son jeune âge. Adonné depuis cinq années à l'étude des redoutables affections, qui, dans les régions tropicales, exercent leurs ravages tant sur les populations que sur les troupeaux, M. Dutton, depuis 1900, époque où il était parti en Nigéria, envoyé avec la Mission de l'école de Liverpool chargée d'étudier le paludisme et la filariose, n'avait plus guère quitté l'Afrique.

En 1901, il organisait seul en Gambie la prophylaxie antipalustre, et il faisait alors à Bathurst une découverte capitale, celle de l'existence du *Trypanosoma Gambiense* dans le sang d'un Européen atteint de cette redoutable trypanosomiase humaine dont la maladie du sommeil constitue l'étape ultime.

Rentré en Angleterre en 1902, il repartait, après un court séjour, en compagnie du docteur Todd, pour une nouvelle expédition en Gambie, où il séjourna jusqu'à l'automne de 1903, époque où il passa au Congo Belge avec les docteurs Todd et Christy.

Après s'être consacré presque exclusivement à l'étude de la trypanosomiase humaine, M. Dutton, depuis quelques mois, quand la mort vint le surprendre, étudiait le *tick-fever* de l'Afrique équatoriale, dont il avait démontré, en collaboration avec son collègue Todd, la nature spirochétienne en l'inoculant de l'homme au singe par l'intermédiaire des tiques.

M. Dutton était âgé seulement de 29 ans.

⁂

## T. R. Thalén.

Le professeur Thalén, mort à Upsal, le 27 juillet dernier, fut un physicien de la plus haute valeur. Né en 1827 à Köping, après avoir soutenu sa thèse de doctorat ès sciences en 1854, il occupa divers postes jusqu'en 1874, époque où il fut appelé à la chaire de physique de l'Université d'Upsal, qu'il conserva durant vingt-deux années, jusqu'à l'époque de sa retraite.

On doit au professeur Thalén de nombreux et importants travaux. Ses recherches sur le spectre des métaux et des métalloïdes sont aujourd'hui classiques. Soit seul, soit en collaboration avec Angström, il construisit des tables exactes et détaillées donnant la lon-

T. R. Thalén.
Cliché H. Osti (Upsal).

gueur d'onde des lignes du spectre de plusieurs éléments, et c'est encore à lui que revient le mérite d'avoir procédé à un examen minutieux des bandes d'absorption de la vapeur d'iode et d'avoir entrepris la détermination et l'attribution des lignes dans le spectre des corps des groupes de l'yttrium et du cérium.

L'analyse spectrale, on le voit, occupa plus spécialement l'attention de l'éminent professeur suédois, dont certains travaux aujourd'hui encore servent de références pour les recherches dans cette branche de la science.

## Baron de Richthofen.

Tout jeune encore, M. le baron Ferdinand de Richthofen, qui succombait à Berlin, le 6 octobre dernier, s'était signalé à l'attention du monde savant par un important mémoire sur le Tyrol méridional.

Ce premier travail devait être bientôt suivi d'autres non moins considérables. M. de Richthofen s'occupa d'étudier sur place les roches éruptives de la Hongrie, puis il entreprit un voyage en Californie, dans le but d'y observer les roches volcaniques de cette région. Un peu plus tard, en 1867, quand la Chine fut enfin ouverte aux Européens, le jeune géologue résolut d'explorer ce vaste empire, et, durant cinq années, il le parcourut en tous sens, prenant des notes nombreuses, réunissant d'admirables collections, constituant enfin le dossier du célèbre ouvrage, dans lequel — ce que l'on n'avait jamais tenté depuis la publication de *l'Asie Centrale*, par Alexandre de Humboldt — il traçait une remarquable synthèse de l'orographie du continent asiatique, signalant en particulier l'énorme étendue que le terrain houiller occupe en Chine.

Baron de Richthofen.

Ces travaux de premier ordre avaient valu à leur auteur une situation considérable. Professeur de géologie à l'Université de Berlin, Président depuis déjà de longues années de la Société de géographie de cette ville, le baron de Richthofen avait été nommé membre correspondant de notre Académie des sciences, pour la section de minéralogie, le 31 décembre 1804, en remplacement de M. Nicolas de Kokscharow.

M. de Richthofen, qui a succombé à l'âge de 72 ans, était né à Karlsruhe, en Silésie, le 5 mai 1833.

## Albert von Koelliker.

Le célèbre biologiste Rudolph von Koelliker est décédé le 5 novembre, à la suite d'une pneumonie dont il souffrait depuis plusieurs années.

Né à Zurich, en 1817, il commença ses études à l'Université de sa ville natale et alla les poursuivre, en 1836, à Bonn, puis à Berlin, où il suivit les cours de Johannes Muller.

La vie de Koelliker fut tout entière consacrée à la science, et ses travaux considérables sur la physiologie, l'anatomie, et en particulier sur l'histologie humaine et l'embryologie, lui acquirent bien vite une réputation universelle. Il était à juste titre considéré comme le maitre de l'histologie moderne.

Au retour d'un voyage à Naples, où il était allé poursuivre

Albert von Koelliker.
Frankonia Wurtzbourg.

des études sur l'anatomie comparée des animaux aquatiques, et principalement des recherches sur les céphalopodes, l'amphioxus, etc., le jeune docteur fut appelé à occuper (en 1844) une chaire de physiologie et d'anatomie comparée à l'Université de Zurich. Il n'avait alors que des appointements de misère, et se trouvait dans l'impossibilité matérielle, avec ses 1200 francs annuels, de continuer les travaux qu'il venait d'entreprendre sur l'anatomie microscopique. Enfin, sur la recommandation de Henle, il entra, en 1847, à l'Université de Wurtz-bourg, qu'il ne devait plus quitter. Il avait alors trente ans. Il y professa tout d'abord, et en même temps, la physiologie et l'anatomie, mais ses études anatomiques l'absorbèrent bientôt tout à fait. Il inaugura le premier cours d'anatomie microscopique en 1848.

Parmi ses élèves, citons : Heinrich Muller, Carl Gegenbauer, Franz Leydig, Gottfried von Siebold, Eberth, Forel, Hasse, Flesch, Fick, Grenacher, Eimer, von Lenhossek, Heidenhain, Ph. Stohr, etc., qui comptent parmi les illustrations de la science allemande.

Contrairement à la plupart de ses collègues de l'Université de Wurzbourg, Koelliker ne dédaignait pas les sports et les voyages. En 1840, il visita Héligoland ; en 1842, Naples et la Sicile, et il fit un tour d'Europe, par la Hollande, les Pays Scandinaves, l'Angleterre, la France, l'Espagne, etc., en 1849 et 1850. En ses dernières années, il a assisté à la plupart des grands congrès scientifiques.

Koelliker a publié plus de cent mémoires sur l'histologie et des ouvrages importants sur la zoologie, la physiologie, l'embryologie, etc.

***

## P. T. Clève.

La science chimique perdait récemment un maître du plus haut mérite, le professeur Per Théodor Clève.

Né à Stockholm le 10 février 1840, M. Clève, de 1858 à 1863, étudia, à l'Université d'Upsal, les sciences naturelles et physiques. Nommé privat-docent à l'Université où il venait de faire ses études, Clève professa la chimie organique durant trois années, puis entreprit un voyage d'études en Europe, fréquentant successivement les grands laboratoires d'Angleterre, de France — où il suivait les leçons de Würtz — et d'Italie. Un peu plus tard, en 1868 et 1869, il s'adonnait à des études géologiques, et parcourait dans ce but le centre de la France, l'Amérique du Nord et les Indes orientales.

De retour en Suède, Clève, en 1870, était désigné pour occuper une chaire de professeur au Polytechnikum de Stockholm, et, quatre ans plus tard il devenait professeur de chimie générale à l'Université d'Upsal, poste qu'il devait occuper jusqu'au moment de sa retraite, qu'il prit le 1er février dernier.

La carrière de savant de M. Clève fut particulièrement féconde. On doit à cet éminent chimiste de nombreux mémoires du plus vif intérêt, en particulier sur les combinaisons du chrome, de l'ammoniaque et du platine, sur les terres rares, sur les combinaisons de la naphtaline, etc. Parmi ses publications, nous devons mentionner les remarquables monographies du glucinium, de l'yttrium, du thorium, du zirconium, du cérium, du lanthane, du samarium, du didyme, du terbium, de l'erbium, de l'holmium, du thallium, de l'ytterbium et du scandium, qu'il écrivit pour l'*Encyclopédie Chimique* de Fremy.

P. T. Clèves.
Cliché H. Osti (Upsal).

Membre d'honneur de plusieurs académies, M. Clève, qui a encore publié des études intéressantes concernant les sciences naturelles, avait, en 1904, reçu de la Société royale de Londres la médaille Humphry Davy. Il était membre de la Commission du prix Nobel.

* * *

## Whitehead.

Le 14 novembre 1905, l'inventeur de la torpille automobile, M. Whitehead, succombait à Shrivendam (Berkshire), en Angleterre, aux suites d'une atteinte de paralysie, dont il avait été frappé peu de temps auparavant.

C'est en 1866 que M. Whitehead, qui était alors directeur des mines de Fiume (Croatie), construisit la première torpille automobile. On sait quel succès attendait cette invention qui devait transformer de façon si considérable les conditions de la guerre navale.

Né à Bolton, dans le Lancashire, M. Whitehead avait étudié la mécanique à Manchester, et avait ensuite successivement travaillé dans des ateliers de construction mécanique à Marseille, puis à Trieste.

Il était âgé de quatre-vingt et un ans.

# TABLE DES MATIÈRES

# CHIMIE



# HISTOIRE NATURELLE

Géologie :



Botanique :

# AGRICULTURE



# ARTS INDUSTRIELS



# TRAVAUX PUBLICS



# GÉOGRAPHIE ET GÉODÉSIE

# VARIÉTÉS



# NÉCROLOGIE

# TABLE DES GRAVURES

36788. — Imprimerie Lahure, 9, rue de Fleurus, à Paris.

**Foucher** (H.) : *La frontière indo-afghane.* 1 vol. avec 44 grav. et 1 carte hors texte.

**Garnier** (F.) : *De Paris au Tibet.* 1 vol. avec 30 gravures et une carte.

**Gervais-Courtellemont** : *Mon voyage à la Mecque;* 4ᵉ édition. 1 vol. avec 34 gravures.

**Hübner** (comte de) : *Promenade autour du monde;* 8ᵉ édition. 2 vol. avec 48 gravures.

— *A travers l'empire britannique.* 2 vol. avec 49 gravures et une carte.

**Labbé** (Paul) : *Un bagne russe, l'île de Sakhaline.* 1 vol. avec 51 gravures.
> Ouvrage couronné par l'Académie française.

—*Les Russes en Extrême-Orient.* 2ᵉ édition. 1 vol. avec 28 grav. et 1 carte.

**Labonne** (Dʳ H.) : *L'Islande et l'archipel des Fœrœer.* 1 vol. avec 57 gravures et 2 cartes.

**Largeau** (V.) : *Le pays de Rirha. — Ouargla.* Voyage à Rhadamès. 1 vol. avec 12 gravures et une carte.

— *Le Sahara algérien; les déserts de l'Erg;* 2ᵉ édit. 1 vol. avec 17 gravures et 3 cartes.

**La Vaulx** (comte de) : *Voyage en Patagonie.* 1 vol. avec 40 gravures et 2 cartes.

**Leclercq** (J.) : *La Terre des Merveilles,* promenade au Parc National de l'Amérique du Nord. 1 vol. avec 40 gravures et 2 cartes.

**Marche** (A.) : *Luçon et Palouan.* Six années de voyages aux Philippines. 1 vol. avec 68 gravures et 2 cartes.

**Markham** (A.) : *La mer glacée du pôle;* souvenirs d'un voyage sur l'*Alerte* (1875-1876), traduit de l'anglais par Frédéric Bernard. 1 vol. avec 32 gravures et 2 cartes.

**Masson-Forestier** : *Forêt noire et Alsace.* 1 vol. avec 25 gravures.

**Mathuisieux** (Mehier de) : *A travers la Tripolitaine.* 1 vol. avec 53 gravures.

**Montano** (Dʳ J.): *Voyage aux Philippines et en Malaisie.* 1 vol. avec 30 gravures et une carte.

**Montégut** (E.) : *En Bourbonnais et en Forez;* 3ᵉ édition. 1 vol. avec 24 gravures.

— *Les Pays-Bas.* Impressions de voyage et d'art; 2ᵉ édition. 1 vol. avec 24 gravures.

**Pfeiffer** (Mme) : *Mon second voyage autour du monde;* 4ᵉ édition. 1 vol. avec 32 grav. et une carte.

Rabot (Ch.) : *Aux fjords de Norvège et aux forêts de Suède.* 1 vol. avec 48 gravures et 4 cartes.
— *L'Alpinisme au Spitzberg,* traduit et adapté d'après Conway. 1 vol. avec 38 grav. et 2 cartes hors texte.
— *La Terre de feu,* d'après le docteur Nordenskjold. 1 vol. avec 56 grav. dans le texte et une carte.

Reclus (A.) : *Panama et Darien.* Voyages d'exploration (1876-1878). 1 vol. avec 60 gravures et 4 cartes.

Reclus (Élisée) : *Voyage à la Sierra-Nevada de Sainte-Marthe.* Paysages de la nature tropicale ; 2ᵉ édition. 1 vol. avec 21 gravures et une carte.

Taine (H.), de l'Académie française : *Voyage en Italie ;* 7ᵉ édition. 2 vol. avec 48 gravures.
— *Voyage aux Pyrénées ;* 13ᵉ édition. 1 vol. avec 24 gravures.
— *Notes sur l'Angleterre ;* 9ᵉ éd. 1 v. avec 24 grav.

Tanneguy de Wogan : *Voyages du canot en papier le « Qui vive ? ».* Aventures de son capitaine. 1 vol. avec 21 grav.

Thomson (J.) : *Au pays des Massaï.* Voyage d'exploration à travers les montagnes neigeuses et volcaniques et les tribus étranges de l'Afrique équatoriale, traduit de l'anglais par Fr. Bernard. 1 vol. avec 54 gravures.

Thouar (A.). *Explorations dans l'Amérique du Sud.* 1 vol. avec 50 gravures.

Turot (Henri) : *L'insurrection crétoise et la guerre gréco-turque.* 1 vol. avec 74 gravures et 2 cartes.

Vanderheym (J.-G.) : *Une expédition avec le négous Ménélik (vingt mois en Abyssinie) ;* 2ᵉ édition. 1 vol. avec 78 gravures.

Verschuur : *Aux Antipodes.* 1 vol. avec 50 gravures.
Ouvrage couronné par l'Académie française.
— *Voyage aux trois Guyanes et aux Antilles.* 1 vol. avec 48 gravures et 2 cartes.
— *Aux colonies d'Asie et dans l'Océan Indien.* 1 v. avec 35 gr.

Villetard de Laguérie : *La Corée indépendante, russe ou japonaise.* 1 vol. avec 50 gravures.

## FORMATS GRAND IN-8 ET IN-4

Abruzzes (S. A. R. le duc) : *L'Étoile polaire dans la mer arctique.* 1 vol. in-8 jésus avec 140 gravures, broché. 12 fr.

Albéca (Alexandre-L. d'), ancien administrateur colonial : *La France au Dahomey.* 1 vol. in-4 avec 115 gravures et 3 cartes, broché. 20 fr.

Amicis (E. de) : *Constantinople.* Ouvrage traduit de l'italien par Mme J. Colomb. 1 vol. in-8 avec 183 reproductions de dessins pris sur nature par Biséo, broché. 15 fr.

Bénard (Ch.) : *La conquête du Pôle.* 1 vol. in-8 jésus, avec 190 gravures, broché. 20 fr.

**Binger** (G.) : *Du Niger au Golfe de Guinée.* 2 vol. in-8 jésus contenant 200 gravures et 31 cartes, brochés. 30 fr.
Ouvrage couronné par l'Académie française.

**Boillot** (L.) : *Aux mines d'or du Klondike,* du lac Bennett à Dawson-City. 1 vol. in-8, illustré de 113 gravures, broché. 10 fr.

**Bovet** (Mlle M.-A. de): *L'Écosse.* Souvenirs et impressions de voyage. 1 vol. in-4 illustré de 300 gravures d'après G. Vuillier, broché. 30 fr.

**Capus** (G.) : *A travers la Bosnie et l'Herzégovine.* 1 vol. in-4 contenant 154 gravures et une carte, broché. 25 fr.

**Catat** (Dr L.) : *Voyage à Madagascar (1889-1890).* 1 vol. in-4 avec gravures et cartes, broché. 25 fr.

**Chantre** (Mme) : *A travers l'Arménie russe.* 1 vol. in-8 jésus contenant 151 gravures et 2 cartes, broché. 20 fr.

**Charnay** (D.) : *Les anciennes villes du Nouveau Monde.* Voyages d'explorations au Mexique et dans l'Amérique centrale (1867-1882). 1 vol. in-4 avec 214 gravures sur bois et 19 cartes ou plans, broché. 30 fr.

**Cochard** (L.) : *Paris, Boukara, Samarcande.* 1 vol. in-8, broché. 4 fr.

**Cordemoy** (C. de) : *Le Chili.* 1 vol. in-8 illustré de 109 gravures, broché. 10 fr.

**Coudreau** (H.) : *Chez nos Indiens.* Quatre années dans la Guyane française (1887-1891). 1 vol. in-8 jésus illustré de 98 gravures et une carte, broché. 20 fr.

**Courte** (Cte de) : *La Nouvelle Zélande.* 1 vol. in-8 avec 88 grav., broché, 12 fr.

**Daireaux** (E.) : *La vie et les mœurs à la Plata.* 2 vol. in-8 avec 48 gravures et 2 cartes, brochés. 15 fr.

**Demanche** (George) : *Au Canada et chez les Peaux-Rouges.* 1 vol. in-8 avec 9 gravures hors texte et une carte, broché. 5 fr.

**Dieulafoy** (Mme Jane), chevalier de la Légion d'honneur : *La Perse, la Chaldée et la Susiane.* Relation de voyage. 1 vol. in-4 avec 336 gravures sur bois et 2 cartes, broché. 30 fr.
Ouvrage couronné par l'Académie française.

— *A Suse, journal des fouilles.* 1 vol. in-4 avec 135 gravures sur bois, broché. 30 fr.

— *Aragon et Valence,* excursions en Espagne. 1 vol. in-4 illustré de 100 grav. 7 fr. 50

**Dixon** (Hepworth) : *La Conquête blanche,* voyage aux États-Unis d'Amérique. Ouvrage traduit par H. Vattemare. 1 vol. in-8 avec 118 grav. et 2 cartes. 10 fr.

**Garnier** (Fr.) : *Voyage d'exploration en Indo-Chine,* effectué par une commission française, présidée par M. le capitaine de frégate Doudart de Lagrée. 2 vol. avec 158 gravures sur bois et un atlas in-folio, contenant 12 cartes et 10 plans, 2 eaux-fortes, 10 chromolithographies, 4 lithographies à 3 teintes et 31 lithographies à 2 teintes. Prix des deux volumes, brochés, avec l'atlas cart. 200 fr.

Gentil (Émile) : *La chute de l'empire de Rabah.* 1 vol. in-8 avec 126 grav. et 1 carte, br. 10 fr.

Gerlache (A. de) : *Quinze mois dans l'Antarctique.* 1 vol. in-8 contenant 106 grav., br. 10 fr.

Ouvrage couronné par l'Académie française.

Geffroy (G.) *La Bretagne,* Un magnifique volume in-4, avec 350 grav., broché. 30 fr.

Grandidier (A.) : *Histoire physique, naturelle et politique de Madagascar.* Environ 28 vol. grand in-4 avec 500 planches en couleurs et 700 en noir. En cours de publication, par livraisons.

Demander le prospectus.

— *Histoire de la géographie de Madagascar.* 1 vol. in-4, broché. 60 fr.

Grosclaude (Étienne) : *Un Parisien à Madagascar.* 1 vol. in-8 contenant 100 gravures. broché. 10 fr.

Harry Alis : *Nos Africains :* La mission Crampel, la mission Dybowski, la mission Monteil, la mission Mizon. 1 vol. in-8, contenant 150 gravures et 4 cartes, br. 12 fr.

Hocquard (Le Dr) : *Une campagne au Tonkin.* 1 vol. in-8 jésus contenant 247 gravures et 2 cartes, broché. 20 fr.

— *L'Expédition de Madagascar,* journal de campagne. 1 vol. in-4 contenant 50 gravures, broché. 10 fr.

Hübner (Comte de) : *Promenade autour du monde* (1871). 1 vol. in-4 avec 316 gravures, broché. 50 fr.

Jaccaci : *Au pays de Don Quichotte.* 1 vol. in-8, illustré de 124 grav., par Daniel Vierge. broché. 40 fr.

Jephson (A.-J.-M.) : *Emin Pacha et la rébellion à l'Equateur.* Ouvrage traduit de l'anglais. 1 vol. in-8 contenant 47 gravures et une carte, broché. 10 fr.

Koulomzine (A. N. de). *Le Transsibérien,* ouvrage traduit du russe par J. Legras. 1 vol. in-8, avec 2 portraits, 32 grav. et 9 cartes, br. 7 fr. 50

Landon (Perceval), correspondant spécial du *Times* : *A Lhassa,* la ville interdite, relation de la marche de la mission envoyée au Thibet par le gouvernement anglais en 1903-1904. Introduction du colonel Younghusband, commandant de l'expédition. 1 vol. in-8 illustré de 24 pl. hors texte, broché. 20 fr.

Lenfant (Le commandant) : *Le Niger.* 1 vol. in-8 contenant 115 gravures et 1 carte, br. 12 fr.
— *La grande route du Tchad.* 1 vol. in-8 avec 115 grav. et 1 carte, broché. 12 fr.

Lenz (Dr O.) : *Timbouctou.* Voyage au Maroc, au Sahara et au Soudan, ouvrage traduit de l'allemand par Pierre Lehautcour. 2 vol. avec 27 gravures et une carte, br. 15 fr.

Lumholtz : *Au pays des Cannibales.* Voyage d'exploration chez les indigènes de l'Australie orientale, traduit du norvégien par V. et W. Molard. 1 vol. in-8 jésus contenant 150 gravures et 2 cartes, broché. 15 fr.

Müntz (E.), de l'Institut : *Florence et la Toscane.* 1 vol. in-8 jésus, illustré de 300 gravures, br. 7 fr.

**Nachtigal** (Dʳ) : *Sahara et Soudan* : Tripolitaine, Fezzan, Tibesti, Kanem, Borkou et Bornou. Ouvrage traduit de l'allemand par M. J. Gourdault. 1 vol. in-8 avec 99 gravures et une carte, br. 10 fr.

**Nordenskiöld** : *Voyage de la Vega autour de l'Asie et de l'Europe*. Ouvrage traduit du suédois, avec l'autorisation de l'auteur, par MM. Ch. Rabot et Ch. Lallemand. 2 vol. in-8 avec 293 gravures sur bois, 3 gravures sur acier et 18 cartes, brochés. 30 fr.

— *La seconde expédition suédoise au Grönland*, traduit du suédois par Ch. Rabot. 1 vol. in-8 avec 139 gravures et 5 cartes hors texte, broché. 15 fr.

**Ollone** (Le capitaine d'infanterie d') : *De la Côte d'Ivoire au Soudan et à la Guinée.* Mission Hostains-d'Ollone 1898-1900. 1 vol. in-8, avec 90 grav. et 2 cartes, br. 10 fr.

Ouvrage couronné par l'Académie française.

**Payer** (le lieutenant) : *L'expédition du Tegetthoff*, voyage de découvertes aux 80ᵉ-83ᵉ degrés de latitude nord. Ouvrage traduit de l'allemand par J. Gourdault. 1 vol. in-8 avec 68 gravures et 2 cartes, relié. 14 fr.

**Peters** (Dʳ) : *Au secours d'Emin Pacha.* 1 vol. in-8 jésus, illustré de 70 gravures et d'une carte, broché. 20 fr.

**Piassetsky** (P.) : *Voyage à travers la Mongolie et la Chine.* Ouvrage traduit du russe par Kuscinski. 1 vol. in-8 contenant 90 gravures et une carte, broché. 15 fr.

**Prjévalski** (N.) : *Mongolie et pays des Tangoutes.* Voyage de trois années dans l'Asie centrale. Ouvrage traduit du russe par G. Du Laurens. 1 vol. in-8 avec 42 gravures et 4 cartes, relié. 14 fr.

**Reclus** (Onésime) : *La terre à vol d'oiseau.* 1 volume in-8 jésus avec 616 gravures et 10 cartes, broché. 12 fr.

— *En France.* 1 vol. in-8 jésus, avec 250 gravures et 21 cartes, broché. 7 fr.

— *Le plus beau royaume sous le Ciel; notre belle France.* 1 vol. petit in-4 broché. 12 fr.

**Reclus** (E. et O) : *L'Afrique australe.* 1 vol. petit in-4, avec 3 cartes en couleurs et 29 cartes en noir. br. 10 fr.

— *L'Empire du Milieu*, le climat, le sol, les races de la Chine. 1 vol. petit in-4 avec 3 cartes en couleurs et 25 cartes en noir, broché. 12 fr.

**Rousselet** (L.) : *L'Inde des Rajahs.* Voyage dans l'Inde centrale et dans les présidences de Bombay et du Bengale. 1 vol. in-4 contenant 517 gravures sur bois et 5 cartes, broché. 30 fr.

— *Au vieux pays de France.* Excursions dans le bassin de la Loire. 1 vol. in-8 jésus illustré de 137 grav. d'après des photographies, broché 7 fr., cart. perc. tr. dorées. 10 fr.

**Roux** (Émile) : *Aux sources de l'Irraouaddi.* 1 vol. in-4 contenant 50 grav., broché. 7 fr. 50

**Savage-Landor** (A.-K.) : *Voyage d'un Anglais aux régions interdites* (le pays sacré des Lamas). Ouvrage traduit de l'anglais par M. A. Jaccottet. 1 vol. in-8 avec 129 gravures et une carte, broché. 10 fr.

**Schweinfurth** (D^r) : *Au cœur
de l'Afrique* (1866-1871). Ouvrage traduit sur les éditions
anglaise et allemande par
Mme H. Loreau. 2 vol. in-8
avec 139 gravures et 2 cartes,
brochés.                    20 fr.

**Serpa Pinto** (le major) : *Comment j'ai traversé l'Afrique*.
Ouvrage traduit sur l'édition
anglaise et collationné avec le
texte portugais par M. J. Belin
de Launay. 2 vol. in-8 avec
160 gravures et 15 cartes,
brochés.                    20 fr.

**Stanley** (H.) : *Dans les té-
nèbres de l'Afrique*. Relation
de la dernière expédition de
H.-M. Stanley à la délivrance
d'Emin Pacha, gouverneur de
l'Equatoria. 2 vol. in-8 jésus
avec 150 gravures sur bois
et 3 cartes, brochés.   30 fr.

**Sven-Hedin** : *Trois ans de luttes
aux déserts de l'Asie*, ouvrage
traduit du suédois par Ch.
Rabot. 1 vol. in-8 illustré de
104 grav., broché.        10 fr.

**Thomson** (J.) : *Dix ans de
voyages dans la Chine et
l'Indo-Chine*. Ouvrage traduit
de l'anglais par MM. A. Ta-
landier et H. Vattemare.
1 vol. in-8 avec 128 gra-
vures, broché.            10 fr.

**Vuillier** (C.). *Les îles oubliées
de la Méditerranée* (îles Ba-
léares, la Corse, la Sardaigne).
1 vol. in-4 illustré de 254 gravures, broché.            30 fr.

— *La Sicile*, impressions du
présent et du passé, illustrée
par l'auteur. 1 vol. in-4 avec
300 gravures, broché.  30 fr.
Ouvrage couronné par l'Académie française.

**Wey** (F.) : *Rome, description et
souvenirs;* 5^e édition. 1 vol.
in-4 avec 370 gravures, broché.                      30 fr.

**Wyse** (L.-N.-B.) : *Le canal de
Panama*. 1 vol. avec 50 gravures et une carte, br. 20 fr.
Ouvrage couronné par l'Académie française.

# NOUVELLE GÉOGRAPHIE UNIVERSELLE
## La Terre et les Hommes
### Par ÉLISÉE RECLUS

19 volumes in-8 jésus illustrés de nombreuses cartes et gravures.
Prix : brochés, 535 fr. — Reliés tr. dorées, 668 fr.

### GÉOGRAPHIE DE L'EUROPE (5 volumes)

Tome Ier : **L'Europe méridionale** (Grèce, Turquie, Pays des Bulgares, Roumanie, Serbie et Montagne Noire, Italie, Espagne et Portugal). 1 vol. 30 fr.
Tome II : **La France.** 1 vol. 30 fr.
Tome III : **L'Europe centrale** (Suisse, Austro-Hongrie Allemagne). 1 vol. 30 fr.
Tome IV : **L'Europe du Nord-Ouest** (Belgique, Hollande, Iles Britanniques). 1 vol. 30 fr.
Tome V : **L'Europe scandinave et russe.** 1 vol. 30 fr.

### GÉOGRAPHIE DE L'ASIE (4 volumes)

Tome VI : **L'Asie russe** (Caucasie, Turkestan, Sibérie). 1 vol. 30 fr.
Tome VII : **L'Asie orientale** (Empire chinois, Corée, Japon). 1 vol. 30 fr.
Tome VIII : **L'Inde et l'Indo-Chine.** 1 vol. 30 fr.
Tome IX : **L'Asie antérieure** (Afghanistan, Baloutchistan, Perse, Turquie d'Asie, Arabie). 1 vol. 30 fr.

### GÉOGRAPHIE DE L'AFRIQUE (4 volumes)

Tome X : **L'Afrique septentrionale.** Première partie (bassin du Nil, Soudan égyptien, Ethiopie, Nubie, Egypte). 1 vol. 20 fr.
Tome XI : **L'Afrique septentrionale.** Deuxième partie (Tripolitaine, Tunisie, Algérie, Maroc et Sahara). 1 vol. 30 fr.
Tome XII : **L'Afrique occidentale** (archipels atlantiques, Sénégambie et Soudan occidental). 1 vol. 25 fr.
Tome XIII. **L'Afrique méridionale** (îles de l'Atlantique austral, Gabonie, Congo, Angola, Cap, Zambèze, Zanzibar, côte de Somal). 1 vol. 30 fr.

### GÉOGRAPHIE DE L'OCÉANIE (1 volume)

Tome XIV : **Océan et terres océaniques** (îles de l'océan Indien, Insulinde, Philippines, Micronésie, Nouvelle-Guinée, Mélanésie, Nouvelle-Calédonie, Australie, Polynésie). 1 vol. 30 fr.

### GÉOGRAPHIE DE L'AMÉRIQUE (5 volumes)

Tome XV : **L'Amérique boréale** (Groenland, Archipel polaire, Alaska, Puissance du Canada, Terre-Neuve). 1 vol. 20 fr.
Tome XVI : **Etats-Unis.** 1 vol. 25 fr.
Tome XVII : **Indes occidentales** (Mexique, Isthmes américains, Antilles). 1 vol. 30 fr.
Tome XVIII : **Amérique du Sud,** Régions Andines. 1 vol. 25 fr.
Tome XIX et dernier : **Amazonie et Plata.** 1 vol. 30 fr.

**Tableaux statistiques de tous les États comparés.** Années 1890 à 1893. 1 vol. in-8 jésus, broché. 3 fr.

Paris. — Imp. LAHURE, rue de Fleurus, 9.

# BIBLIOTHÈQUE VARIÉE, FORMAT IN-16, A 3 FR. 50 LE VOLUME
## (Extrait du Catalogue)

**Albert** (Paul). La poésie. 1 vol. — La prose. 1 vol. — La littérature française, des origines à la fin du xviii° siècle. 3 vol. — Poètes et poésies. 1 vol. — La littérature française au xix° siècle. 2 vol.

**Barine** (Arvède). Portraits de femmes. 1 vol. — Essais et fantaisies. 1 vol. — Princesses et grandes dames. 1 vol. — Bourgeois et gens de peu. 1 vol. — Névrosés. 1 vol. — Saint François d'Assise. 1 vol. — La Jeunesse de la Grande Mademoiselle. 1 vol. — Louis XIV et la Grande Mademoiselle. 1 vol.

**Boissier.** Cicéron. 1 vol. — La religion romaine. 2 vol. — Promenades archéologiques. 2 vol. — L'Afrique romaine. 1 vol. — L'opposition sous les Césars. 1 vol. — La fin du paganisme. 2 vol. — Tacite. 1 vol. — La conjuration de Catilina. 1 vol.

**Bossert** (A.). La littérature allemande au moyen âge et les origines de l'épopée germanique. 1 vol. — Gœthe et Schiller. 1 vol. — Gœthe, ses précurseurs et ses contemporains. 1 vol. — Schopenhauer. 1 vol. — Essais sur la littérature allemande. 1 vol. — La légende chevaleresque de Tristan et Iseult. 1 vol.

**Bouché-Leclerq.** Leçons d'histoire grecque. 1 vol.

**Brunetière.** Études critiques sur l'histoire de la littérature française. 7 vol. — L'évolution des genres dans l'histoire de la littérature. 1 vol. — L'évolution de la poésie lyrique en France au xix° siècle. 1 vol. — Les époques du théâtre français. 1 vol. — Victor Hugo. 2 vol.

**Caro.** L'idée de Dieu. 1 vol. — Le matérialisme et la science. 1 vol. — Problèmes de morale sociale. 1 vol. — Mélanges et portraits. 2 vol — Poètes et romanciers. 1 vol. — Philosophies et philosophes. 1 vol. — Variétés littéraires. 1 vol.

**Chavanon et Saint-Yves.** Murat. 1 vol.

**Daudet** (E.). Le roman d'un Conventionnel. 1 vol. — La Terreur blanche. 1 vol.

**Dehérain.** Études sur l'Afrique. 1 vol. — L'Expansion des Boers au xix° siècle. 1 vol.

**Deltour.** Les ennemis de Racine au xvii° siècle.

**Du Camp** (Maxime). Paris, ses organes, ses fonctions, sa vie. 6 vol. — Les convulsions de Paris. 4 vol. — La charité privée à Paris. 1 vol. — Souvenirs littéraires. 2 vol. — Le Crépuscule. 1 vol.

**Figuier** (Louis). Histoire du merveilleux. 4 vol. — L'Année scientifique. 1 vol. — Le Lendemain de la mort. 1 vol.

**Fleury** (Comte). Les Drames de l'histoire. 1 vol.

**Fouillée.** — L'idée moderne du droit. — La science sociale contemporaine. 1 vol. — La philosophie de Platon. 4 vol. — L'enseignement au point de vue national. 1 vol.

**Funck-Brentano** (F.). Légendes et archives de la Bastille. 1 vol. — Le drame des poisons. 1 vol. — L'affaire du collier. 1 vol. — La mort de la reine. 1 vol. — Les Nouvellistes. 1 vol.

**Fustel de Coulanges.** La cité antique. 1 vol.

**Gebhart** (E.). L'Italie mystique. 1 vol. — Moines et papes. 1 vol. — Au son des cloches. 1 vol. — Conteurs florentins du moyen âge. 1 vol. — D'Ulysse à Panurge. 1 vol.

**Girard** (J.). Études sur la poésie grecque. 1 vol. — Essais sur Thucydide. 1 vol.

**Giraud** (V.). Essais sur Taine. 1 vol. — Chateaubriand, études littéraires. 1 vol.

**Gréard.** De la morale de Plutarque. 1 vol. — L'éducation des femmes. 1 vol. — Edmond Scherer. 1 vol. — Prevost-Paradol. 1 vol.

**Joly.** Psychologie des grands hommes. 1 vol. — Physiologie comparée, l'homme et l'animal. 1 vol. — Le Socialisme chrétien. 1 vol.

**Jullian** (C.). Vercingétorix. 1 vol.

**Lapauze** (H.) : Mélanges sur l'art français. 1 vol.

**Larroumet** (G.). La comédie de Molière. 1 vol. — Études d'histoire et de critique dramatiques. 2 vol. — Études de littérature et d'art. 2 vol. — Marivaux, sa vie et ses œuvres. 1 vol. — L'Art et l'État en France. 1 vol. — Petits portraits et notes d'art. 2 vol. — Derniers portraits. 1 vol.

**La Sizeranne** (R. de). La peinture anglaise. 1 vol. — Ruskin et la religion de la beauté. 1 vol. — Le miroir de la vie. 1 vol. — Les questions esthétiques contemporaines. 1 vol.

**Latreille** (C.). François Ponsard. 1 vol. — Joseph de Maistre et la Papauté. 1 vol.

**Lenient.** La satire en France. 3 vol. — La poésie patriotique en France. 1 vol. — La Comédie en France au xviii° siècle. 2 vol.

**Luchaire** (A.). Innocent III et l'Italie. 1 vol. — Innocent III et les Albigeois. 1 vol.

**Martha.** Les moralistes sous l'empire romain. 1 vol. — Le poème de Lucrèce. 1 vol. — Études morales sur l'antiquité. 1 vol.

**Maurel.** Petites villes d'Italie. 1 vol.

**Méline** (J.). Le retour à la Terre. 1 vol.

**Mézières** (A.). Shakespeare, ses œuvres et ses critiques. 1 vol. — Prédécesseurs et contemporains de Shakespeare. 1 vol. — Contemporains et successeurs de Shakespeare. 1 vol. — Hors de France. 1 vol. — Vie de Mirabeau. 1 vol — Au temps passé. 2 vol.

**Michelet.** L'insecte. 1 vol. — L'oiseau. 1 vol.

**Patin.** Études sur les tragiques grecs. 4 vol. — Études sur la poésie latine. 2 vol. — Discours et mélanges littéraires. 1 vol.

**Prevost-Paradol.** Études sur les moralistes français. 1 vol. — Essai sur l'histoire universelle. 2 v.

**Saint-Simon.** Mémoires et Table. 22 vol. — Scènes et portraits, choisis dans les Mémoires. 2 vol.

**Sainte-Beuve.** Port-Royal. 7 vol.

**Simon** (G.). L'enfance de Victor Hugo. 1 vol.

**Spencer** (H.). Faits et commentaires. 1 vol.

**Taine** (H.). Essai sur Tite-Live. 1 vol. — Essais de critique et d'histoire. 1 vol. — Nouveaux essais. 1 vol. — Histoire de la littérature anglaise. 5 vol. — La Fontaine et ses fables. 1 vol. — Les philosophes français au xix° siècle. 1 vol. — Voyage aux Pyrénées. 1 v. — M. Graindorge. 1 vol. — Notes sur l'Angleterre. 1 vol. — Un séjour en France de 1792 à 1795. 1 vol. — Voyage en Italie. 2 vol. — De l'intelligence. 2 vol. — Philosophie de l'art. 2 vol. — Les origines de la France contemporaine. 11 vol. et table. — Carnets de voyages. 1 vol. — Correspondance. 3 vol.

**Wallon.** Vie de N.-S. Jésus-Christ. 1 vol. — La sainte Bible. 2 vol. — La Terreur. 2 vol. — Jeanne d'Arc. 2 vol. — Éloges académiques. 2 vol.

**Zurlinden** (Général). La guerre de 1870-1871. 1 vol.

56788. — Imprimerie Lahure, 9, rue de Fleurus, à Paris. — 3-1906. — 1570.

**L'Année scientifique et industrielle**

1905 • Annuel • Tome 49

La présente revue s'inscrit dans une politique de conservation patrimoniale de la presse française mise en place avec la BnF.
Hachette Livre et la BnF proposent ainsi un catalogue de titres indisponibles, la BnF ayant numérisé ces publications et Hachette Livre les imprimant à la demande.
Certains de ces titres reflètent des courants de pensée caractéristiques de leur époque, mais qui seraient aujourd'hui jugés condamnables.
Ils n'en appartiennent pas moins à l'histoire des idées en France et sont susceptibles de présenter un intérêt scientifique ou historique.
Le sens de notre démarche éditoriale consiste ainsi à permettre l'accès à ces revues sans pour autant que nous en cautionnions en aucune façon le contenu.

*Pour plus d'informations, rendez-vous sur www.hachettebnf.fr*

9 782329 703038